PHYSIQUE

MÉCANIQUE.

PHYSIQUE MÉCANIQUE,

PAR E. G. FISCHER,

Membre honoraire de l'Académie des Sciences de Berlin ; Professeur de Mathématiques et de Physique dans un des Collèges de la même ville ; Professeur de Physique à l'Institut des Mines de Prusse, et de Mathématiques à l'École du Commerce, etc. ;

TRADUITE DE L'ALLEMAND.

AVEC DES NOTES DE M. BIOT,

Membre de l'Institut de France.

DEUXIÈME ÉDITION.

A PARIS,

Chez J. KLOSTERMANN Fils, Libraire de l'École impériale Polytechnique, rue du Jardinet, n°. 13, quartier Saint-André-des-Arcs.

1815.

DE L'IMPRIMERIE DE P. GUEFFIER.

A MONSIEUR

BERTHOLLET,

MEMBRE DE L'INSTITUT.

——

Mon cher et illustre confrère,

En assistant aux conversations intéressantes et instructives dont on jouit dans votre charmante retraite d'Arcueil, je vous ai entendu souvent, ainsi que M. Laplace, regretter que la physique fût peu cultivée en France, tandis que les autres sciences y jettent un très-grand éclat (*). Vous cherchiez les causes de ce désavantage, dans l'espèce d'isolement où l'on

———

(*) Depuis l'époque où cette lettre fut écrite, plusieurs belles découvertes de physique ont été faites en France. Malus, sur-tout, a reconnu dans la lumière de nouvelles propriétés extrêmement remarquables, qui ont ouvert une mine féconde de recherches, dont les physiciens français se sont empressés de profiter.

a

semble avoir voulu placer la physique, relativement aux autres branches des connaissances positives ; et tous deux, vous vous étonniez qu'on eût tenté de la séparer de la géométrie et de la chimie, deux soutiens sans lesquels elle ne saurait faire un pas.

Ce n'est point, cependant, que les exemples manquent pour prouver combien l'alliance de ces sciences est utile ; et l'on pourrait en trouver un grand nombre, même parmi nos compatriotes. Notre célèbre Bouguer n'a pas été moins bon physicien que bon astronome. C'est aussi à la connaissance des méthodes géométriques, que Borda a dû l'exactitude qu'il a mise dans ses recherches de physique ; c'est à elles que M. Coulomb doit ses belles découvertes sur le magnétisme et l'électricité ; c'est avec leur secours que M. Haüy a porté au dernier degré de précision et de certitude son ingénieuse théorie de la structure des cristaux ; tout récemment encore, n'est-ce pas l'analyse la plus profonde, qui a donné à M. Laplace le secret de ces phénomènes capillaires autour desquels les physiciens s'étaient si long-temps et si curieusement exercés, sans pouvoir en pénétrer la cause ? N'est-ce pas aussi à l'aide de notions rigoureuses et géométriques, que Lavoisier est parvenu à introduire l'exactitude dans les procédés de la chimie? que vous-même avez établi les rapports constans qui existent entre les capacités de saturation des différens acides pour les différens alkalis, propriété bien remarquable, et qui tient immédiatement aux premières lois de l'action chimique? Enfin, pour comprendre tout dans un seul exemple, Newton, le premier des géomètres, a été aussi le premier des physiciens, et personne, de son temps, n'a donné, sur la chimie, des vues plus neuves et plus profondes.

Il faut l'avouer, puisque cet aveu est utile, ce qui a nui aux progrès de la physique en France, c'est qu'on en a fait une science d'exposition plutôt que de recherche. On s'est contenté d'offrir au public une certaine série d'expériences brillantes, au lieu de s'attacher à fixer exactement les lois des phénomènes, et à déterminer leurs rapports, ce qui ne peut se faire que par des raisonnemens géométriques; et tel a été l'effet de cette fausse marche, qu'il reste encore aujourd'hui à introduire dans l'enseignement de la physique, les considérations exactes et les méthodes rigoureuses, qui seules peuvent la faire avancer.

Heureusement il existe un ouvrage français qui aura, sous ce rapport, l'effet le plus utile, et qui, sans aucun doute, donnera bientôt chez nous, à l'étude de la physique, une meilleure direction. Je veux parler du *Traité de Physique* de M. Haüy. Cet ouvrage, médité depuis long-temps par un esprit juste, délicat et fin, habitué aux idées précises, et familiarisé avec les méthodes d'invention par ses propres découvertes, ne pouvait renfermer que les principes les plus sûrs et les plus exacts. Aussi n'a-t-il point trompé l'attente du Public, qui le désirait avec impatience ; et si l'auteur, comme il a eu lui-même la modestie de l'annoncer, a trouvé la possibilité d'y faire encore des améliorations, il en résultera sans doute un ensemble parfait de toutes les connaissances physiques. M. Haüy a pensé avec raison, que les lois générales de l'équilibre et du mouvement des corps devaient être indiquées dans son ouvrage, mais que les phénomènes particuliers à la statique et à la mécanique des corps, soit solides, soit fluides, devaient être renvoyés à ces deux sciences, et exposés à part d'une manière plus mathématique. C'est ce que M. E. G. Fischer de Berlin avait cherché à faire, depuis plusieurs années, dans l'ouvrage dont nous publions aujourd'hui la traduction ; et il a exécuté ce plan d'une manière si simple, en procédant si bien des principes aux expériences, et des expériences aux théories, que celles-ci, quoique géométriques par elles-mêmes , sont cependant accessibles aux personnes les moins exercées. En suivant toujours la même marche , M. Fischer a joint à cette première partie des notions particulières sur la chaleur, l'électricité , le galvanisme, le magnétisme et la lumière ; de sorte que , sous un très-petit volume , son livre présente , comme le titre l'annonce , des élémens fort exacts et assez complets de *Physique Mécanique.*

Lorsque M. Fischer vous adressa son ouvrage , vous me proposâtes de le parcourir ; et ne connaissant pas la langue allemande , je priai une personne qui m'est très-chère , d'en traduire quelques morceaux. La clarté et l'excellente méthode qui y régnaient , m'engagèrent à les multiplier , et d'autant plus que je me trouvais moi-même chargé d'un cours de physique , pour lequel j'avais adopté un plan presque tout-à-fait semblable. De cette manière, l'ouvrage s'étant trouvé traduit en grande partie , avec les additions et les notes que le progrès des connaissances avait rendues nécessaires , je me suis déterminé, d'après votre avis , à en publier la traduction (*).

(*) Les notes et les additions mathématiques de l'auteur sont indiquées par des lettres ; les miennes le sont par des astérisques *.

Indépendamment de l'utilité dont cet ouvrage peut être par lui-même, il aura encore un autre avantage précieux pour les physiciens français, et ce sera de leur indiquer les meilleures sources auxquelles ils pourront recourir pour avoir des renseignemens précis sur toutes les parties de la physique. En effet, les Allemands possèdent, sous ce rapport, un ouvrage extrêmement précieux, qui est le *Dictionnaire de Physique de Gehler*, remarquable par son étendue, par le talent et l'exactitude avec lesquels les différentes matières y sont traitées, et enfin par l'érudition qui y règne. Cet ouvrage, et un autre du même genre, dont l'auteur est M. J. G. Fischer, sont très-souvent cités dans la *Physique Mécanique*; et en y renvoyant, l'auteur donne en quelque sorte la clef de tous ceux qui se rapportent au même objet. Il serait fort utile de traduire le *Dictionnaire de Gehler*; on répandrait ainsi une infinité de résultats de physique qui ne sont pas connus en France, ou qui le sont superficiellement. En général, nous nous montrons trop peu empressés à apprendre ce qui se fait hors de notre pays, et cette insouciance nous a tenus souvent fort en arrière de découvertes très-importantes. Par exemple, les belles recherches de Volta sur le galvanisme n'ont été connues en France que plusieurs années après leur publication ; et l'on se livrait encore ici à des conjectures fausses ou incertaines sur la nature de ces nouveaux phénomènes, lorsqu'il était déjà prouvé depuis long-temps, pour tout le reste de l'Europe, que les effets galvaniques sont produits par le développement de l'électricité. Pour en citer encore deux autres exemples frappans, le bel ouvrage de M. Chaldny sur les vibrations des surfaces n'a été connu qu'après plus de huit ans, par les soins de M. Haüy; et l'ouvrage du même auteur, sur les pierres tombées du ciel, n'a été connu de nous que lorsque le météore de l'Aigle a fixé l'attention générale sur les aérolithes. Cependant la réalité de la chute de ces masses était depuis long-temps établie, d'après les faits antérieurs, et par les seules forces de la critique, dans l'ouvrage de M. Chaldny. Il serait bien à désirer, mon cher Confrère, que chacun, à cet égard, imitât votre exemple. Placé au premier rang parmi les chimistes, à la tête desquels vous a élevé votre génie, vous vous montrez plus empressé que personne à vous instruire de ce qui se fait chez les savans des autres nations ; et concentrant, pour ainsi dire, en vous-même, les résultats contenus dans les écrits dont ils s'empressent de vous faire hommage, vous tirez de leur ensemble et de viij

vos propres découvertes les considérations
générales qui sont les fondemens de la chimie,
et que vous avez établies avec tant de supé-
riorité.

Vous ne dédaignerez donc pas, mon cher
Confrère, l'hommage d'un simple livre d'élémens. Vous le savez, c'est par les traités de ce
genre que les sciences se répandent dans les
esprits ; et, selon qu'ils y développent des idées
justes ou fausses, ils ont l'influence la plus
heureuse ou la plus funeste. L'auteur de la
Physique Mécanique vous est déjà connu par
ses autres écrits, qui sont tous composés dans
un esprit excellent (*). Egalement versé dans la
géométrie, la chimie et la physique, il n'a point
séparé ces sciences dans le livre dont nous pu-

(*) M. Fischer est encore auteur des ouvrages suivans :
1°. *Betrachtungen uber die Cometen, etc.* Considérations
sur les Comètes, à l'occasion du retour attendu d'une
comète en 1789 ; Berlin, 1789, in-8°. 2°. *Théorie der
Dimensions-Zeichen*, Théorie d'un nouveau genre de
signes, appelés signes de dimensions, et qui désignent les
coefficiens d'une série et de leurs puissances, avec leur
application à plusieurs matières d'analyse ; Halle, 1792,
2 vol. in-4°. — Cet ouvrage contient une méthode tout-à-fait
générale pour trouver la racine de chaque équation, puis
une méthode générale pour trouver chaque puissance d'une
série finie ou infinie ; enfin, une méthode générale de la
réversion des séries, et plusieurs autres applications à des

blions aujourd'hui la traduction. Le succès que ce Traité a obtenu en Allemagne, mettra sans doute M. Fischer en état de publier bientôt, comme il en a le projet, deux traités semblables pour la physique chimique et organique, ainsi que pour la physique appliquée, et nous nous empresserons également de les traduire, si celui-ci est accueilli en France, comme nous l'espérons. Ce serait une chose extrêmement précieuse que d'avoir ainsi les élémens complets de la physique considérée sous ce triple rapport. Leur concentration dans trois volumes permettant de les donner à un prix très-modique, les rendrait accessibles à tous les jeunes gens qui étudient les sciences; et cette considération n'est pas à négliger dans un objet de

---

problèmes d'analyse. 3°. *Rechenbuch für das Gemeine Leben*, etc., Traité d'Arithmétique Élémentaire, 2 vol. in-8°.; Berlin, 1797 et 1799. 4°. *Der Rechenschüler, etc.,* L'Élève en arithmétique; ouvrage destiné à l'instruction des enfans. Il en a paru deux éditions à Berlin, l'une en 1788, l'autre en 1806. 5°, *De Disciplinarum physicarum Notionibus, finibus legitimis et nexu systematico Dissertatio*; Berolini, 1797, in-8°.

Il a publié aussi des idées sur l'instruction des écoles scientifiques, des traductions importantes, et un grand nombre de mémoires de mathématiques, de physique, de chimie et de philosophie.

cette nature, car le plus grand nombre des personnes qui vivent dans un état élevé ne comptent pas encore l'instruction et les sciences parmi leurs décorations.

Vous qui savez si bien allier les titres du génie avec ceux qui sont le fruit de la considération personnelle qui vous est due, agréez l'hommage que nous vous faisons de ce travail, et permettez-nous d'y joindre l'expression de la plus sincère amitié.

BIOT,
Membre de l'Institut.

TABLE
DES CHAPITRES.

PREMIÈRE SECTION.

DES CORPS EN GÉNÉRAL.

DEUXIÈME SECTION.

DES CORPS SOLIDES.

TROISIÈME SECTION.

DE LA CHALEUR.

QUATRIÈME SECTION.

DES CORPS LIQUIDES.

CINQUIÈME SECTION.

DES CORPS AÉRIFORMES.

SIXIÈME SECTION.

DE L'ÉLECTRICITÉ.

SEPTIÈME SECTION.

DU MAGNÉTISME.

HUITIÈME SECTION.

DE LA LUMIÈRE.

PHYSIQUE MÉCANIQUE.

INTRODUCTION.

§. 1. La science naturelle universelle, c'est-à-dire l'ensemble de nos connaissances sur la nature, est, ou historique, et se nomme alors *Histoire Naturelle*, ou dogmatique, et porte le nom de *Physique dogmatique*.

§. 2. L'objet particulier de l'Histoire Naturelle est la recherche de tout ce que nous pouvons observer immédiatement sur les corps, afin d'en déduire leur classification. Cet examen conduit à partager cette science en trois grandes divisions, la *Minéralogie*, la *Botanique*, la *Zoologie* : divisions déterminées par les différences essentielles qui existent entre les substances inorganiques et les êtres organisés.

§. 3. La Physique dogmatique s'occupe de la recherche des forces naturelles et des lois d'après lesquelles s'opèrent les changemens d'état des corps. Mais il faut d'abord apprendre à connaître les forces naturelles isolément et d'une manière abstraite, avant d'oser jeter ses regards sur les rapports généraux de tous les phénomènes naturels. La première de ces considérations constitue la *Physique théorique*; la seconde, la *Physique appliquée*.

§. 4. La Physique théorique traite ou des forces naturelles qui agissent sur la nature organique , ou de celles qui agissent sur la nature inorganique ; elle est , d'après cela , ou *Physique organique* , ou *Physique inorganique*.

§. 5. Tous les changemens qui arrivent dans les corps inorganiques peuvent être réunis en deux classes : ce sont des changemens de l'état extérieur des corps, ou de leurs propriétés matérielles internes. L'examen des premiers constitue la *Physique mécanique ;* celui des autres , la *Physique chimique.*

§. 6. Les phénomènes organiques dépendent des forces physiques modifiées par l'action de la vie ; mais les principes et les lois de ces modifications ne sont encore connus que d'une manière très-imparfaite , qui se réduit presque à la simple observation. Sous ce rapport , la physique organique se divise en trois parties : l'une , mécanique , l'*Anatomie des corps organisés ;* une autre, chimique, la *Chimie des corps organisés ;* et une troisième, particulièrement explicative , la *Physiologie des corps organisés.*

§. 7. La physique appliquée considère l'ensemble des phénomènes naturels dans leurs rapports réciproques , soit sur cette terre , et elle s'appelle alors *Géographie physique,* soit dans les cieux , et elle prend le nom d'*Astronomie physique.* On y ajoute une troisième partie , mais qui existe plutôt spéculativement qu'en réalité ; elle tente de rechercher l'origine de l'état actuel de la nature : on la nomme *Cosmologie.* Ce qu'on présente sous le nom de *Géologie ,* ou de *Géogonie* , n'est qu'un fragment très-imparfait de cette science.

§. 8. D'après le plan de cet ouvrage , nous devons y traiter de la *Physique Mécanique* , que jusqu'ici , en y mêlant quelque peu de chimie et des élémens incomplets d'astronomie et de géographie, on a nommée exclusivement *Physique*, ou *Science de la nature*; dénomination à laquelle, dans l'état actuel des connaissances naturelles, aucune partie ne peut avoir droit préférablement aux autres. La Physique Mécanique est, dans ses parties essentielles, presqu'entièrement mathématique; et en général, à mesure que l'on s'avance plus profondément dans la connaissance de la nature, chaque partie de la physique proprement dite acquiert une liaison plus intime avec les mathématiques. Mais comme une exposition rigoureusement mathématique serait trop difficile pour le premier enseignement, on l'évite autant que possible, en employant le secours des expériences, c'est-à-dire qu'on présente historiquement les résultats que les mathématiques démontrent, et qu'on les confirme par les expériences; de-là l'idée d'une *Physique expérimentale*.

§. 9. Le but particulier de la Physique Mécanique est de considérer l'état extérieur des corps inorganiques, ou, plus exactement, d'examiner les phénomènes du repos et du mouvement qui s'observent dans ces corps.

§. 10. Mais il y a deux genres de mouvemens très-différens : 1°. le mouvement des corps produits par des causes sensibles, c'est-à-dire dont l'existence peut être constatée par nos sens; 2°. les mouvemens produits par certaines modifications des corps, et que nous apercevons sans avoir une idée nette de la cause motrice. De ce nombre sont les effets de la chaleur, de la lumière, de l'électricité, etc., etc. On attribue, non sans vraisemblance, les phénomènes de ce genre à de certaines matières non perceptibles, que l'on nomme le calorique, la lumière, la matière électrique. D'après cette distinction, la Physique Mécanique se divise en deux parties : 1°. l'étude des corps perceptibles , 2°. et l'étude des substances non perceptibles.

L'étude des corps *perceptibles* est divisée en quatre sections qui traitent :

Ire. DES CORPS EN GÉNÉRAL.
IIe. DES CORPS SOLIDES.
IIIe. DES CORPS LIQUIDES.
IVe. DES CORPS ÉLASTIQUES OU AÉRIFORMES.

L'étude des substances *non perceptibles* est aussi , dans l'état actuel de la science, partagée en quatre sections qui traitent :

Ire. DE LA CHALEUR.
IIe. DE L'ELECTRICITÉ.
IIIe. DE LA FORCE MAGNÉTIQUE.
IVe. DE LA LUMIÈRE.

§. 11. Il n'est ni utile ni convenable d'exposer la physique rigoureusement , d'après ce tableau systématique. Ainsi nous placerons la section de la chaleur immédiatement après celle des corps solides, parce que , sans la connaissance des lois suivant lesquelles la chaleur agit , l'étude des fluides liquides et aériformes ne peut être que très-imparfaitement présentée (*).

(*) On trouve des développemens plus étendus sur le tableau systématique de cette introduction, dans le petit ouvrage suivant : *De disciplinarum physicarum Notionibus, finibus legitimis, et nexu systematico, Dissertatio*, auctore E. G. Fischer, Berlini, 1797.

PREMIÈRE SECTION.

DES CORPS EN GÉNÉRAL.

CHAPITRE PREMIER.

Considérations générales sur les propriétés qui appartiennent à tous les corps.

§. 1. Tout ce que nos sens nous font connaître, sont ou des êtres matériels que l'on nomme *corps*, ou des changemens qui se passent dans les corps. Mais il n'est que deux de nos sens qui nous peuvent convaincre immédiatement de l'existence des autres corps, le toucher et la vue ; et le premier seul peut déterminer sans aucun doute si une apparence est un corps ou n'en est pas un ; ainsi un corps est proprement une *chose palpable*.

§. 2. Il y a de certaines propriétés qui sont *générales*, c'est-à-dire communes à tous les corps, et l'on est assuré de leur généralité, soit parce qu'on ne pourrait apercevoir les corps sans ces propriétés, soit parce que l'expérience a prouvé qu'elles se trouvent dans tous les corps.

§. 3. Parmi les premières propriétés se trouve l'*étendue*, et toutes ses modifications. Chaque corps a une *forme* déterminée, quoiqu'elle soit variable dans les corps liquides et aériformes. Chaque corps a une grosseur déterminée, ou remplit un certain espace , qu'on nomme son *volume*. Chaque corps est *divisible* ; mais on doit distinguer la *divisibilité géométrique* et la *divisibilité physique*. La première est illimitée, et nous ignorons si la dernière l'est aussi, ou à quel point elle s'arrête ; seulement l'expérience montre qu'au moyen de forces naturelles et artificielles les corps peuvent être divisés en particules tellement ténues , qu'elles deviennent imperceptibles aux sens.

§. 4. Un corps se nomme *impénétrable* , par cela qu'un autre corps ne peut s'introduire dans l'espace qu'il remplit. L'impénétrabilité rend le corps palpable ; elle doit donc appartenir à tous les corps ; néanmoins on peut, au premier coup d'œil, douter qu'elle existe dans tous les corps d'une manière absolue , c'est-à-dire dans toutes les circonstances.

§. 5. Elle existe sans aucun doute, 1°. entre deux corps parfaitement homogènes , quels qu'ils soient, solides , liquides ou aériformes ; 2°. entre deux corps solides , même hétérogènes , aussi long-temps qu'ils demeurent à l'état de solides ; 3°. entre un corps solide et un corps fluide , soit liquide ou aériforme , tant que le premier se conserve à l'état solide ; d'où l'on voit aussi qu'elle existe entre notre propre corps et tous les autres corps perceptibles.

Mais cette propriété semble devenir douteuse lorsque deux corps fluides , liquides ou aériformes , se mêlent , ou lorsqu'un corps solide se dissout dans un corps fluide ; enfin, lorsque deux corps forment une *combinaison* tout-à-fait homogène , ce qu'on doit bien distinguer d'une *mixtion* , quelque bien faite qu'elle soit.

§ 6. Une conséquence nécessaire de l'impénétrabilité , est la *coërcibilité* , de sorte que les mots *impénétrable* , *palpable* et *coërcible*, signifient la même chose.

§ 7. La *pesanteur* et la *mobilité* ne sont réellement pas

des conditions nécessaires de la perceptibilité ; cependant l'expérience apprend qu'elles appartiennent à tous les corps perceptibles, sans exception ; mais comme ces deux propriétés des corps sont au nombre des objets les plus essentiels de la physique mécanique, nous en traiterons avec détail dans des chapitres particuliers.

§. 8. La plupart des physiciens comptent encore parmi les propriétés générales des corps, la *porosité*, la *compressibilité* et l'*élasticité* ; mais les raisons qui portent à croire que ces qualités se rencontrent dans tous les corps sont insuffisantes.

§. 9. Tout ce qui précède ne peut s'appliquer qu'aux corps perceptibles ; mais plus on avance dans la connaissance de la nature, plus on se sent pressé de reconnaître aussi l'existence de substances non perceptibles. (*Introd.*, §. 10.) Parmi les physiciens modernes il en est beaucoup qui penchent, par de bonnes raisons, à refuser la pesanteur et l'impénétrabilité aux substances non perceptibles, et à leur laisser seulement l'étendue et la mobilité ; d'autres leur accordent les deux premières qualités, mais à un degré non perceptible pour nos sens. Tous ont coutume de les nommer *substances impondérables ou incoërcibles* (*).

(*) S'il existe réellement des substances non perceptibles, comme beaucoup de phénomènes tendent à le faire présumer, du moins leur nature et leur constitution intime sont trop peu connues pour que les opinions jusqu'à présent émises sur ce sujet puissent être regardées comme autre chose que comme des hypothèses.

CHAPITRE II.

De l'État d'Agrégation des Corps.

§. 1. Tous les corps naturels sont ou *solides* ou *fluides*. Les corps solides sont ceux dont les particules adhèrent entr'elles, de sorte qu'elles ne peuvent se séparer, ni changer de position les unes par rapport aux autres, sans l'action de quelque force extérieure ; ce qui donne à ces corps une forme particulière déterminée. Dans les corps fluides, au contraire, les molécules adhèrent si peu entre elles, qu'elles peuvent aisément se séparer, et encore plus aisément changer de position entr'elles. Par cette raison, ces corps ne peuvent affecter aucune forme particulière déterminée. Entre les corps fluides il existe une différence remarquable : les uns conservent naturellement leur volume sans faire un effort continuel pour s'étendre ; on les nomme *liquides* : dans les autres les particules tendent continuellement à s'écarter ; on les nomme *fluides élastiques* ou *aériformes*.

On appelle les trois états d'agrégation des corps, la *solidité*, la *liquidité* et l'*état aériforme*.

§. 2. Beaucoup de corps peuvent passer successivement par les trois états d'agrégation, au moyen de forces naturelles ou artificielles, sans subir, cependant, de changemens internes. L'eau, par exemple, le mercure et la plupart des métaux qui se fondent aisément, sont dans ce cas : on peut les rendre successivement solides, liquides et aériformes. D'autres ne paraissent que sous deux de ces états, par exemple, solides et liquides, comme les métaux, qui ne se fondent que difficilement ; ou liquides et fluides élastiques, comme l'alcool et un grand nombre d'autres substances. D'autres corps, enfin, ne se montrent qu'à un seul état, par exemple les terres simples, les métaux infusibles, la plupart des espèces d'air, etc.

§. 3. La physique possède deux moyens de changer l'état d'agrégation des corps ; le premier est la chaleur. L'eau, par exemple, est liquide entre la congélation et l'ébullition ; au-dessous de la première limite, elle est solide ; au-dessus de la seconde, elle est élastique. Le second moyen est l'emploi des combinaisons chimiques. Lorsque deux corps se combinent ensemble d'une manière intime, souvent l'un des deux communique à l'autre son état d'agrégation ; souvent aussi la combinaison prend un état différent de ceux qu'avaient les parties composantes : par exemple, un sel devient liquide dans l'eau ; l'eau elle-même devient fluide élastique dans l'air ; la terre siliceuse passe à l'état de gaz dans l'acide fluorique. Le gaz acide muriatique et le gaz ammoniaque forment le muriate d'ammoniaque solide. Le gaz hydrogène et le gaz oxigène composent l'eau à l'état liquide, etc., etc. Si la chaleur est, comme cela est fort vraisemblable, l'effet d'une substance non perceptible, ces deux moyens se confondent en un seul (*).

§. 4. Les changemens dans les états d'agrégation dépendent, selon toutes les apparences, de l'opposition de deux forces, l'une attractive, et l'autre répulsive. La première

---

(*) Je rappelle encore ici que cette vraisemblance dont parle l'auteur, est absolument hypothétique. On ne sait réellement pas du tout ce que c'est que la chaleur. Un assez grand nombre de phénomènes s'expliquent assez bien en supposant que ce soit une matière susceptible d'entrer en combinaison ; d'autres paraissent jusqu'à présent tout-à-fait inexplicables dans cette supposition.

c'est-à-dire la force attractive , est une propriété inhérente aux particules des corps ; et l'autre, la force répulsive, est produite par le calorique qui se combine avec elles. Le corps est solide lorsque la force attractive surpasse la force répulsive ; liquide, quand toutes deux sont en équilibre ; et fluide élastique , lorsque la force répulsive l'emporte sur l'autre.

§. 5. L'état d'agrégation des corps a une grande influence sur tous les phénomènes naturels , et particuliérement sur les lois du mouvement et de l'équilibre. C'est ce qui a déterminé les divisions de la physique mécanique (*a*). (*Introd.* , pag. 4.)

CHAPITRE III.

Variétés infinies des Propriétés matérielles des Corps.

§. 1. L'EXPÉRIENCE montre que les corps agissent diversement les uns sur les autres ; c'est en cela que consiste la *variété matérielle des corps.*

§. 2. On a cherché presque uniquement jusqu'ici à expliquer ce phénomène , par la supposition que les petites particules des corps sont peut-être d'une même nature matérielle , et qu'elles varient seulement de grandeur , de forme, de situation et d'éloignement entr'elles , dans les différens corps ; mais cette hypothèse n'est ni suffisante ni probable.

§. 3. L'expérience est le seul guide exact dans la physique ; et quoique les lumières qu'elle nous a fournies sur

---

(*a*) L'opinion d'Aristote sur les quatre prétendus élémens, l'eau , la terre, le feu et l'air , a un rapport fautif , mais assez marqué , avec les divers états d'agrégation.

ce sujet appartiennent à la physique chimique , il est cependant nécessaire , pour donner une idée juste des phénomènes naturels , de placer ici un court abrégé des résultats de ces recherches.

§. 4. Presque tous les corps que nous présente la nature , sont composés de substances hétérogènes ; ainsi , par exemple , le cinabre est composé de soufre et d'oxide de mercure : ces substances se nomment *principes constituans* , pour les distinguer des *particules intégrantes* , qui sont simplement des fragmens homogènes d'un corps. Souvent les principes constituans d'un corps peuvent être eux-mêmes décomposés encore en d'autres *principes constituans éloignés* ; par exemple , l'oxide de mercure se décompose en mercure et en oxigène. Cependant le chimiste finit toujours par trouver des matières qu'il ne peut décomposer , soit qu'en effet elles se trouvent à l'état simple et non décomposable , soit qu'il manque encore de moyen pour les décomposer davantage.

§. 5. Les chimistes comptent maintenant (année 1804) quarante-deux de ces substances pondérables et non décomposées , dont se forment tous les corps. On trouve dans tous les élémens de chimie , leur liste , qui varie chaque année : elle comprend aujourd'hui cinq substances élastiques , et trente-sept solides ; parmi ces dernières trois sont inflammables , trois de nature saline , dix des terres simples , et vingt-une des métaux (*).

____

(*) Ce nombre s'accroît tellement , à mesure que les recherches chimiques se multiplient , qu'il serait absolument inutile de vouloir le fixer avec précision. Par exemple , on trouve maintenant dans le platine brut jusqu'à onze métaux simples ou indécomposés. Qui sait si on n'y en trouvera pas encore quelques-uns ? Cette grande multiplicité n'est probablement qu'un effet du peu

Pour donner plus de clarté à ceci, nous allons considérer plus particulièrement quelques phénomènes chimiques.

§. 6. Par exemple un sel pur, tel que le sulfate de soude, le salpêtre ou le sel commun, se dissout parfaitement dans l'eau pure, et forme avec elle un seul liquide parfaitement homogène. Le microscope le plus fort ne peut découvrir aucune particule de sel dans cette dissolution. Ce phénomène semble contraire aux lois de la pesanteur, si l'on veut admettre que les particules de sel nagent seulement dans l'eau, infiniment divisées. On doit plutôt croire qu'elles sont devenues fluides elles-mêmes, et se sont répandues également entre toutes les particules d'eau. On conçoit par-là la grande différence qui existe entre une *combinaison* et un *mélange*; la dissolution de sel est un corps composé dont les principes constituans sont le sel et l'eau.

§. 7. Si l'on expose une semblable dissolution saline à une chaleur convenable, l'eau se vaporise, mais le sel reprend l'état solide. C'est là un exemple de *décomposition* ou *séparation* chimique.

§. 8. Le sulfate de soude lui-même peut être décomposé en acide sulfurique et en soude; ces substances sont donc les *principes constituans éloignés* de la dissolution saline, et les *principes constituans immédiats* du sulfate de soude lui-même. Mais l'acide sulfurique peut être décomposé en

---

d'avancement de la chimie minérale; car il est présumable que ces substances ne sont pas toutes rigoureusement irréductibles les unes dans les autres. Mais dans l'état actuel de la science, il faut nécessairement regarder comme distinctes les substances qui résistent à nos moyens de décomposition; c'est ce qui en fait augmenter si rapidement le nombre à mesure que la chimie s'étend, et c'est pour cela que nous n'avons rien changé à la liste de l'auteur, qui est plutôt une indication qu'un dénombrement exact.

soufre et en oxigène. Ainsi ces deux dernières substances sont, par rapport au sulfate de soude, des principes constituans éloignés. Le soufre, l'oxigène et la soude, sont des substances simples ou non encore décomposées (*). (§. 4, 5.)

§. 9. Si l'on mêle une partie en volume de gaz oxigène, nommé aussi air vital, à deux parties de gaz hydrogène ou air inflammable, il en résulte un mélange gazeux tout-à-fait homogène, qu'on appelle *gaz tonnant*. Si dans une boule de verre fermée assez exactement pour que rien de pondérable ne puisse y entrer ni en sortir, on met environ la cinquième partie de ce qu'elle pourrait contenir de gaz tonnant, et si ensuite on y fait passer une étincelle électrique, la masse d'air enfermé s'enflamme; dans l'instant tout le gaz a disparu, et la boule est recouverte de vapeurs d'eau. En répétant l'expérience, on peut produire assez de liquide pour s'assurer que le produit est de l'eau véritable. On trouve dans le *Journal de Chimie* de Scherer, tom. X, pag. 310, la description d'un appareil commode pour faire cette expérience.

§. 10. L'eau est donc elle-même un corps composé, et ses principes constituans sont l'oxigène et l'hydrogène; mais comme dans l'expérience de la formation de l'eau, excepté l'étincelle électrique, rien de perceptible ne s'introduit dans la boule de verre, ni ne s'en échappe, et que cependant le gaz tonnant subit un changement si remarquable, on est

---

(*) Depuis l'époque où parut cet ouvrage, M. Davy a découvert que la potasse et la soude sont des oxides métalliques. Il y est parvenu en faisant agir sur ces alcalis le courant électrique d'une forte batterie voltaïque. MM. Gay-Lussac et Thénard ont fait rentrer ce beau résultat dans le domaine de la chimie, en décomposant les oxides alcalins par le seul jeu des affinités. (*Voyez* l'ouvrage qu'ils ont publié sur cette matière aussi neuve qu'importante.)

presque forcé d'admettre que l'étincelle électrique a ou sépare du gaz tonnant quelque substance non perceptible et qu'on ne peut empêcher de traverser les corps, ou qu'elle l'y a introduite (*).

§. 11. Dans tous les phénomènes chimiques décrits §. 6, 7, 8, 9, 10, il n'arrive incontestablement rien autre chose qu'une combinaison ou une décomposition ; et il en est de même pour tous les phénomènes chimiques. Cette explication des variétés matérielles des corps, à laquelle l'expérience seule nous autorise, consiste donc dans l'idée qu'il n'existe pas un grand nombre de substances simples, mais que celles qui sont telles sont essentiellement différentes, et que de leurs combinaisons infinies naissent toutes les différences matérielles qu'on observe dans les corps.

§. 12. Le mélange de deux substances est, sans aucun doute, la conséquence d'une attraction, d'un penchant à se joindre, ou plutôt à se pénétrer. C'est ce qu'on nomme l'*affinité* des substances ; et on considère cette propriété comme une force naturelle qui s'exerce à chaque point de contact des corps hétérogènes, quoique souvent elle ne produise pas de combinaison entr'eux, mais seulement une faible adhésion, parce qu'une force plus puissante agit en sens contraire et empêche la combinaison.

(*) L'auteur veut sans doute parler ici de la chaleur qui se dégage, en effet, du mélange, lorsque les deux gaz qui le composent entrent en combinaison et forment de l'eau. J'ai prouvé par une expérience directe que la transmission de l'étincelle électrique n'est point nécessaire pour la formation de l'eau. Car en enfermant les deux gaz dans un canon de fusil, et en les comprimant avec rapidité, la chaleur qui s'en dégage les enflamme et détermine leur combinaison. Mais il faut prendre quelques précautions en faisant cette expérience, car le tube de fer est souvent rompu par la force de l'explosion.

CHAPITRE IV.

Des diverses Manières de considérer les Corps.

§. 1. Le système dynamique est maintenant fort en usage en Allemagne, et celui des atômes obtient le même avantage en France. Nous ne devons donc pas négliger d'en donner une courte exposition. Tous deux sont des tentatives de l'esprit humain, pour se représenter autant que possible l'essence intime des corps.

Système des atômes.

§. 2. Les partisans de ce système supposent chaque corps composé de particules indivisibles et impénétrables, qu'ils nomment atômes ; elles sont d'une petitesse presque infinie, laissent entr'elles des espaces vides, et rendent ainsi la porosité une propriété nécessaire des corps. Elles ne se touchent point, mais sont maintenues à distance par de certaines forces attractives et répulsives qui existent entre elles : de là vient que, dans le volume de chaque corps, il y a beaucoup plus d'espace vide que de matière. On peut, avec ce système, expliquer les variétés matérielles des corps, soit par une différence matérielle des atômes, soit par une différence dans leur forme, leur grandeur, leur position et leur distance. Lorsque deux substances se combinent chimiquement, les atômes de l'une pénètrent dans les interstices de l'autre, et les atômes des deux substances se combinent si parfaitement, qu'ils deviennent ensemble comme de nouvelles espèces de particules constituantes, à cela près qu'elles ne sont pas simples, mais composées.

Système dynamique.

§. 3. Dans ce système on regarde chaque corps comme un espace rempli d'une matière continue. La porosité devient alors une propriété accidentelle de la matière ; mais la compressibilité et la dilatabilité en sont des qualités essentielles. L'état d'un corps ne dépend que de certaines forces attractives ou répulsives, et son volume doit changer aussitôt que les rapports de ces forces ne sont plus les mêmes. On explique les variétés matérielles, en admettant l'existence de quelques substances primitives simples, dont les combinaisons différentes produisent tous les corps. Lorsque deux substances se combinent chimiquement, les partisans de ce système doivent admettre absolument qu'elles se pénétrent dans leur essence la plus intime.

Considérations empiriques.

§. 4. L'histoire de la science apprend que les considérations purement spéculatives ont toujours égaré. Le véritable physicien ne doit donc s'astreindre ni au système des atômes, ni au système dynamique : la nature intime des corps nous restera toujours cachée. Ce que nous connaissons de leurs parties extérieures, nous le devons entièrement à une observation attentive, et à une critique prudente de ce que nos sens nous indiquent. Les mathématiques elles-mêmes nous égarent lorsqu'elles n'ont pour fondement que des hypothèses ingénieuses et non des principes confirmés par l'expérience. Le physicien doit donc ne reconnaître pour véritable que ce qui a été prouvé par l'expérience. Il peut cependant, il doit même employer des hypothèses ; mais il faut qu'elles puissent être essayées à la pierre de touche de l'expérience. Toute hypothèse qui ne peut être confirmée ou renversée par l'expérience, n'est qu'un jeu d'esprit ou une subtilité. Cependant de telles hypothèses peuvent être quelquefois employées comme des moyens de se représenter les choses.

Cette manière d'étudier la nature, est ce que je nomme la *considération empirique*, et je la regarde comme le seul moyen exact d'avancer dans sa connaissance.

CHAPITRE V.

Idées Mathématiques et Lois du Mouvement.

§. 1. Si l'on anéantit par la pensée tous les corps, il reste encore l'idée d'une étendue immense et se prolongeant en tous sens, qu'on appelle l'*espace infini* ou *absolu*. Chaque partie de cet espace qu'on veut limiter à volonté, ou qui est occupée par une portion du monde corporel, est nommée *espace limité* ou *relatif*. L'espace absolu est immuable; mais on peut faire mouvoir tout espace relatif par la pensée.

§. 2. Le lieu qu'un corps occupe dans un espace s'appelle sa *place*. Le *mouvement* est le changement de place; le *repos* est la permanence en une place. Tous deux se nomment *relatifs* ou *absolus*, selon qu'ils se rapportent à un espace absolu ou à un espace relatif.

§. 3. Lorsque toutes les parties d'un corps ont un mouvement commun, la ligne que parcourt un quelconque de ses points se nomme la *trajectoire* du corps. Selon que la ligne parcourue est droite ou courbe, on nomme le mouvement *rectiligne* ou *curviligne*. On l'appelle *uniforme*, lorsque le corps parcourt en temps égaux des espaces égaux. Le mouvement qui n'est pas uniforme s'appelle *mouvement varié*.

Il est *accéléré*, lorsque les espaces parcourus dans les mêmes intervalles de temps sont de plus en plus considérables. Il se nomme *retardé*, lorsque les espaces deviennent moindres, le temps restant le même.

§. 4. L'espace que parcourt un corps mu uniformément dans une unité de temps, par exemple dans une seconde, se nomme sa *vitesse*. Dans un mouvement non uniforme, la vitesse change à chaque instant; et cette vitesse, dans un instant donné, est égale à l'espace que le corps parcourrait en une unité de temps, s'il conservait uniformément le mouvement qu'il a alors.

§. 5. Dans un mouvement uniforme, l'espace parcouru est proportionnel au temps. On connaît donc la vitesse, en divisant le chemin parcouru par le temps employé à le parcourir (*a*).

§. 6. Relativement à l'espace absolu, un corps ne peut

(*a*) Soit S l'espace parcouru pendant le temps T, par un corps animé d'un mouvement uniforme; si l'on désigne par V la vitesse, on aura $V = \dfrac{S}{T}$.

Cette formule fondamentale de toute la mécanique sert aussi pour les mouvemens infiniment petits, pourvu que T et S puissent être regardés comme *infiniment petits*.

* Dans cette équation, S ne représente pas une ligne, mais le nombre d'unités linéaires, de mètres, par exemple, qui ont été parcourus; et, de même, T représente le nombre d'unités de temps, par exemple de secondes, si c'est la seconde que l'on prend pour unité. De cette manière, S, T, et leur quotient V, sont des nombres abstraits. En général, on ne peut comparer immédiatement ensemble des quantités hétérogènes, comme l'espace et le temps; il faut d'abord les réduire chacune en unités de leur espèce; et alors on n'a plus à comparer que des nombres abstraits. Il en est de même toutes les fois que l'on introduit dans le calcul des données physiques.

avoir qu'un seul mouvement à-la-fois : par rapport aux
espaces relatifs, il peut en avoir indéfiniment ; car si le
corps a un mouvement par rapport à un espace relatif, cet
espace peut avoir un deuxième mouvement par rapport à
un autre espace relatif, qui lui-même peut avoir un troisième mouvement par rapport au corps et au premier espace ;
et ainsi de suite.

§. 7. *Si un corps qui se trouve en* A (fig. I), *a deux
mouvemens uniformes dans les directions* A B *et* A C,
et que A B *et* A C *représentent des espaces qui seraient
parcourus en des temps égaux, en vertu de chacun de ces
mouvemens séparés, le corps en vertu de leur ensemble
parcourra dans le même temps, et d'un mouvement uniforme, la diagonale* A D *du parallélogramme* A B C D,
qui se peut construire sur les lignes A B *et* A C.

D'après l'article précédent, on ne peut faire prendre au
corps placé en *A* deux mouvemens à-la-fois, que d'une seule
manière ; savoir, en lui en donnant un dans un espace
relatif, et en donnant un autre mouvement à cet espace
relatif lui-même, ensemble avec le corps. Soit donc *A C*
la ligne que le corps parcourt en mouvement uniforme,
dans un temps donné, dans l'espace relatif où il se meut,
et qu'en même temps la ligne *A C* elle-même se meuve avec
le corps, d'un mouvement uniforme, suivant la direction *A B*, de sorte qu'après le temps donné elle doive se
trouver dans la situation *B D* ; on conçoit facilement que
le corps, par la combinaison de ces deux mouvemens non
interrompus, passe par la diagonale *A D*, et qu'il la parcourt en mouvement uniforme (*).

(*) Ces deux propositions se démontrent rigoureusement d'après
les principes mathématiques de la mécanique, c'est-à-dire qu'on
les déduit de l'idée abstraite des forces par le moyen du calcul.

Si l'on fait mouvoir le corps dans la direction AB, et qu'on fasse passer cette ligne AB à la situation CD, la conséquence sera la même.

§. 8. On nomme les mouvemens AB et AC, *mouvemens simples* ou *latéraux* ; le mouvement AD, *mouvement moyen* ou *composé*. Cette proposition, très-utile et très-importante, se nomme le *théorème de la composition du mouvement*.

§. 9. Il est tout-à-fait équivalent de dire que le corps a les deux mouvemens AB et AD, ou qu'il n'a que le seul mouvement AC. On peut composer les deux mouvemens en un seul, et réciproquement décomposer chaque mouvement AD en deux autres AB et AC, dans des directions prises arbitrairement.

§. 10. En répétant l'application du théorème, un nombre infini de mouvemens peuvent être composés en un seul ; ou un mouvement unique peut être décomposé en un nombre infini de mouvemens dans des directions arbitraires.

§. 11. Notre théorème peut même être appliqué aux mouvemens en lignes courbes, et aux mouvemens non uniformes, si l'on se représente par AB et AC des espaces infiniment petits, qui soient aussi parcourus en des temps infiniment petits. Cette proposition peut donc ainsi s'étendre à toutes les sortes de mouvemens imaginables.

§. 12. Chaque mouvement absolu peut être considéré comme relatif, si on le rapporte à un espace limité. Chaque mouvement relatif peut être considéré comme absolu, si l'on regarde l'espace relatif comme étant en repos. Il est donc indifférent pour nous, dans tous les cas physiques, de savoir si un corps en mouvement, ou en repos, l'est d'une manière relative ou absolue.

CHAPITRE VI.

Lois physiques du Mouvement, ou Connaissance des forces motrices.

§. 1. CHAQUE mouvement, et même chaque changement qui se produit dans la direction ou dans la vitesse du mouvement, doit avoir une cause, comme tout autre changement d'état des corps. Nous attribuons une force motrice au principe quel qu'il soit, que nous reconnaissons être la cause immédiate d'un changement dans l'état de repos ou de mouvement d'un corps.

§. 2. Toutes les forces motrices naturelles peuvent être comprises dans les divisions suivantes :

1°. La force de volonté des êtres animés peut produire des mouvemens au moyen des muscles du corps. C'est la seule espèce de forces motrices que nous connaissions d'une manière immédiate, par la sensation.

2°. La mobilité de tous les corps, jointe à leur impénétrabilité, produit une force motrice ; car si deux corps impénétrables se choquent l'un l'autre, il doit nécessairement arriver un changement dans leurs états respectifs ; c'est-à-dire, qu'ils exercent l'un contre l'autre des forces motrices opposées.

3°. Il existe encore des forces motrices dans les propriétés particulières de beaucoup de corps, entr'autres dans l'élasticité des corps solides, et dans la dilatabilité des corps aériformes.

4°. Enfin, il y a beaucoup de mouvemens dont nous ignorons, ou du moins dont nous ne connaissons les causes que très-imparfaitement, ou même pas du tout. Tels sont les

mouvemens produits par la pesanteur, la matière magnétique, la chaleur, l'électricité, etc.

§. 3. Il est impossible, dans la réalité, de soustraire
physiquement un corps à l'influence de toutes les forces
motrices ; mais il est possible de le faire par la pensée : cela
est même nécessaire pour faciliter la théorie. Alors il ne
reste que l'idée d'une masse inerte, privée de toutes forces,
et qui ne peut rien changer dans son propre état. D'après
cette considération, la première loi à laquelle Newton
ramena la théorie du mouvement, fut : *que le corps immobile persiste à l'état de repos, et que le corps rendu
mobile persiste à l'état de mouvement uniforme et en
ligne droite jusqu'à ce qu'une force motrice change leurs
états.* On considère cette indifférence au mouvement ou
au repos, comme une propriété générale des corps, et on la
nomme *force d'inertie.*

§. 4. La *masse* d'un corps est la quantité de matière qu'il
contient : on ne doit jamais la confondre avec sa *grosseur*
ou son *volume*. Dans le chapitre de la Pesanteur, nous verrons que le *poids* d'un corps est la mesure de sa masse.

§. 5. La quantité de mouvement dépend en partie de
la masse du corps mis en mouvement, et en partie de sa
vitesse : cette quantité de mouvement est, pour des masses
égales, dans le rapport de la vitesse ; et pour des vitesses
égales, dans le rapport de la masse : d'où il suit qu'elle
est généralement comme le produit de la masse et de la
vitesse (a).

(a) Soient les masses des deux corps en mouvement, M et m ;
leurs vitesses respectives V et v ; les quantités respectives de leurs
mouvemens B et b : qu'on suppose alors un troisième corps qui
ait la même masse M que l'un, et la même vitesse v que l'autre,
et que la quantité de son mouvement soit β : on aura entre les

§. 6. Puisque nous n'avons qu'une idée imparfaite des forces motrices en elles-mêmes, ou plutôt que nous n'en avons aucune, nous ne connaissons pas non plus de mesure immédiate de ces forces ; mais nous pouvons mesurer par leurs effets la grandeur des mouvemens qu'elles produisent, et nous savons que la force employée doit y être proportionnelle (*). La force est donc mesurée *par le produit de la masse et de la vitesse du corps mis en mouvement* (§. 5). Telle est , en substance , la deuxième loi fondamentale du mouvement de Newton.

§. 7. On conçoit par-là comment les forces motrices peuvent être représentées par des nombres ou par des lignes. Cette dernière méthode est sur-tout commode, lorsque deux ou plusieurs forces agissent sur un même corps. Alors les lignes qui expriment les rapports des forces représentent à-la-fois leurs directions , le rapport des vitesses qu'elles tendent à communiquer au corps , et enfin le rapport des espaces que le corps aurait parcourus s'il eût été mu par chacune des forces séparément.

---

masses égales la proportion $B : b = V : v$, et entre les corps de vitesse égale, $B : b = M : m$; d'où en composant ces deux proportions , l'on tire $B : b = M V : m v$.

(*) Cette proportionnalité n'est ni évidente par elle-même , ni nécessaire. On peut concevoir une infinité de lois mathématiques du mouvement, dans lesquelles la vitesse ne serait pas proportionnelle à la force ; mais les phénomènes qui en résultent dans la composition des mouvemens diffèrent de ceux que l'état actuel de l'univers nous présente , et ceux-ci se passent comme si la vitesse était proportionnelle à la force. Cette loi est donc la seule qui doive être admise physiquement ; mais on voit par-là qu'elle est de vérité contingente. (*Voyez* le *Système du Monde* de M. Laplace , et la *Mécanique Céleste* du même auteur , où cette théorie est développée.)

§. 8. La troisième loi fondamentale du mouvement, découverte par Newton, est la suivante : *lorsque deux corps agissent l'un sur l'autre, leurs actions et leurs réactions sont toujours égales* ; c'est-à-dire, si le mouvement d'un corps devient lui-même une force motrice par la pression ou le choc que ce corps produit sur un autre corps, les deux corps subissent un effet égal, mais opposé. Autant l'un gagne en mouvement, autant en perd l'autre, puisque la force doit être égale à son effet (§. 4).

CHAPITRE VII.

Aperçu historique sur ce qui est connu de la Pesanteur.

§. 1. La pesanteur est, par ses effets, la plus importante de toutes les forces naturelles mécaniques. Sa cause est entièrement ignorée ; mais nous connaissons ses lois plus exactement que celles d'aucune autre force naturelle. Comme l'explication de ses effets est un des objets principaux de la physique mécanique, il est à propos de les exposer dans toute leur étendue. Cependant la plupart de ces effets ne peuvent être rapportés ici qu'historiquement, car une partie des moyens par lesquels les physiciens ont déterminé les lois de la pesanteur, ne doivent être exposés que dans la suite de cet ouvrage, et le reste n'appartient point à la physique mécanique, mais à l'astronomie.

§. 2. Le premier effet de la pesanteur, que nous ayons à considérer, est la pression dirigée vers la terre, que chaque corps exerce sur les corps placés au-dessous de lui. Cette pression, dont l'intensité déterminée s'appelle le *poids* du corps, peut être mesurée très-exactement au moyen des balances; elle est invariable, quelques changemens qui puissent se faire dans la forme, la position, l'extension et les propriétés chimiques du corps, pourvu cependant qu'aucune matière pondérable ne lui soit ni enlevée ni ajoutée. Cette circonstance autorise à conclure que le poids d'un corps dépend seulement de la quantité de matière corporelle qu'il contient, par conséquent que la masse doit lui être proportionnelle. (Chap. VI, §. 4.) (*)

§. 3. L'expérience nous apprend que lorsque plusieurs corps sont *homogènes*, c'est-à-dire absolument identiques dans leur nature et leur constitution, les poids de ces corps sont entr'eux comme leurs volumes; mais cette proportionnalité n'a plus lieu entre les poids des corps qui sont *hétérogènes*, soit par leur nature, soit par l'effet des circonstances où ils sont placés; de-là naît l'idée de la *densité*, qu'on nomme aussi *poids spécifique*, ou *poids propre* du corps. Le poids spécifique est donc le rapport du poids absolu d'un corps au poids absolu d'un autre corps pris pour unité.

§. 4. Pour l'estimation du poids spécifique en nombres, on emploie deux sortes d'unités. Pour les corps solides et les liquides on prend le poids de l'eau pure comme unité; on pèse un corps d'un volume donné, et on détermine le poids d'un même volume d'eau. On divise le premier poids par le second, et l'on a le poids spécifique du

---

(*) Pour ne rien faire entrer, dans la définition de la masse, qui dépende de la constitution des corps, on doit entendre par points matériels égaux en masse ceux qui, animés de vitesses égales et opposées, se feraient exactement équilibre. La même définition s'étend aussi aux masses égales. Par exemple, cette égalité a lieu pour des masses qui se font équilibre dans les deux plateaux d'une balance dont les deux bras sont égaux.

corps (*a*). Cette évaluation a l'avantage d'être indépendante de toutes les différences des poids et des mesures. Les physiciens ont beaucoup de moyens pour estimer les poids spécifiques des corps. Les méthodes les plus exactes et les meilleures seront exposées quand nous traiterons de l'Hydrostatique.

§. 5. Pour les corps aériformes on prend communément le poids d'un pouce cubique du gaz lui-même ; mais cette espèce d'évaluation est soumise aux différences des poids et des mesures que l'on veut employer. Nous ne pouvons parler que dans l'aréométrie, des méthodes qui servent à la déterminer.

§. 6. Si un corps pesant n'est pas soutenu, il tombe avec un mouvement croissant ou accéléré dont nous examinerons les lois dans la Mécanique. On nomme la direction de la chûte, *ligne d-plomb* ou *verticale*. Une surface ou une ligne à laquelle cette direction est perpendiculaire, s'appelle surface ou ligne horizontale. C'est celle que prend naturellement, dans chaque lieu, la surface des eaux tranquilles. De là viennent les idées de haut et de bas.

§. 7. Lorsque nous comparons les directions de la pesanteur dans des lieux très-voisins les uns des autres, elles nous paraissent absolument parallèles ; mais la connaissance plus exacte du globe terrestre a appris qu'elles sont partout effectivement dirigées vers le centre de la terre.

§. 8. *Dans un espace vide d'air, tous les corps*

(*a*) Soit P le poids absolu d'un corps exprimé en unités de poids d'une espèce déterminée, par exemple en grammes ; soit A le poids absolu d'un égal volume d'eau, exprimé de la même manière : en nommant X le poids spécifique du corps, on aura la proportion $A : P :: 1 : X$; par conséquent $X = \dfrac{P}{A}$.

tombent avec une vîtesse égale. Cette loi se confirme très-bien par la théorie du pendule. Dans cette loi se trouve la démonstration rigoureuse, que les masses des corps sont proportionnelles à leurs poids (Chap. VI , §. 4, 5, 6). Un corps qui tombe sans obstacle , parcourt dans la première seconde un espace égal à 15 pieds $\frac{1}{12}$ ou 4^{m},905. On doit aussi cette connaissance à la théorie du pendule.

§. 9. Tant qu'on reste dans le même lieu , la pesanteur est invariable. Les observations du pendule ont confirmé l'assertion de Newton , que la pesanteur ne doit pas être la même par toute la terre , et que son intensité doit être plus faible à l'équateur que sous les pôles. Cette variation résulte de ce que la terre n'est pas tout-à-fait sphérique. Mais comme la quantité dont elle diffère de la sphère est très-peu considérable , l'inégalité qui en résulte dans la pesanteur est pareillement très-petite.

§. 10. On a trouvé la pesanteur un peu moindre sur les montagnes très-élevées que dans les plaines. Cette observation aurait conduit naturellement à penser que la pesanteur décroît à mesure que l'on s'éloigne de la terre , si Newton n'avait déjà fait cette découverte d'une autre manière.

§. 11. Newton , par une connaissance profonde des lois générales du mouvement , et de ce que deux mille années de recherches et d'observations avaient appris sur les mouvemens des corps célestes , démontra qu'une attraction réciproque existe entre tous les corps de la nature , et qu'elle est en raison directe de la masse du corps qui attire , et en raison inverse du carré de la distance du corps attiré. Puis , en comparant , par le calcul , la force qui retient la lune dans son orbite , autour de la terre , avec la force qui fait tomber ici-bas les corps vers la surface terrestre , il prouva que cette dernière pesanteur n'est autre chose qu'un cas particulier de cette attraction commune à tous les corps, qu'il nomma, par cette raison, *gravitation universelle*.

§. 12. Newton nous a montré la force de la pesanteur sous des rapports très-élevés et très-importans. C'est elle qui donne et qui conserve à chaque corps du monde sa forme particulière. C'est elle qui lie ensemble toutes les parties de chaque corps, de manière qu'aucune parcelle de matière pondérable ne puisse être perdue. C'est elle qui unit en un tout immense les corps dont l'univers se compose, et qui contient leurs mouvemens dans un ordre et une harmonie éternelle. Si le créateur du monde rompait ce lien invisible, toute la nature retomberait dans le chaos.

DEUXIÈME SECTION.

DES CORPS SOLIDES.

CHAPITRE VIII.

Propriétés générales des Corps solides.

§. 1. Les parties d'un corps solide se tiennent entr'elles, de sorte qu'il faut faire un effort pour les séparer, ou seulement pour changer leurs positions respectives. Le corps solide a, par cette raison, une forme particulière déterminée. La force qui joint ses différentes parties se nomme la force de cohésion. Musschenbrock, Buffon et quelques autres, ont fait sur cette force de nombreuses expériences.

Le premier fit fondre des barres de métal équarries, dont chaque côté était large de 0,17 pouces du Rhin, ou $0^m,0044$, et il y suspendit successivement des poids jusqu'à ce qu'il parvint à les rompre; il fallut employer

Pour le fer d'Allemagne . . . . 1930 liv.

    l'argent fin 1156

    le cuivre de Suède. 1054

    l'or fin. 578

    l'étain d'Angleterre. 150

    l'étain de Malacca. 91

    le plomb d'Angleterre. 25

Des expériences semblables faites avec des bâtons de

bois dont les côtés étaient de 0,27 pouces du Rhin,
ou 0m,0071, donnèrent les résultats suivans :

Pour rompre le bois de hêtre, il fallut . . . 1250 liv.
     le bois de chêne. 1150
     le bois de tilleul 1000
     le bois de sapin. 600
     le bois de pin. 550

(*Voyez* les *Dictionnaires de Physique* de Gehler et de
Fischer, art. *Cohésion.*)

La force de cohésion des métaux ductiles est augmentée
par des coups de marteau modérés ; mais des coups trop
forts la diminuent. Elle est affaiblie par la chaleur, et
accrue par le froid. En général, la cohésion est une force
variable qui peut être changée de diverses manières par
un grand nombre de moyens chimiques et mécaniques.
On trouve plusieurs remarques sur ceci dans le livre intitulé : *Erxleben-Lichtenbergische Naturlehre*, 5°. édit.,
pag. 33, §. 27.

§. 2. La propriété qu'ont les particules de pouvoir changer leurs positions respectives sans se désunir, n'est pas
toujours proportionnelle à la propriété qu'elles ont de pouvoir être séparées. C'est ce qui donne lieu aux diverses
qualités des corps solides, qu'on désigne par les mots, pour
la plupart assez vagues, de dur, mou, tenace, friable,
roide, flexible, etc.

§. 3. La force de cohésion manifeste encore son effet
lorsque les corps sont divisés en petits fragmens. Il paraît
que tous les corps, lorsqu'on les met en contact, ont une
tendance à s'attacher les uns aux autres, à moins que le
contact ne soit très-faible, ou que le poids des corps ne
rende cet effet insensible. Cette propriété se nomme *adhésion.*
Elle se distingue de la cohésion, parce qu'elle s'exerce aussi

bien sur les corps hétérogènes que sur les corps homogènes, tandis que la cohésion, proprement dite, n'a lieu qu'entre des corps homogènes (*).

§. 4. L'attraction qui existe entre deux corps hétérogènes, ainsi que nous l'avons remarqué ci-dessus, se nomme proprement *affinité*. L'adhésion n'est donc pas une force particulière ; mais elle est, ou une cohésion faible, ou une faible affinité.

§. 5. Nous connaissons maintenant trois sortes d'attraction qui agissent sur toutes les substances matérielles. Ce sont la *pesanteur*, la *cohésion*, et l'*affinité*. La cause de ces attractions nous est entièrement inconnue, nous ignorons même si elles dépendent d'une seule ou de plusieurs causes ; mais les phénomènes qu'elles produisent sont si différens, que la logique nous engage à leur attribuer des causes variées, jusqu'à ce qu'il soit devenu évident qu'elles agissent d'après une unique loi (**).

§. 6. Il paraît que c'est une propriété commune à tous les corps solides, de pouvoir être comprimés. A la vérité l'effet de la compression est si faible sur les corps très-solides, qu'on peut le plus souvent le regarder comme

______

(*) L'adhésion et la cohésion ne paraissent pas devoir être regardées comme des forces distinctes, mais plutôt comme des modifications, ou même simplement des effets de l'affinité qui sollicite les particules les unes vers les autres.

(**) On sait maintenant, et l'on peut prouver par un très-grand nombre de phénomènes, que les lois de l'affinité chimique diffèrent de la loi de la pesanteur. Cette dernière force est réciproque au carré de la distance ; et sans connaître la nature de l'affinité, on voit que son action décroît beaucoup plus rapidement, de manière à cesser d'être sensible à des distances très-petites.

nul ; mais on peut concevoir encore qu'il existe même dans ce cas. On nomme cette propriété *compressibilité*.

§. 7. Quelques corps conservent, lorsque la pression cesse, la forme qu'ils ont reçue par elle ; d'autres tendent à reprendre leur première forme et le premier espace qu'ils remplissaient. Ces derniers sont nommés *élastiques*. L'élasticité a une grande influence sur les phénomènes du mouvement, et nous devons, par cette raison, en donner une idée plus précise.

§. 8. Un corps élastique tend toujours à reprendre sa forme et son volume. S'il est pressé à un endroit, il s'étend dans une autre direction, où il se trouve libre ; s'il est étendu, il se resserre dans un autre sens ; s'il est courbé et abandonné ensuite à lui-même, il retourne promptement à sa première situation.

§. 9. Il paraît qu'il n'existe pas plus de corps parfaitement élastique, que de corps parfaitement non élastique ; mais chaque corps solide possède cette propriété à un degré plus ou moins grand. Les corps les plus élastiques sont : l'acier trempé, le laiton battu, l'ivoire, l'os, le bois sec, la gomme élastique, etc. Les corps les moins élastiques sont : les métaux les plus mous, l'étain, le plomb, l'or, l'argent, l'argille molle, etc., etc. Au reste, on ne doit pas confondre cette propriété des corps solides avec la *dilatabilité* des corps aériformes, qu'on a coutume de nommer aussi élasticité.

§. 10. On peut s'apercevoir, à la simple vue, que beaucoup de corps solides sont poreux ; d'autres sont reconnus tels par les expériences ; mais il y a aussi beaucoup de corps solides, tels que le verre, les métaux bien fondus, etc., dont la porosité ne peut être démontrée ni par le secours de la loupe, ni par aucun autre moyen physique ; même dans beaucoup de corps, les phénomènes semblent absolument contraires à l'hypothèse de la porosité. Aussi, d'après les lois de la dynamique, la porosité n'est-elle pas nécessaire pour expliquer les diverses densités des corps.

CHAPITRE IX.

De la Construction intérieure des Corps solides.

§. 1. Une grande partie des corps solides, si même ils ne sont tous dans ce cas, paraissent former un certain assemblage régulier de petites parties. La régularité des fragmens de beaucoup de minéraux, la superposition des lames ou feuillets dans les cristaux transparens, la facilité avec laquelle beaucoup de corps se rompent ou se fêlent en de certaines directions plutôt qu'en d'autres, la rupture des lames de verre ou bataviques de la bouteille de *Bologne*, etc., etc., sont des faits qui confirment cette remarque.

§. 2. Les découvertes de Haüy donnent l'idée la plus exacte de la structure des cristaux. Cette idée est d'autant plus importante, que la cristallisation paraît être une loi générale de la nature. La cristallisation provient de ce que, dans le passage de l'état fluide à l'état solide, chaque corps prend une forme régulière et déterminée.

§. 3. On peut, selon Haüy, de chaque cristal formé naturellement ou artificiellement, détacher des feuillets en plusieurs directions déterminées. Si on le fait dans toutes les directions où cela est possible, assez long-temps pour qu'il ne reste rien de la surface extérieure, on obtient un noyau qui a ordinairement une forme différente de celle qu'avait le cristal entier. Haüy nomme la forme du cristal entier, forme secondaire ; celle du noyau, forme primitive. Le noyau lui-même peut être divisé en corpuscules de même forme, qu'il appelle molécules intégrantes. Les feuillets détachés se composent aussi de molécules semblables, et par conséquent le cristal entier en est formé. Haüy suppose que ces molécules intégrantes sont elles-mêmes composées des molécules élémentaires qui constituent les principes du cristal. Il n'existe pas encore d'expérience qui puisse vérifier cette opinion.

§. 4. Jusqu'à présent Haüy n'a trouvé que trois formes de molécules intégrantes ; la pyramide triangulaire, le prisme trièdre, et le prisme quadrangulaire. Il a reconnu seulement six formes primitives, le parallélipipède, l'octaèdre, le tétraèdre, le prisme hexaèdre, le dodécaèdre rhomboïdal, le dodécaèdre triangulaire. Les formes secondaires varient à l'infini.

§. 5. Il est extrêmement remarquable que les cristaux d'une même substance ont un noyau et des molécules intégrantes de mêmes formes, tandis qu'au contraire leur forme extérieure peut varier d'une infinité de manières, qui souvent se trouvent réalisées en grande partie dans les produits de la nature (*).

§. 6. La forme régulière des cristaux, et la propriété qu'ils ont de se laisser facilement diviser suivant certains sens, indiquent que la force de cohésion n'exerce pas son pouvoir au même degré dans tous les points de leurs molécules ; mais que ces molécules ont de certains poles

---

(*) Il paroit que l'arragonite fait exception à cette règle. Sa cristallisation diffère de celle du spath calcaire, quoique ses principes chimiques paroissent être les mêmes.

d'attraction , qui , d'après leur plus grande force attractive , déterminent leur disposition.

§. 7. Lorsqu'on fait passer artificiellement des corps fluides à l'état de solides , ils se forment toujours en cristaux réguliers ; seulement ces cristaux sont quelquefois si petits , qu'il faut un microscope pour les apercevoir. Si tous les corps solides , comme cela n'est pas hors de vraisemblance , ont passé d'abord par l'état fluide , on est fondé à croire que leur décomposition exacte et portée jusques dans leurs moindres particules ferait reconnaître une pareille régularité dans leur structure intérieure.

Pour connaître parfaitement la théorie de la cristallisation, voyez les *Elémens de Physique* d'Haüy, et la *Minéralogie* du même auteur.

CHAPITRE X.

De l'Équilibre des Corps solides, ou Premiers Fondemens de la Statique.

§. 1. Nous avons ici deux cas à examiner : 1°. celui dans lequel les forces agissent sur un corps libre , c'est-à-dire qui n'est assujetti d'aucune manière ; 2°. celui où elles agissent sur un corps assujetti , de sorte qu'il peut se mouvoir autour d'un point ou autour d'un axe.

Équilibre des Corps libres.

§. 2. Lorsqu'un point matériel est sollicité en même temps par deux forces égales , mais opposées l'une à l'autre sur la même ligne , par exemple par les forces $A B , A C$, fig. 2 (pag. 23, §. 7), ce point matériel ne peut prendre aucun mouvement. Dans ce cas, le repos qui résulte de la destruction mutuelle des deux forces se nomme *équilibre*. Des forces inégales, opposées de la même manière, produisent un mouvement vers le côté où tend la plus grande force.

§. 3. Lorsque deux forces AB et AC, *fig.* 3, agissent en directions diverses sur le corps A, il ne peut obéir à toutes deux en même temps, si ce n'est en parcourant la diagonale AD du parallélogramme $ABCD$ (pag. 19, §. 7). Les deux forces produisent donc exactement ce que produirait une seule force AD.

§. 4. Sur cela se fonde la *composition* et la *décomposition* des forces motrices. Au lieu des deux forces AB et AC, on peut trouver une force unique AD, qui leur est équivalente. AB et AC se nomment les forces simples ou composantes, AD la force résultante ou composée. Réciproquement, on peut décomposer chaque force simple AD, en deux forces AB et AC prises en des directions arbitraires, et qui agiront précisément comme fait cette force. De là vient la dénomination de *parallélogramme des forces*. Il est facile de concevoir comment plus de deux forces peuvent se composer en une seule, et comment une seule force peut se décomposer en plus de deux.

§. 5. Si trois forces AB, AC, AE, tiennent en équilibre un corps A, *fig.* 3, il faut que la troisième AE soit dans la direction prolongée de la diagonale AD ; et elle doit avoir, par rapport aux deux autres, la même grandeur que la diagonale AD, relativement aux deux lignes latérales AB et AC. On voit aisément, au moyen de cette proposition, comment, pour chaque quantité de forces données, on peut en trouver une qui soit équivalente à toutes.

Équilibre des Corps qui se meuvent autour d'un axe fixe.

§. 6. Soit $L\,M$, *fig.* 4, un corps sans pesanteur, qui peut tourner autour d'un point fixe C auquel il est attaché. Si ce corps est sollicité par une seule force $A\,C$, dont la direction passe par ce point C, l'équilibre a lieu, soit que cette force tende vers le point C, soit qu'elle s'en éloigne (pag. 24, §. 3). Car dans ces deux cas son effet se trouve également détruit par la résistance du point fixe. Mais toute force dont la direction ne passe pas par ce point produira un mouvement de rotation.

§. 7. Soient deux forces, que nous nommerons $A\,P$ et $A\,Q$, appliquées à un autre point A du corps, et agissant dans les directions $A\,P$ et $A\,Q$. Supposons encore que le plan des deux droites $A\,P$, $A\,Q$, contienne le point fixe C: formons, à partir du point C, le parallélogramme $A\,B\,C\,D$. Il est facile de voir qu'alors il y aura équilibre, si $P:Q = A\,B:A\,D$. (*Voyez* §. 3 et 6.)

§. 8. Si l'on mène du point E les lignes $C\,E$ et $C\,F$ perpendiculaires à la direction des forces, on démontre par des propositions géométriques connues, que $A\,B: A\,D = C\,E:C\,F$; par conséquent $P:Q = C\,E: C\,F$ (a).

§. 9. Il y aurait de même équilibre, si les deux forces P et Q, appliquées au point A, étaient dirigées en d'autres sens, par exemple vers G et H, pourvu que leur rapport

---

(a) Les triangles $B\,C\,F$, $D\,C\,E$, ont en F et en E des angles droits, et en B et en D des angles égaux ; car chacun de ces derniers est égal à $B\,A\,D$, par conséquent ces triangles sont semblables, et l'on a $D\,C: B\,C = C\,E: C\,F$; par conséquent $A\,B: A\,D = C\,E:C\,F$.

restât le même , et que leur plan passât toujours par le point fixe *C*. Ces conditions étant remplies , il serait même indifférent que le point *A*, où se coupent leurs directions , fût placé au-dedans ou au-dehors du corps *L M* ; et si *A* était au-dehors du corps , la distance à laquelle il se trouverait ne produirait aucune différence. Il pourrait donc être même éloigné à l'infini ; c'est-à-dire *A P* et *A Q* pourraient être parallèles.

Dans tous les cas , sans exception , il y a équilibre lorsque $P : Q = C E : C F$, pourvu que le plan des deux forces contienne le point fixe.

§. 10. De cette proportion se déduit , selon une propriété connue , des proportions : $P . C F = Q . C E$.

Les perpendiculaires $C E$, $C F$, se nomment les distances des forces ; et le produit d'une distance, par la force qui lui appartient , se nomme le *moment statique* , ou simplement le moment de cette force. On peut par conséquent exprimer la condition de l'équilibre de la manière suivante : *Pour que deux forces* P *et* Q *tiennent en équilibre un corps qui peut se mouvoir autour d'un point fixe* C *, il est nécessaire et il suffit que leurs momens soient égaux* (*).

§. 11. Si plus de deux forces agissent sur un corps comme

(*) Si le corps se mouvait effectivement autour du point *C*, les vitesses de rotation des points *F* et *E* seraient comme *F C* à *E C*. Si l'on nomme *V* la vitesse du point *F*, et *V'* celle du point *E*, on aura $V : V' :: F C : E C$; par conséquent $P : Q :: V' :: V$ et $P . V = Q V'$. Le produit $P . V$, $Q . V'$ de chaque force, par sa *vitesse virtuelle* , se nomme le moment mécanique de cette force. On peut , par conséquent , dire aussi que l'équilibre subsiste quand les momens mécaniques des forces *P* et *Q* sont égaux.

L M, on considère séparément les forces qui tendent à faire tourner le corps d'un côté, et celles qui le poussent vers l'autre. *L'équilibre a lieu lorsque la somme des momens des forces qui tendent à faire tourner le corps dans un sens, sont égales à la somme des momens des forces qui tendent à le faire tourner dans le sens opposé.*

§. 12. Sur ces propositions (§. 6 — 11) se fonde la théorie entière des poulies, des roues et des leviers ; mais son exposition détaillée appartient à la science des machines.

CHAPITRE XI.

Du Centre de gravité des Corps.

§. 1. La pesanteur de chacune des particules d'un corps solide peut être considérée comme une force qui agit sur lui en direction verticale. Si l'on essaie de placer un corps *A B*, *fig.* 5, sur un support *C D*, qui ait une pointe aiguë, on conçoit, d'après la théorie de l'équilibre présentée ci-dessus, qu'il doit y avoir dans le corps un point qui, étant soutenu, mettra le corps en entier en équilibre. Cette conclusion est toujours exacte, en quelle direction que le corps soit placé sur le support. En faisant cette expérience dans trois directions perpendiculaires les unes aux autres, on déterminera le point unique qui, étant soutenu, tiendra tout le corps en équilibre. Ce point s'appelle le *centre de gravité* du corps, ou le *centre de sa pesanteur.*

§. 2. Lorsque le centre de gravité est soutenu, l'appui supporte tout le poids du corps, comme si toute la pesanteur était réunie dans ce seul point. — Cette supposition est vraie relativement à l'équilibre ; mais elle n'a pas toujours lieu dans l'état de mouvement. On peut l'employer dans la statique ; mais dans la mécanique elle pourrait conduire à de fausses conséquences.

§. 3. Il ne faut pas confondre le centre de gravité avec le centre de figure. Ils coïncident seulement dans les corps de densité uniforme ; mais pour les corps de densité inégale, le centre de gravité est toujours plus rapproché de la partie qui est plus dense ; même le centre de gravité n'est pas toujours dans l'intérieur du corps. Par exemple, pour les anneaux et pour beaucoup d'autres corps, il est placé au-dehors.

§. 4. Le centre de gravité peut être soutenu de deux manières : en-dessus, si le corps est suspendu ; en-dessous, s'il est posé. Lorsqu'un corps est suspendu à un fil, le centre de gravité est toujours dans la direction prolongée du fil. De cette manière, on peut trouver le centre de gravité d'un corps plus promptement que par la méthode exposée dans l'article 1, en attachant un fil à deux endroits d'un corps, et en suspendant celui-ci successivement dans les deux directions correspondantes.

§. 5. Lorsqu'un corps est posé, sa situation est d'autant moins assurée que la surface soutenue est plus petite, et que le centre de gravité se rapproche moins du milieu de cette surface.

§. 6. Quand la forme d'un corps est variable, comme il arrive dans les corps des hommes et des animaux, le point où se trouve le centre de gravité est variable aussi. Lorsqu'un homme se tient debout, et que ses mains tombent également des deux côtés, son centre de gravité se trouve dans le bas-ventre, à-peu-près entre les deux hanches. On peut juger par ce qui précède, que c'est la situation la plus assurée du corps ; et on peut expliquer ainsi les mouvemens presque involontaires qu'on fait pour éviter la chute.

§. 7. Il y a une infinité de jeux physiques dont l'explication dépend du centre de gravité. Comme ils sont instructifs, ils méritent quelque attention. De ce nombre sont le cylindre, montant sur un plan incliné; le double cône, qui paraît s'élever contre l'effort de la pesanteur; le petit sauteur, etc. L'art périlleux qu'exercent les danseurs de corde se rapporte encore à cette théorie.

§. 8. Mais ce qui est plus important pour le physicien, c'est l'application du centre de gravité à la théorie des balances. (*Voyez* Gehler, IV, 609. — Fischer, V, 468.)

CHAPITRE XII.

De la Chute libre des Corps pesans, et en général des Lois du mouvement uniformément accéléré.

§. 1. La mécanique, c'est-à-dire la connaissance du mouvement des corps, est devenue peu-à-peu une science très-étendue et assez difficile en de certaines parties. Nous allons, par cette raison, expliquer seulement quelques-uns des mouvemens les plus remarquables.(Chap. XII — XVI.)

Chute des Corps pesans.

§. 2. Lorsqu'un corps tombe librement par la seule action de la pesanteur terrestre, sa vitesse croît à chaque instant, parce que la pesanteur agit continuellement sur lui durant la chute; mais comme la pesanteur dans chaque point de la terre, et pour de petites hauteurs de chute, peut être considérée comme une force invariable (pag. 27, §. 9), la vitesse d'un corps tombant doit s'accroître précisément autant dans un instant que dans un autre. C'est pour cela qu'on dit que la chute du corps a un *mouvement uniformément accéléré*.

§. 3. La chute d'un corps est beaucoup trop rapide pour que les lois de son mouvement puissent être étudiées par une observation immédiate. Mais la machine inventée par Atwood donne un moyen commode pour retarder la chute, de sorte que sans changer les lois essentielles du mouvement, on peut en observer les circonstances de seconde en seconde (*a*).

§. 4. Au moyen de cette machine, on remarque :

1°. *Que dans chaque mouvement uniformément accéléré, l'espace croît comme le carré du temps.* Si l'on nomme donc g l'espace que parcourt le corps dans la première seconde, quelque grand ou petit qu'il puisse être, et S le chemin qu'il parcourt en T secondes, on a $S = g\,T^2$.

2°. *Que les vitesses suivent le rapport des temps, et qu'on trouve la vitesse qu'a le corps à la fin de chaque seconde, en multipliant par le temps le double du chemin fait durant la première seconde.* Si l'on nomme donc V la vitesse que le corps acquiert en T secondes, on a $V = 2\,g\,T$.

3°. De ces principes se déduit naturellement cette conséquence, *que les espaces parcourus croissent comme les carrés des vitesses* (*).

(*a*) On trouve une description de l'appareil d'Atwood dans les *Annales de Physique* de Gilbert, 1803, 5°. n°., pag. 1.

Voyez aussi la *Mécanique* de M. Poisson, tom. II, pag. 47.

(*) Les lois du mouvement uniformément accéléré sont d'une utilité trop générale en physique, pour que nous ne cherchions pas à les établir par la théorie.

Soit E l'espace parcouru par un corps grave, pendant le

§. 5. Pour pouvoir indiquer en nombre toutes les circonstances d'un mouvement uniformément accéléré, il faut

temps T, en vertu de l'action de la pesanteur; concevons le temps T partagé en un nombre quelconque n d'intervalles égaux entr'eux, que nous nommerons t; en sorte que l'on ait $T = n t$. Nous pouvons assimiler le mouvement cherché à celui d'un corps sans pesanteur, qui recevrait, à la fin de chacun des instans t, $2 t$, $3 t$, une impulsion capable de lui faire décrire uniformément l'espace v dans l'unité de temps : cette comparaison sera d'autant plus approchée de la vérité, que les intervalles t qui séparent les impulsions successives de la force, deviendront moindres ; et enfin l'erreur disparaîtra tout-à-fait dans les résultats qui seront indépendans de la valeur absolue de ces instans. Suivons donc les conséquences de notre supposition, et analysons les effets que ces chocs successifs auront produits sur le mobile à la fin du temps t.

L'instant o est celui du départ. Le mobile reçoit alors une impulsion capable de lui faire décrire l'espace v dans l'unité de temps. Cette première impulsion agit sur lui pendant le temps T, elle lui fera donc décrire dans cet intervalle l'espace $v T$.

A l'instant suivant t, le mobile reçoit encore une nouvelle impulsion égale à la précédente ; mais elle n'agit que pendant le temps $T - t$; elle lui fait donc décrire l'espace $(T - t) v$.

En examinant ainsi les espaces que lui font décrire les impulsions successives jusqu'à la fin du temps T, on voit que ces espaces forment la progression arithmétique décroissante

$$T v, \quad (T - t) v, \quad (T - 2 t) v \quad \ldots t v,$$

Donc le nombre des termes est égal à celui des instans t, c'est-à-dire égal à n. En mettant pour T sa valeur $n t$, cette progression devient

$$n t v ; \quad (n - 1) t v \quad (n - 2) t v \quad . t v$$

La somme de ces espaces partiels est l'espace total réellement parcouru par le mobile. Or, cette somme est $\dfrac{n . (n + 1 .) t v}{2}$. Nous avons représenté cet espace par E ; on a donc

$$E = \frac{n . n + 1 . t v}{2} ;$$

seulement connaître g, c'est-à-dire l'espace que parcourt le corps dans la première seconde. On voit, au moyen de

---

ou, en remettant pour n sa valeur $\dfrac{T}{t}$

$$E = \frac{T\,(T+t)}{2}\cdot\frac{v}{t}.$$

Désignons par g l'espace parcouru de cette manière par le mobile dans l'unité de temps, et supposons que T soit commensurable avec cette unité. On pourra de même diviser l'unité de temps en un nombre n' d'intervalles égaux entr'eux et à t ; et en reprenant le raisonnement de la même manière pour ce second cas,

on trouvera
$$g = \frac{1\cdot(1+t)}{2}\cdot\frac{v}{t},$$

d'où l'on tire
$$\frac{E}{g} = T.\frac{(T+t)}{1+t},$$

ou, ce qui revient au même
$$\frac{E}{g} = T^2 - \frac{T\,(T-1)\,t}{1+t}.$$

Plus t sera petit, plus le facteur $\dfrac{t}{1+t}$ diminuera, et par conséquent plus le rapport $\dfrac{E}{g}$ approchera d'être égal à T^2. Or, par supposition t est l'intervalle de temps qui s'écoule entre les impulsions successives de la force ; et cet intervalle est tout-à-fait imperceptible à nos sens dans le cas de la pesanteur. Ainsi, pour nous plier à ce cas, il faut supposer $t = o$;

ce qui donne
$$E = g\,T^2,$$

c'est-à-dire, que dans le mouvement uniformément accéléré, les espaces parcourus sont proportionnels aux carrés des temps.

Examinons maintenant la valeur de la vitesse acquise après le temps T. Soit V cette vitesse, elle sera égale à la somme de toutes les impulsions imprimées au mobile pendant le temps T. Or, puisque $T = n\,t$, il est clair que le mobile reçoit un nombre n d'impulsions dans cet intervalle ; et comme chacune d'elles

la machine d'Atwood, citée précédemment, que cet espace est de 15 pieds $\frac{1}{5}$ ou $4^m,905$ dans une chute libre et qui ne rencontre aucun obstacle, ce qui donne en même temps la vitesse du corps à la fin de la première seconde $= 31$ pieds $\frac{1}{4}$ ou $9^m,81$ ($\S.$ 4, $2^o.$). Avec cette donnée on peut aisément calculer l'espace parcouru et la vitesse acquise après un temps quelconque déterminé ; et généralement connaissant une de ces trois choses, le temps,

---

lui imprime la vitesse v, leur somme sera $n\,v$ ou $T.\dfrac{v}{t}$; on sera donc

$$V = T.\frac{v}{t},$$

Or, en nommant g l'espace parcouru dans l'unité de temps, nous avons vu que l'on a

$$g = \frac{(1+t)}{2}\,\frac{v}{t};$$

divisant ces équations membre à membre, il vient

$$\frac{V}{g} = \frac{2\,T.}{1+t} \quad \text{ou} \quad \frac{V}{g} = 2\,T - \frac{2\,T\,t}{1+t}$$

Plus t diminue, plus le rapport $\dfrac{V}{g}$ s'approche d'être égal à $2\,T$; dans le cas de la pesanteur il faut faire t nul, et l'on a rigoureusement
$$V = 2\,g\,T,$$
c'est-à-dire que la vitesse est proportionnelle au temps.

Nous avons supposé que le temps T était commensurable avec l'unité de temps. Si cette condition n'était pas remplie, on la rendrait exacte en ajoutant au temps T une portion de l'intervalle t; et alors on commettrait une erreur dont l'étendue dépendrait de l'espace décrit par le mobile dans ce petit intervalle. Mais comme ensuite on fait t nul, il est clair que l'erreur dont il s'agit devient pareillement nulle aussi. Ce qui montre que les résultats précédens sont indépendans de l'hypothèse de la commensurabilité qui nous a servi pour les découvrir.

l'espace ou la vitesse, on peut déduire les deux autres par le calcul.

On peut, de même, déterminer toutes les circonstances de tout autre mouvement uniformément accéléré, dès qu'on connaît la valeur de g. Cette valeur est donc, pour ainsi dire, la mesure de tous les mouvemens de ce genre, et on la nomme mesure d'accélération, ou *force accélératrice* (a).

§. 6. Lorsqu'un corps est lancé vers le haut en direction verticale, il est clair que la pesanteur diminue uniformément sa vitesse, précisément comme elle l'accroîtrait dans sa chute, et dans un rapport exactement égal. Le corps s'élève donc jusqu'à ce que toute sa vitesse soit détruite par l'action continuée de la pesanteur; ensuite il retombe, et l'on conçoit qu'il reprend, à chaque point de son chemin,

---

(a) Les deux formules développées dans le précédent article, $V = 2\,g\,T$, et $S = g\,T^2$, sont les formules fondamentales par lesquelles se résolvent toutes les questions sur le mouvement uniformément accéléré. Supposé que g soit donné, on voit facilement que par son moyen, lorsqu'une des trois quantités $T.\ S.\ V.$ est donnée, les deux autres peuvent se conclure; car si c'est T qui est donné, les deux équations précédentes donnent immédiatement V et S; si V est donné, on en déduit

$$T = \frac{V}{2\,g},\ \text{et ensuite } S = g\,T^2 = \frac{V^2}{4\,g};\ \text{et enfin si l'on se donne } S,$$

on tire de la deuxième équation

$$T = \sqrt{\frac{S}{g}},\ \text{et par suite } V = 2\,g\,T = 2\,g\sqrt{\frac{S}{g}} = 2\sqrt{g\,S}.$$

S'il s'agit de la chute libre des corps produite par l'action de la pesanteur, il ne faut que mettre pour g 15pds. $\frac{1}{10}$ ou $4^m,905$. S'il est question de quelque autre mouvement uniformément accéléré, il faut seulement mettre pour g la valeur qui lui appartient.

la même vitesse qu'il avait à ce point en s'élevant. Cette remarque fournit un moyen de trouver la hauteur où parviendra le corps, si l'on connaît la vitesse de projection avec laquelle il s'élève (§. 5 , note).

§. 7. Les propositions qu'on vient d'exposer ne peuvent avoir rigoureusement leur effet que pour la chute des corps dans un espace vide d'air. Dans l'air , au contraire , il ne peut y avoir aucun mouvement tout-à fait uniformément accéléré , puisque le corps tombant doit mettre a chaque instant une certaine quantité d'air en mouvement , et qu'autant il communique de mouvement à l'air, autant il en perd lui-même (pag. 24 , §. 8). Si donc un corps tombant a peu de masse , mais beaucoup de volume , on conçoit que son mouvement doit être fort retardé par la résistance de l'air ; et c'est aussi ce que confirme l'expérience. Réciproquement , la résistance de l'air est d'autant moins sensible que la surface du corps tombant est plus petite et sa masse plus grande.

Chute sur un plan incliné.

§. 8. Si un corps pesant D , *fig.* 6 , se trouve sur un plan incliné $A B$, il roule ou glisse vers le bas , mais avec une force moindre que dans une chute libre et verticale. La grandeur de cette force peut être déterminée de la manière suivante : Que D soit le centre de gravité du corps ; qu'on mène de ce centre , au plan incliné , la verticale $D E$ qui représente la pesanteur absolue ou le poids du corps , c'est-à-dire la force qui pousserait le corps dans une chute libre ; qu'on mène ensuite les deux lignes $D F$ et $E G$ perpendiculaires à $A B$ et à $D G$ parallèle de $A B$, la force $D E$ se trouve décomposée en deux forces (pag. 36 , §. 4), dont l'une , DF , est perpendiculaire à AB , et l'autre , DG , est parallèle à AB. La première ne peut produire aucun mouvement , puisqu'elle est détruite par la résistance du plan ; la seconde , DG , agit , au contraire , dans la seule direction où le corps se peut mouvoir , et elle produit ainsi tout le mouvement à elle seule. La force qui produisait la chute verticale , c'est-à-dire le poids du corps , est donc à la force qui produit réellement la chute oblique , sur le plan incliné , comme $DE : DG$. Si des points A et B pris à volonté sur la surface inclinée , on tire la ligne verticale AC et la ligne horizontale BC ; on a le triangle ABC , semblable au triangle DEG ; et $DE : DG = AB : AC$. Le poids du corps est donc à la force oblique qui le pousse sur le plan incliné , comme la longueur AB de ce plan est à sa hauteur AC. Il y a un instrument particulier destiné à rendre sensible l'exactitude de cette évaluation ; il se nomme *plan incliné*.

§. 9. A quel endroit que soit le corps sur le plan incliné , la force qui le pousse en chute oblique est toujours la même ; ainsi la chute oblique doit produire , comme la chute verticale , un mouvement uniformément accéléré , mais d'une accélération moindre ; et l'accélération de la chute libre , que jusqu'ici nous avons nommée g , sera à l'accélération de la chute oblique comme $AB : AC$. Maintenant , puisque l'on connait $g = 15^{\mathrm{p}},\tfrac{1}{10}$ ou $4^{\mathrm{m}},905$, il suffira d'avoir le rapport $AB : AC$, pour trouver toutes les circonstances de la chute oblique (*a*).

(*a*) Galilée , qui développa le premier avec exactitude la loi de la chute , employa le plan incliné pour la rendre sensible.

§. 10. Une circonstance importante et très-utile par ses conséquences, c'est que le corps, lorsqu'il descend de A jusqu'à B, acquiert la même vitesse que s'il était tombé librement de A en C; car les vitesses en chaque point sont entr'elles comme AB à AC, c'est-à-dire comme les longueurs des plans (b).

§. 11. Si l'on suppose deux corps, desquels l'un tombe verticalement de A à C, et l'autre obliquement de A à B, mais de sorte que tous deux aient déjà en A une vitesse déterminée et égale, il est clair qu'ils parviendront encore en C et en B avec d'égales vitesses. Soit donc $A\,B\,C\,D$, fig. 7, un plan interrompu par les angles pris à volonté B et C; qu'on mène par A ou par D les lignes verticales $A\,K$ et $D\,E$, et par A, B, C, D, les lignes horizontales $A\,E$, $F\,G$, $H\,I$, $K\,D$; il est clair qu'un corps qui glisse sur le plan interrompu de A en $B\,C\,D$, aura la même vitesse qu'aurait un corps tombant de A en $F\,H\,K$, ou de E en $G\,I\,D$.

§. 12. Comme le nombre, la grandeur et la position des interruptions du plan sont absolument arbitraires, cette proposition s'applique aussi à une ligne courbe $A\,B$, fig. 8. Qu'on mène l'horizontale $A\,C$, et d'un point à

(b) Si l'on représente par g la force accélératrice due à la pesanteur verticale, celle qui a lieu sur le plan incliné se trouve par la proportion $A\,B : A\,C = g : \dfrac{A\,C}{A\,B}\,g$. Soit maintenant V la vitesse due à la chute libre de A en C, et V' la vitesse de la chute oblique de A en B, on a: d'après la note du n°. 5,

$$V = 2\sqrt{g \cdot A\,C} \ \text{et}\ V' = 2\sqrt{\frac{A\,C}{B\,A}\,g \cdot A\,B} = 2\sqrt{g \cdot A\,C},$$

c'est-à-dire qu'elle est exactement égale à la précédente.

Physique Mécanique.   4

volonté la verticale $C\,B$; on peut ensuite déterminer la vitesse d'un corps glissant de A aux points arbitrairement choisis D et F, en menant de ces points les horizontales $D\,E$, $F\,G$. La vitesse dans les points donnés est justement aussi grande que si le corps était tombé librement de C en E, ou de C en G.

De là se déduit cette proposition remarquable, *que lorsqu'un corps passe d'une surface inclinée à une autre, il a la même vitesse par quel chemin qu'il y parvienne.* — Cependant la résistance de l'air peut occasionner quelque différence dans la réalité.

CHAPITRE XIII.

Des Mouvemens libres curvilignes.

1°. Mouvement de projection.

§. I. LORSQU'UN corps pesant est poussé dans une direction oblique à la verticale, par un choc quelconque, il décrit une courbe, dont la forme peut se trouver, par la géométrie, de la manière suivante :

Au point A, *fig.* 9, où ce corps commence à entrer en mouvement, menez la verticale $A\,25$; prenez $A\,1$ pour unité; déterminez ensuite, d'après cette unité, et à partir du point A, les distances 4, 9, 16, 25, suivant la progression des nombres carrés, et admettons alors que $A\,1$ représente l'espace parcouru par un corps grave dans la première seconde de sa chute; il est clair que les points 4, 9, 16, 25, sont les points où il se trouvera à la fin de la 2°., de la 3°., de la 4°. et de la 5°. secondes. (pag. 42, §. 4, 1°.)

Dans l'instant où le corps va tomber, supposons qu'il reçoive, dans la direction AF, un choc d'une intensité telle, qu'en supposant le corps sans pesanteur et soumis uniquement à sa force d'inertie, il parcourrait AB dans la première seconde, et dans les suivantes les espaces également grands BC, CD, DE, EF.

Maintenant un corps ne peut avoir deux mouvemens à-la-fois, d'aucune autre manière qu'en en recevant un dans un espace mobile qui lui-même en a un différent (pag. 18, §. 6). Par conséquent, le corps fait dans la ligne A 25 le mouvement produit par la pesanteur ; et cette même ligne A 25 fait ensemble avec le corps le mouvement produit par le choc, de sorte qu'elle se trouve, à la fin de la 1re., de la 2e., de la 3e., de la 4e. et de la 5e. seconde, dans les situations parallèles $B\beta$; $C\gamma$; $D\delta$; $E\epsilon$; $F\phi$; etc. Qu'on mène alors $1b$, $4c$, $9d$, $16e$, $25f$, parallèles à AF, il est clair que le corps sera en b à la fin de la 1re. seconde, en c à la fin de la 2e., en d à la fin de la 3e., en e à la fin de la 4e., en f à la fin de la 5e. Si l'on fait passer alors par ces points la courbe $Abcdef$, on a la forme du chemin qu'a parcouru le corps.

§. 2. On démontre, par le secours d'une géométrie plus élevée, que cette ligne courbe appartient à l'espèce nommée *parabole* (a).

(a) La parabole est une courbe plane dans laquelle les abscisses sont proportionnelles aux carrés des ordonnées, soit que l'angle des coordonnées soit droit ou oblique. Dans l'exemple que nous avons choisi, la ligne verticale qui répond à la position naturelle du corps n'est pas l'axe de la parabole, mais est parallèle à cet axe, et forme un diamètre de la courbe. Les ordonnées doivent être prises parallèlement à la tangente au point A. Si l'on

§. 3. Ici l'expérience doit différer beaucoup de la théorie, à cause de la résistance de l'air. Et quoiqu'il soit fort difficile de soumettre cette résistance au calcul, on conçoit aisément que son effet doit consister en ce que, à commencer du point le plus élevé G, la partie $G f$, qui dans une parabole est parfaitement égale à la partie $G A$, sera infiniment plus courbée, et se courbera toujours plus vers le bas que la vraie parabole, à mesure qu'on la prolongera.

2°. *Mouvemens Centraux.*

§. 4. On peut déjà conclure par ce qui précède, que, pour qu'un mouvement curviligne ait lieu, deux forces, au moins, doivent y être employées, et que de celles-ci une au moins doit être accélérée, tandis que l'autre peut être un choc agissant momentanément. Parmi les cas infiniment variés qui se rapportent à ceci, il n'en est aucun qui soit plus intéressant pour le physicien, que celui où une force attire continuellement un corps vers un certain centre, tandis que le corps a reçu d'une autre force une impulsion extérieure. Ces combinaisons de forces se nomment *forces centrales*, et les mouvemens qu'elles produisent se nomment *mouvemens centraux*.

§. 5. Soit C, *fig.* 10, le point vers lequel un corps, qui est en A, est attiré continuellement, mais que le

---

prend A 26 pour axe des abscisses, les abscisses A 1, A 4, seront comme les carrés des nombres naturels 1, 2, 3; et si l'on prend 25 $A F$ pour l'angle des coordonnées, les ordonnées 1 b, 4 c, 9 d, etc., seront comme les nombres naturels 1, 2, 3, etc. Ainsi les abscisses seront comme les carrés des ordonnées, ce qui constitue la parabole. A 25 est un diamètre, et $A F$ est la direction de l'impulsion initiale, ou la tangente à la courbe. Comme

corps reçoive en même temps un mouvement dans la direction *A D*. Quoique la force centrale agisse d'un mouvement continu et sans interruption, nous admettrons cependant, d'abord, pour la facilité de l'explication, qu'elle agit par secousses, et qu'elle répète son action dans de espaces de temps très-petits, mais égaux, que nous nommerons *instans*. Dans le premier instant, la force centrale tend à pousser le corps de *A* jusqu'en *B*, et la force latérale tend à le porter de *A* en *D*; il parcourra donc la diagonale *A E* du parallélogramme. Qu'on prolonge *A E* jusqu'en *E G = A E*, *E G* sera le chemin que prendrait le corps au deuxième instant, s'il devenait libre; mais la force centrale le sollicite, au commencement de cet instant, à se porter de *E* en *F*; il parcourra donc la diagonale *E H* du parallélogramme *E G H F*, et ainsi de suite. On voit facilement que, d'après la supposition précédente, le corps décrirait une ligne brisée *A E H L*. Mais comme la force centrale n'agit point par secousses, il est clair que le véritable chemin du corps sera une ligne courbe, dont la forme peut varier à l'infini, soit par les différences d'intensité et de direction de la force latérale, soit par les diversités de la puissance et des lois de la force centrale.

§. 6. Beaucoup de physiciens nomment la force qui attire vers *C*, une force *centripète*, et lui opposent une force contraire, qu'ils appellent force *centrifuge*. Mais quelques écrivains ont introduit un peu de confusion dans

---

tous les diamètres de la parabole sont parallèles à son axe, on trouvera celui-ci en menant une verticale par le point *G* le plus élevé de la trajectoire.

* Sur les propriétés de la parabole, voyez l'*Essai de Géométrie Analytique*, de Biot, 5e. édition; à Paris, chez Klostermann, Libraire, rue du Jardinet, n°. 13.

ce qui constitue la dernière ; et ceci rend nécessaire de déterminer clairement ses conditions , puisque les mots *centripète* et *centrifuge* sont employés même dans l'usage ordinaire. Huygens , qui s'est le premier servi de la dernière de ces expressions , l'a prise dans un sens que nous allons expliquer. On peut se représenter un peu autrement que nous n'avons fait dans le précédent article , le jeu des forces par lesquelles le corps est contraint à parcourir la diagonale AE. Qu'on prolonge BA, qu'on fasse $AM = AB$, et qu'on tire DM ; $AEDM$ est un parallélogramme , et l'on peut dire que la force AD est décomposée en deux forces AM et AE, dont la première AM est opposée à la force centripète , mais lui est égale ; de sorte que ces deux forces se détruisent mutuellement, et que le corps doit obéir seulement à la force DM ou à son égale AE. Huygens nomme cette force AM, la force centrifuge ; et l'on voit aisément qu'elle est , dans tous les cas , égale à la force centripète , mais qu'elle lui est opposée. Au lieu de celle-ci , beaucoup d'auteurs nomment force centrifuge la force latérale AD, qu'il vaudrait mieux nommer *tangentielle*, puisqu'elle tend toujours à pousser le corps dans la tangente de la courbe qu'il décrit.

§. 7. C'est par un effet de la force centrifuge proprement dite , que le fil d'une fronde est tendu lorsqu'on la fait tourner. C'est par un effet de la force tangentielle que l'eau jaillit au-dessus des bords d'un vase que l'on meut circulairement. On a inventé une machine ingénieuse , nommée *machine centrale*, qui sert à rendre sensibles aux yeux toutes les lois des mouvemens centraux. Elle peut être utile , mais elle est trop coûteuse pour son usage. On en trouve une description dans l'*Astronomie de Ferguson*.

Une boule suspendue à un fil donne un moyen très-facile et très-simple d'observer la formation des mouvemens centraux. Comme cette boule ne peut être en repos que quand elle est verticalement au-dessous du point de suspension, elle retourne toujours à cette position lorsqu'on l'en écarte ; et ainsi cet effet de la pesanteur représente ici une force centrale. Si on prend la boule, et qu'on lui donne une impulsion dirigée obliquement à la verticale, elle commence à prendre un mouvement curviligne autour du point central. Ce mouvement peut être un ovale ou un cercle, selon la différence de direction et de force de l'impulsion.

§. 8. C'est sur ce jeu si simple des forces centrales que repose le cours admirable des astres. Keppler découvrit le premier les principales lois de leurs mouvemens ; mais il ne les déduisit pas des lois de la mécanique, et il les reconnut seulement par une grande application et une grande finesse d'observations. Newton fonda leur théorie, et découvrit les lois simples de la gravitation générale qui relient tous les corps dans un ordre éternel.

La connaissance plus approfondie de la théorie des mouvemens centraux appartient aux mathématiques appliquées.

CHAPITRE XIV.

Mouvemens sur des lignes données.

§. 1. Un corps peut être forcé de diverses manières à prendre une autre direction que celle qu'il aurait prise par le libre jeu des forces. D'après cela, on distingue dans la mécanique les *mouvemens libres* et les *mouvemens dans des lignes données*. Nous allons examiner ici avec attention seulement deux des mouvemens de la dernière espèce, les mouvemens curvilignes, et les oscillations du pendule.

1°. *Mouvemens curvilignes.*

§. 2. Lorsqu'un corps solide libre reçoit une impulsion qui ne passe pas par son centre de gravité, il prend un mouvement composé, 1°. d'un mouvement de translation uniforme, commun à toutes les particules ; 2°. d'un mouvement de rotation aussi uniforme autour d'un axe passant par le centre de gravité, mais dont la direction peut être variable ou constante dans l'intérieur des corps. Dans tous les corps on peut, par le centre de gravité, mener trois droites rectangulaires entr'elles, qui sont des axes de rotation permanens, c'est-à-dire que si la rotation a commencé à se faire autour d'un de ces axes, elle se continuera toujours autour de ce même axe, pourvu toutefois que le corps n'éprouve ni résistance ni choc, qui vienne troubler la liberté que nous lui avons supposée dans ses mouvemens. Ce cas paraît être celui de tous les corps célestes. Tous ces résultats se démontrent dans la mécanique.

§. 3. Considérons en particulier le cas d'un mouvement de rotation uniforme autour d'un axe permanent passant par le centre de gravité. Désignons ce centre par C, *fig.* 11, et supposons l'axe de rotation perpendiculaire au plan de la figure. Dans ce cas, un point quelconque du corps décrira autour de l'axe de rotation une circonférence de cercle ; par exemple, le point A, *fig.* 11, décrira la circonférence $A\,E\,K\,D$. Pendant ce mouvement de rotation la force de cohésion qui joint les particules du corps sert de force centripète. Mais quelque grand que puisse être son effet considéré sous ce rapport, il ne dépend pas du tout de sa force propre, mais seulement du mouvement et de la forme du corps qui se meut. Pour concevoir ceci facilement, on suppose que AG soit l'arc que le point A parcourt dans un intervalle de temps infiniment petit; on tire la tangente AB, et l'on achève le parallélogramme $AFGH$. Maintenant, si AF représente la force avec laquelle A s'efforce de poursuivre dans la tangente AF, AH est la force avec laquelle la force centrale l'attire vers C; et celle-ci, comme on le voit, ne dépend pas du tout des propriétés physiques du corps, mais de la vitesse du point A, et de sa distance à l'axe de rotation. Ainsi, dans la rotation d'un corps solide il se produit toujours à la surface du corps une force centripète (pag. 53, §. 6), qui est nécessaire pour empêcher les particules de s'échapper. Une force pareille doit exister aussi dans chaque point d'un corps tournant, et elle est d'autant plus intense que ce point est plus éloigné de l'axe de rotation C, c'est-à-dire que la vitesse est plus grande. Comme la vitesse de rotation est illimitée, on peut toujours la concevoir assez grande pour que la force centrifuge devienne plus puissante que la force de cohésion; et alors la particule A doit se détacher et suivre son mouvement dans la tangente AF. Si le point du corps où était la particule, arrive en G, la particule même doit se trouver en F; par conséquent elle se sera éloignée du centre C, de la valeur de la ligne GF, relativement à la place où elle était; ce qui est un effet sensible de la force centrifuge.

§. 4. Les effets de la force centrifuge expliquent complètement la forme un peu aplatie des corps célestes, et la diminution de la pesanteur sous l'équateur, ainsi que plusieurs phénomènes des mouvemens curvilignes qui se présentent chaque jour à nos yeux.

2°. *Oscillations du Pendule.*

§. 5. Quand un corps pesant est attaché à un axe fixe, autour duquel il peut seulement tourner, il ne peut rester en équilibre, à moins que son centre de gravité ne soit soutenu, c'est-à-dire ne se trouve dans le plan vertical mené par l'axe de suspension (pag. 40, §. 4). Si un corps placé en équilibre de cette manière est mis en mouvement curviligne par un choc latéral, son mouvement ne sera pas uniforme. Il peut être mis en mouvement sans secousse, par sa seule pesanteur, lorsqu'on le porte un peu plus ou un peu moins de côté, de sorte que le centre de gravité ne soit pas dans la ligne qui passe verticalement par l'axe. Si ensuite on abandonne le corps à lui-même, il en résulte des *oscillations de pendule*, et la considération de cette sorte de mouvement est très-importante.

§. 6. Chaque corps *A C*, *fig.* 12, quelle que soit sa forme, se nomme *pendule physique* ou *composé*, lorsque son centre de gravité *B* ne coïncide pas avec le point de suspension ou axe *A*. Un pendule *simple* ou *géométrique* est une seule ligne droite *A B*, *fig.* 13, qui se meut autour de *A*, et dont la seule extrémité *B* est pesante. Un semblable pendule ne peut pas exister réellement ; mais un petit corps *B*, *fig.* 14, d'une masse compacte, suspendue à un fil mince *A B*, peut en tenir lieu. Ce que l'on nomme la *longueur* d'un tel pendule simple, physique, est la distance du point de suspension *A* au centre de gravité du corps *B* considéré comme un point matériel.

§. 7. Si un pendule simple *A B*, *fig.* 15, est placé dans la position *A C*, et alors abandonné à lui-même, le point matériel *B* est forcé de décrire l'arc de cercle *C B*. Il le décrit avec un mouvement *accéléré*, puisque la pesanteur agit sur lui à chaque point ; mais comme la direction de cette force devient de plus en plus oblique, l'*accélération* ira en diminuant et ne sera pas *uniforme*. Cependant la vitesse augmente continuellement de C jusqu'en B, et elle est à son plus haut degré en B, où la force accélératrice devient nulle. D'après cela, le corps ne peut demeurer en B ; mais il continue à décrire l'arc BH, en vertu de sa force d'inertie. Mais on voit aisément que sa vitesse, maintenant que la pesanteur agit d'une manière contraire, doit décroître dans la même proportion suivant laquelle elle croissait auparavant ; de sorte que, par exemple, il aura en G la même vitesse qu'il avait eue au point E, placé à une hauteur égale. Si l'on mène du point C, où commence le mouvement, la ligne horizontale CH, il est clair que le corps doit s'élever jusqu'en H ; mais il se trouve en H dans le même cas où il était en C, il reviendra donc de H jusqu'en C, et il continue ainsi à osciller d'un de ces points à l'autre.

Quelques physiciens entendent par le mot *oscillation* une allée et un retour ; d'autres nomment ainsi une seule allée ou un seul retour ; nous adopterons cette dernière signification.

§. 8. Il est clair que ces oscillations du pendule devraient continuer ainsi d'une manière égale et non interrompue, s'il ne se trouvait aucun obstacle au mouvement ; mais la résistance de l'air, et la force, quoique bien peu considérable, qui est nécessaire pour la flexion du fil en A, ôtent à chaque instant au pendule quelque chose de sa vitesse : par cette raison il n'atteint jamais la hauteur de l'oscillation précédente, et l'arc d'oscillation devient toujours plus petit, jusqu'à ce qu'enfin le pendule s'arrête tout-à-fait. Cependant les obstacles au mouvement peuvent être tellement affaiblis, que ces oscillations durent plusieurs heures de suite (*).

§. 9. Autant il est facile d'expliquer la production des mouvemens du pendule, autant il est difficile, sans le secours du calcul, d'en présenter une théorie exacte et entière : nous nous contenterons donc d'exposer les résultats des recherches mathématiques faites d'après les expériences. On trouve, avec la description de la machine d'Atwood, que nous avons indiquée ci-dessus, pag. 33, §. 3, celle d'un appareil employé pour ces expériences.

(1) La propriété la plus remarquable de cette sorte de mouvement est la parfaite égalité, ou, comme on a coutume de l'appeler, l'*isochronisme* des oscillations. La durée d'une oscillation n'est que très-peu changée par la grandeur de l'arc CB; et comme cet arc n'est en général que de peu de degrés dans les expériences où l'on emploie le pendule, les oscillations sont tout-à-fait isochrones pour nos sens (a).

(*) Dans les expériences sur la mesure du pendule, faites à l'Observatoire de Paris avec l'appareil de Borda, le mouvement était encore sensible au microscope, après un intervalle de vingt-quatre heures. Pour le détail de ce genre d'expériences, voyez l'*Astronomie Physique* de Biot, 2ᵉ. édition, à Paris, chez Klostermann.

(a) Le temps de l'oscillation croît avec la grandeur de l'arc BC, ou l'angle BAC, et en le comparant à celui d'une oscillation infiniment petite, qui est toujours le même, comme on le voit ci-après, l'accroissement du temps de l'oscillation sera :

$$\text{Si } CAB = 30°, \text{ de } 0{,}01675$$
$$\text{———} = 15°, \quad 0{,}00426$$
$$\text{———} = 10°, \quad 0{,}00190$$
$$\text{———} = 5°, \quad 0{,}00012$$
$$\text{———} = 2°\tfrac{1}{2}, \quad 0{,}00003$$

Le temps d'une oscillation infiniment petite est pris ici pour unité. On voit que pour des arcs de $2°\frac{1}{2}$, la différence est à peine

(2) Dans des arcs d'oscillation égaux, lorsqu'ils sont parcourus dans le vide, le poids, la grandeur, la forme et les quantités matérielles du corps B n'ont aucune influence sur la durée d'une oscillation.

(3) Le temps d'une oscillation change avec la longueur du pendule, et est proportionnel à la racine carrée de sa longueur (a).

---

sensible. Ces résultats sont calculés d'après la formule rapportée dans la note suivante.

(a) La chose la plus importante, mais aussi la plus difficile, dans la théorie des oscillations du pendule, c'est la détermination du temps que le pendule emploie à faire une partie quelconque de son oscillation. Il est très-facile, au contraire, de déterminer la vitesse du corps dans chaque point ; car si, par exemple, le corps est allé de C jusqu'à E, il a, selon le chap. XII, § 12, la vitesse qu'il aurait eue en chute libre de D jusqu'à F. La détermination complète du temps ne se peut trouver que par une intégration compliquée, dont nous allons donner au moins ici le résultat. Soit L la longueur du pendule, T le temps d'une oscillation dans l'arc CBA, V le sinus verse de l'angle BAC, g la pesanteur, ou l'espace que suivrait un corps grave dans la première seconde de sa chute ; enfin π la demi-circonférence, ou 3,1415926 ; on a

$$T = \pi \sqrt{\frac{L}{2\,g}} \cdot \left\{ 1 + \tfrac{1}{4}\,V + \tfrac{9}{256}\,V^2 \text{ etc. } \right\}$$

La quantité comprise entre les parenthèses forme, à la vérité, une série infinie ; mais elle est si convergente, que dans les arcs très-petits le premier terme suffit déjà, en sorte que l'on peut prendre

$$T = \pi \sqrt{\frac{L}{2\,g}}.$$

Dans les arcs plus grands on a besoin du second, et même quelquefois du troisième terme : on voit que g et L seront tous deux exprimés dans une même mesure, qui est l'unité de longueur, et le temps T est donné en secondes, parce que g correspond à la chute verticale libre pendant une seconde de temps.

Cette formule sert de fondement à toute la théorie du pendule.

§. 10. Il résulte de ces lois , que le temps de l'oscillation du pendule simple est un pur effet de la pesanteur , indépendant de l'influence accessoire de toutes les autres forces ; et même c'est sur cela qu'est fondé le principe rapporté déjà au chapitre VII , que le pendule est parfaitement convenable pour les recherches exactes sur la pesanteur.

De cette considération se déduit la quatrième loi suivante :

(4) Le temps de l'oscillation doit varier , tout le reste demeurant égal , lorsque la pesanteur elle-même varie. Ce temps doit être plus long , si la pesanteur diminue ; plus court , si elle augmente (a).

§. 11. La théorie du pendule composé est encore plus difficile. Nous nous bornerons donc à éclaircir deux idées relatives à ce sujet, c'est-à-dire l'idée de la *longueur* d'un semblable pendule , et celle de son *centre d'oscillation* ou *point d'oscillation*.

Si l'on suspend à côté d'un pendule composé $A\,C$, *fig.* 12 , un pendule simple $A\,B$, *fig.* 14 , on peut les

---

Nous ferons seulement une remarque : quand on élève au carré la valeur approchée de T, et qu'on la multiplie par $2\,g$, on obtient

$$2\,g\,T^2 = \Pi^2\,L.$$

Cette formule sert quand une des trois quantités T, g et L, sont données , et elle fait trouver la troisième ; résultat indispensable pour la théorie de la pesanteur.

(On trouvera plus de développemens sur ce sujet, dans la *Mécanique* de M. Poisson. Il faut seulement remarquer que la quantité représentée ici par g , l'est par $\frac{1}{2}\,g$ dans son ouvrage.)

(a) D'après la formule approchée $T = \Pi \sqrt{\dfrac{L}{2\,g}}$ exposée dans la note du précédent paragraphe, on voit que T est réciproque à la racine carrée de g , qui représente la force de la pesanteur.

amener , par des alongemens ou des raccourcissemens , à osciller en temps égaux. Qu'on prenne alors la longueur AB du pendule simple , et qu'on la porte sur le pendule composé, de sorte que AD , *fig.* 12 , $= AB$, *fig.* 14, on trouvera que D est toujours au-dessous du centre de gravité B du pendule composé ; il y a même des cas où D tombe tout-à-fait hors du corps AC. Ce point D se nomme le *centre d'oscillation* , et AD (non pas AB , *fig.* 12 , et encore moins AC) se nomme la longueur du pendule composé. Aussitôt qu'on connaît assez exactement le centre d'oscillation d'un pendule composé, il peut , à tous égards , tenir lieu d'un pendule simple.

3°. *Application du Pendule.*

§. 12. L'isochronisme des oscillations du pendule le rend le moyen le plus sûr de mesurer le temps , et en fait par conséquent le meilleur régulateur des horloges. Huygens fut le premier qui en fit cette application. A la vérité , l'influence du chaud et du froid cause une petite irrégularité dans cet emploi du pendule ; mais on a trouvé le moyen d'y remédier (*).

(*) On sait que tous les corps se dilatent par la chaleur et se contractent par le froid. Dans le premier cas , le pendule s'alongeant , le centre d'oscillation s'abaisse et les oscillations deviennent plus lentes. Dans le second cas , le centre d'oscillation s'élevant , le pendule devient plus court , et sa marche s'accélère. On a imaginé d'opposer cette cause à elle-même , en assemblant des verges de métal de matières différentes , et qui se dilatent inégalement , de sorte que quand le pendule s'alonge par l'effet de la dilatation , la lentille qui le termine se trouve en même temps rehaussée ; et au contraire, lorsque le pendule se raccourcit par le froid , la position de sa lentille s'abaisse ; de sorte que , par ces effets opposés , le centre d'oscillation demeure toujours immobile

§. 13. L'application du pendule à des recherches sur la pesanteur est encore beaucoup plus importante pour la physique. A cet égard nous remarquerons ce qui suit :

1°. L'isochronisme invariable des oscillations, tant qu'on ne change pas beaucoup de lieu, démontre l'invariabilité de la pesanteur elle-même.

2°. Le pendule prouve, non pas, à la vérité, d'une manière aussi frappante qu'une expérience dans le vide, mais cependant plus sûrement encore, que tous les corps acquièrent, par la pesanteur, la même vitesse dans la chute ; car un corps qui tomberait plus lentement qu'un autre, devrait, s'il était suspendu comme un pendule, faire des oscillations plus lentes.

3°. Le pendule simple, qui bat les secondes, donne un moyen de trouver l'espace parcouru par un corps grave dans la première seconde de sa chute, plus exactement qu'on ne le peut faire avec la machine d'Atwood. En effet,

---

et les oscillations restent isochrones. Les appareils de ce genre se nomment des *compensateurs*. On peut faire un compensateur, en prenant, pour former le pendule, un tube creux de verre, rempli en partie de mercure. Ce tube s'alonge par la chaleur et se raccourcit par le froid ; mais le mercure, placé au bas, se dilate et se contracte aussi en même temps dans un plus grand rapport ; de sorte qu'on peut enfin trouver une quantité de mercure telle, que ces deux effets se compensent, et que le centre d'oscillation demeure toujours au même point, au moins tant qu'il ne faut obvier qu'aux changemens naturels de température de l'atmosphère. Il existe des pendules ainsi compensés, qui marchent très-régulièrement ; et l'appareil est si facile à faire, qu'il devrait être employé par toutes les personnes qui, aimant l'exactitude, ne peuvent pas se procurer de compensateurs de métal. On assure aussi que des verges de sapin bouillies dans l'huile, et séchées ensuite, éprouvent des dilatations si peu sensibles, qu'on peut les employer dans les pendules sans compensation.

sans avoir besoin d'une plus exacte théorie, on conçoit qu'entre la longueur du pendule simple à secondes et cette hauteur de chute il doit y avoir un rapport déterminé, puisque ces deux résultats ne dépendent que de la force de la pesanteur. On peut d'ailleurs démontrer par le calcul, que la longueur du pendule à secondes est à l'espace que la pesanteur fait décrire en une seconde, comme $1 : 4{,}93480$ (a); en sorte que l'on peut déduire l'un de ces résultats de l'autre, par une simple proportion. Or, dans nos pays la longueur du pendule simple à secondes est très-exactement $448^l{,}60$, par conséquent on en tire $g = 15^{\text{pch}}{,}099$; ce qui ne diffère que d'une petite quantité des 15 pieds $\frac{1}{10}$ dont nous avons fait usage jusqu'à présent.

4°. L'opinion de Newton sur l'affaiblissement de la pesanteur qui doit avoir lieu sous l'équateur, est parfaitement confirmée par les observations du pendule. Un pendule qui bat ici les secondes exactement, oscille plus lentement sous l'équateur, et plus vite dans les contrées du Nord. Ainsi, pour qu'il continue de marquer les secondes exactes, il faut qu'il soit raccourci sous l'équateur et alongé sous les pôles. Parmi les nombreuses observations de cette espèce, nous citerons les suivantes :

LIEUX D'OBSERVATION.	LATITUDE Septentrionale.	LONGUEUR du pendule à sec. en lig. de Paris.	VALEUR de g, en pieds de France.
Quito.	0,25	439,10	15,0477
Paris.	48,50	440,60	15,0991
Kola en Laponie.	68,52	441,31	15,1235

(a) Si dans la formule $2\,g\,T^2 = \Pi^2\,L$, de la page 61, on fait $T = 1$, on trouve $2\,g = \Pi^2\,L$, ce qui donne $1 : \frac{1}{2}\,\Pi^2 :: L : g$, ce qui est la proportion énoncée dans le texte.

On voit dans la note (*a*), pag. 65 , comment les nombres de la quatrième colonne peuvent être calculés d'après ceux de la troisième ; les valeurs de *g*, qui en résultent , doivent être considérées comme la mesure propre de la pesanteur dans les lieux où sont faites ces observations. On trouve plusieurs expériences semblables dans l'ouvrage de Bode, intitulé *Kenntniss der Erdkugel* , 2e. édit., pag. 180 , Berlin , 1803. (Voyez aussi la *Mécanique Céleste*.)

5°. Sur les très-hautes montagnes les oscillations du pendule sont un peu ralenties. Bouguer trouva qu'un pendule qui faisait 98770 oscillations en vingt-quatre heures au bord de la mer , n'en faisait sur le Pichincha que 98720 dans le même temps. La pesanteur diminue donc lorsqu'on s'éloigne de la terre.

6°. Le pendule nous donne , lorsqu'il est en repos , la direction de la pesanteur de la manière la plus exacte. Dans le voisinage des grandes chaînes de montagnes on a trouvé que le pendule dévie de la direction verticale , et penche un peu vers la chaîne de montagnes : ce qui est une preuve évidente d'une force attractive des montagnes , qui s'exerce sur le corps du pendule (*). Les observations les plus exactes de ce genre ont été faites en Ecosse, l'année 1774, par l'astronome anglais Maskeline. Il calcula la force attractive de la montagne d'après le petit angle dont le pendule déviait de la direction perpendiculaire, et il la compara avec la force attractive de la terre entière , qu'il connais-

---

(*) On prouve et on mesure cette déviation en observant les distances méridiennes d'une même étoile au zénith d'un côté et de l'autre de la montagne. Comme ces distances se comptent à partir de la verticale indiquée par le fil à plomb, on voit si elles sont les mêmes ou si elles diffèrent ; car l'attraction de la montagne tend à augmenter l'une et à diminuer l'autre.

sait par les effets de la pesanteur : cela le mit en état de conclure le rapport de la masse de la montagne avec la masse de la terre entière ; et le résultat de cette recherche importante, mais délicate, fut que la masse terrestre est environ 4 fois $\frac{1}{2}$ aussi considérable que le serait la masse d'un globe d'eau de semblable volume. L'opinion de ceux qui admettent que l'intérieur de la terre est rempli d'eau, est réfutée par ce résultat. Ainsi nous devons même au pendule quelques inductions sur la nature, ou du moins la densité des substances qui peuvent composer l'intérieur du globe terrestre (*).

7°. Enfin le pendule peut être appliqué à diverses expériences sur le mouvement des corps, puisqu'on peut, par son moyen, produire aisément des mouvemens de grandeur, de direction et de vitesse déterminés ; car on peut démontrer par des raisonnemens géométriques, que la vitesse du pendule au point B, *fig. 15*, quand il tombe de diverses hauteurs, est comme les cordes des arcs parcourus : c'est-à-dire, la vitesse du pendule en B, quand il a commencé son mouvement en C, est à la vitesse en B, quand il a commencé son mouvement en E seulement, comme l'arc CB est à l'arc EB. Il est facile maintenant de diviser l'arc BC de manière que les cordes calculées de B soient comme les chiffres 1, 2, 3, 4, etc. Si on élève une fois le pendule jusqu'à 12, une autre fois jusqu'à 5, les vitesses en B seront comme 12 est à 5, etc.

(*) M. Cavendish est parvenu au même résultat par une expérience très-simple, en rendant sensible l'attraction de deux grosses boules de métal sur les extrémités d'un levier horizontal suspendu par son centre à un fil susceptible de se tendre par la torsion. (Voyez la *Mécanique* de M. Poisson.)

On peut nommer un arc ainsi divisé , une échelle de vitesse (a).

Dans ces circonstances , l'unité de vitesse n'est pas déterminée , et l'échelle donne seulement les rapports de vitesse ; mais on peut disposer l'appareil de manière que l'échelle indique en pouces les vitesses absolues qu'acquiert le pendule (b).

(a) Nommons V et V^I les vitesses que le pendule acquiert par sa chute dans les arcs CB et EB ; ces vitesses sont les mêmes que celle qu'un corps acquiert en chute libre dans les lignes verticales DB et FB, p. 49, §. 12. On a donc $V^2 : V^{I2} :: DB : FB$. (Chap. XII, §. 4, n°. 3.) Maintenant, d'après une propriété connue du cercle , 2 $AB : BC :: BC : BD$, et 2 $AB : BE :: BE : BF$. BC et BE désignent les cordes des deux arcs. Par conséquent ,

$$BD = \frac{BC^2}{2\,AB} \text{ et } BF = \frac{BE^2}{2\,AB} \text{ ; ainsi } V^2 : V^{I2} :: BC^2 : BE^2 \text{ ;}$$

ou $V : V^I :: BC : BE$. C'est-à-dire que les vitesses sont proportionnelles aux cordes des arcs qui restent à parcourir jusqu'au point le plus bas.

(b) La question est de trouver l'angle BAC, sous lequel il faut élever le pendule pour arriver en B à une vitesse donnée V. D'après l'article 5, pag. 46, note (a), on a $DB = \dfrac{V^2}{4\,g}$, lorsque le pendule doit avoir en B la vitesse V ; maintenant, soit $AB = L$, on en tirera $AD = L - \dfrac{V^2}{4\,g}$. Or, dans le triangle CDA on a

$$AC : AD :: 1 : \cos BAC ;$$

par conséquent $\cos BAC = \dfrac{AD}{AC} = 1 - \dfrac{V^2}{4\,g\,L}$;

d'où l'on peut déduire l'angle BAC par les tables trigonométriques. Si , dans cette formule , on exprime g et L en pouces , et qu'on mette successivement pour V les nombres naturels 1 , 2 , 3 , 4 , 5 , on aurait une série d'angles qui montreraient de combien le pendule doit être élevé, pour avoir en *B* 1, 2, 3, 4.... etc., pouces de vitesse. On peut donc, au moyen de ces angles, former sur l'arc *B C* une échelle des vitesses absolues.

(*) L'isochronisme du pendule circulaire n'est qu'approché ; il n'a lieu que pour les très-petits arcs, et l'on a vu que les oscillations deviennent plus lentes à mesure que les arcs sont plus grands. Mais on peut se proposer de chercher la forme qu'il faudrait donner à une ligne courbe pour que l'isochronisme fût rigoureux dans tous les arcs. Les géomètres ont déterminé cette forme. C'est celle de la courbe que l'on nomme *cycloïde* ou *roulette*, parce qu'elle peut être engendrée par un point d'un cercle roulant sur une ligne droite. Cette courbe est telle, que la gravité décomposée suivant chacun de ses élémens, est toujours exactement proportionnelle à l'arc qui reste à parcourir jusqu'au point le plus bas ; et c'est ce qui y produit l'isochronisme. On a tenté d'appliquer cette courbe aux horloges ; mais la difficulté de sa construction rigoureuse l'a fait abandonner.

CHAPITRE XV.

De la Communication du Mouvement par le choc.

§. 1. Puisque dans l'espace où nous vivons il ne se trouve aucune place absolument vide de toute matière impénétrable, chaque corps qui se meut est en choc continuel avec d'autres corps; par conséquent on ne peut apprécier aucun mouvement avec une parfaite exactitude, si l'on ignore les lois d'après lesquelles les corps se communiquent les uns aux autres leur mouvement par le choc.

§. 2. Les appareils au moyen desquels on fait des recherches sur le choc des corps, se nomment *machines de percussion*; et les parties essentielles de la principale de ces machines sont deux pendules $A B$ et $C D$, fig. 16, de longueur égale, et suspendus près l'un de l'autre, de manière que les corps pesans B et D qui les terminent, sont exactement en contact. Derrière eux se trouvent, sur le même support où ils sont attachés, des échelles de vitesses disposées selon ce qui est dit pag. 67, §. 13, n°. 7. Ces échelles peuvent être tracées sur des arcs décrits des points A et C comme centres; ou encore plus commodément elles peuvent être tracées sur une ligne droite $E F$; de sorte que si on élève un des pendules jusqu'à un certain point G, le chiffre qui se trouve en G indique la vitesse que le pendule aura au point le plus bas de sa route, où il ira choquer la masse o de l'autre pendule. On peut ainsi faire frapper un seul pendule contre l'autre, ou tous deux à-la-fois l'un contre l'autre, et observer les changemens qui arrivent dans leurs mouvemens par le choc.

Une autre machine consiste en une rangée de boules

contiguës. Celle-ci sert pour montrer que le mouvement d'une seule ou de plusieurs agit sur les autres.

Dans un autre appareil, deux pendules peuvent frapper à-la-fois un troisième corps.

C'est encore un appareil qui appartient aux machines de percussion, que celui par lequel on fait tomber des corps pesans d'une hauteur déterminée sur un corps dur ou mou, afin d'observer les effets de ce choc (*a*).

§. 3. Selon la troisième loi du mouvement de Newton, pag. 24, §. 8, il se fait à chaque choc de deux corps une transmission de mouvement de l'un à l'autre; mais on ne peut pas déterminer en général la quantité de mouvement qui se transmet, parce que cela dépend d'une quantité de circonstances particulières. Parmi ces circonstances se trouvent la direction des corps mis en mouvement, leur forme, leur masse, leur vitesse, leur force de cohésion, leur élasticité, leur état d'agrégation, etc. Puisqu'il faut avoir égard à toutes ces choses, la théorie du choc doit être assez étendue, et non pas sans difficulté dans quelques parties. Nous sommes donc obligés de nous borner à exposer ici les cas les plus remarquables, et principalement les chocs centraux et droits entre les corps élastiques et non élastiques. Le choc s'appelle *central*, quand les corps se meuvent avant le choc dans la ligne droite qu'on peut mener de leurs deux centres de gravité, et que le choc même arrive dans cette ligne. Il s'appelle *droit*, quand les surfaces sont perpendiculaires à la direction du mouvement à l'endroit où elles se rencontrent.

§. 4. Le seul cas que nous voulons développer avec un

(*a*) Les machines de percussion sont décrites dans s'Gravesande, *Elementa Physices*, et dans les *Leçons de Physique* de Nollet.

peu de détail , est le choc des corps non élastiques, parce que de celui-là se déduisent toutes les recherches sur le choc. Quand deux corps de cette nature se choquent l'un l'autre , le corps mis en mouvement communique à celui qui est en repos , ou qui est mu contradictoirement , la quantité de mouvement nécessaire pour qu'ils aient tous deux une égale vitesse. Il en est de même de deux corps , dont l'un se meut plus vite et l'autre plus lentement. Lorsqu'ils ont acquis une vitesse égale, l'effet du choc est terminé , puisqu'aucune pression n'a plus lieu entr'eux , et qu'ils poursuivent leur mouvement ensemble et avec une égale vitesse , comme s'ils formaient un seul corps.

Le cas qui se présente le plus fréquemment , mais qui est aussi le plus facile à déterminer , est celui où le corps choqué est en repos. On conçoit aisément , même sans calcul , que dans ce cas la vitesse après le choc doit être fort variée , et dépendre principalement des rapports des deux masses. Plus la masse du corps choqué est petite , comparativement avec celle du corps qui la vient frapper , moins il faudra de force pour la mettre en mouvement , et moins aussi la vitesse du corps choquant sera changée. Au contraire , plus cette masse est considérable , et plus le mouvement des deux corps sera lent après le choc. Si la masse du corps choqué est beaucoup plus grande que celle du corps choquant , le mouvement après le choc sera , non pas nul , à la vérité , mais absolument inappréciable pour nos sens. Un coup de marteau contre une muraille , une pierre qui tombe sur la terre , peuvent servir d'exemples pour ceci (a).

____

(a) Lorsque les masses et les vitesses qu'avaient les corps avant le choc , sont connues , il n'est pas difficile de trouver , par le calcul , la vitesse après le choc. Soient M la masse , et V la vitesse

§. 5. Parmi les circonstances qui modifient l'effet du choc, nous parlerons d'abord de la force de cohésion. Le choc agit d'une manière immédiate seulement sur les parties touchées, et de celles-ci il se propage au loin dans les autres, d'autant plus vite que les corps sont plus durs et moins flexibles, et d'autant plus lentement que leurs particules cèdent davantage. Dans le dernier cas, les corps sont comprimés et leur forme est changée; ou bien, si la force de cohésion est moins considérable que la force du choc, ils sont rompus en fragmens plus ou moins nom-

---

du corps choquant, M' la masse, et V' la vitesse du corps choqué. On doit remarquer que V' doit être pris positivement lorsque les deux corps se meuvent vers le même côté, négativement lorsqu'ils sont dirigés l'un contre l'autre. Dans cette supposition, la somme des quantités de mouvement avant le choc est $= M V + M' V'$. Après le choc, les deux corps ont une vitesse égale, que nous nommerons X; et la masse mise en mouvement est $= M + M'$. Par conséquent la somme du mouvement après le choc $= (M + M') X$. Ces deux sommes doivent être égales, par conséquent $X = \dfrac{M V + M' V'}{M + M'}$. La conséquence rapportée dans ce texte se déduit rigoureusement de cette formule : si M' est en repos avant le choc $V' = o$; par conséquent, $X = \dfrac{M V}{M + M'}$. Si V' n'est pas égal à zéro, mais que la masse M' soit infiniment petite, et comme nulle par rapport à M, on a $X = \dfrac{M V}{M} = V$, c'est-à-dire que le corps ne perd qu'une partie infiniment petite de sa vitesse. Si au contraire la masse M est assez petite pour pouvoir être négligée relativement à M', on a $X = \dfrac{M' V'}{M'} = V'$; c'est-à-dire que le corps n'acquiert ni ne perd rien par le choc, ou du moins ne perd qu'une partie infiniment petite de sa vitesse.

breux. Enfin, selon que les corps sont durs ou tendres, solides ou mous, tenaces ou friables, etc., les effets sont modifiés différemment.

§. 6. L'élasticité sur-tout a une grande influence sur l'effet du choc. Puisque les particules des corps élastiques cèdent, elles sont comprimées tant que la vitesse des deux corps est encore inégale. Par suite de cela, l'effet du choc ne cesse pas pour eux comme pour les corps non élastiques, aussitôt que la vitesse est égale dans les deux corps ; mais ils s'écartent alors l'un de l'autre, parce qu'ils s'efforcent de reprendre leur forme ; et s'ils étaient parfaitement élastiques, ils le feraient justement avec la même force qui les a d'abord comprimés. Ainsi le corps choquant perd justement le double du mouvement, et le corps choqué en gagne justement le double de ce qu'il aurait eu s'ils eussent été non élastiques. Enfin, lorsque les corps sont imparfaitement élastiques, la perte et l'augmentation de mouvement sont, à la vérité, plus considérables que pour les corps non élastiques, mais non pas cependant suivant une proportion double, comme dans les corps dont l'élasticité est parfaite (a).

(a) Soient M la masse du corps choquant, V sa vitesse avant le choc, et u sa vitesse après le choc : soient M' la masse du corps choqué, V' sa vitesse avant le choc, et u' sa vitesse après le choc. Si les deux corps n'étaient point élastiques, leur vitesse commune, après le choc, serait $x = \dfrac{M V + M' V'}{M + M'}$ (§. 4, note), et M aurait perdu en vitesse $V - x$. Cette perte serait double dans les corps parfaitement élastiques, par conséquent égale à $2 (V - x)$, et seulement un peu plus grande que $(V - x)$ dans les corps imparfaitement élastiques. Soit donc n un nombre entre 1 et 2, on peut supposer généralement la perte de

§. 7. Les variations qui proviennent de la direction du choc sont encore plus multipliées. Nous remarquerons seulement cette seule loi , qu'à chaque choc *excentrique*, il se produit toujours un mouvement circulaire autour du centre de gravité ; ce qui rend l'estimation mathématique de l'effet très-difficile dans beaucoup de cas. La loi est , au reste, si générale, que , quand deux corps tiennent ensemble par un lien visible , ou même par le lien invisible d'une force attractive , aucun mouvement partiel d'un des corps n'est possible sans que l'autre s'en ressente ; et si l'un d'eux est mis en mouvement , tous deux commencent à tourner autour du centre de gravité commun. Ainsi se meuvent la lune et la terre autour de leur centre commun de gravité ; de même les planètes ne se meuvent pas seulement , à proprement parler , autour du soleil ; mais

---

vitesse $= n (V - x)$; il reste donc , après le choc , la vitesse $u = V - n (V - x)$; semblablement le corps M' , s'il n'est point élastique , gagnera par le choc $x - V'$, ou $2 (x - V')$, s'il est parfaitement élastique , ou en général $n (x - V')$. Sa vitesse , après le choc , sera donc $u' = V' + n (x - V')$. Si dans les valeurs de u et de u' on met , au lieu de x , sa valeur

$$x = \frac{M\,V + M'\,V'}{M + M'},$$

on obtient par une transformation très-simple,

$$u = V - n \left(\frac{V - V'}{M + M'} \right) M'$$

$$u' = V' + n \left(\frac{V - V'}{M + M'} \right) M.$$

Ces deux formules sont d'un usage très-général. Si l'on suppose $n = 2$, elles servent pour les corps parfaitement élastiques. Si l'on suppose $n = 1$, elles servent pour les corps non élastiques. Enfin , si les corps ont une élasticité imparfaite , n a une valeur moyenne qui peut être trouvée par des expériences.

elles tournent avec lui autour du centre de gravité de tout le sytéme solaire , etc.

§. 8. Nous ne rapporterons qu'un seul cas de *choc oblique*. Si une boule élastique A , *fig.* 17 , est jetée dans la direction $B\,A$ contre une paroi élastique , l'expérience apprend qu'elle rebondit dans la direction $A\,H$ sous un angle égal. Pour expliquer cet effet , on suppose que $B\,A$ représente la force du choc : on décompose cette force en deux autres , dont l'une $F\,A$ est parallèle à la paroi $C\,D$, et l'autre $E\,A$ lui est perpendiculaire. La force $E\,A$ produit contre la paroi un choc dont l'effet consisterait , si cette force agissait seule , à faire bondir le corps avec une force $A\,E$ égale à celle avec laquelle il a frappé la paroi dans cette direction. Quant à l'autre force $F\,A$, si elle ne trouvait aucun obstacle , le corps serait poussé dans la direction $A\,G$. Ce corps est donc sollicité après le choc par deux forces ; l'une le pousse vers la direction $A\,E$, l'autre vers la direction $A\,G$. Il prendra donc la diagonale $A\,H$. En général , le choc oblique et le choc excentrique se raménent , par la décomposition des forces , aux lois des chocs centraux et droits.

§. 9. Nous avons aussi indiqué l'état d'agrégation des corps , parmi les circonstances qui modifient l'effet du choc. Si un corps solide se meut dans une matière fluide , ou si un fluide se meut dans un autre , ces corps sont en choc continuel l'un par rapport à l'autre. Mais , comme cette partie difficile de la théorie appartient à l'étude des corps liquides ou aériformes , nous remarquerons seulement que l'on observe encore dans ces mouvemens l'égalité d'action et de réaction qui constitue le troisième principe de Newton ; car , conformément à ce principe , le corps

qu'on fait mouvoir perd justement autant de mouvement qu'il en communique au milieu fluide. On doit
avoir égard à cette loi, si l'on veut juger exactement
d'un mouvement quelconque qui se passe dans l'air ou dans
l'eau (*a*).

(*a*) On trouve un détail complet des lois du choc pour les corps
solides, dans le *Dictionnaire de Physique*, de Gehler, à l'article *Stoss*. (Voyez aussi s'Gravesande, *Physices Elementa
Mathematica*.)

(*) Voyez sur-tout la *Mécanique* de M. Poisson.

CHAPITRE XVI.

*Des Mouvemens de Vibration, et du Son qu'ils pro-
duisent, ou premiers principes d'Acoustique.*

§. 1. Tout ce que nous savons sur la production du son
nous a été appris par l'observation des corps solides
sonores : c'est pourquoi l'acoustique sera exposée ici, et
non pas, comme on le fait ordinairement, à l'article de la
théorie de l'air.

§. 2. Si un fil de métal élastique tendu, ou toute autre
espèce de corde d'instrumens *A B*, *fig.* 18, est tiré de
sa direction rectiligne *A B*, et ensuite abandonné à
lui-même, il ne revient pas immédiatement à cette
direction; mais, semblable à un pendule écarté de la verticale, il va et revient avec beaucoup de vitesse, de part et
d'autre de la ligne *A B*, en prenant dans ses écarts des
courbures *A C D*, *A D B*, successivement opposées. Un
mouvement de ce genre, lorsqu'il est très-rapide, se
nomme mouvement *d'oscillation* ou de *vibration*. La
théorie de ces mouvemens n'est pas facile : nous allons,
par cette raison, exposer d'abord historiquement leurs
lois, et ensuite nous les confirmerons par les expériences (*a*).

§. 3. Les vibrations d'une corde ont cela de commun

(*a*) Quelques écrivains comprennent sous l'expression *mouvemens de vibration*, un frémissement intérieur des plus petites
particules d'un corps, par lequel elles changent réellement leurs
situations respectives, quoique d'une manière imperceptible pour
nos sens. Sans doute il y a de semblables frémissemens, mais
ils ne produisent jamais de son. (*Voyez* le *Dictionnaire de
Physique* de Gehler, tom. III, pag. 801.)

avec les oscillations du pendule, qu'elles sont presque exactement isochrones. Le temps d'une vibration dépend de la longueur, du poids, de la tension de la corde, et non pas de la nature de la substance dont elle est formée *.

§. 4. Lorsque les vibrations sont très-vives, on entend un *ton* déterminé, qui est plus ou moins *grave* ou *élevé*, selon la vitesse des vibrations.

---

* Soit T le temps d'une vibration, représentons toujours par g l'espace que la gravité fait décrire aux corps dans une seconde de temps ; nommons l la longueur de la corde, p son poids, et f la force qui la tend ; on a $T = \sqrt{\dfrac{l\,p}{2\,g\,f}}$. Cette formule sert pour toutes les cordes en général, quelle que soit la matière qui les compose.

Considérons une corde cylindrique, d'une épaisseur et d'une élasticité constante dans toute sa longueur. Soit r le rayon de sa section transversale ou la moitié de son épaisseur. Appelons δ le poids spécifique de la matière qui la compose. Si nous désignons par π la demi-circonférence dont le rayon $= 1$, le volume de la corde sera $= \pi r^2 l$, et son poids $p = \pi r^2 l \delta$. Qu'on mette cette valeur dans la formule ci-dessus, on a

$$T = \sqrt{\frac{\pi r^2 l^2 \delta}{2\,g\,f}} = r\,l\,\sqrt{\frac{\pi \delta}{2\,g\,f}}.$$

Cette formule est aussi générale que la précédente, et elle est plus commode pour les cordes qui sont homogènes dans toute leur longueur.

Comme je ne connais aucun ouvrage dans lequel la théorie des vibrations des cordes soit développée d'une manière comprehensible pour les commençans, je me bornerai à renvoyer le lecteur à l'Acoustique de Chladni (Paris, chez Courcier), où l'on trouve une liste complète de tous les ouvrages qui traitent de cette théorie. On trouve des expériences qui développent les lois les plus distinctes de ce mouvement, dans s'Gravesande, *Physices Elementa Mathematica*. Leyde, 1749, tom. I, pag. 367.

* Voyez la *Mécanique* de M. Poisson.

§. 5. On appelle monocorde une tablette de bois sur laquelle on tend une seule corde ou un très-petit nombre de cordes, de manière qu'on peut changer leur longueur ainsi que leur tension. Cet instrument est très-commode pour faire concevoir les lois des oscillations. Quand on fait des expériences avec cet instrument, on doit admettre le principe suivant, qui se démontre par le calcul, c'est *que les temps d'oscillation d'une même corde, tout le reste demeurant égal, sont proportionnels à sa longueur.*

§. 6. Au moyen du monocorde, on démontre qu'à chaque rapport d'oscillations ou de la longueur de la corde, répond un intervalle musical particulier; ainsi :

Pour le rapport			
. . . .	1 : 2		l'octave.
. . . .	2 : 3		quinte.
. . . .	3 : 4		quarte.
. . . .	4 : 5		tierce majeure.
. . . .	5 : 6		tierce mineure.
. . . .	6 : 7		seconde superflue.
. . . .	7 : 8		seconde.
. . . .	8 : 9	}	
. . . .	9 : 10	}	ton entier.
. . . .	10 : 11	}	
. . . .	11 : 12	}	
. . . .	12 : 13	}	
. . . .	13 : 14	}	demi-ton.
. . . .	14 : 15	}	
. . . .	15 : 16	}	

Les rapports qui sont au-delà, ne servent que peu dans la musique. Les cinq premiers, en y ajoutant le rapport de 3 : 5, qui donne la sixte, sont appelés consonnances ou intervalles consonnans ; les autres se nomment dissonnances.

§. 7. Une corde rend le ton qui lui est propre, soit en la frappant, soit en passant sur elle un archet de violon. Dans le premier cas, une oreille exercée entend, outre le ton fondamental de la corde, une infinité de tons relatifs. Si l'on nomme 1 le temps de vibration du ton fondamental, $\frac{1}{2}$ sera le temps de vibration du ton relatif le plus prochain, et les suivans seront $\frac{1}{3}$, $\frac{1}{4}$, $\frac{1}{5}$, $\frac{1}{6}$, $\frac{1}{7}$, etc. Ces tons relatifs sont produits, parce qu'en même temps qu'il se fait une oscillation de la corde entière, *fig.* 18, sa moitié, *fig.* 19, son tiers, *fig.* 20, son quart, *fig.* 21, vibrent aussi ; ce qui rend le mouvement composé de la corde fort compliqué. Lorsqu'on passe un archet sur la corde, il ne paraît pas qu'il se produise de semblables tons relatifs. Les points G, *fig.* 19, $K L$, *fig.* 20, $O P Q$, *fig.* 21, dans lesquels la direction de la vibration change, se nomment *nœuds d'oscillation*. On peut, avec une certaine adresse, ne produire qu'un des tons relatifs.

§. 8. On peut, au moyen d'un archet, tirer des tons, non-seulement des cordes, mais encore de tous les corps tant soit peu élastiques. Chladni, à qui l'acoustique doit tant de découvertes précieuses, a donné un moyen de rendre presque visibles les oscillations des plateaux et de beaucoup d'autres corps, en les saupoudrant de sable également répandu. (Voyez *Chladnis Entdeckungen uber die Theorie des Klanges*, Leipsick, 1787, et l'*Acoustique* du même auteur, Paris, chez Courcier.)

§. 9. Après le monocorde, rien n'est plus utile pour les recherches théoriques sur le son, que les vibrations des lames élastiques assujetties fixement à l'une de leurs extrémités. On peut les prendre assez longues pour pouvoir compter leurs vibrations. On peut aussi, en les raccourcissant par degrés, rendre sensible cette loi, *que les temps d'oscillations décroissent comme le carré de la longueur.* En diminuant leur épaisseur, on parvient à produire des oscillations si rapides, qu'elles donnent un son sensible à l'oreille. On peut, par conséquent, trouver, au moyen du calcul, les temps d'oscillations qui échappent à l'observation. Enfin, en joignant à ceci l'étude du monocorde, on peut confirmer par l'expérience tout ce que la théorie nous a appris sur les tons.

§. 10. On démontre par des expériences de ce genre, que le plus grave des tons appréciables est celui que donne une corde qui fait environ 32 vibrations par seconde; chacune des octaves de ce son répond à un nombre de vibrations double de celui qui le précède; ce qui donne la série suivante :

Nombre des Oscillations de la corde dans une seconde de temps.

Ton le plus grave	32 oscillations.
1ʳᵉ. octave.	64
2ᵉ.	128
3ᵉ.	256
4ᵉ.	512
5ᵉ.	1024
6ᵉ.	2048

Il y a aussi, dans le haut, une limite aux tons appréciables; la 9ᵉ. octave au-dessus du ton le plus grave passe pour le ton le plus élevé qui puisse être sensible à l'ouïe.

§. 11. Quoique nous ne devions examiner les propriétés de l'air que dans la cinquième section, nous pouvons cependant supposer comme connu, que l'air possède un haut degré d'élasticité, c'est-a-dire qu'il se laisse comprimer par la pression, et que, la pression cessant, il se dilate de nouveau. D'après cela, on comprend facilement que les vibrations d'un corps sonore doivent nécessairement produire un semblable mouvement de vibration, lequel se peut propager jusqu'à une grande distance du corps sonore. Si l'on réfléchit maintenant à ce qui arrive dans l'air environnant , lorsqu'une corde AB, *fig.* 22, commence à vibrer , on se convaincra facilement qu'autour de la corde il doit se produire des couches d'air comprimées AcB, AdB, AeB, AfB, AgB, AhB, etc. , qui alternent avec des couches d'air raréfiées. Ces pressions et ces raréfactions alternatives , qu'on nomme *ondulations du son*, se succèdent avec une grande vitesse près de la corde , sans que pour cela les particules d'air isolées qui les composent , changent sensiblement de place. C'est un mouvement qui a beaucoup de ressemblance avec les ondulations circulaires que produit une pierre qu'on jette dans l'eau tranquille. Lorsque ce mouvement de l'air se propage jusqu'à notre oreille, le son nous devient sensible.

§. 12. L'expérience apprend que tous les sons se propagent également vite , sans égard à la vitesse des vibrations. Dans l'air atmosphérique , cette vitesse est , selon des observations exactes , de 1042 pieds dans une seconde ; mais le son se propage aussi à travers l'eau et les corps solides , et avec une vitesse encore plus grande, ainsi que le prouvent les expériences.

§. 13. Quant à la force du son , les observations ont montré qu'elle croît dans un air plus dense , et qu'elle diminue dans un air plus rare. Elle décroît aussi avec l'éloignement , et vraisemblablement en raison inverse du carré de la distance.

§. 14. Il est difficile de déterminer par des expériences si le son ne se propage qu'en ligne droite , ou aussi dans des directions curvilignes , puisque les jugemens de nos sens , sur la direction du son , ont beaucoup d'incertitude.

La répercussion du son par les corps solides , selon les lois du choc élastique , rend la première opinion vraisemblable. C'est à cette répercussion que se rapportent les phénomènes de l'écho , du porte-voix , du cornet acoustique , et des voûtes qui renvoient les sons (*).

§. 15. Dans les instrumens à vent , ce n'est pas le corps solide, mais la colonne d'air interposée , qui forme le corps sonore. Cependant , les propriétés particulières de ces vibrations ne sont pas encore suffisamment éclaircies.

§. 16. Indépendamment de l'élévation et de la gravité des tons , il y a encore une quantité de modifications du son , sur la formation desquelles on ne peut rien dire de déterminé , quoique l'oreille les distingue avec beaucoup d'exactitude. Parmi ces modifications se trouvent les sons particuliers de chaque instrument et de la voix humaine. L'articulation de la voix humaine est sur-tout remarquable , ainsi que les parties qui la constituent , et que nous nommons voyelles et consonnes. Nous exprimons diverses variétés du son par les mots ton , bruit , murmure , etc.

§. 17. On trouve une description de l'organe de l'ouïe, dans Gehler , art. *Gehor.* La quatrième partie de l'*Acoustique* de Chladni traite de ceci encore plus complètement. On doit chercher une description de l'organe de la voix , dans les ouvrages d'anatomie et de physiologie.

(*) Relativement à la propagation du son dans des tuyaux très-alongés , voyez les Mémoires de la Société d'Arcueil , tom. II.

DE LA CHALEUR.

CHAPITRE XVII.

De la Chaleur en général, de sa Force de dilatation, du Thermomètre et du Pyromètre.

§. 1. LA chaleur, que nous connaissons d'abord par une sensation particulière, et dont nous nommons les graduations principales, feu, chaleur, et froid, a une grande influence dans la nature. Par sa diminution, presque tous les corps liquides, et même beaucoup de substances aériformes, se solidifient; par son augmentation, presque tous les liquides, et même beaucoup de solides, deviennent aériformes. Sans la chaleur il n'y aurait aucune vie, aucune organisation; enfin, l'emploi que nous en faisons pour nos besoins naturels ou artificiels est si varié, et d'une telle importance, que si l'usage du feu était retiré à l'homme, il serait rabaissé à l'état d'imperfection des animaux. Ceci doit suffire pour engager à étudier avec soin cette force importante de la nature.

§. 2. La cause de la chaleur échappe à nos sens. Les physiciens mécanistes penchent à l'attribuer à un mouvement intérieur des plus petites particules des corps. Les physiciens chimistes admettent unanimement pour principes de ces phénomènes, une matière propre, qu'ils nomment *calorique*. Nous trouverons dans la suite, sinon des preuves décisives, du moins des raisons très-fortes à l'appui de cette opinion. Jusque-là nous allons employer le mot calorique, seulement comme une manière commode de s'exprimer.

§. 3. Le premier effet de la chaleur que nous devons observer, c'est qu'elle dilate tous les corps ; les solides assez peu (*a*), les liquides davantage (*b*), et les substances aériformes dans un degré plus élevé (*c*).

§. 4. Ce phénomène a offert un moyen naturel et simple pour mesurer avec la plus grande exactitude les accroissemens et les diminutions de la chaleur. Les instrumens

---

(*a*) On prouve la dilatabilité des corps solides par une expérience très-simple. On a une barre métallique *A B*, *fig.* 23, qui, étant froide, passe exactement entre les deux colonnes verticales *C D* et *E F* ; on échauffe cette barre sans chauffer l'appareil *C D E F*, alors elle ne peut plus passer entre les colonnes *C D*, *E F*, et elle est retenue dans une situation oblique entre elles.

(*b*) Quand on remplit un flacon *A B*, *fig.* 24, avec un liquide, et qu'on y plonge un tube *C D*, ouvert par les deux bouts, en prenant soin de luter exactement l'orifice *F*, l'eau s'élève dans le tube lorsque le flacon est échauffé, et finit bientôt par le remplir entièrement.

(*c*) Si l'on met seulement dans le flacon assez d'eau pour que l'ouverture inférieure du tube y plonge, et qu'on échauffe l'air intérieur, l'eau montera très-sensiblement dans le tube.

* Ou mieux encore, ne laissez que de l'air dans le flacon, et après avoir luté très-exactement l'orifice avec le tube, faites entrer dans celui-ci une goutte de liqueur colorée ; le moindre refroidissement de l'air intérieur fera descendre la goutte et la précipitera dans le flacon ; au contraire, le moindre échauffement la fera monter et la chassera hors du tube.

qui servent à cet usage se nomment *thermomètres*. Ce fut un hollandais, nommé Drebbel, qui imagina le premier instrument de cette espèce, à la fin du 16e. siècle; mais il était encore très-imparfait. Dans le 17e. siècle, les académiciens de Florence en perfectionnèrent la construction; enfin, au 18e., Farenheith à Dantzick, et Réaumur en France, découvrirent en même temps les principes exacts de la fabrication de ces instrumens. (Pour l'histoire de cette découverte, voyez Gehler et Fischer, art. *Thermometer*. On la trouve encore plus détaillée dans la *Pyrométrie* de Lambert, Berlin, 1779.)

§. 5. L'appareil le plus en usage maintenant, est celui qu'on nomme, avec raison, *Thermomètre de Deluc*, parce que cet estimable savant s'en est sur-tout occupé dans ses recherches, quoiqu'il fût déjà en usage auparavant. Voici la description de ses parties essentielles : une petite boule de verre est soufflée au-dessous d'un tube de verre calibré *A B*, *fig.* 25 ; ensuite on chauffe cette boule, le tube étant ouvert, afin de dilater l'air qu'il renferme, puis on le renverse et on le plonge par le bout dans du mercure. Peu-à-peu l'air intérieur en se refroidissant se condense, et le mercure monte dans le tube par la pression hydrostatique de l'air extérieur, ainsi que nous le démontrerons plus tard. Mais nous donnons ici cette ascension comme un fait que l'on peut aisément vérifier. Quand le tube et une partie de la boule sont remplis de mercure, on retourne l'instrument, on le ferme à la lampe, et l'on plonge la boule dans l'eau bouillante; le mercure remonte jusqu'à un certain point constant *E*, qu'on appelle *point d'ébullition*, et il demeure invariablement à ce point, tant que la boule de verre reste dans l'eau bouillante ; ensuite on plonge la boule dans la glace fondante, le mercure baisse, mais seulement jusqu'à un certain point G, où il demeure invariablement fixe, tant que la glace n'est pas entièrement fondue. Ce point se nomme *point de congélation naturelle*. La distance $G E$ entre les deux points ainsi déterminés, se nomme la *distance fondamentale*. On assujettit le tube à une très-petite planche, sur laquelle on divise cette distance fondamentale en 80 parties, et l'on continue de marquer des divisions égales au-dessous de G et au-dessus de E, aussi loin que le tube du thermomètre peut s'étendre. En G, on marque zéro, et l'on commence à compter de ce point, soit en allant vers le haut ou vers le bas.

§. 6. Qu'on divise $G E$ en 180 parties, qu'on écrive zéro en K, qui est un point placé à la 32°. de ces parties, au-dessous de G, et qu'on commence à compter de là, en allant vers le haut et vers le bas, de sorte que le point G soit marqué 32, et le point E 212, on aura un *thermomètre de Farenheit*, dans lequel K se nomme *point de congélation artificielle*. Si l'instrument n'est pas rempli avec du mercure, mais avec de l'alcool, et qu'il soit gradué comme il est dit §. 5, on a le véritable thermomètre de Réaumur. La nouvelle échelle française du thermomètre à mercure, est la même que l'échelle suédoise de Celsius. La distance fondamentale est divisée en 100 parties, qu'on commence à compter du point de congélation (a).

(a) Cette méthode suppose que le tube est bien cylindrique dans son intérieur, en sorte que des quantités de mercure égales répondent à des divisions égales en longueur. Or, c'est ce qui ne se rencontre jamais, quelque soin qu'on prenne à choisir les tubes; et voilà pourquoi il n'y a presque pas de bons thermomètres, peut-être même pourrait-on dire qu'il n'y en a point du tout. Gay-Lussac, qui a fait des expériences très-exactes sur la dilata-

§. 7. Le thermomètre à air consiste en un tube ABC, *fig.* 26, recourbé en B, et terminé par une boule C. La boule

---

tion des gaz, a eu besoin d'exécuter des thermomètres parfaits; et voici le moyen qu'il a imaginé pour se les procurer, en divisant ses tubes exactement.

Prenez un tube de verre ouvert par les deux bouts, introduisez-y une certaine quantité de mercure; il en résultera une petite colonne intérieure au tube. Marquez sur le verre même les points extrêmes où aboutit cette colonne, et promenez-la ainsi successivement sur toute la longueur du tube, à partir d'une de ses extrémités; vous aurez ainsi une première échelle de parties égales, dont je nommerai la longueur l.

Faites ensuite sortir une portion du mercure que vous avez introduit; par exemple un peu moins de la moitié. Si vous amenez la colonne restante à une des extrémités du tube, elle n'atteindra plus la première division, mais elle dépassera la moitié de l'intervalle l; marquez le point où elle se termine. Amenez maintenant son extrémité à la première division; elle n'atteindra plus l'orifice du tube, mais elle occupera plus de la moitié de l'intervalle l. Marquez encore le point où elle s'arrête. Ce point et le précédent sont également éloignés du milieu de l'intervalle l. Ainsi vous aurez le milieu, en prenant la moitié de l'intervalle qui les sépare; car si vous avez fait sortir à-peu-près la moitié du mercure introduit d'abord, et que le tube ne soit pas très-inégal, la distance des deux points doit être peu considérable, et le tube peut bien être regardé comme cylindrique dans une si petite étendue. En répétant la même expérience sur toutes les grandes divisions successivement, vous marquerez le milieu de chacune d'elles; ce qui vous donnera une nouvelle échelle de parties égales qui seront deux fois plus nombreuses. Divisez encore ces dernières par la même méthode, et ainsi de suite, vous parviendrez à avoir sur votre tube tel nombre de divisions égales que vous voudrez.

Alors faites souffler une boule à l'une des extrémités du tube, introduisez-y du mercure bien pur et bien sec, que vous ferez bouillir dans le tube même; puis achevez votre thermomètre comme à l'ordinaire, en marquant le point de la glace fondante, et celui de l'ébullition de l'eau. Comptez combien il se trouve,

est remplie en partie avec de l'air ; le reste de l'espace contient du mercure, qui s'élève à-peu-près jusqu'à la moitié de la partie la plus alongée du tube. Lorsque l'air est chauffé en C, il se dilate, et le mercure s'élève ; lorsque l'air est refroidi, il redescend. Si les points de congélation et d'ébullition sont déterminés, comme il est dit ci-dessus (pag. 87, §. 5), et si la distance fondamentale est divisée en 370 parties, on a le thermomètre à air de Lambert (*).

---

entre ces points, de divisions égales. Ce nombre vous donnera l'échelle de votre thermomètre, qui, construit sur ces principes, sera parfaitement exact.

Il sera facile de réduire ces degrés en degrés de Réaumur, ou de Farenheit, ou en telle autre échelle que l'on voudra ; car soit n le nombre des divisions comprises entre la glace et l'eau bouillante, il est facile de voir que chaque degré de ce thermomètre en vaudra $\frac{80}{n}$ de Réaumur, $\frac{180}{n}$ de Farenheit, et $\frac{100}{n}$ de l'échelle centigrade.

Lorsque l'on marque le degré de l'ébullition de l'eau, il faut noter en même temps la hauteur du baromètre qui indique le poids de l'atmosphère ; car l'eau bout à une moindre chaleur quand le baromètre est plus bas, et elle en exige une plus grande quand le baromètre est haut. C'est ce que l'on verra quand il sera question du poids de l'atmosphère dans le chapitre suivant.

Le thermomètre est un instrument si généralement utile, et d'un usage si fréquent, que j'ai cru que les physiciens qui aiment l'exactitude, ne me sauront pas mauvais gré d'être entré dans ces détails.

(*) Lorsqu'on veut mesurer très-exactement de petits changemens de température, on emploie une autre sorte de *thermomètre à air*. On prend, comme pour le thermomètre ordinaire, un tube de verre terminé par une boule creuse ; mais au lieu d'y introduire du mercure on se sert de l'air même qu'il contient pour mesurer les variations de température par les changemens de son volume. A cet effet, il faut séparer cet air intérieur d'avec l'air extérieur. Pour y parvenir on prend la boule dans la main, afin d'échauffer

§. 8. Le mercure a , pour les usages thermométriques , les avantages suivans : 1°. il supporte , avant de bouillir ou de devenir aériforme , plus de chaleur que tous les autres fluides ; et l'on peut, en l'employant, prolonger l'échelle au-dessus du point d'ébullition , jusqu'à 232 de Deluc, et 600 de Farenheit. Au-dessous du point de congélation elle peut être prolongée jusqu'à 32 de Deluc, et — 40 de Farenheit. A ce degré le mercure devient solide. 2°. On peut avoir le mercure parfaitement pur , et de propriétés toujours semblables, plus facilement qu'aucun autre fluide ; par conséquent les thermomètres à mercure peuvent plus aisément être rendus comparables les uns aux autres. 3°. Le mercure est plus

------

un peu l'air qui s'y trouve renfermé ; cet échauffement le dilate et en chasse une partie ; alors on met à l'orifice du tube une petite goutte d'esprit de vin coloré, on retire la main , l'air intérieur se refroidit , se contracte , la petite goutte entre dans le tube , et ensuite elle descend ou elle monte , suivant que la masse d'air intérieur se resserre ou se dilate ; ce qui a lieu selon que la chaleur diminue ou augmente. La sensibilité de cet appareil dépend du rapport des volumes du tube et de la boule , et l'on peut la calculer d'après les lois connues de leurs dilatations. Mais on sent qu'à cause de cette sensibilité même il ne peut être employé qu'entre des limites très-peu étendues ; car si le refroidissement est trop grand , la goutte liquide se précipite dans la boule , et si , au contraire , il survient une trop grande augmentation de chaleur , la bulle est chassée hors du tube.

Si l'on souffle ainsi deux boules aux deux extrémités d'un même tube , et qu'on y introduise par un très-petit trou que l'on ferme ensuite, une goutte d'esprit de vin coloré , cette bulle ne sera influencée que par la différence de température des deux masses d'air qu'elle sépare. Cet instrument , qui peut servir dans une infinité d'expériences délicates , se nomme un *Thermoscope.*

sensible à l'action de la chaleur que tout autre fluide, c'est-à-dire qu'il marque plus promptement les effets de la chaleur et du froid. 4°. Son avantage essentiel consiste en ce que sa dilatation est presque proportionnelle à la marche effective de la chaleur, du moins entre les points d'ébullition et de congélation. C'est ce que Deluc a démontré par une série d'expériences très-exactes (a).

(a) Quand on mêle deux parties d'eau d'un poids égal, mais de température différente, un thermomètre plongé dans le mélange doit indiquer le degré justement intermédiaire entre leurs deux degrés de chaleur, pourvu que sa marche soit proportionnelle à celle de la chaleur. C'est sur cela que se fonde la méthode de Deluc pour éprouver la marche du thermomètre à mercure comparativement avec celle de la chaleur. (*Voyez* les recherches de Deluc sur les modifications de l'atmosphère.)

L'expérience précédente est extrêmement difficile à faire avec exactitude; car, pour y parvenir, il faudrait soustraire totalement les corps sur lesquels on opère, à l'influence des corps étrangers. Cependant la vérité qu'elle tend à établir, étant extrêmement importante, on a cherché à le faire d'une autre manière qui fût plus sûre et plus exacte. C'est à quoi Gay-Lussac est heureusement parvenu, comme on va le voir.

Ce qui fait que la dilatation d'un corps peut n'être pas proportionnelle à la chaleur, c'est que, si ce corps change d'état, sa capacité pour la chaleur change aussi, en sorte qu'il en faut plus ou moins qu'auparavant pour faire changer sa température d'un même nombre de degrés; et quoique l'on puisse éviter ces extrêmes, et ne pas aller, par exemple, jusqu'à l'ébullition, qui fait passer les corps de l'état liquide à l'état aériforme, cependant on peut ne pas éviter tout-à-fait ces inconvéniens; car il est de fait que les corps participent long-temps d'avance à ces modifications, et leurs propriétés se préparent, en quelque sorte, par des nuances insensibles, à ces changemens qu'elles doivent subir. On pourrait donc, par cette raison, douter si les dilatations du mercure de o à 80° conservent une marche égale et proportionnelle aux

Du Pyromètre.

§. 9. On a imaginé divers instrumens pour mesurer les degrés de chaleur très-élevés ; on les nomme pyromètres. La plupart sont fondés sur la dilatation des corps solides, et principalement sur celle des métaux. (*Voyez* Gehler et Fischer, articles *Thermometer* et *Pyrometer.*) Tous ces instrumens sont encore très-imparfaits. Le meilleur est celui que Wedgewood a inventé. (Gehler , IV, pag. 36o ; Fischer , V, pag. 107.) L'idée d'après laquelle il est composé, est la suivante. L'argile pure , et toutes les poteries d'argile , font une exception apparente à la loi de la dilatation des corps par la chaleur (pag. 86 , §. 3). Les morceaux d'argile qui n'ont pas été cuits , mais seulement séchés à l'air , se resserrent par la chaleur , d'autant plus qu'elle est plus intense ; et lorsqu'ils sont refroidis , ils ne reprennent pas leurs dimensions précédentes. Cela vient de ce que l'argile séchée contient encore une certaine quantité d'eau, qui lui est enlevée peu-à-peu par la chaleur. D'après cette observation , Wedgewood fit préparer des tubes d'argile de dimensions exactement déterminées ; puis il les

---

accroissemens de la chaleur , quoique ce dernier terme lui-même soit encore très-éloigné du point où le mercure commence à bouillir. Mais on peut , sans aucun doute , admettre cette proportionnalité relativement à l'air et aux autres substances aériformes que nous ne pouvons jamais faire changer d'état par aucun moyen physique quelconque. Or , en observant comparativement la marche du thermomètre à mercure et du thermomètre à air , et répétant cette expérience un grand nombre de fois, de o à 8o°, Gay-Lussac a trouvé qu'elle est exactement la même, c'est-à-dire qu'entre ces limites l'air et le mercure conservent le même rapport dans leurs dilatations : ce qui établit sans aucun doute l'exactitude du thermomètre à mercure.

exposa à l'action de la chaleur qu'il voulait mesurer. Ainsi, il les plaça, par exemple, dans un creuset avec de l'argent en fusion, et après les avoir laissés quelque temps, il les retira ; et en mesurant, au moyen d'un appareil fort simple, la diminution de leur diamètre, il en conclut le degré de la chaleur. Il se servit, pour déterminer ce degré, d'une échelle particulière, mais qui est comparable avec celle de Deluc et celle de Farenheit. De nouvelles expériences ont cependant appris que les données fournies par cet instrument sont encore un peu incertaines (*).

(*) J'ai moi-même donné un moyen très-exact pour mesurer les plus hautes températures. Il est fondé sur cette propriété que j'ai démontrée par expérience, c'est que, lorsqu'une barre métallique, exposée dans un air tranquille, est plongée par une de ses extrémités dans une source de température constante, les élévations de température de chaque point décroissent en progression géométrique, quand les distances au foyer sont en progression arithmétique. De cette manière, lorsqu'on connaît par expérience la propagation de la chaleur dans une barre, il suffit d'observer la température d'un de ses points, et la distance de ce point à la source constante de chaleur, pour connaître la température de cette dernière. J'ai fait l'application de cette méthode à la détermination de la température de l'étain et du plomb fondant ; c'est ainsi que j'ai trouvé cette dernière égale à 208°,6. Le décroissement de la chaleur avec la distance est si rapide, qu'il n'y aurait aucun moyen physique de faire monter d'un degré la température à l'extrémité d'une barre de fer de deux mètres de longueur, et de deux centimètres d'équarrissage ; en la chauffant par l'autre extrémité ; car la chaleur qu'il faudrait y appliquer serait beaucoup plus forte que celle qu'il faudrait pour la faire fondre. (Voyez la *Bibliothèque Britannique.*)

*De quelques Points remarquables des Echelles Thermo-
métriques et Pyrométriques.*

§. 10. Outre les points de congélation et d'ébullition,
on a encore observé, au moyen des instrumens que nous
venons de décrire, plusieurs degrés remarquables de chaleur, parmi lesquels nous indiquerons les suivans :

Degrés du Thermomètre.	Deluc.	Farenheit.	Wedge-wood.
Mercure congelé.	— 32	— 40	
Un mélange de parties éga-les de neige et d'ammo-niaque.	— $14\frac{2}{9}$	— 0	
Eau gelée.	+ 0	+ 32	
Caves profondes, chaleur douce du printemps. . .	+ 10	+ 54	
Chaleur d'été modérée. .	+ 14	+ 64	
Inflammation du phos-phore.	+ 20	+ 77	
Chaleur du sang humain.	+ 30	+ 99	
Fusion de la cire.	+ 48	+ 140	
Ebullition de l'alcool. .	+ 63	+ 174	
Ebullition du soufre. . .	+ 90	+ 234	
Fusion du zinc.	+ 164	+ 400	
—— du bismuth. . .	+ 190	+ 460	
—— du plomb. . . .	+ 209	+ 502	
Ebullition du mercure. .	+ 252	+ 600	
Le fer paraît rouge au jour a.	+ 464	+ 107_7	0
Fusion du cuivre.	+ 2024	+ 458_7	27
—— de l'argent. . . .	+ 2082	+ 471_7	28
—— de l'or.	+ 2315	+ 523_7	32
Chaleur nécessaire pour incorporer ensemble des barres de fer.	+ 5953	+ 1342_7	95
Degré extrême de chaleur d'une forge.	+ 768_7	+ 1732_7	125
Fusion de la fonte de fer.	+ 7976	+ 1797_7	130

Puisque les degrés les plus élevés du thermomètre peu-

vent être observés également avec le pyromètre et avec le
thermomètre , on conçoit la possibilité de comparer ensemble les échelles des deux instrumens , quoique le thermomètre ne puisse pas servir au-dessus de 252 de Deluc.
On trouve plusieurs autres degrés indiqués dans la *Pyrométrie* de Lambert , §. 508. (*Voyez* aussi Gehler , IV ,
pag. 344 et 363 ; Klügels Encycl. III , pag. 393.) (*)

§. 11. Dans le nombre des instrumens qui servent à
mesurer la chaleur , il n'en est aucun qui suive parfaitement la même marche qu'elle , et qui puisse être employé
sous toutes les températures. Cependant, pour en avoir
une mesure générale, au moins en idée , on suppose un
thermomètre à mercure dont la marche serait exactement proportionnelle à la chaleur , et qui pourrait ainsi
servir sous toutes les températures. Cette mesure idéale
de la chaleur s'accorde assez bien avec le véritable
thermomètre à mercure , entre les points de congélation et d'ébullition. Au-dessus du point d'ébullition, le

---

(*) Je remarquerai , au sujet de ce tableau , que la température des souterrains n'est pas la même par toute la terre , comme
l'auteur semble l'indiquer ici. Le thermomètre monte dans les
sables tropiques à une très-grande élévation. On l'a trouvé
de 25 centigrades au fond du puits de Joseph en Egypte , à
plus de 200 pieds de profondeur. A Paris , dans les caves de
l'Observatoire , il se tient à 12° centigrades, environ 10° de
Réaumur ; et enfin il y a des lieux dans la Sibérie, où la terre ,
dit-on, ne dégèle jamais, de sorte que la température des souterrains
n'y est pas au-dessus de 0. On voit donc que la température
de la terre, ou du moins de ses couches extérieures , que nous
appelons souterraines , va en diminuant graduellement de l'équateur aux pôles. (*Voyez* , à ce sujet , les *Elémens d'Astronomie
Physique* de Biot , chap. de la Température de la Terre ,
2°. édit.)

vrai thermomètre a une marche plus rapide ; au-dessous du point de congélation, il a une marche plus lente. Mais on peut comparer cette mesure fictive avec le pyromètre pour les degrés de chaleur très-élevés ; et pour les degrés plus bas que la congélation, peut-être la comparaison avec le thermomètre à alcool serait-elle plus convenable. Il est donc possible, en effet, de mesurer tous les degrés de température, quoique l'estimation des degrés extrêmes de froid et de chaud doive être soumise à beaucoup d'incertitude. En terminant ce chapitre, nous rapporterons les résultats de quelques expériences que l'on a faites sur la dilatation des différens corps par la chaleur.

§. 12. Les corps de nature différente, soit solides, soit liquides, sont inégalement dilatés par la chaleur ; la marche de ces dilatations est même inégale pour un même corps, selon les divers degrés de chaleur auxquels on l'expose. On trouve cependant qu'à quelques exceptions près, ils se dilatent généralement davantage à mesure qu'ils approchent du point où ils doivent perdres leur état d'agrégation. Mais on ne peut pas dire, jusqu'à présent, que pour aucun corps, à l'exception peut-être du mercure, la marche de la dilatation ait été observée assez exactement, pour qu'on puisse en déterminer précisément la quantité à chaque température. On se borne ordinairement à fixer la dilatation entre les points de congélation et d'ébullition, et d'après cela on l'évalue proportionnellement pour chaque degré du thermomètre. On a rassemblé dans la table suivante les *dilatations linéaires* de diverses substances, depuis o° jusqu'à 80° du thermomètre de Deluc, ou ce qui revient au même, depuis o jusqu'à 100° du thermomètre centésimal. Par *dilatation linéaire* on entend celle que l'on mesurerait

dans le sens d'une même dimension du corps échauffé , par
exemple celle qui s'opérerait sur la longueur d'une règle
qui a o° seroit supposée égale à l'unité (*).

Pour les tubes de verre blanc. o,000833
   or o,001678
   argent.   o,002124
   fer o,001258
   platine.   o,000857
   cuivre.   o,001700
   laiton o,001933
   zinc. o,002942
   plomb.   o,002867
   mercure. o,00616

§. 13. Deux habiles observateurs, Dalton , à Man-
chester , et Gay-Lussac , à Paris , ont dernièrement fait ,
en même temps , des expériences très-rigoureuses sur la
dilatation des fluides élastiques , tant des vapeurs que
des gaz permanens , et ils ont tous deux trouvé que
*tous les fluides élastiques sous des pressions égales , se
dilatent aussi également par la chaleur.* Cette dilatation ,
depuis o jusqu'à 80° , est , selon Gay-Lussac , de o,375 ,
du volume primitif, représenté par l'unité à o° ; selon
Dalton , ce serait o,398. (Gilbert , XIII 314.) Le premier nombre paraît s'approcher davantage de la vérité ,

---

(*) Les dilatations du verre et des métaux solides , rapportées
dans le tableau précédent , ne sont pas celles qu'avait données
l'auteur. J'y ai substitué les résultats de M. Smeathon , que
M. Lavoisier a déclarés être très-peu différens de ceux qu'il avait
lui-même obtenus avec M. Laplace , dans une série d'expériences
non publiées. La dilatation de l'or et celle de l'argent sont de
Ferdinand Berthoud ; celle du platine est de Borda.

parce qu'il s'accorde parfaitement avec des expériences
très-exactes sur l'air atmosphérique, faites plus anciennement par le célèbre astronome Mayer. On est autorisé
par-là à conclure que la dilatation des gaz est un effet
simple, uniquement dû à la chaleur, mais que la dilatation des autres corps est le résultat composé de plusieurs
forces. La dilatation des gaz est exactement proportionnelle à la chaleur ; ce qui donne lieu d'espérer qu'on pourra
mesurer exactement cette dernière, en faisant usage de
cette propriété (*a*).

ADDITION. La table contenue dans la page précédente, ne
donne la dilatation des corps que dans une seule dimension ; si l'on voulait avoir la dilatation du volume il faudroit
tripler les nombres exprimés dans la table.

Par exemple, la dilatation du mercure depuis o jusqu'à 100° du thermomètre centesimal, est exprimé
par 0,0616 ; prenant le centième de ce nombre on aura la
dilatation linéaire pour un degré centesimal, égale à 0,000616
de la longueur primitive à o° ; et triplant ce nombre
on aura la dilatation cubique égale à 0,001848, ou $\frac{1}{1412}$,
du volume primitif à o° ; comme cela résulte des expériences de MM. Lavoisier et Laplace.

Cette règle est fondée sur un théorème de géométrie très-
simple. Considérons un volume homogène V, qui se dilatant
par la chaleur, devienne égale à V', il conservera une forme

(*a*) *Voyez*, sur les expériences de Gay-Lussac, les *Annales
de Chimie*, thermidor an 10 ; *Essai de Statique Chimique*
de Berthollet.

Annales de Gilbert, XII, 255. Sur les expériences de Dalton,
Gilbert, XII, 310.

Voyez aussi la note de la pag. 92.

7*

semblable dans ces deux états. Or , les volumes des corps
semblables sont entr'eux comme les cubes des côtés homologues. Par exemple, comme les cubes de leurs longueurs $l\,l'$
mesurées dans une même direction , on aura donc l'équation
$$\frac{V'}{V} = \frac{l'^3}{l^3}$$
d'où
$$\frac{V'-V}{V} = \frac{l'^3-l^3}{l^3} = \frac{\{l'^2 + l\,l' + l^2\}\,(l'-l)}{l^3}$$

Si la dilatation linéaire $l'-l$ est fort petite , relativement
à l , la dilatation $V'-V$ du volume sera pareillement
très-petite relativement à V ; ainsi en regardant ces dilatations comme assez petites pour qu'on puisse se borner à
la première puissance des fractions qui les représentent ;
on voit que dans le facteur $l^2 + l\,l' \,l\,l^2$ on pourra les
négliger et y supposer $l = l'$; mais alors ce facteur se réduit à $3\,l^2$, et le numérateur , ainsi que le dénominateur
du second membre, deviennent divisibles par l^2 ; effectuant
cette division il reste
$$\frac{V'-V}{V} = \frac{3\,(l'-l)}{l} ;$$

c'est-à-dire qu'en triplant la dilatation linéaire $\dfrac{l'-l}{l}$ qui
est donné par la table de la pag. 98 , on a la dilatation
du volume $\dfrac{V'-V}{V}$, comme nous l'avons annoncé.

CHAPITRE XVIII.

Changemens des États d'agrégation par la Chaleur.

§. 1. Un effet très-remarquable du calorique, est le changement des états d'agrégation de beaucoup de corps. Nous allons considérer quelques corps sous ce point de vue.

§. 2. L'eau est liquide tant que la température reste entre o et 80 de Deluc. Refroidie jusqu'à o, elle prend l'état solide et devient glace. Durant le refroidissement la dilatation diminue jusqu'à ce qu'elle se trouve environ à 3 degrés $\frac{1}{7}$, où elle a sa plus grande densité. Au-de-là de ce point elle se dilate de nouveau, et à o° elle remplit à-peu-près le même espace qu'elle occupait à 6 ou 7 deg. Mais dans l'instant où elle devient glace, elle subit une dilatation beaucoup plus grande, qui agit même avec une telle force, qu'elle peut rompre les vases les plus solides. Après la congélation, la dilatation s'accroît encore un peu, jusqu'à ce que la glace soit environ de $\frac{1}{9}$ plus rare que l'eau; ensuite elle se contracte toujours davantage par l'accroissement du froid, de même que tous les corps solides. (*Voyez* Gehler et Fischer, art. *Eis.*)

§. 3. Quand on échauffe l'eau peu-à-peu, sa dilatation augmente à mesure qu'elle devient plus chaude. Lorsqu'elle atteint le 80° de Deluc, sa dilatation est environ de $\frac{1}{14}$ plus grande qu'à o°: mais à 80°, des bulles, en s'élevant, produisent un mouvement particulier qu'on appelle l'ébullition. En faisant l'expérience dans un appareil distillatoire fermé, on peut s'assurer que les bulles qui s'élèvent ne sont pas formées d'air, mais d'eau devenue élastique, et qui reprend , dans le récipient plus froid , son état d'eau liquide. Son volume est si considérablement augmenté par le passage à l'état élastique , qu'un pouce cubique d'eau remplit alors l'espace d'un pied cubique , c'est-à-dire qu'il est dilaté environ 1728 fois. D'après cela , on peut concevoir les effets prodigieux qu'opère la vapeur d'eau dans la *marmite de Papin* , *l'éolipile* , la *machine à vapeur* , etc. (*Voyez* la *Physique* d'Haüy , tom. I.

§. 4. La dilatation du mercure varie aussi par le refroidissement , mais d'une manière beaucoup plus uniforme que celle de l'eau ; il ne se fait même aucun changement de dilatation sensible avant ou après la congélation , qui arrive à—32° de Deluc ; mais on remarque une très-forte contraction à l'instant même où le mercure prend l'état solide. S'il est chauffé jusqu'à 252° de Deluc , il commence à devenir vapeur élastique , c'est-à-dire qu'il entre en ébullition .

§. 5. L'alcool très-pur commence à bouillir à 60° de Deluc. Lorsqu'il est mêlé avec de l'eau , il supporte une chaleur beaucoup plus grande avant de changer d'état. Aussi l'alcool doit-il être fortement étendu d'eau dans le vrai thermomètre de Réaumur ; et cependant le point d'ébullition y est toujours trop bas de quelques degrés. Avant l'ébullition il se dilate avec une force croissante , et sa vapeur possède un haut degré d'élasticité. La dilatation de l'alcool décroît par le refroidissement , et il a peut-être pour les degrés de froid considérables une marche plus conforme à celle de la chaleur que le mercure. Nous ne connaissons aucun degré de froid où il prenne l'état solide. Par cette raison , le thermomètre à esprit de vin est plus propre que le thermomètre de mercure à mesurer les hauts degrés de froid.

§. 6. La chaleur opère les mêmes phénomènes dans beaucoup d'autres corps. Tous les métaux que nous pouvons fondre deviennent liquides à un degré de chaleur déterminé, et élastiques à une chaleur plus grande : il en est de même de tous les corps fusibles. Mais dans beaucoup de corps le passage de l'état solide à l'état liquide ne se fait pas immédiatement. Les huiles grasses, par exemple, ne peuvent passer à l'état de vapeur élastique sans qu'il n'arrive quelque changement dans leur constitution chimique. Mais il y a aussi des corps solides sur lesquels la plus haute chaleur est sans aucun effet, et des fluides élastiques dont le plus grand froid ne peut pas changer l'état d'agrégation. C'est pour cela qu'on distingue les vapeurs élastiques des gaz permanens. Cependant cette division n'est peut-être pas fort essentielle.

§. 7. Il nous reste encore à parler d'un phénomène très - remarquable produit par les changemens de l'état d'agrégation. Lorsqu'on mêle une livre d'eau à 60° de Deluc, et une livre à 0°, il en résulte deux livres d'eau à 30°. Mais si l'on verse une livre d'eau à 60° sur une livre de glace à 0°, on obtient deux livres d'eau à la température de 0°. Toute la chaleur de l'eau versée est donc employée uniquement à fondre la glace, sans en élever nullement la température. On nomme cette chaleur qui se dérobe aux sens et au thermomètre, *chaleur latente* ou *calorique combiné*, parce qu'on considère l'eau liquide comme une combinaison intime du calorique avec la matière de la glace.

§. 8. Autant que s'étendent les observations, il paraît qu'un semblable phénomène arrive toutes les fois qu'un corps solide se fond par le seul effet de la chaleur. C'est même sur ceci qu'est fondé le principe, que ce changement s'opère toujours à un degré de température déterminé, qui demeure invariable tout le temps que dure ce changement ; parce que le calorique survenant est entièrement employé à fondre le reste du corps solide.

§. 9. Lorsque l'eau passe à l'état élastique, à 80° de Deluc, l'expérience nous apprend qu'aucune chaleur ne peut accroître sa température ; et même la vapeur qui s'élève au-dessus de l'eau n'indique pas, tant qu'elle est libre, une température plus élevée que l'ébullition, quoique cette vapeur pût être chauffée beaucoup plus fortement si elle était coercée et qu'il ne restât plus d'eau en ébullition. Il est donc sensible qu'il y a encore ici de la chaleur combinée, et que tout le calorique qui survient est employé à changer l'eau liquide en fluide élastique ; par conséquent, tandis que le changement s'opère, il ne peut y avoir aucune élévation de température. La quantité de chaleur qui disparaît ou qui est combinée dans ce cas est si grande, que, d'après les expériences de Watt, il se produirait une température de 419° de Deluc, si la vapeur repassait à l'état d'eau. (Deluc, *Idées sur la Météorologie.*) Cependant le point d'ébullition de l'eau ne peut être fixé à aucune température parfaitement constante, puisqu'il varie avec la pression de l'air. Plus l'eau est comprimée, plus elle peut être chauffée avant de bouillir. Aussi prend-elle, dans la marmite de Papin, une chaleur beaucoup plus élevée que celle de 80°. Au contraire, sous la cloche d'une pompe à air, l'eau bout déjà à une température de 20 à 30 degrés. L'instrument qu'on nomme *marteau d'eau*, montre cette propriété d'une manière encore plus frappante. (Gehler, IV, 656 ; V, 106. Fischer, V, 542.) Le point d'ébullition d'un thermomètre doit être déterminé d'après un certain état fixe du baromètre; on le rapporte ordinairement à une hauteur de 28 pouces ou $0^m,76$.

(*Voyez* Gehler et Fischer, aux articles *Sieden* et *Thermometer.*)

§. 10. Selon toutes les observations qu'on a pu faire, il se passe des phénomènes entièrement semblables dans l'ébullition de toutes les autres substances fluides. Ainsi on est fondé à considérer comme générale la loi suivante : *Dans l'instant du passage, soit de l'état solide à l'état liquide, soit de l'état liquide à l'état aériforme, une certaine quantité de chaleur disparaît aux sens et au thermomètre, c'est-à-dire qu'elle est combinée.*

§. 11. Dans le retour de l'état aériforme à l'état liquide, ou de celui-ci à l'état solide, cette chaleur, qui avait disparu, reparaît ou devient libre. C'est ce qu'on observe sur-tout dans le phénomène suivant, qui a lieu quelquefois durant la congélation de l'eau. Farenheit observa le premier que l'eau tranquille peut se refroidir considérablement au-dessous du point de congélation, sans cesser d'être liquide; et des observations plus récentes ont prouvé que quelquefois elle peut rester dans cet état jusqu'à — 12° de Deluc; mais si on la remue, une partie se change très-promptement en glace, et un thermomètre plongé dans le fluide monte aussitôt à 0°. C'est la visiblement une conséquence de l'action de la chaleur combinée, qui devient libre au moment où l'eau prend l'état solide. Ainsi les phénomènes les plus ordinaires de la congélation doivent présenter les mêmes effets lorsqu'on les observe avec assez d'attention.

§. 12. Dans le passage de l'état élastique à l'état liquide, le dégagement de la chaleur échauffe le vase d'une manière beaucoup plus forte qu'on ne devrait s'y attendre, d'après la quantité et la température des vapeurs qui se précipitent. C'est ainsi qu'on échauffe de l'eau dans un réfrigérant, et qu'on fait bouillir une quantité considérable d'eau froide en l'exposant à l'effet d'une petite quantité de vapeur élastique qui s'élève de l'eau bouillante.

§. 13. Comme on aperçoit aussi des phénomènes semblables dans les autres fluides, à mesure qu'ils passent d'un état d'agrégation plus rare à un état plus dense, on doit reconnaître ce qui suit comme un principe général.

Dans le passage de l'état élastique à l'état liquide, et de celui-ci à l'état solide, il y a toujours une certaine quantité de chaleur qui devient libre.

§. 14. Si de telles expériences ne décident pas absolument l'existence d'un calorique matériel, on ne peut cependant pas nier qu'elles ne la rendent très-vraisemblable. Ceci confirme aussi l'opinion des chimistes, qui considèrent les fluides liquides et élastiques comme des combinaisons chimiques d'une matière solide avec de certaines quantités de calorique.

§. 15. Nous avons déjà remarqué (pag. 9 , §. 3) que l'état d'agrégation d'un corps ne dépend pas uniquement de la chaleur libre qui agit sur lui, mais encore de sa combinaison chimique avec d'autres substances. Les phénomènes du dégagement ou de l'absorbtion du calorique, expliqués dans les §. 10 et 13 , dépendent aussi de la nature des combinaisons et de l'état où elles se trouvent. Entre les expériences qui ont rapport à ceci, nous citerons les suivantes :

Quand on mouille la boule d'un thermomètre avec de l'éther, la liqueur du thermomètre descend durant l'évaporation. Lorsqu'on verse de l'eau sur de la chaux vive, une partie de l'eau devient solide, et le mélange s'échauffe considérablement. Lorsqu'on fait fondre dans de l'eau chaude autant de sulfate de soude qu'elle en peut dissoudre, et qu'on expose cette dissolution à un très-grand froid, elle demeure claire et fluide tant qu'elle est en repos ; mais si l'on jette dans cette dissolution, déjà très-refroidie, un cristal de sulfate de soude, ou seulement si on la remue, une certaine partie du sel se cristallise à l'instant, et un thermomètre plongé dans le fluide s'élève de plusieurs degrés.

On verra dans le chapitre suivant (§. 13) pourquoi les changemens de température produits par les combinaisons chimiques ne suivent pas toujours les principes rapportés aux articles 9 et 12.

CHAPITRE XIX.

De la Propagation de la Chaleur.

§. 1. Lorsque des corps qui ont une chaleur inégale au thermomètre, se touchent mutuellement il se fait une transmission de chaleur du plus chaud au plus froid, jusqu'à ce que le thermomètre indique le même degré pour tous deux.

§. 2. Cette communication de la chaleur ne peut être détournée par aucun moyen. La chaleur est donc une chose qu'on ne peut empêcher de pénétrer dans les corps. Cependant elle se propage plus facilement et plus vîte dans quelques corps que dans d'autres. Les meilleurs conducteurs de la chaleur sont les métaux et l'eau (a) ; les plus

___

(a) On trouve dans les *Annales* de Gilbert, tom. 1, 2, 5, et sur-tout tom. 14, une quantité de mémoires relatifs au doute que le comte de Rumford a élevé dernièrement sur la conductibilité de l'eau et de tous les fluides liquides.

mauvais sont les substances terreuses , les cendres , le bois ,
le charbon , le papier , la laine , la toile , les fourrures , etc.
On peut éprouver le pouvoir de conductibilité d'un corps ,
en le chauffant très-fortement à l'une de ses extrémités ,
et observant le temps que la chaleur emploie à se propager
à l'autre.

§. 3. Il y a dans l'air atmosphérique deux sortes de
propagations de la chaleur. La première ne diffère pas de
ce qui est décrit ci-dessus ; et l'air , à cet égard , doit être
rangé dans la classe des mauvais conducteurs de la chaleur :
l'autre consiste en ce qu'autour d'un corps échauffé il se
répand , avec une vitesse instantanée , et en ligne droite, une
chaleur qui ne se combine pas avec l'air, mais qui paraît seulement le traverser ; c'est ce qu'on nomme *chaleur rayonnante.* Scheele l'observa le premier , par hasard , devant
la porte ouverte d'un four. Plusieurs corps la réfléchissent à la manière des rayons de lumière , particulièrement
les métaux; de sorte qu'on peut la réunir au foyer d'un
miroir de métal. D'autres corps l'absorbent entièrement
ou en partie. Lorsqu'on veut faire des expériences précises
sur la chaleur , il faut distinguer avec grand soin ces deux
genres de propagation.

On trouve des détails plus étendus sur la chaleur rayonnante, dans la *Physique* d'Haüy ; dans l'*Essai de Physique* de Pictet , 1re partie ; dans le *Voyage aux Alpes* de
Saussure ; enfin dans Gehler, IV , 553 ; Fischer, V , 343.

§. 4. On doit une des plus importantes découvertes sur
la théorie de la chaleur , à un physicien suédois nommé
Wilke , qui , dans l'année 1772 , démontra *que les
corps de natures différentes qui montrent une température égale au thermomètre , contiennent cependant
des quantités de chaleur très-inégales.* Les expériences

d'après lesquelles il prouva ceci, furent faites de la manière suivante : En mettant une livre d'eau à o°, avec une livre d'eau à une autre température, par exemple à 36°, on obtient un mélange à 18°, par conséquent à la température moyenne ; mais si l'on plonge dans une livre d'eau à o°, une livre d'un métal à 36°, on trouve, lorsque l'équilibre de chaleur est établi, une température beaucoup plus basse. Si, par exemple, le corps plongé est une masse de fer, l'eau et le fer, après que l'équilibre est établi, sont seulement à 4°. Or, si l'on suppose qu'on ait pris de grandes précautions pour qu'il ne s'échappe ou qu'il ne pénètre par le vase que le moins de chaleur possible, il est clair que l'eau reçoit justement autant de chaleur que le fer en a perdu ; ainsi cette quantité de chaleur dont la perte a fait baisser de 32° la température du fer, n'a produit dans l'eau qu'une élévation de 4° ; d'où il suit qu'il faut huit fois autant de chaleur pour augmenter d'un degré la température de l'eau, ou pour la diminuer, que pour changer d'un degré la température d'une masse de fer d'une pesanteur égale.

§. 5. La quantité de chaleur que demande une unité de poids déterminé d'un corps pour changer sa température d'un degré, s'appelle la *chaleur spécifique* du corps, ou sa *capacité pour le calorique*. On conçoit que cette propriété des corps peut être mesurée par des expériences semblables à celle qui vient d'être décrite. Si l'on prend pour unité la quantité de chaleur qui peut changer d'un degré la température d'une livre d'eau, on se convaincra facilement *que la chaleur d'un autre corps peut être représentée par une fraction dont le numérateur est le nombre de degrés dont la température de l'eau a changé, et le dénominateur le nombre de degrés dont a varié la température du corps plongé.* Ainsi, dans l'expérience que nous venons de rapporter, la chaleur spécifique du corps serait $= \frac{4}{32} = \frac{1}{8} = 0,125\ (a)$.

Le Calorimètre.

§. 6. Wilke, Black, Crawford et plusieurs autres physiciens, ont déterminé par ce moyen la chaleur spécifique de beaucoup de corps. Cependant cette méthode ne peut être employée dans beaucoup de circonstances ; et d'ailleurs ses résultats sont assez incertains, puisque la conductibilité des vases et de l'air rend presqu'impossibles les observations précises. Lavoisier et Laplace ont donc beaucoup servi cette partie de la science, en inventant le *calorimètre*. On trouve une description complète de cet instrument dans

---

(a) Que l'on suppose égale à 1 la chaleur spécifique de l'eau, c'est-à-dire la quantité de chaleur qui est nécessaire pour changer de 1° la température d'une livre d'eau, la chaleur nécessaire pour changer cette température de a degrés sera exprimée par a. Soit x la chaleur spécifique du corps plongé, c'est-à-dire la quantité de chaleur nécessaire pour changer de 1° sa température ; pour un changement de température égal à b degrés, il faudra une chaleur représentée par $b\,x$: mais comme la chaleur que l'eau reçoit dans l'expérience, est justement aussi grande que celle que perd le corps plongé, nous aurons $a = b\,x$, si nous admettons que la température de l'eau est élevée de a degrés, et celle du corps plongé abaissée de b degrés. D'où l'on tire $x = \dfrac{a}{b}$.

Si le poids de l'eau n'est pas égal à celui qui est pris pour unité, mais qu'il soit égal à A, et que celui du corps plongé soit B, on trouve, par un raisonnement semblable, $x = \dfrac{A\,a}{B\,b}$; car $A\,a$ est la quantité de chaleur acquise par l'eau, et $B\,b\,x$ est celle qui est perdue par le corps ; quantités qui doivent être égales entr'elles. *Voyez* la *Statique Chimique* de Berthollet.

le *Systéme de Chimie Antiphlogistique* de Lavoisier. On
en voit une description abrégée dans Gehler et Fischer,
aux articles *Warmemesser*. Nous nous bornerons à observer ici que l'idée de cet instrument est fondée sur le
principe qu'une certaine quantité déterminée de chaleur
est nécessaire pour fondre un poids déterminé de glace. On
peut mesurer, au moyen du calorimètre, la chaleur que
contient un corps au-dessus de 0°, ou celle qui se développe
par un procédé chimique quelconque, puisqu'on trouve
avec exactitude combien cette chaleur peut fondre de glace.
Pour cela on place le corps qu'on veut examiner, dans un
espace rempli de tous côtés avec de la glace pilée, que l'on
amène à la température de 0°; en la laissant quelque tems
exposée à l'air libre, supposé au-dessus de cette température. On laisse le corps dans cette enveloppe de glace jusqu'à ce que sa température propre soit 0°; ensuite on
recueille avec soin toute l'eau devenue liquide, et le poids
de cette eau donne la mesure de la chaleur qui a été employée à cette liquéfaction.

§. 7. Si l'on veut déterminer, au moyen du calorimètre,
la chaleur spécifique d'un corps, on le fait au moyen du
procédé très-simple qui suit. On met dans le calorimètre un
poids déterminé de la substance de ce corps à une température connue, par exemple à 30°, et on laisse fondre autant
de glace par sa chaleur qu'il lui est possible d'en liquéfier.
Supposé que cette fusion produise $\frac{1}{40}$ de livre d'eau, il y a
eu pour cela autant de chaleur employée qu'il en aurait fallu
pour élever $\frac{1}{40}$ de livre d'eau liquide de 0° à 60° (pag. 103,
§. 7), ou pour changer d'un degré la température de 60
fois autant d'eau, c'est-à-dire 1 livre et demie, puis-
que $\frac{60}{40} = 1$ liv. $\frac{1}{2}$. Maintenant, comme nous avons représenté par 1 la chaleur qui peut changer d'un degré la tem-

pérature d'une unité de poids d'eau (pag. 109, §. 5), toute
la quantité de chaleur que le corps avait au-dessus de $0°$
avant l'expérience, doit être exprimée par $\frac{60}{40}$, ou $1\frac{1}{2}$. Mais
cette chaleur avait élevé la température du corps mis en
expérience à $30°$; par conséquent il en faut la $30°$. partie
pour lui faire changer sa température d'un degré, c'est-
à-dire que sa chaleur spécifique est $\frac{1\frac{1}{2}}{30} = \frac{1}{20}$. Enfin,
pour exprimer ceci en peu de mots, *il faut diviser
le 60.ème du poids de la glace fondue, par la température
qu'avait le corps avant l'expérience, pour trouver la
chaleur spécifique de celui-ci.* Si ce poids du corps n'eût
pas été $= 1$, il faudrait encore diviser le résultat par le
poids du corps (a).

§. 8. L'usage du calorimètre a sur la méthode des
mélanges l'avantage essentiel de donner la chaleur spécifique de tous les corps solides et liquides, sans exception. Les inventeurs ont même cherché à l'appliquer aussi
aux substances aériformes pour lesquelles toutes les méthodes n'offrent cependant encore que des résultats fort
incertains. Mais l'utilité du calorimètre s'étend beaucoup
plus loin à d'autres égards, particulièrement puisqu'il
peut servir à mesurer la quantité de chaleur qui se dégage
ou qui s'absorbe dans les combinaisons chimiques. Il faut
chercher dans des ouvrages plus étendus la manière de faire
ces expériences.

§. 9. Nous allons extraire de Gehler, IV, 603, ou de
Fischer, V, 461, quelques chaleurs spécifiques détermi-

(a) Le poids du corps étant p, sa température avant l'expérience $t°$, le poids de la glace fondue $= a$, la chaleur spécifique
du corps $x = \dfrac{60\,a}{t\,p}$.

nées par Laplace et Lavoisier (*), au moyen de cet instrument.

1 Eau ordinaire   1
2 Fer-blanc.   0,1100
3 Crownglass, ou verre sans mélange de plomb.   0,1929
4 Mercure.   0,0290
5 Chaux vive.   0,2169
6 Eau et chaux vive dans le rapport de 9 : 16.   0,4391
7 Acide sulfurique du poids spécifique de
    1,807058   0,3346
8 Acide sulfurique et eau dans le rapport
    de 4 : 3.   0,6032
9 Dans le rapport de 4 : 5.   0,6631

On trouve une plus grande liste de chaleurs spécifiques reconnues par différens observateurs, dans les ouvrages indiqués. (Gehler, IV, 575; et Fischer, V, 434.)

Nous ne rapporterons de celles-ci que les suivantes :
10 Glace.   0,900
11 Mercure.   0,033
12 Fer.   0,125
13 Zinc   0,067
14 Plomb.   0,050

§. 10. Nous allons expliquer ce que signifie une semblable table.

1) Si l'on prend pour unité la quantité de chaleur nécessaire pour changer de 1° la température d'un poids déterminé d'eau, le nombre 0,125, par exemple, qui correspond au fer, indique qu'un poids égal de fer n'au-

---

(*) *Voyez* le beau Mémoire de MM. Lavoisier et Laplace, sur la Chaleur, *Académie des Sciences*, pag. 1780. C'est là que le calorimètre a été décrit pour la première fois.

rait besoin que de $\frac{125}{1000}$, c'est-à-dire $\frac{1}{8}$ de cette chaleur, pour changer sa température d'un degré.

2) Tant qu'il est possible d'admettre que les degrés du thermomètre croissent et décroissent en proportions égales avec la chaleur (pag. 91, §. 8), on peut attribuer encore un autre sens aux nombres de cette table. Ils montrent le rapport de la chaleur réelle que deux corps de poids égaux acquièrent depuis o jusqu'à une même température. Ainsi, les nombres o,o33 et o,125 placés après les numéros 12 et 13, indiquent que les quantités de chaleur au-dessus de o, que le mercure et le fer contiennent à d'égales températures, sont comme o,o33 à o,125, ou comme 33 : 125. Si ce rapport était invariable sous toutes les températures, ces nombres exprimeraient aussi le rapport des quantités absolues de chaleur ; mais on ne peut adopter ce résultat avec certitude qu'entre les températures de o° à 80 de Deluc, et on ne doit l'appliquer qu'à la quantité de chaleur qui excède la chaleur contenue dans le corps à la température de la congélation (*a*).

§. 11. On concevra facilement, d'après ceci, comment on calcule la quantité de chaleur qui existe effectivement dans une combinaison. Si l'on mêle quatre livres d'acide sulfurique et cinq livres d'eau à une égale température, ce mélange doit contenir 4 fois o,3346, plus 5 fois 1 ,

---

(*a*) Dans une température de t° au-dessus de la congélation, chaque corps contient *t* fois autant de chaleur qu'il est nécessaire pour changer sa température d'un degré. Ainsi, lorsqu'on multiplie tous les nombres de la table par *t*, on a la quantité de chaleur que contient le corps à une température de t° au-dessus de la congélation. Mais comme les rapports des nombres ne sont pas changés quand on les multiplie par un même facteur, les nombres de la table peuvent être employés pour cette comparaison, dans chaque température, sans multiplication préalable.

c'est-à-dire 6,3384 de chaleur ; chaque livre , qui est la
9°. partie de la combinaison , contiendra donc 0,7043.
On devrait croire que ce nombre représente la chaleur
spécifique de la combinaison ; mais selon l'évaluation donnée
dans l'article 9 , elle n'est cependant que de 0,6631. Si l'on
examine d'autres combinaisons de la même manière , par
exemple une combinaison d'eau et de chaux, on trouve
un écart analogue.

§. 12. Il se passe donc , dans de semblables combinaisons
de corps hétérogènes , des changemens internes de chaleur
spécifique , de sorte qu'on ne peut trouver *à priori* la chaleur spécifique de la combinaison par aucun calcul. Ce phénomène remarquable est si général , qu'il n'existe peut-
être pas deux substances dont la capacité pour le calorique
ne souffre quelque altération par leur combinaison chimique.

§. 13. Le phénomène important de la production du
chaud ou du froid par la combinaison chimique de deux
substances , s'explique de cette manière : on l'observe déjà
dans les dissolutions d'un sel. Le muriate de chaux bien
desséché produit de la chaleur quand il se dissout dans
l'eau ; cristallisé, il produit du froid. De la magnésie calcinée
jetée dans l'acide sulfurique concentré s'échauffe fortement :
il en est de même de la chaux , et de même encore de l'acide
sulfurique qu'on mêle avec l'eau , etc.

Ainsi , quand la chaleur qui doit être contenue dans une
combinaison , d'après le calcul de l'article 11 , est plus
grande que la chaleur spécifique réelle , cela signifie que
cette combinaison contient moins de chaleur que ses parties
constituantes n'en auraient à la même température ; c'est-à-
dire , qu'il doit y avoir de la chaleur rendue libre , lors de
la combinaison.

Si, au contraire, la chaleur réelle est plus grande que la chaleur spécifique déduite du calcul, il doit se produire du froid dans la combinaison.

Ceci explique aussi pourquoi dans les changemens d'état d'agrégation, par les combinaisons chimiques, les phénomènes ne sont pas toujours conformes aux principes rapportés pag. 104, §. 10, 13.

CHAPITRE XX.

De la Production de la Chaleur et du Froid.

§. 1. Nous avons vu, à la fin du dernier chapitre, comment on peut produire de la chaleur et du froid par les combinaisons chimiques. Nous devons remarquer encore que tous les moyens connus de les produire se rapportent à ces combinaisons.

§. 2. Le meilleur des moyens de développer de la chaleur, est, comme on le sait, la combustion du charbon, du bois, de la tourbe, etc. Nous avancerions trop dans la partie de la science qui appartient à la chimie, si nous voulions analyser ici la théorie de la combustion. Cependant, comme le moyen le plus actif de produire la chaleur ne peut pas rester inconnu au physicien mécaniste, nous allons donner sur ce sujet la courte explication suivante. On sait, depuis environ trente ans, que la combustion consiste proprement en une combinaison chimique des corps qu'on nomme *combustibles*, avec une certaine partie de l'air atmosphérique, dont nous avons déjà parlé quelquefois sous le nom d'oxigène. Cette combinaison est accompagnée d'un dégagement de chaleur beaucoup plus fort que celui qui se fait dans toute autre combinaison chimique.

Dans le moment où les deux substances se combinent, le dégagement de la chaleur va jusqu'à produire la couleur rouge ; de-là naît la flamme. Les produits de cette combinaison sont presque tous volatils ; c'est ce qui cause la disparition apparente du corps brûlé. Si le corps qui brûle est composé en tout ou en partie de substances qui deviennent aériformes à une température élevée, ces parties s'élèvent sous forme de vapeur lorsque la température atteint le degré nécessaire pour l'inflammation ; et au moment où elles deviennent rouges par la combinaison avec l'oxigène, elles forment la flamme.

§. 3. On favorise la combustion, et la chaleur qu'elle produit, lorsqu'on l'excite par un violent courant d'air atmosphérique ; tels sont les effets du soufflet et du chalumeau. Quand on emploie un courant d'air oxigène au lieu d'air atmosphérique, on a la plus forte chaleur que nous connaissions.

Il serait peut-être difficile d'expliquer la chaleur que produit la combustion uniquement par le changement de chaleur spécifique ; mais l'incertitude qui existe dans l'évaluation des chaleurs spécifiques des gaz, rend impossible un jugement décisif sur cet objet.

§. 4. Un deuxième moyen très-puissant de produire la chaleur, est l'effet des rayons solaires ; ils ont d'autant plus d'action, 1°. qu'ils tombent plus à-plomb sur la surface d'un corps. De-là vient la grande différence de leur force sous les différentes zônes et dans les divers temps de l'année. 2°. Ils sont d'autant plus actifs qu'ils sont plus concentrés ; de-là vient la chaleur obtenue par les lentilles et les miroirs ardens. Lorsque ceux-ci sont d'une grandeur suffisante, leurs effets ne le cèdent en rien à la chaleur augmentée par l'oxigène, et même ils peuvent la surpasser. 3°. L'effet des rayons solaires dépend encore de certaines propriétés matérielles , particulières à chaque corps. Ainsi il paraît que les corps transparens ne sont point échauffés immédiatement par eux ; et parmi les corps opaques , ceux de couleurs claires s'échauffent beaucoup moins que ceux de couleurs foncées , sur-tout moins que les noirs (*).

§. 5. Il y a encore plusieurs circonstances mal expliquées dans ce genre de production de la chaleur. Autrefois on considérait le soleil comme un feu véritable , et par conséquent la chaleur des rayons solaires ne différait point essentiellement de la chaleur rayonnante de notre feu terrestre (pag. 107 , §. 3). Depuis on trouva cette opinion peu convenable , et l'on supposa le soleil un corps obscur en soi , et seulement enveloppé d'une atmosphère lumineuse : on refusa une chaleur propre aux rayons du soleil , et à la place on leur attribua une force d'impulsion capable d'exciter le calorique contenu dans les corps. Mais d'après nos autres connaissances sur le calorique , nous savons qu'une élévation de température ne peut être produite que par une augmentation du calorique lui-même , ou par une diminution de capacité des corps pour le calorique : or , ni l'une ni l'autre de ces causes ne se concilie avec l'opinion ci-dessus. Le célèbre Herschell a fait tout nouvellement des expériences qui tendent à prouver que le soleil ne nous envoie pas seulement des rayons de lumière , mais des rayons d'une chaleur particulière , dont les lois ne s'accordent pas avec celles de notre chaleur rayonnante.

(*) J'ai vu , dans la vallée de Chamouni , au milieu des Alpes , un pan de montagne d'où l'on tire une terre schisteuse et noirâtre, que les habitans du pays répandent sur les terres , au printemps, lorsque des neiges tardives ou imprévues viennent les couvrir tout-à-coup. S'il n'y a qu'un pied ou deux de neige , un jour suffit pour la fondre , lorsqu'on l'a recouverte avec cette terre noire.

(*Voy*. les Recherches d'Herschell sur la Lumière et la Chaleur , et les Annales de Gilbert , VII , 157 ; X , 68 ; XII , 521 , 599 , etc. Les expériences d'Herschell sont fort remarquables , et méritent d'être suivies avec soin.

§. 6. Il y a encore un troisième moyen de développer du froid et de la chaleur. Ce moyen est fondé sur ce que *par la compression des corps il se produit de la chaleur , et du froid par la dilatation de leur volume*. Plusieurs phénomènes qu'on connaissait isolément depuis long-temps , se réunissent sous ce point de vue. La chaleur qu'on obtient en frappant et en frottant , est sans doute la conséquence d'une compression qui se rapporte à cette propriété. On voit que la chaleur produite est d'autant plus forte , que la pression est plus considérable et plus vive. On avait aussi observé depuis long-temps que la condensation de l'air produit de la chaleur , et sa raréfaction du froid. Une expérience nouvellement faite à Lyon , a appris que cet effet est beaucoup plus fort qu'on ne le croyait autrefois , puisqu'une petite masse d'air condensée environ douze fois par un coup violent , développe tant de chaleur au premier instant , qu'on peut y allumer non-seulement du phosphore , mais encore de l'amadou et d'autres substances inflammables.

§. 7. Berthollet établit , dans son *Essai de Statique chimique* , partie 1re , §. 107, un principe par lequel beaucoup de phénomènes sont facilement expliqués. *La chaleur opère une élévation de température tant que des obstacles s'opposent à la dilatation des corps*. Les phénomènes qui arrivent dans les changemens d'état d'agrégation (chap. 18), la dilatation uniforme de tous les fluides élastiques (pag. 98 , §. 13) , ainsi que le phénomène ci-dessus (§. 6) , paraissent des conséquences nécessaires de ce principe.

Froid artificiel.

§. 8. On connaît maintenant plusieurs moyens de produire un froid plus ou moins grand ; mais ils se rapportent tous à la loi relative aux corps qui passent d'un état d'agrégation plus dense à un autre plus rare (pag. 104 , §. 10).

Parmi ces moyens , on trouve d'abord l'évaporation , qui produit toujours du froid , et d'autant plus qu'elle se fait plus promptement. L'éther et l'esprit-de-vin produisent , par cette raison , les effets les plus forts (pag. 105 , §. 15). Cependant l'évaporation de l'eau produit aussi, dans beaucoup d'expériences journalières , un refroidissement considérable ; et même , dans les Indes Orientales , on emploie ce moyen pour se procurer de la glace artificielle en grande quantité. (*Voyez Voigt's Magazin f. d. Neuste a. d. phys.* IX , pag. 86.)

Un second moyen , c'est la dissolution de la plupart des sels dans l'eau, et vraisemblablement de tous, pourvu qu'ils aient toute leur eau de cristallisation. Cette dissolution rend le sel fluide, de solide qu'il était d'abord. La plupart des sels n'occasionnent cependant qu'un refroidissement assez faible. Au contraire, un sel qui est privé de son eau de cristallisation produit de la chaleur par sa dissolution dans l'eau , parce que le sel attire d'abord l'eau et la met à l'état solide avant que sa dissolution ait lieu.

La dissolution des sels cristallisés , lorsqu'elle s'opère dans l'acide sulfurique et dans l'acide nitrique, produit encore plus d'effet , particulièrement celle des cristaux de sulfate de soude , qui contiennent beaucoup d'eau à l'état solide (*) ;

(*) Le sulfate de soude mêlé avec peu d'acide nitrique ou sulfurique concentré produit du froid ; mais mêlé avec une grande quantité de ces acides , il produit de la chaleur.

mais les effets les plus remarquables sont produits par les mélanges de sels cristallisés et de neige ou de glace pilée, dans lesquels les deux parties constituantes passent en même temps à l'état liquide. On n'a jusqu'à présent trouvé aucun sel qui eût plus d'action à cet égard que le muriate de chaux, lorsqu'il contient toute son eau de cristallisation. Comme on peut facilement en avoir en grande quantité, il n'est pas difficile maintenant de faire geler des parties considérables de mercure.

Voyez, sur tout ceci, Gehler et Fischer, aux art. *Kalte, kunstliche*. Gren's, *Journal de Physique*, I, 419 ; II, 358. Gren's neues, *Journal de Physique*, III, 458. *Voyez* aussi H. Crell's, Chem., *Annales*, I, 529, pour les expériences que Lowitz a faites avec le muriate de chaux.

QUATRIÈME SECTION.

DES CORPS LIQUIDES.

CHAPITRE XXI.

Des Liquides en général.

§. 1. Parmi les liquides il en est peu qui le soient par
eux-mêmes et dans leur état simple; cependant, outre
l'eau et le mercure, on peut encore compter dans cette
classe l'alcool, l'éther et les huiles fluides. Mais ces liquides, et particulièrement l'eau, ont le pouvoir de dissoudre un si grand nombre de substances solides, liquides,
et même aériformes, qu'on trouve une quantité infinie de
liquides lorsqu'on y comprend toutes les dissolutions.

De l'Eau.

§. 2. L'influence que l'eau exerce, tant sur la nature
inorganique que sur les corps organisés, et les usages infiniment multipliés qu'en font les hommes, ne peuvent
échapper à l'observateur le moins attentif.

§. 3. Dans son état pur, l'eau est parfaitement transparente, sans couleur, sans odeur et sans saveur sensible.
Mais on ne peut l'obtenir à ce degré de pureté que par des
distillations répétées. Cependant la nature nous la donne
presque pure dans l'eau de pluie et de neige. Les eaux des

mers , des rivières , des fontaines et des puits , contiennent
toujours en dissolution des substances étrangères , particulièrement des matières salines , et même des substances organiques ; ce qu'on a trop peu remarqué jusqu'ici. Les modifications différentes rendent ces eaux plus ou moins
appropriées à nos usages.

§. 4. La force d'affinité de l'eau ne lui donne pas seulement le pouvoir de dissoudre beaucoup de corps , mais aussi
de se combiner elle-même avec beaucoup de corps solides et
fluides , et avec toutes les substances aériformes. Dans les
combinaisons de ce genre , elle devient souvent solide ou
élastique , et alors elle échappe entièrement à nos sens.

§. 5. L'action de l'eau relativement à un sel pur et dégagé
de tout mélange étranger , doit sur-tout être remarquée.
Selon que la quantité d'eau ou de sel sont en excès , le sel
est rendu fluide par l'eau , ou l'eau devient solide par le sel ;
c'est pour cela que chaque sel contient une certaine quantité
d'eau solide , qu'on a nommée son eau de cristallisation ,
parce qu'on croyait que les sels n'étaient susceptibles de
cristalliser qu'au moyen de cette eau. Quelques sels attirent
l'eau si fortement , qu'ils se fondent à l'air ; d'autres , au
contraire , sont tellement privés de leur eau par l'air , qu'ils
se décomposent et tombent en poussière. La première espéce
comprend les sels desséchés , qui sont privés artificiellement
de leur eau de cristallisation. Les sels de ce genre , dont les
effets sont les plus remarquables , sont la potasse et le muriate de chaux.

§. 6. Nous avons appris , dans la section précédente ,
comment l'eau est modifiée par la chaleur. Nous avons vu
aussi (pag. 13 , § 9) que l'eau n'est pas une substance
simple comme on le croyait autrefois , mais un composé
d'oxigène et d'hydrogène. On a pourtant recommencé , dans

ces derniers temps , à nier la décomposition de l'eau. Pour cela , on a prétendu que l'eau se change en un gaz permanent , par la seule combinaison avec le calorique ou avec quelqu'autre substance impondérable , et que de cet état elle peut redevenir eau par le procédé contraire. Mais cette assertion repose sur des fondemens ou faux ou très-incertains. (*Voy. Annales* de Gilbert , IX , 265.)

§. 7. Le poids de l'eau est , parmi les propriétés mécaniques qu'elle possède , la plus importante pour le physicien. Entre les nombreuses expériences qui ont été faites pour la détermination exacte de son poids , on doit regarder les deux suivantes comme des expériences *normales*.

1°. Une pesée faite très-soigneusement à Berlin, en 1798, donna 288 grains pour le poids d'un pouce cubique duodécimal de Brandebourg d'eau distillée , prise à la température de 14° de Deluc , ce qui donne 18,8136 grains de Paris pour le poids d'un centimètre cube. *Eytelweins Vergleichung der in den Preuss. Staaten eingeführte Maasse und Gewichte*. Berlin , 1798 , §. 28.

2°. Lors de l'établissement du nouveau système des poids et mesures , on a fait en France une pesée semblable avec tout le soin possible , et l'on y dut mettre d'autant plus de précaution , que la nouvelle unité de poids , qu'on nomme *gramme* , devait être déterminée d'après le poids d'un centimètre cube d'eau distillée prise à l'état de sa plus grande condensation, c'est-à-dire à $3\frac{1}{2}$ de Deluc (pag. 100, §. 2). On trouva ce poids $=$ 18,82715 grains de l'ancien poids de marc français. (*Voy. Physique* d'Haüy.) (*a*)

____

(*a*) D'après l'ouvrage de Eitelwein , cité ci-dessus , le pied duodécim. de Brandebourg $=$ 139,13 lignes de Paris (§. 1) ; 5 grains de poids médicinal $=$ 87 richtpfennigstheile de Cologne (§. 49).

§. 8. Les expériences ont prouvé que l'eau ne possède qu'à un très-faible degré les propriétés de la *compressibilité*, de la *dilatabilité* et de l'*élasticité*; et ce n'est que dans l'application des très-grandes forces que leurs effets deviennent sensibles. (*Voyez*, sur les expériences faites à ce sujet, Gehler IV, 631-640; Fischer V, 500-512.)

§. 9. Les expériences ni la théorie ne peuvent déterminer d'une manière décisive que l'eau soit *poreuse*. Elle paraît à nos sens comme une masse parfaitement continue, et l'expérience a appris qu'elle est parfaitement impénétrable

---

enfin l'once de l'ancien poids de marc français = 8575,36 richtpf. de Cologne (§. 55). Si l'on réduit maintenant, d'après ces rapports, la pesée de Berlin en poids et en mesures françaises, on trouve que le centimètre cube d'eau distillée pèse 18,8136 grains de Paris à la température de 14° de Deluc, par conséquent qu'il peserait un peu plus à 3 ¼. Si l'on pense que ce résultat, outre les petites inexactitudes inévitables dans toutes les expériences, dépend encore de la comparaison de trois poids et de deux mesures, on peut être certain de l'attention scrupuleuse avec laquelle on a fait ces comparaisons.

* Pour completter ces résultats intéressans, je joins ici une table des dilatations de l'eau, observées de o jusque 20° du thermomètre centigrade, par M. Hallstrom, à Abo.

Température d'après le thermomètre centigrade.	Vrai volume de l'eau.	Température d'après le thermomètre centigrade.	Vrai volume de l'eau.
0°	1,0000000	11	1,0000012
1	0,9998592	12	1,0000790
2	7747	13	1,0001539
3	7300	14	1,0002450
4	7132	15	3330
5	7182	16	4387
6	7324	17	5282
7	7764	18	6370
8	8210	19	7462
9	8620	20	8717
10	9314		

aux gaz les plus déliés, pourvu qu'aucune affinité chimique n'exerce son influence pour la combiner avec eux (*).

Du Mercure.

§. 10. Comme on fait un très-grand usage du mercure dans les expériences, le physicien doit avoir aussi quelques connaissances sur cette matière. C'est un véritable et parfait métal, qui se rapproche même, par ses propriétés chimiques, des métaux les plus précieux. Lorsqu'il est à l'état solide (pag. 9, §. 4), il ne lui manque rien de l'apparence d'un métal. Le plus pur est celui qu'on retire du cinabre. Dans cet état, son poids spécifique est de 13,586 par rapport à l'eau. On doit remarquer, relativement à ses propriétés chimiques, qu'il dissout facilement tous les métaux, à l'exception du fer. On nomme *amalgame* sa combinaison avec les autres métaux. Lorsqu'on fait des expériences, il faut éviter, à cause de cette propriété, de le mettre en contact avec d'autres métaux que le fer. Il peut être conservé dans des vases de verre, de terre ou de bois.

De l'Alcool.

§. 11. Tous les sucs doux végétaux sont susceptibles de fermentation vineuse. Tandis qu'elle se produit, une partie des substances sucrées qu'ils contiennent, se change en un liquide inflammable qu'on appelle alcool. En distillant cet alcool au moyen d'une chaleur douce, on peut le séparer des autres principes constituans des sucs végétaux, à cause de sa grande volatilité. Cependant on ne peut empêcher

---

(*) Il serait, je crois, impossible de trouver des circonstances ou des dispositions d'appareil dans lesquelles cette difficulté n'eût pas son effet.

qu'il ne s'y mêle encore une assez grande quantité d'eau.
Par une nouvelle distillation, il est purifié davantage, et
c'est alors ce qu'on nomme *eau-de-vie*. La distillation étant
réitérée plusieurs fois, il se sépare toujours de plus en plus
d'avec l'eau, et il prend le nom d'*alcool rectifié*. Cependant il
ne peut être tellement purifié par de simples distillations,
qu'il ne lui reste environ $\frac{1}{4}$ de son poids d'eau. Si l'on veut
le rectifier davantage, il faut le faire distiller sur un sel
privé de son eau de cristallisation, et parfaitement sec. On
croit que cette opération le dégage entièrement de toute l'eau
qu'il contenait, et on lui donne alors le nom d'*alcool absolu*.

§. 12. L'alcool pur est donc un liquide qui dérive immédiatement de la nature organique. Il est parfaitement transparent et sans couleur, d'une saveur brûlante, et d'une
odeur agréable. Il brûle avec une flamme bleuâtre, et ne
produit aucune fumée, aucune suie, ni aucune sorte de
résidu. Son poids spécifique, lorsqu'il est pur, est de 0,792,
relativement à l'eau. Il se mêle avec l'eau dans toutes sortes
de proportions, et paraît produire alors un échauffement
intérieur; la combinaison des deux substances occupe moins
d'espace que n'en remplissaient les deux parties prises séparément. On a déjà parlé, dans la troisième division, de
ses rapports avec la chaleur; il dissout beaucoup de corps,
particulièrement les résines, dont il forme, en se combinant avec elles, ce qu'on appelle un vernis de laque; il
dissout beaucoup de sels, et n'a aucune influence sur d'autres.
(On peut voir, sur cela, les Manuels de Chimie, par
exemple, *Grey's Handbuch*, 2° partie, §. 1831 — 1835.
Wenzels Lehre von der Verwandschaft der Körper,
Dresde, 1782, XVII° division, pag. 428.) Dans l'état pur,
l'alcool est exempt de toute fermentation et de toute cor-
ruption, et il en préserve les corps qui y sont plongés.

De l'Éther.

§. 13. L'éther est proprement un alcool, dans lequel les proportions des principes constituans sont changées. Ordinairement on les prépare à cette nouvelle combinaison, en distillant à un feu doux un mélange d'alcool et d'acide sulfurique. Le produit se nomme alors *éther sulfurique*. Il est sans couleur, d'une odeur très-pénétrante et très-agréable, et d'une saveur brûlante; il est extrêmement volatil, et s'allume non-seulement comme l'alcool, par le contact, mais même par la seule approche d'un corps enflammé; il brûle de la même manière que l'alcool, mais il dépose un léger résidu; il dissout beaucoup de corps, particulièrement les résines; et pour celle qu'on nomme gomme élastique, il est le seul dissolvant connu qui ne lui ôte pas son élasticité; il est le plus léger de tous les liquides connus. Le poids spécifique de l'éther préparé avec beaucoup de soin, est seulement de 0,745; et, selon Lowitz, il est susceptible d'être encore purifié davantage. Si on le mêle avec une quantité à-peu-près égale d'eau, il ne se forme pas une combinaison homogène entre ces deux substances; mais lorsque le mélange devient tranquille, on distingue visiblement deux liquides, dont le supérieur est composé de beaucoup d'éther et d'un peu d'eau, et l'inférieur est un mélange de beaucoup d'eau et de peu d'éther : il ne se combine donc pas avec l'eau dans toutes les proportions.

Remarques générales sur les Liquides.

§. 14. C'est une chose vérifiée par l'expérience, que tous les liquides, à l'exception peut-être des huiles grasses, prennent l'état de fluides élastiques lorsqu'ils sont placés en petite quantité dans un espace vide d'air. Il faut nécessaire-

ment conclure de ce phénomène , que pour tous les liquides
où il a lieu, l'état liquide n'est pas tant la conséquence
d'une attraction interne , que celle d'une pression extérieure produite en partie par la pesanteur du liquide lui-
même , en partie par l'air extérieur ; opinion qui s'accorde
parfaitement avec l'hypothèse présentée ci-dessus , pag. 9 ,
§. 4. — Car , puisque l'état liquide suppose un équilibre
absolu entre la force attractive de la matière pesante et la
force du calorique qui tend à dilater , il est permis de croire
que dans la nature entière , où l'on ne trouve nulle part
un exact équilibre , il n'existe peut-être aucun corps qui se
pût conserver à l'état liquide au moyen de ses seules forces
internes. L'instabilité perpétuelle de l'action de la chaleur
serait encore un obstacle à cet équilibre ; mais , au contraire , il peut y avoir beaucoup de corps dans lesquels l'une
ou l'autre de ces forces ne soit en excès que d'une petite
quantité. Les substances grasses et visqueuses paraissent devoir leur état à une faible prépondérance de la force de
cohésion ; dans les autres substances , le petit excès de la
force expansive est tenu en équilibre par la pression extérieure. Telle était , dans ses parties essentielles , l'opinion de
Lavoisier ; seulement , il semble avoir fait trop peu d'attention à la pesanteur propre des matières fluides. (*Voyez* le
Système de Chimie de Lavoisier) (*).

____

(*) Tous les liquides se vaporisent dans le vide , même les huiles
grasses ; et la force élastique qu'ils y manifestent est d'autant plus
grande , que leur ébullition se fait à une moindre température. Ainsi
l'éther qui bout à $30°$, a déjà, à la température de $15°$, une élasticité
considérable qu'il manifeste dans le vide. L'eau, qui ne bout qu'à $80°$,
n'aurait , à la même température de $15°$, qu'une élasticité beaucoup moindre ; et moindre encore doit être celle des huiles grasses,
qui ne bouillent qu'à une température bien plus élevée : car, comme
c'est seulement alors qu'elles ont une force élastique capable de faire

Physique Mécanique.

CHAPITRE XXII.

Du Poids spécifique des Corps liquides et solides.

§. 1. Quoique les méthodes ordinaires d'évaluer le poids spécifique ne puissent être exposées qu'après l'hydrostatique , il en existe cependant une qui peut déjà être expliquée ici complètement : c'est la méthode de Klaproth ; et elle mérite d'autant plus d'être développée , qu'elle n'est décrite nulle part , à ma connaissance , quoiqu'elle doive obtenir la préférence sur les autres méthodes dans la plupart des cas , à cause de sa simplicité, de sa commodité et de son exactitude. Tout l'appareil qu'elle exige consiste en une balance exacte et un ou plusieurs flacons de verre bouchés à l'émeri.

Trouver le poids spécifique d'un liquide.

§. 2. On tare le flacon vide , c'est-à-dire , on le met en équilibre au moyen de poids ; ensuite on le pèse plein d'eau distillée , en ayant soin de le boucher exactement ; puis on le remplit du liquide qu'on examine , et en divisant le dernier poids par le premier on obtiendra le poids spécifique cherché. Supposons que le flacon contienne 864 grains d'eau distillée , et seulement 673 grains d'éther : le poids spécifique de ce dernier est de $= \frac{673}{864} = 0,779$.

L'exactitude de ce procédé est sensible , d'après ce que nous avons dit sur le poids spécifique, pag. 25 , §. 4.

équilibre au poids de l'atmosphère , il n'est pas étonnant qu'elles en aient une très-faible dans les températures basses. Nous reviendrons sur ce sujet en traitant de l'évaporation.

Trouver le poids des corps solides qui ne se dissolvent
pas dans l'eau.

§. 3. Pour évaluer le poids spécifique des corps solides,
il faut seulement que le corps puisse être introduit dans le
flacon ; mais il n'est pas nécessaire qu'il soit d'un seul morceau : il peut même être en poussière fine. On pourrait faire
cependant, pour les corps plus volumineux, des flacons
avec une ouverture suffisamment large pour qu'ils y puissent passer. La manière la plus simple de faire l'expérience, est la suivante :

On tare d'abord un flacon exactement rempli avec de
l'eau distillée ; on pose le corps qu'on veut examiner auprès du flacon, et l'on met dans l'autre plateau de la balance le poids nécessaire pour établir l'équilibre ; on voit
ainsi quel est le poids du corps : on enlève alors le flacon et
le corps, et l'on introduit le corps dans le flacon rempli
d'eau ; on ferme ensuite le flacon, et l'on prend grand soin
à ce qu'il ne reste aucune bulle d'air dans l'intérieur. Après
l'avoir bien essuyé à l'extérieur, on le replace dans le plateau de la balance où il était auparavant ; ce côté est alors
plus léger, et il faut mettre auprès du flacon autant de poids
qu'il est nécessaire pour rétablir l'équilibre. Ce poids indique combien le corps a fait sortir d'eau du flacon. En divisant le poids du corps par le poids de l'eau déplacée, on
obtient le poids spécifique cherché. Par exemple, en supposant que le corps pèse 523 grains, et l'eau déplacée
84 grains, le poids spécifique du corps sera $= \frac{523}{84} = 6{,}226$ (*).

____

(*) Pour qu'une balance fût rigoureusement exacte, il faudrait
que ses deux bras fussent parfaitement égaux, et que les mêmes
poids placés dans un des plateaux ou dans l'autre, fissent toujours

§. 4. Il y a des corps qui s'imbibent d'eau sans se dissoudre ni se décomposer. Pour ceux-ci, la question de la recherche du poids spécifique présente une espèce d'équivoque. Veut-on connaître le poids spécifique d'un grès, par exemple, en faisant abstraction des interstices qui s'y trouvent, et en examinant seulement quel serait le poids spécifique d'un corps qui aurait un même volume et un même poids que ce grès, mais qui serait sans interstices ? ou bien, veut-on savoir le poids spécifique de la masse propre du corps ? Dans les deux cas, on peut trouver le poids spécifique de la manière suivante : On détermine d'abord, comme il est dit à l'article 3, le poids du corps sec dans l'air ; nous supposons qu'il pèse 1,000 grains ; ensuite on le plonge dans l'eau jusqu'à ce qu'il soit parfaitement imbibé ; alors on voit combien son poids s'est augmenté. Nous admettons que cette augmentation est de 50 grains. On introduit alors

---

équilibre au même corps ; mais il est presqu'impossible d'atteindre une pareille perfection : et si l'on se donne la peine de faire subir cette épreuve aux balances qui passent pour les plus exactes, on n'en trouvera probablement pas une seule qui y satisfasse. Mais on peut très-bien se passer de cette perfection ; et pourvu que la balance soit sensible, on peut trouver le poids d'un corps aussi bien que si les deux bras étaient exactement égaux. Il suffit, pour cela, de peser dans un même plateau le corps et les poids qu'on lui compare. On met premièrement dans un des plateaux le corps que l'on veut peser, et on lui fait équilibre de l'autre côté avec du plomb, des feuilles de cuivre ou d'autres matières quelconques ; puis, lorsque l'équilibre est bien établi, on ôte le corps et on lui substitue des poids en quantité suffisante pour ramener l'équilibre. Il est clair alors que ceux-ci représentent exactement le poids du corps dont ils n'ont fait que prendre la place, et cela indépendamment des inégalités que les deux bras de la balance peuvent avoir. Cette méthode *des doubles pesées* est due à Borda.

le corps dans le flacon, et l'on voit combien il déplace d'eau. Supposons que ce soit 240 grains. Maintenant, si c'est dans le premier sens qu'on veut déterminer le poids spécifique du corps, on divise 1,000 par 240, et l'on trouve 4,167.

Si l'on veut, au contraire, savoir le poids spécifique suivant le second sens, on doit considérer que la masse propre du corps n'a pas déplacé 240 grains d'eau, mais $240 - 50 = 190$ grains. Son poids spécifique est donc $\frac{1000}{190} = 5,263$.

Lorsqu'un corps se décompose dans l'eau, comme cela arrive pour la plupart des argiles, cette double signification a encore lieu. Seulement dans le premier sens, où l'on considère le corps comme une masse continue, le poids spécifique doit être ici incertain en soi, puisqu'un corps de cette espèce peut avoir une densité très-différente, à cause de la solution de continuité de ses parties. Dans ce cas, on ne peut avoir qu'une évaluation approchée. On l'obtient en opérant justement comme il est dit à l'article 3, et en observant seulement de fermer le flacon avant que le corps qu'on y a introduit se soit déjà décomposé. Si l'on veut, au contraire, connaître le poids spécifique dans le deuxième sens, le mieux est de broyer le corps en parties aussi fines qu'il est possible, et d'opérer ensuite suivant la méthode décrite à l'article 3.

Trouver le poids spécifique des Corps qui se dissolvent dans l'Eau.

§. 5. Quand on veut savoir le poids spécifique d'un sel ou d'un corps quelconque qui se dissout dans l'eau, on choisit un autre liquide, comme l'alcool, ou quelque huile où il ne dissout pas. On détermine d'abord, suivant l'ar-

ticle 2 , le poids spécifique de ce liquide relativement
à l'eau. Nous supposons qu'il soit de 0,866. On évalue
ensuite le poids spécifique du sel par rapport à ce liquide , selon l'article 3. Nous supposons qu'on le trouve
de 3,278. On multiplie alors ces deux nombres l'un par
l'autre , et leur produit , 2,829748 , exprime le poids
spécifique du corps (α).

§. 6. Nous allons joindre ici une courte liste de poids
spécifiques. On en trouve une plus considérable dans
Gehler , III , 912 ; et une encore plus étendue dans Fischer , IV , 505.

(α) Le poids spécifique de l'eau étant 1 , soit le poids spécifique
du liquide a , et celui du corps b. Que le flacon contienne p d'eau
et q de l'autre liquide ; que le poids du sel soit r , et le poids du liquide déplacé par lui soit s , on a

$$1 : a = p : q$$
$$a : b = r : s$$

En composant les deux proportions , on a

$$1 : b = p\, r : q\, s\,;$$

donc $b = \dfrac{q\,s}{p\,r} = \dfrac{q}{p} \times \dfrac{s}{r}$; ce qui est la règle donnée dans l'article ci-dessus.

* Dans toutes les opérations précédentes , il faut , si l'on veut
atteindre la dernière exactitude , connaître le poids de l'air que
peut contenir le flacon ; et cela se déduit de sa capacité ; car les
corps perdant dans l'air une partie de leur poids égale à celle du
fluide qu'ils déplacent , ce poids forme une quantité qu'il faut
ajouter à tous ceux que l'on observe ; et il est clair qu'en négligeant
cette circonstance , on n'aurait pas exactement leur rapport ; par
la même raison , il faut observer le baromètre et le thermomètre
pendant l'expérience ; car le poids du volume d'eau déplacé en dépend. Il faut aussi dégager tout l'air contenu dans l'intérieur des
liquides. Ceci est très-sensible dans les expériences exactes.

Platine.	20,722	Klaproth.
Or	19,258	Brisson.
Mercure (*).	13,586	Fischer.
Plomb.	11,352	—
Argent.	10,784	Klaproth.
Bismuth.	9,070	Brisson.
Cuivre.	8,876	—
Laiton.	8,395	—
Fer.	7,800	Bergman.
Acier.	7,767	Musschenbroek.
Etain.	7,264	Bergman.
Zinc.	6,862	—
Craie.	2,25	jusqu'à 2,32.
Marbre de Carrare.	2,716	Brisson.
Gypse compacte.	1,87	jusqu'à 2,29.

(*) M. Fischer donne cette évaluation du poids du mercure, d'après des expériences précises et souvent répétées, qu'il a faites à la température de 13° de Réaumur, en employant du mercure très-pur qui lui avait été donné par M. Klaproth.

Nous avons trouvé, M. Arago et moi, par des expériences très-exactes, que le poids du mercure réduit au vide et à la température de la glace fondante, est 13,5995. Nous nous sommes servis de mercure distillé que nous a donné M. Berthollet.

Si l'on réduit le résultat de M. Fischer à ces mêmes circonstances, en employant la dilatation du mercure égale à $\frac{1}{1411}$ de son volume pour chaque degré du thermomètre centigrade, et celle de l'eau que j'ai rapportée à la page 125, on trouve la pesanteur spécifique du mercure égale à 13,6183; la différence 0,0188 est $\frac{1}{724}$ de la valeur totale, et elle peut tenir aux différences des nombres employés par M. Fischer et moi pour réduire les dilatations, principalement celle de l'eau, ou peut-être à ce qu'il n'aurait pas eu soin de purger d'air l'eau qu'il a employée dans l'expérience, ou enfin aux erreurs inévitables de ces résultats.

Spath pesant.	4,3	jusqu'à 4,4.
Terre à pots.	1,8	jusqu'à 2,0.
Cristal de roche.	2,653	Brisson.
Silex.	2,58	jusqu'a 2,67.
Spath fluor.	2,44	jusqu'à 2,60.
Pierre ponce.	0,914	Brisson. —
Grès.	2,11	jusqu'à 2,56.
Verre vert ordinaire.	2,5	jusqu'à 2,6.
Verre blanc.	2,4	jusqu'a 2,5.
Flint-glass anglais.	3,329	Brisson.
Salpêtre.	1,900	Musschenbrock.
Sel commun.	1,918	—
Ammoniaque.	1,420	—
Alcool (absolu).	0,791	Lowitz.
Éther sulfurique (a).	0,716	jusqu'à 0,745.
Cire.	0,954	jusqu'à 0,960.
Huile d'olive.	0,913	Musschenbrock.
Huile de térébentine.	0,792	—
Bois de chêne (frais).	0,93	—
(sec).	1,67	—
Bois de hêtre.	0,85	—
de sapin.	0,55	—
de liege.	0,24	—

§. 7. Une circonstance remarquable dans la combinaison chimique de deux corps, c'est que le poids spécifique de cette combinaison ne peut pas plus que sa chaleur spécifique être déterminé *à priori*, parce que la combinaison prend toujours une autre densité que celle qu'elle devrait avoir

---

(a) L'éther sulfurique est d'autant plus léger, qu'il est plus pur. La première évaluation est de Lowitz, la seconde de Rose, et elle se rapporte à l'éther préparé de la manière ordinaire.

d'après les proportions des principes constituans. Par exemple, si l'on mêle des volumes égaux d'eau distillée et d'alcool du poids spécifique de 0,824, on devrait croire que le poids spécifique de la combinaison tiendra le milieu entre 1,000 et 0,824, par conséquent qu'il serait de 0,912, mais en faisant l'expérience on le trouve de 0,930 à 0,940; de sorte que le liquide est plus dense après la combinaison, et occupe un espace plus petit que celui que remplissaient les principes constituans.

§. 8. Comme la chaleur dilate tous les corps, et diminue par conséquent leur poids spécifique, il faut toujours faire les pesées à une température déterminée, lorsqu'on veut opérer avec exactitude. On choisit ordinairement une température de 14 de Deluc, parce que, aussi bien en été qu'en hiver, c'est la température la plus habituelle des chambres habitées, et qu'une différence d'un ou de deux degrés n'est pas très-importante (*).

Trouver la capacité cubique d'un vase ou d'un autre corps.

§. 9. La détermination exacte du poids de l'eau et du poids spécifique des divers corps, a, entr'autres avantages, celui de fournir un moyen de connaître, par des pesées, la capacité cubique de tous les corps beaucoup plus exactement que par des mesures géométriques.

(*) Il serait quelquefois très-difficile de se procurer artificiellement cette température moyenne de 14°, et il faudrait prendre beaucoup de peine pour la conserver; mais avec un peu de calcul on peut éviter cet embarras; car si l'on connaît les dilatations des corps sur lesquels on opère, et c'est une donnée indispensable, on peut, en observant les températures où les pesées sont faites, réduire tous les poids à telle température que l'on voudra, et trouver ainsi leurs rapports.

S'il s'agit de trouver la capacité cubique d'un vase quelconque, on le remplit d'eau, et l'on pèse combien il en contient. Ce poids, exprimé en grains et divisé par 288, pag. 127, §. 7, donne la capacité cubique du vase en pouces cub. ddc. de Brandebourg. Si on exprime le poids en grammes, le nombre de grammes donne immédiatement la capacité du vase en centimètres cubes, sans qu'il soit besoin d'aucun calcul. Si l'on aspirait à la dernière exactitude, il faudrait réduire la pesée à la température de $3°\frac{1}{3}$ de Deluc, d'après la dilatation connue de l'eau.

§. 10. En multipliant le poids spécifique d'un corps par 288, on trouve combien un pouce cubique duodécimal de la substance de ce corps pèse en grains de Brandebourg; et si l'on connaît le poids absolu du corps, on n'a qu'à diviser ce dernier poids exprimé en grains de Brandebourg par le poids d'un pouce cubique, pour trouver combien sa capacité naturelle comprend de pouces cubiques. On voit de quel usage général est cette méthode (a).

Quand on se sert de grammes, le poids spécifique d'un corps exprime immédiatement combien pèse un centimètre cubique de sa substance; et en divisant le poids absolu exprimé en grammes par le poids d'un centimètre, on connaîtra combien le volume de ce corps comprend de centimètres cubiques.

(a) Soient V la capacité matérielle ou le volume d'un corps quelconque, S son poids spécifique, p son poids absolu exprimé en grains de Brandebourg; 288 S est le poids d'un pouce cubique de ce corps; par conséquent $V = \dfrac{p}{288\ S}$. Si deux des trois quantités V p S sont données, on trouve aisément la troisième, car $p = 288\ S\ V$, et $S = \dfrac{p}{288\ V}$

CHAPITRE XXIII.

De l'Équilibre des liquides pesans, ou premiers Principes de l'Hydrostatique.

§. 1. Le caractère mécanique essentiel d'un liquide est la parfaite mobilité réciproque de toutes ses parties. De-là se déduit le principe suivant, qui doit être considéré comme le fondement le plus important de la théorie de l'équilibre et du mouvement des corps liquides. *Chaque pression qui s'exerce sur un liquide n'agit pas seulement dans sa direction propre, mais elle se propage uniformément de tous côtés dans le liquide entier* (*).

§. 2. Dans un liquide pesant, chaque particule qui se trouve au-dessous de la surface, par exemple, en *A. fig.* 27, est pressée par le poids de la colonne de liquide *A B* qui s'élève au-dessus d'elle. Cette particule presse avec la même force et dans toutes les directions le reste du liquide dont elle est environnée.

(*) Ce principe de l'égalité de pression en tous sens peut se présenter d'une manière encore plus simple, d'après la considération de l'équilibre. Ce que nous connaissons de plus certain sur la nature des liquides, c'est leur extrême mobilité. Si donc leurs particules sont en équilibre, il faut que chacune d'elles soit également poussée de toutes parts ; car si elle l'était plus d'un côté que d'un autre, elle devrait, par l'effet de sa mobilité, se mouvoir du côté où la force serait plus considérable. Il est entendu que dans l'évaluation des forces qui agissent sur un liquide, on comprend l'impénétrabilité des particules qui les font résister les unes aux autres, et aussi l'impénétrabilité des parois des vases qui supportent les mêmes pressions que les molécules d'eau contiguës avec elles.

Si l'on fait passer par A un plan horizontal $C\,D$, chaque autre particule E qui se trouve dans ce même plan doit être pressée avec la même force s'il ne se produit aucun mouvement. On déduit de là ce théorème principal de l'hydrostatique, *que la surface d'un liquide pesant doit être horizontale pour que le liquide soit en équilibre.*

Ce théorème suppose que les directions des forces sont parfaitement parallèles. Si l'on imagine un corps céleste formé d'eau seulement, et qui soit en repos, sa surface devra être sphérique ; mais, au contraire, s'il se meut autour de son axe, il prendra une forme aplatie, à cause de la force centrifuge qui tend à faire éloigner ses particules sous l'équateur ; et cette forme sera d'autant plus aplatie, qu'il tournera avec une plus grande vitesse (pag. 56, §. 3 et 4).

§. 3. Le théorème (§. 2) conserve son exactitude de quelle forme que soit le vase, et de quelle manière que son intérieur soit divisé, pourvu seulement que les parties de liquide qui se trouvent dans les divers compartimens aient une communication entr'elles. Qu'on se représente, par exemple, la ligne $E\,F$ comme une cloison mince qui sépare le liquide dans toute la largeur du vase. D'après la troisième loi de Newton (pag. 24, §. 8), cette surface résistera justement autant qu'elle sera pressée, c'est-à-dire, qu'elle agit précisément comme le feraient les particules de liquides si elles se trouvaient à sa place. Une cloison semblable ne peut donc pas détruire l'équilibre. On peut donc introduire dans le vase autant de cloisons de cette espèce qu'on veut ; et l'on conçoit que dans tous les compartimens qui auront ensemble la moindre communication, le liquide s'élevera toujours à une égale hauteur. Par conséquent, un liquide doit toujours se tenir à une hauteur égale dans des tubes recourbés, quelles que soient leur forme, leurs courbures et leur largeur (*).

§. 4. Le lit d'une rivière est rarement formé de matières impénétrables à l'eau. C'est pourquoi l'on trouve toujours de l'eau souterraine dans le voisinage d'une rivière. On conçoit facilement que, selon la règle précédente, cette eau doit se trouver à la même hauteur que l'eau de la rivière, quoiqu'un accroissement ou un décroissement particulier a celle-ci puisse produire une différence passagère dans ces hauteurs. L'eau souterraine, au reste, ne provient pas uniquement de l'eau des rivières, mais encore des eaux de pluie et de neige, et par conséquent, suivant les circonstances, elle peut fournir de l'eau aux rivières ou leur en retirer. Les circonstances locales déterminent à quelle distance et à quelle profondeur cette influence doit s'étendre.

Il est assez singulier que l'existence des eaux souterraines, qui est une chose si connue de tous les fontainiers et de tous les architectes praticiens, ne soit rapportée dans aucun ouvrage de physique que je connaisse. Cependant, c'est en elle qu'on trouve l'explication la plus simple et la moins forcée de la production et de l'entretien des fontaines et des rivières ; phénomènes qu'on a tenté d'expliquer par des hypothèses pour la plupart très-bizarres. (*Voyez* le *Traité du Mouvement des Eaux de Mariotte*, et la *Physique de Haüy*.)

(*) Il y a une exception à faire pour les cas où les tubes sont très-étroits ou capillaires, et les fluides ne s'y mettent pas de niveau ; mais cela tient à l'action d'une force attractive propre aux particules matérielles qui composent le tube et le fluide ; et l'on fait abstraction de cette force dans les considérations que ce chapitre renferme. Au reste, nous reviendrons plus tard sur cette cause secondaire, et nous apprécierons ses effets.

Pression des Liquides contre le fond et les parois latérales d'un vase.

§. 5. Puisque l'intensité de la pression que chaque point d'un liquide supporte et exerce est déterminée par l'art. 2, on peut aussi évaluer sans difficulté la pression qu'exerce et supporte une surface pressée par un liquide.

Quand la surface est horizontale, elle supporte précisément le poids d'une colonne de liquide qui a pour base cette surface pressée, et la hauteur de l'eau au-dessus de cette surface pour élévation. Si, par exemple, dans les quatre vases $A\ B\ E\ F$, *fig.* 28, 29, 30, 31, le fond $A\ B$ est d'une égale étendue, et la surface liquide $E\ F$ d'une égale élévation au-dessus du fond, celui-ci supportera dans les quatre vases une même pression, et la force de cette pression est déterminée par le poids d'une colonne de fluide $A\ B\ C\ D$ qui s'élèverait verticalement au-dessus du fond. Si l'on connaît l'étendue de la base $A\ B$, et la hauteur du liquide $A\ C$, on trouve aisément l'espace que comprend la colonne $A\ B\ C\ D$; et si le poids d'un pied ou d'un pouce cube de ce liquide est connu, on a en même temps le poids de la colonne. — La 31.e fig. représente un *siphon anatomique*, au moyen duquel on rend sensible la force de la pression. (Gehler, II, §. 85 ; Fischer, II, 892.)

§. 6. Les parties d'une paroi oblique $A\ B$, *fig.* 32, subissent une pression inégale et proportionnelle à l'abaissement de chaque point au-dessous de la surface supérieure du liquide. Si cette paroi a la forme d'un rectangle, on démontre par des raisonnemens géométriques que la pression qu'elle supporte est égale au poids d'un prisme d'eau qui a pour base la moitié du carré de la hauteur de l'eau $B\ F$, et la largeur de la surface pressée pour hauteur. La pression totale est la même sur une paroi verticale ou oblique (*a*).

§. 7. Lorsque deux ou plusieurs liquides qui ne se mêlent pas, par exemple, le mercure, l'huile et l'eau, sont réunis dans un même vase, ils se superposent d'après leur pesanteur spécifique; mais les surfaces qui les séparent doivent être horizontales dans l'état d'équilibre.

§. 8. Si l'on introduit dans un tube recourbé ABC, *fig.* 33, un liquide très-pesant, du mercure, par exemple, et qu'on verse dans un des côtés du même tube un autre liquide plus léger, par exemple, de l'eau, leurs surfaces seront de même horizontales; mais la surface C du liquide le plus léger s'élevera beaucoup plus haut que la surface A du plus pesant. Si l'on mène par C où les deux liquides se séparent, la ligne horizontale DE, la pression doit, pour qu'il y ait équilibre, être égale en D et en E; or, cela ne peut arriver que

---

(*a*) Supposons qu'ayant prolongé la ligne CA on mène BF perpendiculaire sur son prolongement. Prenons ensuite $AE = BF$. Maintenant si l'on considère un point quelconque G de la paroi, et qu'on mène par G l'horizontale HI, BI est la hauteur de la colonne d'eau qui presse sur G. Mais comme les triangles BAF, BGI, sont semblables, de même que BAE et BGH, on a $AE : GH = BF : BI$, puisque le rapport de BA à BG est commun aux deux triangles; mais comme dans cette proportion $AE = BF$, de même $GH = BI$; par conséquent GH représente la pression que supporte le point G. On peut faire des raisonnemens semblables pour chaque point, et l'on voit ainsi que le triangle BAE représente la pression que supporte toute la ligne AB. Maintenant, si la paroi AB est un rectangle, chaque ligne parallèle à la section AB subit la même pression. Par conséquent la pression sur tout le plan AB est le poids d'un prisme d'eau qui a ABE pour base, et la longueur du plan AB pour hauteur. Mais le triangle ABE a sa base AE et sa hauteur égales entr'elles et à la ligne BF. Ainsi sa surface est égale à la moitié du carré de la ligne BF.

lorsque la hauteur des deux colonnes de liquides qui exercent une pression sur DE, est en raison inverse des poids spécifiques.

Pression d'un liquide sur les corps solides qui y sont plongés.

§. 9. Qu'on se représente dans l'eau tranquille BCD, *fig.* 34 , une masse d'eau A de forme et de grandeur arbitraire , circonscrite dans un espace tout-à-fait géométrique, et séparée du reste de la masse : il est clair que la réunion des pressions que l'eau environnante exerce sur elle , doit produire une pression vers le haut justement aussi grande que le poids de la masse séparée , puisqu'autrement cette masse ne se trouverait pas à l'état d'équilibre. Qu'on anéantisse maintenant par la pensée la masse d'eau séparée , et qu'on place au lieu d'elle, dans cet espace, un corps solide de la même forme et de la même grosseur , chaque point de sa surface sera aussi fortement pressé par l'eau environnante , et exercera une pression aussi grande que l'eau dont il remplit la place.

Dans ces circonstances , le corps est sollicité par deux forces , dont l'une agit de bas en haut et est justement aussi grande que le poids de l'eau déplacée ; et l'autre est le poids du corps lui-même qui le pousse vers le bas dans une direction contraire. De là se déduit le théorème de l'équilibre entre les corps liquides et les corps solides : *un corps plongé dans un liquide perd justement autant de son poids que pèse l'eau qu'il déplace.*

§. 10. Si le corps A était précisément aussi pesant que l'eau déplacée , il devrait, aussi bien que la masse d'eau déplacée elle-même , flotter librement dans l'eau ; s'il est plus lourd que cette masse d'eau , il tombe, mais non pas avec toute la force de son poids, seulement avec l'excédent sur le poids de l'eau déplacée. Enfin, s'il est plus léger, il s'élève vers le haut avec une force égale à l'excédent du poids de l'eau déplacée sur le sien propre.

Du Flottement des Corps.

§. 11. Dans le dernier cas, où le corps plongé est plus léger que l'eau, il s'élève jusqu'à ce qu'une de ses parties dépasse la surface de l'eau. Par l'effet de cette ascension, la quantité d'eau déplacée diminue, et par conséquent aussi la force qui l'élève; il doit donc arriver un instant où le poids de l'eau déplacée est égal au poids du corps; alors le corps se trouve dans les circonstances où il peut flotter sur le liquide.

§. 12. Mais l'expérience apprend qu'un corps ne peut pas flotter dans toutes les situations, quoiqu'il soit plongé à la profondeur convenable. Pour concevoir la cause de ceci, et généralement pour rendre raison de tous les phénomènes qui arrivent lorsque des corps flottent, on doit considérer particulièrement deux points : 1°. le centre de gravité du corps dans lequel on peut supposer toute la pesanteur réunie; 2°. le centre de gravité de l'eau déplacée, dans lequel on peut supposer réunie toute la force qui soulève le corps. Le premier de ces points demeure toujours à la même place dans le corps; mais le second change de situation selon les changemens qui arrivent dans la forme et la situation des parties du corps qui plongent. Si ces deux points ne se trouvent pas dans une même verticale, le corps ne peut pas flotter à la surface du liquide. Si le premier point est placé verticalement au dessus du second, le corps ne flotte pas encore nécessairement et d'une manière stable dans cette situation. Il faut encore que les circonstances soient telles, que si sa position venait à changer d'une quantité infiniment

Physique Mécanique.

petite , il y revint naturellement et par une suite d'oscillations. Enfin , si le centre de gravité du corps se trouve verticalement au-dessous de celui de l'eau déplacée, le corps
doit flotter nécessairement. C'est ce qui a lieu pour un
vaisseau chargé.

CHAPITRE XXIV.

De la Balance hydrostatique et des Aréomètres.

§. 1. On nomme *balance hydrostatique* une balance
disposée de manière qu'elle peut servir à peser des corps
sous l'eau : il n'est besoin pour cela que de faire tenir de
petits crochets au-dessous d'une balance ordinaire , mais
exacte. On attache le corps qui doit être pesé à un fil
mince , délié , par exemple à un crin , dont le poids est
négligeable par rapport à la masse du corps entier , et on
le suspend au-dessous d'un des plateaux , de manière qu'on
peut à volonté le peser dans l'eau ou dans l'air. Cependant
plusieurs physiciens nomment aussi balances hydrostatiques les instrumens décrits plus bas sous le nom
d'aréomètres.

§. 2. *Trouver le volume d'un corps solide.* On le pèse
d'abord dans l'air avec la balance hydrostatique , à laquelle
il est attaché par un fil de crin ; puis, sans le détacher , on
fait en sorte qu'il plonge dans l'eau ; et comme il y perd une
partie de son poids , il ne suffit plus pour maintenir l'équilibre : on ajoute donc sur le plateau au-dessous duquel il
est suspendu , les poids nécessaires pour que cet équilibre
soit rétabli. On connaît ainsi combien le corps a déplacé
d'eau (pag. 144 , §. 9) ; et ces poids additionnels exprimés

en grammes, et divisés par 1, donnent le volume du corps
en centimètres cubiques (*a*).

§. 3. *Trouver le poids spécifique de l'eau.* Lorsque le
volume du corps plongé est connu, le poids ajouté indique
combien il a déplacé d'eau. C'est la méthode par laquelle on
détermine ordinairement le poids spécifique de l'eau. Pour
la pesée faite à Berlin, et mentionnée ci-dessus (pag. 124, §. 7),
le corps plongé dans l'eau était un cube d'un pouce, fait avec
beaucoup de soin. Pour celle de Paris, c'était un cylindre
mesuré aussi avec la plus grande exactitude.

§. 4. *Trouver le poids spécifique d'un corps solide.* On
le pèse d'abord dans l'air, puis on examine combien il perd
étant pesé dans l'eau. Le premier de ces poids divisé par le
dernier, donne son poids spécifique ; mais pour cela le corps
doit être plus pesant que l'eau, et ne point s'y dissoudre, ni
s'y décomposer. Cette méthode est donc sur-tout à recommander, lorsque le corps est trop gros pour pouvoir être
introduit dans un flacon (*).

§. 5. *Lorsqu'un corps est mécaniquement composé de
deux substances connues, trouver, par le moyen des ba-*

(*a*) Le poids exprimé en grains, et divisé par 288, donne le volume du corps en pouces cubiques duodécimaux de Brandebourg
(pag. 124, §. 7). Si la pesée est faite en grains de Paris, il faut
diviser par 373,4, parce que c'est le poids d'un pouce cubique
d'eau, mesure de Paris.

(*) On peut même, dans ce cas, se servir de la méthode de
Klaproth, en substituant au flacon un vase cylindrique, dont les
bords supérieurs soient usés à l'émeri. Lorsque ce vase est rempli
d'eau, on le ferme en passant horizontalement sur son orifice une
glace dépolie, laquelle exclut toute l'eau qui n'est point comprise
dans sa capacité. Comme cette glace adhère naturellement sur l'orifice, on peut essuyer très-exactement le cylindre, et enlever toute
l'eau qui a pu se répandre sur sa surface.

lances hydrostatiques, combien il contient de chacune de ces matières. Archimède, qu'on peut considérer comme l'inventeur de l'hydrostatique, trouva que 18 livres d'or étant pesées sous l'eau, perdaient 1 livre ; 18 livres d'argent perdaient $1\frac{1}{3}$ livre ; et une couronne pesant 18 livres, qui était d'argent recouvert par une épaisse feuille d'or, perdit $1\frac{1}{4}$ livre. Il conclut de là, d'après le calcul nommé règle de société, que la quantité d'argent était à la quantité d'or comme les différences des trois nombres 1, $1\frac{1}{3}$, $1\frac{1}{2}$, c'est-à-dire comme $\frac{1}{4}$ est à $\frac{1}{6}$, ou comme 2 est à 1, et que par-conséquent la couronne était composée de $\frac{1}{3}$ d'or et de $\frac{2}{3}$ d'argent. — On nomme cette opération *l'épreuve de l'eau* d'Archimède. Elle ne peut être employée que lorsque deux matières sont seulement mécaniquement mélangées ; quand elles le sont chimiquement, cette méthode donnerait de faux résultats (pag. 136, §. 7) (*a*).

(*a*) Soit un corps B, dont le poids est p, composé de deux matières A et C; qu'il contienne x de la première A, et par conséquent $p - x$ de la seconde : on sait que le poids p, lorsqu'il consiste seulement en matière A, perd dans l'eau a ; que le poids p du corps composé perd b, et que le poids de la matière C perd c. Il s'agit de trouver x. D'après ces données on a d'abord les proportions $p : x = a . \dfrac{a\,x}{p}$, c'est-à-dire, lorsque le poids p du corps A perd a dans l'eau ; le poids x perd $\dfrac{a\,x}{p}$; de même $p : p - x = c : \dfrac{c\,(p-x)}{p}$, c'est-à-dire que le poids $p - x$ du corps C perd dans l'eau $\dfrac{c\,(p-x)}{p}$. Le corps composé perd donc en tout $\dfrac{a\,x}{p} + \dfrac{c\,(p-x)}{p} = b$; d'où l'on

Des Aréomètres.

§. 6. Un vase de verre $A\,B$, de la forme représentée dans la fig. 35, peut être assez léger pour pouvoir non-seulement flotter sur l'eau, mais encore pour s'y soutenir en portant dans la boule inférieure B un poids de plomb ou de mercure. Au moyen de ce poids, le centre de gravité peut être porté assez vers le bas pour que l'instrument flotte dans une situation verticale (pag. 145, §. 12). Or, on a vu qu'un corps flottant déplace toujours un poids de liquide égal au sien propre (pag. 144, §. 9). Il est donc clair qu'un semblable instrument plongera plus profondément dans un liquide léger que dans un liquide plus lourd ; et d'après cela on conçoit la possibilité de disposer l'instrument de manière qu'on puisse déduire le poids spécifique du liquide d'après la profondeur où il y plonge. Pour cet effet, on introduit dans le tube $A\,C$ un papier sur lequel on a tracé une échelle qui indique immédiatement le poids spécifique. On nomme un tel instrument, un *aréomètre*.

§. 7. L'emploi de l'aréomètre pour l'estimation du poids spécifique des liquides, devient assez superflu, d'après ce qui a été dit sur ce sujet, chap. XXII, pag. 130 et suiv. Mais on s'en sert ordinairement pour un but un peu différent. Par exemple, dans les liquides mélangés, comme la bière, le vin, l'eau-de-vie, les dissolutions de sels, etc., le poids spécifique change avec les proportions des principes constituans, et il est souvent très-important de con-

---

tire très-aisément la valeur $x = \dfrac{p\,(b - c)}{a - c}$. Cette formule conduit précisément à la règle donnée dans le texte ; car on en tire $p - x = \dfrac{p\,(a - b)}{a - c}$; et par conséquent $a - b : b - c = p - x : x$.

naître, pour les rapports scientifiques, économiques et mercantiles, combien un tel liquide contient de parties de chacun de ses principes constituans. On emploie ordinairement l'aréomètre pour cette évaluation. Mais on voit facilement qu'il doit avoir une échelle et une disposition différentes pour chaque usage qu'on en veut faire. Par cette raison, on lui donne les divers noms de pèse-liqueur à vin, à alcohol, à bière, etc., etc.

§. 8. La description d'un de ces instrumens suffira pour qu'on puisse se représenter les autres assez exactement. Nous choisissons pour cela l'aréomètre à alcohol. Ce ne peut être ici le lieu de donner les détails de sa disposition la plus avantageuse; il suffira de le décrire simplement, de manière qu'on puisse avoir une idée claire de cet instrument et de son usage. Qu'on se représente l'aréomètre plongé d'abord dans l'eau distillée, puis ensuite dans l'alcohol absolu (pag. 127, §. 11). Dans la première, il s'enfonce jusqu'à o; dans le second, jusqu'à 100. Après cela, on fait des mélanges de 10 parties d'alcohol et de 90 d'eau; de 20 d'alcohol et de 80 d'eau, etc., jusqu'à 90 d'alcohol et 10 d'eau. On plonge l'instrument dans chacun de ces mélanges; on remarque à quelle profondeur il s'enfonce, et l'on trace sur l'échelle les nombres 10, 20, 30, etc. Les intervalles de ces parties sont inégaux; mais comme ils ne croissent qu'avec lenteur, on pourrait encore diviser chacun d'eux en 10 parties égales, et on aurait ainsi un instrument qui indiquerait immédiatement combien de parties d'alcohol sont contenues dans un mélange d'eau et d'alcohol.

Pour avoir des degrés plus grands, on fait ordinairement deux aréomètres à alcohol, dont l'un sert environ depuis o jusqu'à 50 degrés, l'autre depuis 50 jusqu'à 100.

On trouve des détails plus circonstanciés sur l'aréomètre

à alcohol, dans l'ouvrage de Richter sur les nouveaux objets de chimie, VIII, 81. (*Voyez* aussi la *Physique de Haüy.*)

§. 9. D'après ce que nous venons de dire, on peut prendre une idée de tous les autres instrumens de cette espèce. Ils indiquent de même les quantités d'un des principes constituans, par exemple, d'un sel, d'un acide, etc. ; ou seulement, comme les pèse-liqueurs à vin, à eau-de-vie, ils marquent des degrés de bonté choisis arbitrairement ; même les aréomètres de Baumé n'indiquent rien de plus, puisque leurs échelles ont des parties égales, et que les deux points extrêmes sont seuls déterminés avec précision par des pesées ; ce qui fait qu'au moins ces aréomètres s'accordent entre eux.

§. 10. Il y a encore une autre espèce d'aréomètre sans échelle, qu'on nomme aréomètre à poids, ou de Farenheit. Ils diffèrent des précédens en ce qu'ils n'ont qu'une seule marque qui indique la profondeur jusqu'où s'enfonce l'instrument dans le liquide le plus léger qu'on puisse avoir, et en ce qu'on adapte au-dessus du tube un petit plateau pour y poser des poids. Dans les fluides où il ne s'enfonce pas jusqu'à la marque indiquée, on le force à prendre cette situation en ajoutant des poids dans le plateau. Cet appareil très-simple donne un moyen assez commode pour comparer les poids spécifiques des liquides. On pèse d'abord l'instrument lui-même. Supposons qu'il pèse 460 grains. Ensuite on le plonge dans l'eau distillée, jusqu'à ce qu'au moyen de poids ajoutés il s'enfonce jusqu'à la marque. Supposons qu'il faille pour cela 104 grains, on sait qu'alors l'instrument déplace 460 + 104 ou 564 grains d'eau. Si l'on trouve qu'il faut ajouter 160 grains pour un autre liquide, on sait que l'instrument déplace 460 + 160 = 620 grains de ce liquide. 620 grains de ce liquide remplissent donc le même espace que 564 d'eau. Par conséquent, son poids spécifique est $= \frac{620}{564} = 1,099$ (*).

Nicholson a fait dernièrement un changement ingénieux à cet aréomètre, et l'a rendu ainsi un instrument très-convenable pour l'estimation exacte du poids spécifique des corps solides. On trouve dans le *Journal de Physique* de Gren, V, 502, une description de l'aréomètre de Nicholson (*a*).

§. 11. Pour l'usage de tous ces instrumens, on ne doit pas négliger de faire attention à la température, ainsi que nous l'avons dit (pag. 137 , §. 8).

On trouvera dans des ouvrages plus étendus des notions plus complètes de ces instrumens. Ainsi, voyez les articles *Areometer* et *hydrostatische Wage*, dans les *Dictionnaires de Physique* de Gehler et de Fischer; le *Journal de Physique* de Gren, VII, 186; le nouveau *Journal de Physique* de Gren, III, 117; et l'ouvrage de Richter, sur les nouveaux objets de chimie.

(*) Supposons que l'instrument pèse deux grammes : on le plonge dans l'eau, et on met dans le plateau autant de poids qu'il est nécessaire pour qu'il s'enfonce jusqu'à la marque. Nous supposons qu'il faudrait ajouter pour cela 0,50 grammes. On sait alors que le volume d'eau déplacé par l'instrument pèse 2 grammes $+$ 0,50 grammes ou 2,50 grammes. S'il faut ajouter 1 gramme dans un autre liquide pour que l'instrument plonge jusqu'à la même marque, on sait qu'il déplace 2 grammes $+$ 1 $=$ 3 grammes. Trois grammes de ce liquide rempliront donc le même espace que 2,50 d'eau, par conséquent son poids spécifique $= \frac{3}{2,50} = 1,2$.

(*a*) M. Renard, de Berlin, a très-bien exécuté cet instrument, et y a adapté un perfectionnement qui le rend susceptible d'être employé pour les corps plus légers que l'eau.

CHAPITRE XXV.

Influence de l'Adhésion et de la Cohésion sur les Phénomènes hydrostatiques.

§. 1. Si l'on suspend horizontalement des plaques de verre, de marbre, de métal, etc., à une balance hydrostatique, et après les avoir mises en équilibre avec des poids, si on les fait toucher à la surface d'un liquide, on voit qu'elles ne peuvent être séparées de ce liquide qu'en ajoutant de nouveaux poids. Le corps solide s'attache donc au liquide, ce qui est incontestablement l'effet d'une affinité qui s'exerce entr'eux. Mais il suit aussi de cette expérience, que les parties du liquide adhèrent entr'elles avec une certaine force, puisque autrement le corps solide devrait toujours enlever une partie du liquide, et que, pour effectuer la séparation, il faudrait justement prendre pour contre-poids ce que pèse le liquide enlevé. Mais le résultat de l'expérience est tout-à-fait différent. Le verre, le marbre, le bois, enlèvent effectivement une portion de l'eau, de l'alcohol et de la plupart des liquides avec lesquels on les met en contact, c'est-à-dire qu'ils en sont mouillés; mais le poids de ces parties du liquide est beaucoup plus faible que ce qui est nécessaire pour la séparation. Le mercure même ne mouille point du tout ces corps, et cependant il faut un poids considérable pour les détacher de sa surface, etc., (*Voyez* Gehler et Fischer, article *Adhésion.*)

§. 2. Il se déduit de l'universalité de ce phénomène, qu'il existe une attraction réciproque ou une affinité entre tous les corps solides et liquides (p. 14, §. 12; p. 30, §. 3, 4, 5). De même la propriété que possèdent les particules de chaque liquide, d'adhérer entr'elles avec une certaine force, est la conséquence d'une cohésion intérieure, ou seulement d'une pression extérieure (pag. 128, §. 14). Nous nommerons ce phénomène *attraction*, mais sans désigner par ce mot rien autre chose que le fait lui-même.

§. 3. (*a*) Dans ce que nous avons dit jusqu'à présent sur les conditions générales de l'équilibre des liquides, nous n'avons eu égard qu'à la pesanteur ; mais les forces attractives dont nous venons de parler, apportent dans ces phénomènes des modifications que nous devons maintenant considérer. Comme elles sont très-variées dans leurs détails, quoiqu'elles dépendent toutes d'une même cause, les physiciens ont cherché à les expliquer de bien des manières différentes ; mais M. Laplace est le premier qui en ait fait connaître avec exactitude la véritable cause, et qui l'ait soumise à un calcul rigoureux. Ne pouvant ici expliquer toute la suite de son analise savante, nous essayerons du moins d'en faire connaître les principes fondamentaux et les plus importans résultats.

Si dans une eau tranquille, et dont la surface est horizontale, on plonge verticalement un tube de verre très-étroit ou *capillaire*, l'eau s'élance aussitôt dans l'intérieur du tube et s'y maintient au-dessus de son niveau. Cette élévation est d'autant plus grande que le diamètre du tube est moindre, et elle suit exactement la raison inverse de ce diamètre. Voila ce que l'expérience donne, et c'est l'effet le plus simple de la capillarité. On ne saurait supposer que ce phénomène soit dû à l'action de l'air, car il a également lieu sous le récipient de la machine pneumatique ; on est donc forcé de le regarder comme le résultat d'une force attractive soit de l'eau, soit du verre, ou même de ces deux corps ; et telle a été aussi l'idée de Newton. Mais ce grand homme n'a

---

(*a*) Tout le reste de ce chapitre est une addition de l'Éditeur.

point dit précisément en quoi cette attraction consistait , ni comment elle s'exerce ; on voit même , par ce qu'il dit sur l'ascension de l'eau entre des plaques de verre , et sur le mouvement d'une goutte d'huile d'orange entre deux plans très-peu inclinés l'un sur l'autre , qu'il ignorait la véritable cause de ces effets. Clairault a été depuis le seul géomètre qui se soit occupé de ce problème. Il l'a traité dans son bel ouvrage de la *Figure de la Terre* , comme une véritable question d'hydrostatique, et il a analisé d'une manière très-fine et très-exacte les différentes forces d'attraction ou de pesanteur qui se combinent pour déterminer l'ascension du liquide ; mais il paraît que cet excellent esprit a été égaré par cette fausse idée, que l'action attractive du tube pouvait s'étendre jusqu'au centre même de la colonne liquide soulevée par la capillarité. Or , il n'en est pas ainsi dans la nature ; car le liquide monte toujours à la même hauteur dans un tube de même matière et de même diamètre, soit qu'on le choisisse mince ou épais ; en sorte que les couches de verre qui sont à une distance sensible de la surface intérieure ne produisent absolument aucun effet appréciable. Cette expérience, qui est bien certaine, montre donc que la force attractive du verre, ou en général de la matière du tube, décroît très-rapidement , à mesure que la distance augmente ; en sorte qu'elle n'a d'effet sensible que très-près du contact, et que son action est comme nulle dès que les molécules ne sont plus à une distance infiniment petite. En cela , ce genre de force est tout-à-fait semblable à ce que les chimistes nomment affinité. Cette idée , fondée sur l'expérience, est la base de la théorie de M. Laplace.

En l'admettant, on voit aussitôt que la petite colonne liquide qui occupe l'axe d'un tube capillaire ne peut pas être ainsi soutenue au-dessus du niveau par l'attraction des parois; car ce tube, quoique capillaire, ayant encore une largeur sensible, puisqu'elle l'est même à nos yeux, l'affinité de la matière qui le compose ne peut pas s'étendre jusque-là. Il faut donc que cette colonne se trouve ainsi élevée par l'action de l'eau sur elle-même : or, comment cette action peut-elle produire un pareil effet ? c'est en ceci que consiste réellement la découverte de M. Laplace.

Pour la faire concevoir, indiquons la manière dont se produit une action tout-à-fait analogue, celle des corps sur la lumière. Une molécule lumineuse, lorsqu'elle est à une distance sensible d'un corps, n'en éprouve aucune action appréciable; mais lorsqu'elle approche du contact, l'affinité commence à se faire sentir; la molécule est de plus en plus attirée vers la surface du corps par l'action de la matière dont il est composé. Enfin, elle y entre et pénètre dans son intérieur. Cette action des corps sur la lumière se manifeste d'une manière évidente dans le phénomène que l'on nomme réfraction. En partant de ces principes, on obtient, par le seul calcul, avec la dernière exactitude, la route du rayon réfracté. Or, cette attraction, à petites distances, ne s'exerce pas seulement sur les molécules de la lumière, elle s'exerce aussi de la même manière sur toutes les molécules matérielles qui se mettent en contact avec la surface des corps : elle agit donc aussi sur les particules qui composent cette surface.

Ainsi, lorsqu'un liquide en repos prend naturellement une surface horizontale, on doit concevoir que ce liquide exerce sur lui-même une action propre, indépendante de la pesanteur terrestre; action qui tend à faire entrer les molécules de la surface dans l'intérieur du fluide, et qui produirait réellement cet effet sans la résistance qui ré-

sulte de l'impénétrabilité. Or, lorsque l'eau s'élève dans
un tube capillaire, elle ne prend point à sa surface une
figure plane, elle affecte celle d'un ménisque concave
fort approchant d'une demi-sphère. Dans cet état elle exerce
encore sur les particules de sa surface une action perpendiculaire de dehors en dedans. Mais cette action est-elle
égale à celle qui résulterait d'une surface plane ? C'est ce
qu'il est nécessaire de savoir pour connaître les conditions
de l'équilibre, et c'est aussi ce que M. Laplace commence
par examiner.

Il y parvient au moyen des méthodes exposées dans sa
Mécanique Céleste, pour calculer les attractions des sphé-
roïdes. Il prouve d'abord qu'un corps terminé par une
sphère, ou par une portion de sphère d'une étendue sensible, exerce sur les molécules de sa surface, et de dehors en
dedans, une action différente de celle du plan : cette action
est moins forte si la surface est concave, comme lorsque
l'eau s'élève dans des tubes de verre; plus forte, si elle est
convexe, comme lorsque le mercure s'abaisse dans un tube
qui n'est pas parfaitement desséché. La différence de ces
forces est la même dans les deux cas. Elle est réciproque
au rayon de la sphère, et toujours très-petite comparativement à l'action du plan. Pour avoir une idée de la cause
qui la produit, on peut se représenter la colonne terminée
par une surface concave, comme un corps terminé par un
plan, plus un ménisque concave dans sa partie supérieure,
et la colonne terminée par une surface convexe, comme un
corps terminé par un plan, moins un ménisque concave vers
le bas. Or, l'attraction de ce ménisque additionnel est toujours
la même et tend toujours à soulever la colonne fluide, de
quelque côté qu'il tourne sa concavité. Mais, dans le premier cas, il faut retrancher son effet de celui du plan, pour

avoir l'action du fluide sur lui-même de dehors en dedans et de bas en haut ; au lieu que dans le second cas il
faut l'ajouter à l'action du plan sur lui-même, puisque n'é-
tant pas occupé par le fluide, il en résulte une diminution
dans la force ascensionnelle, et par conséquent une augmentation dans la force attractive du fluide en lui-même,
puisque celle-ci est opposée à la précédente.

Si la surface n'est pas sphérique, son action sur elle-
même est encore composée de deux termes, dont l'un représente l'action du plan, l'autre, selon qu'il est négatif
ou positif, celle du ménisque concave ou convexe. Ce second terme, toujours très-petit par rapport au premier,
est la demi-somme des actions de deux sphères qui auraient pour rayons le plus grand et le plus petit rayons
osculateurs de la surface au point que l'on a considéré.
D'après cette loi, M. Laplace détermine aisément l'équation différentielle partielle qui exprime la nature de la surface ; et en l'intégrant convenablement par des approximations appropriées à chaque circonstance, il en déduit la
forme de cette surface et l'action du fluide sur lui-même.

Il résulte de cette analise, que le terme qui exprime
l'action du ménisque sur la colonne fluide placée au centre
d'un tube capillaire, est réciproque au diamètre du tube.

En partant de ces données, fournies par le calcul, rien
n'est plus facile que d'expliquer l'élévation ou l'abaissement
des liquides dans les tubes capillaires. En effet, imaginons
un canal infiniment étroit et de figure quelconque, qui,
partant du point le plus bas du ménisque, traverse le tube
et se replie par-dessous, de manière à venir se terminer à
la surface libre du fluide. Pour que celui-ci soit en équilibre,
il faut qu'il y ait équilibre dans le petit canal : or ce dernier
est pressé à ses deux orifices par deux forces inégales ; l'une,

à l'orifice libre, est l'action d'un corps terminé par une surface plane; l'autre, dans l'intérieur du tube capillaire, est celle du même corps terminé par une surface concave; cette dernière est par conséquent plus faible. Il est donc impossible que l'équilibre subsiste dans cet état, et il faut nécessairement, pour qu'il ait lieu, que le liquide s'élève dans le tube capillaire, jusqu'à ce que le poids de la petite colonne soulevée compense ce qui manque à l'action attractive par l'effet de la concavité de la surface. La différence de ces actions est en raison inverse du diamètre du tube; la hauteur de la petite colonne suivra donc aussi le même rapport, ce qui est conforme à l'expérience.

Si la surface fluide était convexe au lieu d'être concave, les résultats seraient contraires. Dans ce cas, M. Laplace a démontré que son action serait plus forte que celle du plan, toujours dans le rapport inverse du diamètre du tube; par conséquent, si l'on suppose qu'un liquide affecte cette forme dans un tube capillaire, en reprenant tous les raisonnemens que nous venons de faire, avec cette seule modification, on verrait que le petit canal curviligne est encore pressé à ses deux orifices d'une manière inégale, plus fortement du côté de la surface convexe, moins du côté de la surface horizontale. D'où il suit que, pour l'équilibre, le fluide devra s'abaisser dans le tube où l'action est la plus forte, afin que cette dépression produise une différence de niveau qui puisse compenser la faiblesse de la force opposée. L'abaissement du fluide sera donc comme la différence des deux forces, c'est-à-dire, réciproque au diamètre du tube; et c'est ce qui arrive en effet lorsque le fluide ne peut pas mouiller le tube et s'attacher à ses parois, comme lorsqu'on plonge un tube de verre dans l'eau après l'avoir un peu enduit de graisse dans son intérieur, ou lorsqu'on plonge dans du mercure un tube de verre qui n'est pas parfaitement desséché. Dans ces circonstances, la surface du fluide, intérieure au tube, prend une forme convexe, et le fluide s'abaisse au-dessous de son niveau exactement en raison inverse du diamètre du tube. Mais si on ôte l'obstacle qui empêchait le verre et le fluide d'adhérer l'un à l'autre, alors celui-ci prend la forme concave et monte au-dessus du niveau. Cela arrive même pour le mercure, lorsqu'il est bien sec et qu'on y plonge un tube dont la surface intérieure a été dépouillée de toute humidité par l'effet d'une longue ébullition. Tels sont, par exemple, les tubes barométriques dont on a exactement chassé l'air et les vapeurs, en y faisant bouillir le mercure à plusieurs reprises. Sur quoi l'on peut remarquer qu'une seule ébullition ne suffit pas pour cela; et les baromètres ordinaires le prouvent, puisque le mercure y conserve encore la forme convexe.

Le caractère distinctif de cette théorie, c'est de faire tout dépendre de la forme de la surface. La nature du corps solide et celle du fluide ne font que déterminer la direction des premiers élémens, de ceux où le fluide touche le corps solide; car c'est là seulement que s'exerce sensiblement leur mutuelle affinité. Ces directions une fois données sont toujours les mêmes pour le même fluide et pour la même matière, quelle que soit la figure des corps qui en sont faits, par exemple, pour des tubes et pour des plans; mais au-delà de ces premiers élémens, et hors de la sphère d'activité sensible du corps solide, la direction des autres élémens et la forme de la surface sont uniquement déterminées par l'action du fluide sur lui-même.

Toutes les causes qui, en agissant sur la surface du verre, peuvent changer la direction des premiers élémens, doivent donc aussi changer la courbure de la surface liquide, et par suite l'élévation du fluide. Ceci explique l'abaissement de l'eau dans les tubes enduits de graisse à l'intérieur, l'élévation du mercure dans les tubes secs, et son abaissement dans les tubes humides. Le frottement peut aussi produire des effets analogues, et M. Laplace en cite des exemples : ces effets se conçoivent très-bien d'après sa théorie ; et au lieu d'être irréguliers et bizarres comme ils paraissent d'abord, ils sont au contraire assujettis à des lois certaines, et peuvent se prévoir très-exactement.

Les phénomènes capillaires n'ont pas seulement lieu dans les tubes, ils arrivent encore dans des espaces plans ; l'eau s'élève entre deux glaces parallèles placées à une petite distance, et le mercure s'y abaisse. La loi de ces phénomènes est encore celle qu'on observe dans les tubes ; les élévations et les abaissemens sont également réciproques aux distances des plaques ; mais il y a cette différence singulière , et que Newton avait déjà remarquée, c'est que l'effet absolu y est exactement la moitié de ce qu'il est dans les tubes ; c'est-à-dire, qu'entre des plaques éloignées , par exemple, d'un millimètre , l'eau s'élève précisément à la même hauteur que dans un tube de deux millimètres. Newton s'est contenté de rapporter ce résultat dans les questions qu'il a placées à la fin de son Optique ; et quoiqu'il soit fort remarquable , il ne paraît pas que les physiciens y aient fait attention jusqu'à présent , sans doute parce qu'ils se bornaient à chercher l'explication des effets capillaires dans des tubes , et qu'ils ne soupçonnaient pas qu'ils fussent liés d'une manière aussi intime à ceux qui s'opèrent entre des plans. La raison de ce rapport singulier se déduit très-simplement de la théorie de M. Laplace. On a vu que pour les tubes l'action de la surface concave ou convexe sur la colonne soulevée est la moitié de l'action des deux sphères

qui auraient pour rayons le plus grand et le plus petit
rayons osculateurs de la surface au point le plus bas. Si le
tube s'aplatit dans un sens, le rayon de courbure corres-
pondant augmente ; enfin il devient infini, lorsque le tube
se change en deux plans parallèles ; la partie de l'attraction
de la surface qui était réciproque à ce rayon, disparaît
donc par l'effet de ce changement ; il ne reste plus que le
terme dépendant de l'autre rayon osculateur, et l'action
attractive se trouve ainsi réduite de moitié. Tel est
le résultat simple et rigoureux donné par la théorie de
M. Laplace.

Cette théorie explique également et avec la même simplicité tous les autres phénomènes capillaires sans exception.
Ainsi l'ascension de l'eau dans des cylindres concentriques,
ou dans les tubes coniques, la courbure qu'elle affecte lorsqu'elle adhère à un plan de verre, la forme sphérique que
prennent naturellement les gouttes de liquides, la marche
d'une goutte de fluide entre deux glaces peu inclinées, la
force qui pousse les uns vers les autres les corps flottans
sur la surface des liquides, l'adhésion des disques plans
avec cette même surface, adhésion quelquefois si forte,
qu'il faut un poids très-notable pour les détacher, etc. ; tous
ces effets si variés se déduisent de la même formule, non
d'une manière vague et conjecturale, mais calculés avec
leurs valeurs numériques, et ils acquièrent ainsi des rapports qu'on ne leur connaissait pas. M. Laplace s'est plu
avec raison à les développer et à les ramener tous aux
mêmes lois. Par exemple, on voit clairement, d'après cette
théorie, pourquoi deux glaces plongées parallèlement dans
un liquide, à peu de distance l'une de l'autre, tendent à se
rapprocher, même dans le cas où le liquide s'élève entre
elles. Car, si l'on conçoit entre ces deux glaces, et dans

l'axe de la colonne soulevée, un petit canal vertical qui se recourbe horizontalement par son extrémité inférieure, et vienne se terminer perpendiculairement à la surface intérieure d'une des glaces, ce canal sera pressé différemment à ses deux orifices. Il le sera d'abord horizontalement et de dehors en dedans par l'action résultante de ce que le liquide en contact avec la glace a une surface plane; et ensuite à l'orifice supérieur il sera pressé de haut en bas par l'action du plan moins celle du ménisque, et de plus par le poids de la petite colonne d'eau qui se trouve élevée dans la branche verticale au-dessus du point que l'on a considéré. Ainsi, en ôtant la force du plan qui presse aussi à l'autre orifice, il reste encore, pour la pression de dehors en dedans, l'action du ménisque, moins la colonne liquide soulevée. Ces deux actions se compensent exactement, si le point que l'on considère est au niveau naturel du fluide; mais l'équilibre n'a plus lieu au-dessus de ce point : à mesure que l'on s'élève, la distance à la surface devenant plus petite, le poids de la colonne liquide ne peut compenser l'action attractive du ménisque, et les deux glaces sollicitées vers le haut par cette force tendent nécessairement à se rapprocher. Ceux qui voudront comparer ces résultats avec les nombreuses explications des physiciens sur le même sujet, et à celles de Newton même, sentiront quel est l'avantage d'une théorie calculée et mathématique, sur de simples conjectures.

Au reste, M. Laplace a soumis la sienne à l'épreuve la plus rigoureuse, en la comparant aux expériences. Il a choisi pour cet objet celles qui furent faites autrefois par Hanksbée, sous les yeux de Newton, et il y en a même ajouté d'autres plus exactes encore faites par M. Gay-Lussac sur son invitation. C'est une chose vraiment remarquable que l'accord qui règne entre ces expériences et les formules, quoique ces dernières ne soient qu'approchées ; et l'on sent facilement que cette détermination précise et numérique des résultats est la véritable pièce de touche des théories.

Il n'y a point de découverte dans les sciences qui n'ait tôt ou tard quelque application utile. Les effets de la capillarité se font sentir dans les tubes des baromètres ; et comme la surface du mercure y est convexe, il doit en résulter une petite dépression dans la hauteur de la colonne, qui alors n'indique pas exactement le poids de l'atmosphère. Cet effet est nul dans les baromètres à deux branches, parce que la force résultante de la convexité du fluide est égale des deux côtés ; mais il subsiste dans les baromètres simples, et peut devenir sensible dans des recherches exactes. M. Laplace indique un procédé très-facile pour déterminer par expérience les corrections qu'il faut faire, en vertu de cette cause, à toutes les hauteurs observées ; et de plus il a calculé une table dans laquelle la valeur de ces corrections est exprimée numériquement d'après le diamètre du tube. (*Voy.* les *Supplémens à la Mécanique céleste.*)

On voit aussi, d'après les explications précédentes, qu'en observant le baromètre, il faut compter les hauteurs depuis le sommet de la convexité du mercure, et non pas, comme le font quelques observateurs, depuis le point du tube où cette convexité commence. En opérant de cette seconde manière, les hauteurs observées du mercure sont toutes trop petites d'une quantité égale au rayon du ménisque, ce qui étant augmenté proportionnellement à la différence des poids du mercure et de l'air, peut produire des erreurs notables sur les élévations des objets.

CHAPITRE XXVI.

Des Mouvemens des Liquides, ou Premiers Principes de l'Hydraulique.

§. 1. Il y a beaucoup de mouvemens de l'eau dont la considération est d'un grand intérêt pour les hommes qui réfléchissent, parce que leurs effets sont très-importans pour les besoins de la vie sociale. Ces mouvemens sont ou naturels ou artificiels. Les sources, les ruisseaux, les torrens, la pluie, toutes les agitations des mers, particuliérement le flux et le reflux, ainsi que les courans continuels et variables, offrent des exemples de la première espèce de ces mouvemens. Parmi les mouvemens artificiels on doit surtout distinguer les mouvemens de l'eau dans les canaux et dans les ingénieuses machines hydrauliques dont l'usage est pour nous d'une très-grande utilité. Par rapport à ces divers mouvemens, la physique mécanique doit établir et confirmer les principes d'après lesquels ils s'opèrent. Mais quant à leur application, la partie qui est relative aux mouvemens naturels appartient à la géographie physique, et la partie qui se rapporte aux mouvemens artificiels appartient à la science des machines.

§. 2. Des masses détachées de liquides suivent absolument les lois de la mécanique des corps solides, lorsque toutes leurs parties se meuvent avec une égale vitesse et dans une même direction. Ainsi, le mouvement d'une goutte d'eau qui tombe avec les conditions que nous venons d'assigner, est absolument le même que celui qu'aurait une masse solide dans des circonstances semblables. Mais la mobilité essentielle de toutes les particules d'un liquide, les unes par rapport aux autres , rend presqu'impossible qu'elles aient des mouvemens dirigés suivant une même direction et avec une vitesse égale. Il se produit des mouvemens intérieurs qui sont difficiles à observer , et encore plus difficiles à calculer. Ces mouvemens intérieurs embarrassent la théorie. Les expériences hydrauliques ont aussi en elles-mêmes une difficulté propre , qui vient de ce qu'on peut encore moins soustraire les mouvemens des liquides que ceux des corps solides , à l'influence des forces étrangères , et qu'on ne peut qu'avec beaucoup de peine déterminer exactement par le calcul quel doit être l'effet de chacune de ces forces.

§. 3. Le principal problème que l'hydraulique ait à résoudre , est relatif à la vitesse avec laquelle s'écoule un liquide par une ouverture faite dans le fond ou aux parois latérales d'un vase. Soient $ABCD$, *fig.* 38 , et $EFGH$, *fig.* 39 , deux vases de hauteurs différentes , AC et EG , qu'on suppose remplis d'un certain liquide , et devant toujours rester pleins par une affluence continuelle. Dans le fond CD et GH de tous deux , se trouvent des ouvertures de mêmes dimensions IK et LM, mais qui sont très-petites relativement à l'étendue des vases. Si l'on suppose alors que le liquide soit sollicité par sa seule pesanteur , on peut trouver très-facilement , par les lois générales du mouvement , *les rapports de vitesses* que doivent avoir les masses d'eau qui s'écoulent par les deux ouvertures.

Car , en supposant , comme nous l'avons fait , que la hauteur du liquide demeure invariable dans les deux vases , il est clair que l'écoulement hors de chacun des vases se fera avec une vitesse uniforme. Les masses qui s'écoulent en des temps égaux sont donc comme la vitesse , quels que soient ces temps. Puisqu'en général la quantité de chaque mouvement se mesure par le produit de la masse et de la vitesse (pag. 22, §. 5), et qu'ici les masses sont proportionnelles aux vitesses , il est clair que la quantité de mouvement produit en un temps quelconque est comme le carré de la vitesse. Mais le rapport des quantités de mouvement est aussi le rapport des forces motrices (pag. 23 , §. 6). Ces forces motrices sont , dans le cas que nous examinons , le poids des deux colonnes de liquide qui se trouvent verticalement au-dessus des deux ouvertures. Puisque leurs bases sont semblables , ces colonnes sont comme leur hauteur AC et EG; le carré de la vitesse en IK doit donc être au carré de la vitesse en LM , comme AC est à EG , c'est-à-dire ,

Les vitesses sont comme les racines carrées des hauteurs de pression.

Ceci est le principe le plus essentiel de l'hydraulique.

§. 4. On peut démontrer aussi par les lois du mouvement accéléré ,

Que la vitesse absolue d'un liquide qui s'écoule par la seule force de la pesanteur, est aussi grande que la vitesse d'un corps qui serait jeté de la surface et qui tomberait à travers le liquide jusqu'à l'ouverture d'écoulement (a).

(a) Pour démontrer l'exactitude de cette loi , on doit observer que la vitesse totale du liquide qui s'écoule , ainsi que toutes les autres vitesses qui sont causées par des pressions , ne se produit pas instantanément , mais en suivant une *accélération* qui commence par zéro. Cette accélération est uniforme dans le cas que nous examinons , puisque nous avons supposé la hauteur de pression invariable. Notre question doit donc être résolue par les lois du mouvement uniformément accéléré (pag. 43 , §. 5). Maintenant , soit $PQIK$, *fig.* 38 , la colonne qui presse ; $NOIK$, une petite partie de cette colonne prise arbitrairement : si la masse — $NOIK$

§. 5. Un changement dans la grandeur de l'ouverture ne peut pas changer cette vitesse ; car si l'on double la largeur de l'ouverture, le poids de la colonne qui presse sera aussi doublé à la vérité, mais en même temps la masse à mouvoir sera doublée aussi.

Il suit de là que le rapport de la largeur de l'ouverture relativement à l'étendue du vase n'a aucune influence immédiate sur cette vitesse ; car si l'ouverture était de la grandeur de tout le fond, la couche inférieure $C\,D$ devrait tomber, dans l'instant où le fond serait ouvert, avec l'accélération déterminée dans l'article précédent ; mais si le vase doit rester plein, la vitesse de l'eau affluente sera une nouvelle force motrice, à laquelle nous n'avons pas eu égard dans le principe fondamental. C'est pour cette raison que nous avons supposé l'ouverture extrêmement petite par rapport à l'étendue du vase, afin d'atténuer l'effet de cette force étrangère.

---

tombait par son propre poids, elle aurait, après avoir parcouru le chemin $N\,I$, une vitesse $c = \sqrt{4\,g\,N\,I}$ (pag. 46, note du §. 5). Mais ici la vitesse que nous appellerons x doit être plus grande, puisque son accélération est produite par le poids de toute la colonne $P\,Q\,I\,K$. L'accélération de la chute libre, dont la mesure est g (pag. 46, note), doit donc être à l'accélération, dans notre cas, comme le poids de $N\,Q\,I\,K$ au poids de $P\,Q\,I\,K$. L'accélération cherchée est donc le quatrième membre proportionnel pour $N\,I$, $P\,I$, et g ; c'est-à-dire elle est $= \dfrac{g\,.\,P\,I}{N\,I}$; donc, pour trouver x, nous devons seulement substituer cette valeur à la place de g dans la formule ci-dessus.

Ainsi,
$$x = \sqrt{\frac{4g\,.\,P\,I}{N\,I}\,.\,N\,I} = \sqrt{4g\,.\,P\,I}.$$

On voit de suite que cette vitesse est la même qu'aurait un corps tombant en chute libre, après avoir parcouru l'espace $P\,I$ ou $A\,C$.

§. 6. Le poids spécifique du fluide ne peut pas non plus changer rien à ces lois. Si deux vases contiennent une hauteur égale, l'un de mercure, l'autre d'eau, la pression du mercure, pour des ouvertures égales, sera quatorze fois plus forte à la vérité ; mais la masse étant autant de fois plus difficile à mouvoir, la vitesse ne peut pas être différente.

§. 7. Si l'ouverture ne se trouve pas au fond, mais sur les parois latérales d'un vase, comme $E\ F$ (*fig.* 40), les particules d'eau ne s'écoulent pas avec une accélération égale. Cependant si l'ouverture est petite, et que G soit le milieu de l'ouverture, on peut admettre sans erreur importante que la vitesse moyenne du liquide qui s'écoule appartient à la hauteur de chûte $B.\ G$.

§. 8. Si l'ouverture se trouve placée dans un plan horizontal tourné vers le haut, comme $G\ H$, *fig.* 41, le liquide jaillit au-dehors ; mais la vitesse primitive de chaque particule doit être parfaitement conforme à nos principes.

Sur les Expériences hydrauliques qui peuvent confirmer la théorie précédente.

§. 9. On se sert ordinairement, pour ces expériences, de vases prismatiques ou cylindriques : plus ils sont grands, et plus ils sont convenables. Les expériences sont faites le plus souvent avec de l'eau. Le fond et les parois des vases ont des ouvertures de différentes formes et de diverses grandeurs ; et l'on a aussi des tubes cylindriques et coniques de toutes dimensions, qu'on peut assujettir aux ouvertures. On conserve les vases pleins durant les expériences, en y faisant affluer de l'eau continuellement ; ou bien on fait l'ouverture si petite, comparativement à l'étendue du vase, que pour un écoulement qui dure quelques secondes, la surface de l'eau ne baisse qu'imperceptiblement.

§. 10. Avec un tel appareil, on peut trouver, par expérience, la vitesse de l'eau qui s'écoule dans chaque cas. On laisse l'eau s'écouler pendant quelques secondes, dix, par exemple. Le poids de l'eau écoulée, exprimé en grammes, puis divisé par un et ensuite par le nombre des secondes de temps, c'est-à-dire par dix, donne, en centimètres cubiques, le volume cubique de l'eau écoulée durant une seconde. Si l'on divise ce volume par la grandeur de l'ouverture exprimée en centimètres carrés, le quotient est la longueur de la colonne liquide écoulée par l'ouverture dans l'unité de temps, ou, ce qui revient au même, c'est la vitesse du liquide.

De l'Influence des Forces différentes de la Pesanteur sur les Mouvemens hydrauliques.

§. 11. La théorie présentée jusqu'ici repose sur des principes si incontestables, et les preuves qu'on en a données sont si simples, qu'on peut difficilement douter de son exactitude. Cependant, si l'on compare les résultats de cette théorie avec l'expérience, ils ne paraissent pas s'y rapporter entièrement. Le premier principe de l'article 2 se confirme très-bien à la vérité, puisque les vitesses de l'eau qui s'écoule de diverses hauteurs sont, dans le fait, comme les racines de hauteurs de pression, pourvu que les ouvertures d'écoulement soient de dimensions égales : mais ce qui a rapport à la vitesse absolue n'est presque jamais conforme à la loi exprimée dans l'article 3, pag. 166. Dans la plupart des cas, cette vitesse est moindre, ce qui est facile à concevoir d'après les obstacles qui se présentent. Mais il y a aussi des cas où elle est plus considérable : quelquefois même cette augmentation est de plus de moitié. En outre, par une égale hauteur de pression, on trouve à chaque

fois un changement de vitesse, lorsqu'on donne à l'ouverture une disposition différente, par exemple lorsqu'on la
forme alternativement avec un simple trou percé dans une
plaque mince, ou qu'on y adapte des tubes plus longs ou plus
courts, cylindriques ou coniques, et, dans ce dernier cas,
évasés à l'intérieur ou à l'extérieur. Jusqu'à présent on
n'a pas pu ramener ces différences à des principes simples.
Cependant ces expériences mêmes prouvent que les écarts
ne sont pas causés par la pesanteur, mais dépendent entièrement de circonstances et de forces étrangères. Elles
ne prouvent donc rien contre la théorie exposée ; mais
elles montrent évidemment que l'on n'est pas encore
parvenu à soumettre l'influence de ces forces étrangères
à des lois mathématiques.

§. 12. Les forces et les circonstances qui modifient la
vitesse primitive d'un liquide soumise dans l'origine à la
seule pesanteur, peuvent être comprises dans ce qui suit :

1°. L'eau qui s'écoule doit vaincre la résistance de l'air,
ce qui diminue la vitesse.

2°. Les mouvemens qui se passent à l'intérieur de chaque
liquide qui s'écoule, sont une cause très-importante de
modifications. Ces mouvemens sont difficiles à observer,
et encore plus difficiles à soumettre à des lois exactes. Lorsqu'un jet d'eau sort par l'ouverture $E\,F$, *fig.* 42, hors du
vase $A\,B\,C\,D$, ce n'est pas seulement la colonne d'eau perpendiculaire au-dessus de $E\,F$ qui tombe ; mais toute l'eau
du vase, s'il n'est pas extrêmement grand, a un mouvement
de chûte. Si ce vase est de verre, et qu'on ait répandu dans
l'eau de petits corps légers, de la cire à cacheter pilée, par
exemple, on peut observer ce mouvement. Dans le haut,
toute la masse du liquide tombe assez uniformément, si le
vase est d'une largeur égale ; plus profondément, le mou-

vement ne demeure ni rectiligne ni uniforme ; mais les particules d'eau prennent les directions à-peu-près telles qu'elles sont représentées par les lignes tracées dans la figure 42. L'eau afflue donc de tous les côtés vers l'ouverture ; et comme ses mouvemens sont en partie opposés les uns aux autres, ils doivent produire un retard considérable dans la vitesse de l'écoulement.

Les mouvemens intérieurs doivent être encore plus variés, et la diminution de l'écoulement plus remarquable, si le vase n'a pas par-tout des dimensions égales, surtout s'il est d'une forme irrégulière, et encore plus s'il consiste en un tube recourbé plusieurs fois.

On doit faire une attention particulière à la forme que prend le jet de l'eau qui s'écoule, d'après ces mouvemens intérieurs. Si l'ouverture est simplement percée dans une plaque mince, le jet a immédiatement au-dessous d'elle la figure d'un cône tronqué renversé $EFGH$, de manière cependant que les côtés EG, FH, soient courbés en dedans. Les dimensions de ce cône sont très-constantes dans les circonstances que nous avons supposées. Le plus petit diamètre du jet GH est 0,8 du diamètre de l'ouverture EF ; or, les surfaces des cercles étant proportionnelles aux carrés de leurs rayons, la section de la colonne fluide est 0,64, ou environ les deux tiers de celle de l'orifice : au-dessous de GH la colonne fluide se dilate. La distance qui se trouve entre GH et EF équivaut seulement au demi-diamètre de l'ouverture EF. On nomme ce phénomène *la contraction des jets.*

La vitesse de l'eau s'accroît très-rapidement entre EF et GH, parce qu'elle doit être en GH la moitié plus grande qu'en EF ; car puisqu'en des temps égaux il passe une même quantité d'eau en GH et en EF, et que ces deux sections sont comme 3 : 2, les vitesses, dans chacune d'elles, doivent être en raison inverse, c'est-à-dire comme 2 : 3. Les expériences prouvent que la vitesse de l'eau en GH approche beaucoup de la vitesse qui appartient à la hauteur de chûte AC. Il semble donc qu'en EG l'effet de toutes les forces étrangères a disparu, et que l'eau a repris alors la vitesse qu'elle devait avoir par le seul effet de la pesanteur. Ceci est une preuve très-remarquable de l'exactitude de la théorie que nous venons d'exposer.

3°. Enfin, l'adhésion qui existe entre le vase et le liquide, et qui unit ensemble les particules de ce dernier, a sur la vitesse de l'écoulement une influence beaucoup plus grande qu'on ne devrait l'imaginer.

C'est sans doute à cette influence qu'on doit attribuer les différentes vitesses qu'on observe suivant les formes différentes que l'on donne à l'orifice. Il est clair que ces adhésions sont des obstacles aux mouvemens dans la plupart des cas : même lorsque l'ouverture est extrêmement petite, tout le mouvement peut être anéanti par elles. Cependant il paraît que dans certaines circonstances ces forces ne diminuent pas le mouvement, et qu'au contraire elles l'augmentent. L'effet le plus remarquable de ce genre a lieu lorsqu'on assujettit à l'ouverture un tube en forme de cône renversé, qui a les dimensions du jet contracté, et qu'on joint au-dessous de celui-ci un autre tube conique qui s'évase insensiblement. (*Voyez Eytelweins Handbuch der Mechan. und Hyd.* pag. 107 — 126.)

§. 13. Lorsque l'eau jaillit, il se joint encore aux obstacles que nous venons de décrire, un obstacle particulier. Chaque goutte qui s'élève monte avec un mouvement retardé ; la vitesse est donc moindre dans les parties élevées du jet que dans les parties inférieures : ainsi l'eau la plus élevée exerce une pression sur celle qui est au-dessous, et retarde son mouvement. Par cette raison, le jet n'atteint jamais la hauteur à laquelle il devrait parvenir d'après la vitesse primitive de l'eau. De plus, l'eau qui s'élève est encore retardée davantage par l'eau qui retombe, et quelquefois elle est refoulée jusqu'à l'orifice d'où elle sort. Par cette raison, l'eau s'élève plus haut quand elle ne jaillit pas tout-à-fait en ligne verticale. — Quant à la disposition de l'ouverture, l'expérience a appris que la plus convenable, pour que le jet ait une grande élévation, est aussi la plus simple ; c'est-à-dire un petit trou percé dans une plaque mince.

§. 14. C'est une loi générale pour tous les cas, que lorsqu'un liquide s'écoule hors d'un vase, celui-ci subit lui-même une pression dans le sens opposé. Cette pression peut même donner au vase, s'il est suffisamment mobile, un mouvement dans une direction contraire. Cette pression subsiste encore lorsque l'ouverture EF (*fig.* 40) est fermée, et son intensité peut être estimée selon ce qui est dit pag. 142, §. 6.

Mais, quelle que soit sa force, elle ne peut, dans ce dernier cas, produire aucun mouvement, parce que la partie du côté opposé AC, dont la longueur et la largeur correspondent exactement à EF, c'est-à-dire HK, subit une pression également grande et opposée. Au contraire, si EF est ouvert, et qu'il s'écoule de l'eau par cette ouverture, la pression sur HK ne trouve plus aucune contre-pression, et elle peut ainsi, lorsque le vase est suffisamment mobile, lui donner un mouvement contraire.

Sur les Mouvemens des Corps solides dans les Liquides.

§. 15. Un corps solide ne se peut mouvoir dans un liquide sans mettre une certaine quantité de sa masse en mouvement ; mais autant il communique de mouvement au liquide, autant il en perd lui-même, ainsi que l'apprend la théorie de la communication du mouvement, exposée chap. XV, pag. 70 et suiv.

On considère cette perte comme l'effet d'une force qu'oppose le liquide au corps mis en mouvement, et on la nomme *résistance du liquide*. Les efforts des plus grands mathématiciens n'ont pas suffi, jusqu'à présent, pour ramener à des lois simples et exactes la théorie de cette résistance. — Depuis Newton on admettait généralement que cette résistance est proportionnelle au produit de trois facteurs, qui sont : le carré de la vitesse du corps en mouvement, l'étendue de la surface qui résiste à cette vitesse, et enfin la densité du liquide, en supposant d'ailleurs toutes les circonstances égales dans chaque cas : mais un grand nombre d'expériences faites depuis le milieu du dernier siècle, principalement, en France, ont prouvé que tous ces principes sont incertains. Ils ne s'accordent passablement avec l'expérience, que pour les vitesses moyennes : pour les vitesses très-grandes ou très-petites, ils s'en écartent beaucoup. Ce qui a été dit ici de la résistance d'un liquide en repos, par rapport à un corps solide, peut être aussi appliqué au choc d'un liquide en mouvement relativement à un corps solide, et de même, au cas où tous deux ont des mouvemens contraires l'un par rapport à l'autre. Pour connaître parfaitement les recherches mathématiques faites à ce sujet, voyez *Neutoni Principia philos. nat.* ; *Euleri Mecanica. D. Bernouilli Hydrodynamica.* On peut en prendre aussi des notions suffisantes dans l'ouvrage de Kastner sur la mécanique et l'hydrodynamique, et dans celui de Karsten, intitulé *Lehrbegriff der gesammten*

Math. 4 part. On en trouve une courte exposition dans Gehler et Fischer, à l'art. *Widerstand der Mittel.*

§. 16. Nous allons d'abord examiner un cas particulier qui n'a aucune difficulté, c'est-à-dire la chute et l'élévation verticale des corps solides dans l'eau.

Si un corps qui pèse 8 grammes ne déplace que 7 grammes d'eau, il tombe au fond. Cependant, comme sa masse de 8 grammes n'est mise en mouvement que par la force d'un seul gramme, il tomberait, à la vérité, avec un mouvement uniformément accéléré, si l'eau ne faisait aucune résistance; mais son mouvement serait, ainsi que la force qui agit sur lui, huit fois plus petit que dans le vide : de plus, comme l'eau lui résiste dans sa chute, son accélération sera affaiblie à chaque moment; et la résistance augmentant à-peu-près comme le carré de la distance, l'accélération diminuera très-promptement, et deviendra bientôt nulle. En effet, il doit arriver un instant où la résistance de l'eau enlève au corps justement autant de vitesse que la force accélératrice de la pesanteur lui en communique. Après ce moment, le corps tombe avec un mouvement parfaitement uniforme; ce moment arrive d'autant plus tôt, que la pesanteur du corps diffère moins de celle de l'eau.

Un corps léger se comporte absolument de même en s'élevant dans l'eau. Si le liquide ne faisait aucune résistance, il monterait avec un mouvement parfaitement accéléré, puisque la force qui l'élève est invariable. Mais la résistance de l'eau doit produire ici justement le même effet que dans le cas exposé ci-dessus.

Dans un vase un peu élevé on peut rendre ces deux sortes de mouvemens visibles, au moyen de corps seulement un peu plus légers ou un peu plus lourds que l'eau.

§. 17. Les limites d'un ouvrage élémentaire ne permettent que d'exposer seulement les premières notions et les premiers principes de l'hydraulique. Particulièrement la description d'une quantité de machines hydrauliques anciennes et nouvelles, et très-ingénieuses pour la plupart, n'appartient point à la physique, mais à la science des machines (*a*).

(*a*) Nous allons seulement donner ici une liste des ouvrages d'hydraulique les plus nouveaux, et qu'on peut considérer comme classiques dans cette partie. Tels sont : *Nouveaux Principes d'Hydraulique* de Bernard; *Hydrodynamique* de Bossut; *Langsdorff Lehrbegriff der hydraulik*, avec sa suite, 1794 et 1796 ; *Principes d'Hydraulique* par Du Buat ; *Nouvelle Architecture hydraulique* de Prony; *Recherches Expérimentales sur le Principe de la Communication latérale du Mouvement dans les Fluides*, par Venturi; Paris, 1797. Parmi les ouvrages originaux allemands, on doit sur-tout consulter celui d'Eytelwein, *Lehrbuch der Mecanik und Hydraulik*. On trouve aussi les descriptions de plusieurs machines hydrauliques, dans la deuxième partie de l'ouvrage de Büsch, intitulé : *Mathematik zum Nutzen und Vergnügen des burgerlichen Lebens*. Parmi les livres plus anciens, on doit sur-tout remarquer l'*Architecture Hydraulique* de Bélidor.

CINQUIÈME SECTION.

DES CORPS AÉRIFORMES.

CHAPITRE XXVII.

Des Fluides élastiques en général.

§. 1. On croyait autrefois que l'air atmosphérique était le seul fluide élastique qui existât dans la nature. La chimie moderne nous a appris qu'il y a un grand nombre de ces fluides auxquels on donne le nom *d'airs*, ou de *gaz*. La connaissance des gaz appartient, sans doute, à la physique chimique ; ainsi, nous allons seulement donner, sur ce sujet, les notions indispensables au physicien mécaniste.

De l'Air atmosphérique.

§. 2. C'est principalement l'observation exacte de ce qui se passe dans la combustion, qui a fait reconnaître que l'air n'est pas une substance simple, comme on le croyait anciennement, mais qu'il est en effet un mélange de deux gaz, l'oxigène et l'azote, et que ce mélange est à-peu-près dans le rapport de $1 : 3$ (*.) Ce sont du moins

---

(*) Plus exactement, un volume d'air atmosphérique égal à l'unité, contient 0,21 d'oxigène ; le reste est un mélange encore peu connu

les principes essentiels de l'air atmosphérique ; mais on
se tromperait beaucoup si l'on croyait qu'il ne contient
rien autre chose que ces deux substances. L'air atmosphérique a la propriété très - active, quoique non encore
observée suffisamment, de dissoudre la plupart des fluides,
ainsi qu'un grand nombre de corps solides, et de communiquer à des parties plus ou moins grandes de ces corps son
état élastique. Un peu d'attention sur les phénomènes qui
se passent sous nos yeux chaque jour, ne laisse aucun
doute sur ceci. Ainsi, chaque corps qui répand une odeur
doit être en effet dissous par l'air. Tels sont la plupart
des métaux, la chaux, l'argile mouillée, etc. Mais l'air
se combine aussi avec beaucoup de corps inodores ; et l'eau
offre une preuve frappante de ceci (*).

---

d'azote et d'acide carbonique, peut-être aussi de quelques autres
gaz. Les évaluations les plus probables donnent 0,785 d'azote,
et 0,005 d'acide carbonique; en sorte que l'azote y est de beaucoup
plus abondant. Il n'y a pas d'hydrogène en quantité sensible, c'est-
à-dire que l'on n'en peut pas admettre plus de 2 ou 3 millièmes.
Ces proportions de l'air atmosphérique sont exactement les mêmes
par toute la terre, au moins relativement à l'oxigène qu'il contient.
Tels sont les résultats des travaux des chimistes sur ces objets, et
principalement de MM. de Humboldt et Gay-Lussac.

(*) Les raisons que l'auteur rapporte ici ne sont peut-être pas
aussi fortes qu'il le pense. Il paraît, d'après les expériences de
Saussure et de Dalton, que l'évaporation de l'eau ou des autres
liquides n'exige pas, pour se produire, l'action d'une force dissolvante; car elle se fait également dans le vide, et en même quantité. Il est probable que cette évaporation est le simple effet de la
force élastique que tous les liquides possèdent en vertu du calorique combiné; et l'air, par sa pression et sa présence matérielle,
loin de favoriser l'évaporation, y apporte plutôt un obstacle mécanique, et la force à se faire avec plus de lenteur. Peut-être que

De plus, les observations des physiciens démontrent que toutes les espèces de gaz, particulièrement le gaz acide carbonique et l'hydrogène, se produisent naturellement par des opérations chimiques, dans l'intérieur de la terre, ou à sa surface, et que la plupart des gaz se combinent sans changer leur état d'agrégation. Il est évident, en outre, que des millions d'êtres organisés vivent et se corrompent dans l'air atmosphérique ; que durant leur vie il se fait entr'eux et l'air un échange continuel d'aliment et de sécrétions dont la plupart sont à l'état aériforme, et que pendant la décomposition de ces êtres leurs principes constituans se changent en des substances simples, et en grande partie élastiques. Ces différentes considérations pourront convaincre que l'air atmosphérique, principalement dans les régions inférieures, est une combinaison d'une infinité de fluides élastiques dont un grand nombre échappent, non-seulement à nos sens, mais encore aux agens chimiques les plus délicats, à cause de leur très-petite quantité. Dans les hautes régions de l'atmosphère, l'air semble devoir être plus simple et plus pur. Cependant divers phénomènes, tels que l'aurore boréale, les étoiles tombantes, les météores, etc., que la seule combinaison des deux principes essentiels de l'air ne peut produire, prouvent l'influence d'autres matières dont nous ne soupçonnons peut-être pas l'existence dans ces hautes régions (*).

---

beaucoup d'autres phénomènes du même genre, où les corps se réduisent en vapeurs, appartiennent aussi à des causes intérieures, et non pas à la force dissolvante de l'air ou des gaz ; mais il ne faudrait pas étendre ceci trop loin.

(*) M. Gay-Lussac, dans son voyage aérostatique, a rapporté de l'air des hautes régions de l'atmosphère ; et cet air a offert abso-

Nous traiterons dans des chapitres particuliers, des rapports de l'air avec l'eau, et de ses propriétés mécaniques.

De l'Oxigène.

§. 3. Lorsqu'on chauffe fortement du manganèse, ou du salpêtre, dans une cornue exactement fermée, il se dégage, sur-tout de la première de ces matières, une quantité assez considérable d'air, qui est presque de l'oxigène pur. On trouve, dans les ouvrages de chimie, les moyens de l'obtenir à un état de pureté absolu. Cette substance, dont nous devons la découverte à Scheèle et à Priestley, et l'examen exact à Lavoisier, est d'une telle importance dans la nature, que sa connaissance est presque l'unique cause de la révolution qui s'est opérée depuis trente ans dans la chimie. A son égard, nous remarquerons seulement ce qui suit. Sans oxigène il n'y a point de vie ; c'est pour cette raison qu'on le nomme aussi *air vital*. Sans lui, aucune combustion n'a lieu ; Scheèle, par cette cause, le nommait *air de feu*. Il entre dans la composition de la plupart des substances que le chimiste appelle acides, et pour cela Lavoisier lui a donné le nom d'*oxigène*, c'est-à-dire générateur des acides. La dénomination d'*air déphlogistiqué* qu'on employait avant Lavoisier, était relative à une fausse théorie, et doit être absolument abandonnée. L'oxigène se combine non-seulement avec les

---

lument les mêmes principes que celui que l'on recueille à la surface de la terre : en sorte que jusqu'ici rien ne prouve que l'atmosphère ne soit pas par-tout de la même nature ; car les phénomènes que nous ne savons pas encore expliquer ne sont pas une preuve suffisante pour admettre l'existence de certaines substances que l'expérience directe ne nous indique pas.

substances organiques inflammables et avec une grande
partie des salines, mais encore avec beaucoup de corps,
entr'autres avec les métaux. Par cette combinaison il
enlève à ces derniers leurs propriétés métalliques, et les
change en de simples substances terreuses ou vitreuses de
diverses couleurs, et qu'on nomme *oxides métalliques*,
terres métalliques, *chaux métalliques*. Le manganèse
dont nous avons déjà parlé, et les substances si connues
sous le nom de rouille, de vert-de-gris, de blanc de plomb
et d'étain, d'arsenic blanc, etc., appartiennent à cette
classe. Quoique l'oxigène soit une des parties principales
de l'eau, puisqu'il compose 0,88 de sa masse, il paraît
que l'eau ne prend en combinaison que peu d'oxigène;
et de même il paraît que l'oxigène n'a que peu d'affinité
pour l'eau.

On a imaginé des instrumens pour trouver ce que l'air
atmosphérique contient d'oxigène; et ces instrumens,
lorsqu'ils ont été perfectionnés, ont prouvé que cette
quantité est constante. On nomme ces instrumens des *eu-
diomètres*; mais comme leur construction ainsi que leur
usage sont entièrement fondés sur des principes chimiques, ils ne peuvent être décrits que dans un ouvrage de
chimie.

De l'Azote.

§. 4. Lorsqu'on brûle une quantité suffisante de phosphore au milieu d'un certain volume d'air atmosphérique
exactement renfermé, un quart environ de ce volume
disparaît, et ce qui reste est de l'*azote*, substance ga-
zeuse, non-respirable, et dans laquelle aucune inflammation ne peut avoir lieu. Quoique l'azote ne paraisse pas
entrer dans des combinaisons aussi variées que l'oxigène,

c'est pourtant une matière d'une extrême importance, puisqu'on a trouvé qu'elle est un des principes constituans de tous les corps organiques vivans. Quelques physiciens allemands la nomment *Salpeterstoff* (matière de salpêtre), parce qu'étant combinée dans de certains rapports avec l'oxigène, elle produit l'acide nitrique ; et en combinant cette substance composée avec la potasse, on obtient le salpêtre. L'ancienne dénomination d'air déphlogistiqué doit être rejetée entièrement. On doit chercher dans les ouvrages de chimie des détails plus circonstanciés sur les différentes manières de considérer cette substance, et sur ses propriétés, dont une grande partie ont encore besoin de beaucoup d'éclaircissemens (*).

De l'Hydrogène.

§. 5. Depuis l'invention des aérostats on connaît généralement sous le nom d'air inflammable, cette espèce de gaz qui, dans l'état pur, est douze à treize fois moins pesant que l'air atmosphérique, et qui, généralement, est le plus léger des corps connus. Les chimistes anciens

---

(*) Il est remarquable que l'on n'a presque, pour reconnaître l'azote, que des caractères négatifs, c'est-à-dire qu'on sait qu'il ne produit pas tel ou tel effet; mais on n'a point de phénomène facilement observable qui lui soit propre, et qui puisse servir à le distinguer directement. Le seul caractère de ce genre est celui que M. Cavendish a fait connaître, et qui consiste dans la faculté qu'a l'azote de former de l'acide nitrique, quand on le combine avec l'oxigène par le moyen de l'étincelle électrique ; mais cette opération est si difficile, qu'on ne peut l'employer habituellement : en sorte que s'il existait dans l'azote, comme cela est possible, plusieurs substances distinctes qui s'accordassent dans leurs propriétés négatives, on pourrait les confondre facilement.

le nommaient *esprit inflammable* (*) ; mais ils avaient
négligé d'examiner sa nature avec attention. Il est irrespirable. Aucune combustion ne peut s'y opérer , quoiqu'il devienne lui-même combustible par le contact avec
l'oxigène. Lorsqu'on mêle deux parties de ce gaz , mesurées d'après le volume, et non d'après le poids , avec une
partie d'oxigène ou quatre d'air atmosphérique , on obtient
ce qu'on nomme le *gaz tonnant*. Nous avons vu ci-dessus
(pag. 13, §. 9 ,) que l'inflammation du gaz tonnant produit
de l'eau. A cause de cette propriété , Lavoisier donna à
cette substance le nom d'*hydrogène*. Une masse d'eau est
composée de 0,88 d'oxigène , en poids , et de 0,12 d'hydrogène. L'eau ne prend qu'une très-faible partie d'hydrogène en combinaison , et ce gaz n'a non plus que peu
d'affinité pour l'eau. On l'obtient à l'état pur , en faisant
passer de la vapeur d'eau à travers un tube de fer rougi :
l'oxigène de l'eau se combine avec le fer , et l'hydrogène
passe. On l'obtient encore plus aisément en dissolvant du
fer ou du zinc dans l'acide muriatique ou dans l'acide
sulfurique étendu d'eau.

Du Gaz acide carbonique.

§. 6. On nomma d'abord ce gaz *air fixe* , parce qu'on
le reconnut primitivement comme un principe constituant
de plusieurs corps solides. C'est sur-tout une partie essentielle des chaux brutes , dont il forme à-peu-près la moitié
du poids. Le spath calcaire , le marbre , la pierre à chaux ,
la craie, etc. , sont dans ce cas. Ce gaz se dégage de ces substances , lorsqu'on verse sur elles quelques acides , particu-

---

(*) En allemand , *brennbarer Geist*. L'auteur remarque que le
mot *gaz* dérive peut-être de cette dénomination.

lièrement de l'acide sulfurique étendu d'eau. On a découvert depuis que cet air est le même que celui qui est produit par l'inflammation du charbon, et qui a toutes les propriétés d'un acide : ce qui fait qu'on le nomme *acide carbonique*. Il sort en grande quantité de l'intérieur de la terre, dans beaucoup de contrées, et particulièrement dans les pays volcaniques. Comme il est plus lourd que l'air atmosphérique, et qu'il ne s'y mêle que lentement, il forme en quelques endroits une couche d'air de quelques pieds de hauteur, dans laquelle aucun animal ne peut vivre, parce qu'elle est absolument irrespirable. La grotte du Chien, près de Naples, offre un exemple de ce phénomène. En mêlant et agitant ce gaz avec de l'eau, elle peut en prendre en combinaison un volume à-peu-près égal au sien. Et de même ce gaz peut tenir aussi une quantité considérable d'eau en dissolution. Il communique à l'eau un goût agréable, restaurant et acide, et en s'y combinant dans diverses proportions il est le principe essentiel de toutes les eaux minérales. L'eau de chaux qu'on fait en dissolvant dans l'eau de la chaux vive ou de la terre calcaire, donne un moyen commode de découvrir sa présence dans un liquide ; car, lorsqu'on verse un peu d'un tel liquide dans l'eau de chaux, celle-ci devient trouble, parce que l'acide carbonique se combine avec la chaux, et que cette combinaison est insoluble dans l'eau.

§. 7. Les chimistes reconnaissent encore une grande quantité d'autres gaz ; de temps en temps même on en découvre de nouveaux, mais ils sont d'une moindre importance pour le physicien mécaniste que ceux que nous avons nommés. Toutes ces substances sont des gaz *permanens*, c'est-à-dire qui demeurent aériformes sous toutes les températures connues. La pesanteur et l'élasticité sont leurs propriétés mécaniques communes, et elles ne diffèrent pour chacun d'eux que par des différences d'intensité (*).

Des Vapeurs élastiques.

§. 8. Nous avons déjà vu , dans la section de la Chaleur , que les liquides peuvent passer à l'état élastique soit par l'action de la chaleur , soit par celle des forces dissolvantes des autres gaz. Tant qu'ils se trouvent à cet état , leurs propriétés mécaniques ne diffèrent pas essentiellement de celles des gaz permanens , et ils sont soumis aux mêmes lois d'équilibre et de mouvement que ceux-ci. Peut-être même la différence qui existe entre les vapeurs et les gaz , est-elle aussi peu essentielle que celle qui se trouve entre le mercure liquide et les métaux solides.

____

(*) Voyez la *Statique chimique* de M. Berthollet , et les *Élémens de Chimie* de Lavoisier , ouvrages remplis d'une méthode parfaite , et d'une exactitude qu'on ne saurait trop recommander.

CHAPITRE XXVIII.

De l'Eau dans l'air atmosphérique, ou Premiers Principes de l'Hygrométrie.

§. 1. Le physicien mécaniste doit nécessairement connaître les effets réciproques de l'air et de l'eau, puisqu'autrement il peut être conduit à des conclusions inexactes dans plusieurs circonstances ; par exemple, dans l'expérience de la dilatation des gaz par la chaleur.

L'air même le plus sec contient toujours une certaine quantité d'eau, et l'on a inventé un assez grand nombre d'instrumens qu'on nomme *hygromètres* ou *hygroscopes*, au moyen desquels on peut mesurer cette quantité ; mais il est impossible de juger avec exactitude de la construction de ces instrumens et de leur usage, si l'on ne connaît pas les lois d'après lesquelles l'eau se partage dans un système de corps qui ont tous de l'affinité pour elle. Nous devons donc exposer ces lois, quoiqu'elles soient plutôt chimiques que mécaniques.

§. 2. L'eau peut être contenue dans l'air de deux manières. Elle peut y nager, seulement divisée en particules très-ténues, sans avoir pris réellement l'état élastique ; ou bien elle peut y être parfaitement dissoute, et avoir pris en effet l'état aériforme.

§. 3. La vapeur visible qui s'élève des liquides chauffés est formée de petites bulles qu'on peut encore distinguer avec le microscope. Ces bulles, ou cette poussière de vapeur, tomberaient à terre dans un air parfaitement tranquille ; mais il est difficile de trouver dans la réalité une masse d'air parfaitement en repos, et le plus léger mouvement suffit pour élever une grande quantité de ces bulles. S'il s'en trouve seulement très-peu dans l'air, elles ne nuisent pas à sa transparence ; mais cependant elles peuvent apporter quelques erreurs dans les résultats des expériences exactes, parce qu'à la moindre élévation de température elles peuvent passer à l'état élastique. Si elles sont en grande quantité, elles forment des vapeurs visibles : le brouillard et les nuages n'ont point d'autre origine. On ne doit cependant pas conclure par réciprocité, que toutes les vapeurs visibles consistent en bulles d'eau. Non-seulement tous les autres liquides peuvent former des vapeurs visibles ; mais les corps solides le peuvent aussi lorsqu'ils sont divisés en particules assez ténues. La vapeur ou fumée d'une flamme est formée seulement de charbon finiment divisé, et la vapeur blanche que produit le phosphore en brûlant est de l'acide phosphorique primitivement solide, mais divisé à l'infini.

§. 4. Lorsqu'on met de l'eau dans un vase ouvert et qu'on l'expose à l'air libre, elle diminue peu-à-peu et disparaît bientôt, parce qu'elle se dissout dans l'air. Si cette évaporation se fait dans un espace d'air renfermé et absolument privé d'eau, l'air accroît son volume et change son élasticité et son poids spécifique. Ceci est une preuve que l'eau évaporée n'est pas seulement mêlée mécaniquement avec l'air, mais qu'elle y est combinée chimiquement, et par conséquent qu'elle a passé à l'état élastique. Non-seulement l'air atmosphérique, mais peut-être tous les gaz sans exception, peuvent se combiner de cette manière, avec une plus ou moins grande quantité d'eau. L'air ne perd point sa transparence par l'addition de cette eau dissoute et combinée ; même il peut, dans cet état, paraître encore très-ser pour nos sens. Cet effet est réciproque entre l'air et l'eau ; et les parties d'eau qui ne sont pas encore vaporisées prennent toujours en combinaison quelques particules d'air auxquelles elles communiquent leur état d'agrégation , c'est-à-dire qu'elles les font passer à l'état liquide.

§. 5. La force dissolvante de l'air n'est pas également grande dans toutes les circonstances : la chaleur et la condensation l'augmentent; le froid et la dilatation la diminuent (*). Ainsi , lorsqu'une masse d'air a absorbé autant d'eau qu'elle en peut contenir , si elle est refroidie ou dilatée, une partie de l'eau devenue élastique reprend l'état liquide , et paraît à l'état de bulles de vapeur. C'est pour cela que la cloche d'une machine pneumatique est souvent revêtue de vapeur d'eau lorsqu'on raréfie l'air ; et c'est par la même raison que les corps froids qu'on porte à l'air chaud deviennent humides.

Dans ces circonstances , on dit que l'eau se *précipite*. Au contraire , les bulles de vapeur se dissolvent ou se changent en vapeurs élastiques, lorsque l'air dans lequel elles nagent est échauffé ou comprimé.

§. 6. Indépendamment de l'air , beaucoup d'autres corps ont aussi une grande affinité pour l'eau. Lorsqu'un corps de cette espèce est placé dans un espace d'air conte-

---

(*) L'air , en se condensant, dégage de la chaleur, en se dilatant il en absorbe. Ainsi , les effets de la condensation et de la dilatation de l'air sur les vapeurs se rapportent aux changemens de température. Quand la température primitive s'est rétablie, la quantité de vapeurs qui peut exister dans un espace donné redevient exactement la même, quelle que soit la dilatation ou la condensation de l'air que cet espace contient. (*Voyez* l'addition placée à la fin de ce chapitre.)

nant de l'eau en dissolution, il retire à cet air une partie de son eau. Plus le corps a déjà attiré d'eau, et moins fortement il continue à en attirer ; et au contraire plus l'air en a perdu, et plus il retient le reste avec une force considérable. Il doit donc nécessairement y avoir un moment où tous deux retiennent l'eau avec une égale force ; alors l'effet est terminé. On nomme cet état de repos, *équilibre hygrométrique*. Si une masse d'air, contenant de l'eau, se trouve en contact avec différens corps de cette espèce, chacun d'eux lui enlève une partie de son eau, les uns plus, les autres moins, selon la mesure de leur affinité pour l'eau : au contraire, si des corps qui ont absorbé de l'eau sont exposés à un air qui en contient moins qu'il n'est nécessaire pour établir l'équilibre hygrométrique, il leur enlevera de l'eau jusqu'à ce que cet équilibre soit parfait.

§. 7. Sans doute il n'existe aucun corps qui n'ait quelque affinité pour l'eau ; mais dans beaucoup d'entre eux elle est insensible. Ceux qui montrent la plus grande affinité pour ce liquide, se nomment des *corps hygroscopiques*. Dans cette classe se trouvent tous les corps qui dérivent de la nature organique, comme le bois, les os, l'ivoire, les cheveux, le papier, le parchemin, l'épiderme qui recouvre les parties internes et externes des corps animaux, ainsi que les cordes d'instrumens qui en sont faites, les tuyaux de plumes, le chanvre, le coton, la soie, etc. Il y a aussi beaucoup de corps inorganiques qui sont hygroscopiques. Par exemple, tous les sels solubles demeurent hygroscopiques, même dans l'état liquide, et quand leur dissolution est saturée. La plupart des acides, sur - tout l'acide sulfurique, possèdent cette propriété, de même que l'ardoise, l'argile et les autres minéraux qui s'attachent à la langue. On peut aussi compter dans cette classe les corps qui sont trop compacts pour s'imbiber d'eau, mais dont la surface s'en recouvre lorsqu'on les expose à un air chaud et humide ; tels sont les verres, les métaux, etc.

§. 8. Comme la température et la densité changent continuellement dans l'air atmosphérique, il doit y avoir aussi un échange d'eau continuel entre l'air et tous les corps avec lesquels il est en contact.

§. 9. Tels sont les observations et les principes sur lesquels est fondée l'*hygrométrie*, c'est-à-dire l'évaluation de la quantité d'eau contenue dans l'air. D'après ces principes, on reconnaîtra facilement que l'eau, en se partageant dans un système de corps pour y établir l'équilibre hygrométrique, suit des lois semblables à celles d'après lesquelles la chaleur se propage pour arriver à l'équilibre thermométrique ; et de plus on apprendra par l'étude de la chimie, que les diverses affinités chimiques agissent d'après ces mêmes lois, qui sont générales pour toutes les substances. Ceci est une raison décisive pour admettre la matérialité de la chaleur.

ADDITION RELATIVE A L'HYGROMETRIE.

Tout ce que l'auteur dit dans ce chapitre sur la manière dont l'équilibre hygrométrique s'établit entre diverses substances qui ont de l'affinité pour l'eau, est parfaitement juste ; mais la vaporisation de l'eau dans l'air et dans la plupart des gaz paraît ne pas dépendre de cette cause ; car les expériences montrent qu'elle s'opère indépendamment de l'affinité, ou du moins comme si l'effet de l'affinité y était tout-à-fait insensible.

Pour sentir la vérité de cette assertion, il faut d'abord se rappeler ce fait important que Saussure, et ensuite

Volta et Dalton, ont prouvé par des expériences très-exactes ; c'est que le maximum de vapeur élastique qui peut s'élever dans un espace donné, dépend seulement de la température, et demeure invariable lorsque cette température reste la même, soit que cet espace soit vide, ou rempli d'air d'une densité quelconque. Dalton a même étendu ce fait à tous les gaz qui n'ont point une très-forte affinité pour l'eau. Tels sont, par exemple, l'oxigène, l'azote et l'hydrogène. Il y a peut-être quelque restriction à faire à cette règle pour l'acide carbonique, l'acide muriatique et le gaz ammoniaque ; mais pour les autres, et en particulier pour l'oxigène et l'azote, qui sont les élémens de l'air atmosphérique, il paraît bien constant que ce n'est point leur affinité pour l'eau qui produit la vaporisation ; car cette affinité serait donc alors la même pour tous, ce qui est peu probable ; et le vide agirait donc aussi sur l'eau avec une force égale, ce qui est absurde.

D'ailleurs, cette propriété n'est point particulière à la vapeur d'eau ; elle est commune à tous les liquides évaporables, comme l'alcool, l'éther, l'ammoniaque, l'acide muriatique, etc. Chacun de ces liquides se vaporise en quantité déterminée dans un espace donné, lorsque la température est la même, que cet espace soit vide ou rempli d'air, et même d'un gaz quelconque, sauf peut-être quelques exceptions que pourrait nécessiter une très-forte affinité.

D'après ce principe unique, qui est fondé sur des expériences exactes et rigoureuses, toute la théorie de l'hygrométrie devient extrêmement simple dans ce qui a rapport à l'évaporation. Si un liquide est exposé librement dans un espace vide ou plein d'air, il s'en évaporera une certaine quantité, qui dépendra des dimensions de cet espace et de la température : cette quantité peut se mesurer par son poids et par la tension qu'elle produit dans le baromètre. Si l'espace est indéfini , le liquide s'évaporera entièrement ; c'est ce qui a lieu à l'air libre : s'il est limité , l'évaporation le sera aussi. Elle s'arrêtera à un certain terme dépendant des dimensions de l'espace et de la température ; mais ce terme sera le même , que l'espace soit vide ou plein d'air. Seulement dans le premier cas la vaporisation sera instantanée , parce que rien ne s'y oppose ; dans le second elle sera progressive et exigera un certain intervalle de temps , à cause de l'obstacle mécanique que l'air oppose par sa présence , à la dissémination des particules du liquide; et dans ces deux cas , après un temps plus ou moins long, le baromètre introduit dans cet espace y montrera le même accroissement dans la tension.

Voilà ce qui a lieu pour un liquide qui n'est soumis à aucune force étrangère , et qui cède seulement à l'action répulsive du calorique interposé entre ses particules ; cause déterminante de l'évaporation. Mais si le liquide est retenu par un corps solide qui ait de l'affinité pour lui , il sera sans cesse sollicité par deux forces contraires qui , suivant les circonstances , pourront se surpasser ou se contre-balancer. Si l'espace où le corps est plongé est privé de vapeurs , l'action élastique aura toute son énergie , et une partie du liquide se séparera du corps solide en prenant l'état aériforme; mais par cet effet même la prépondérance de la force élastique se trouvera diminuée; car la tendance à la vaporisation deviendra moindre , et l'action du corps solide , au contraire , sur l'eau qui lui reste , augmentera en raison de ce qu'il a déjà perdu. De là résultera un *état d'équilibre hygrométrique* ; mais cet état sera troublé par un changement de température. Si celle-ci s'élève , la force élastique l'emporte , et une nouvelle quantité de liquide se vaporise ; si elle s'abaisse , l'affinité redevient prépondérante , et une portion des vapeurs étant absorbée de nouveau , repasse à l'état liquide. Ces échanges continuels sont assez sensibles relativement à certains corps , comme les cheveux , les plumes , les cordes , pour faire varier leurs dimensions , et l'on peut ainsi en observer toutes les successions : c'est sur cette propriété que sont fondés les instrumens que l'on nomme *hygromètres* ; et l'on voit que le jeu de ces instrumens s'explique avec une extrême facilité d'après ces principes , sans admettre dans l'air une force dissolvante de l'eau que n'indiquent point les expériences, mais par le seul fait de l'*équilibre mobile* entre l'affinité du corps solide pour l'eau , et la force élastique de la chaleur.

Au reste , les résultats que je viens de rapporter n'avaient pas encore été suffisamment répandus lorsque l'ouvrage de M. Fischer fut publié , et ils n'étaient point encore réduits en corps de doctrine ; sans cela notre judicieux auteur en aurait sans doute fait usage. Il n'a pu qu'indiquer dans une note à la fin de l'ouvrage , quelques-uns des résultats de Dalton , qui étaient parvenus à sa connaissance pendant le cours de l'impression.

§. 10. Nos sens jugent aussi inexactement de l'humidité que de la chaleur. Nous trouvons que l'air ou un corps quelconque est humide lorsqu'il apporte de l'humidité à notre corps ; nous jugeons qu'il est sec lorsqu'il lui enlève de l'humidité. La même masse d'air peut donc ainsi paraître humide à un observateur , et sèche à un autre. Les physiciens ont , par cette raison , pensé de bonne heure à des instrumens qui pussent indiquer l'humidité de l'air plus sûrement que notre tact. Il faudrait s'étendre beaucoup plus loin qu'un ouvrage élémentaire ne le permet, pour rapporter les nombreux essais qui ont été faits sur cette matière, et d'autant plus que les anciens instrumens de cette espèce sont très-défectueux, et que même les meilleurs que nous ayons sont loin d'approcher de la perfection du thermomètre. — Il est assez singulier que nous sachions mieux mesurer une substance non-perceptible pour nos sens, qu'une substance que nous pouvons immédiatement observer.

§. 11. Nous nous contenterons de remarquer relativement aux plus anciens hygromètres, que les meilleurs d'entr'eux sont fondés sur les propriétés hygroscopiques des cordes à boyau qui se détordent par l'effet de l'humidité qui s'y introduit, et deviennent ainsi plus courtes parce qu'elles augmentent de grosseur.

§. 12. Parmi les instrumens de cette espèce nouvellement imaginés, il en est seulement deux qui méritent le nom d'hygromètres : celui de Saussure, et le plus nouveau de ceux de Deluc. Nous ne parlerons que du premier, qui est le plus usité aujourd'hui.

Le corps hygroscopique employé par Saussure, est un cheveu dépouillé de toutes substances grasses, par l'ébullition dans une faible dissolution de potasse. Le cheveu, ainsi desséché, se raccourcit par la sécheresse, et s'allonge par l'humidité. On l'assujettit solidement à l'une de ses extrémités; l'autre bout est attaché à une aiguille indicatrice très-mobile, qui est tirée d'un côté par le cheveu, et de l'autre par un petit poids. Cette aiguille, par ses mouvemens sur un arc de cercle gradué, indique les raccourcissemens ou les allongemens que le cheveu subit par suite des variations d'humidité de l'air qui l'environne.

§. 13. L'avantage essentiel de cet hygromètre consiste en ce que l'on y détermine par expérience deux points fixes, ceux de plus grande sécheresse, et de plus grande humidité, et par suite, des échelles comparables entre ces deux points. Lambert avait eu déjà cette idée, mais il n'avait pas réussi à l'exécuter si exactement que Saussure et Deluc (*).

§. 14. On détermine le *point de sécheresse absolue*, en plaçant l'instrument sous une grande cloche de verre, avec des sels desséchés au feu (pag. 123, §. 5), et en le laissant dans cette situation tant qu'on peut remarquer un raccourcissement dans le cheveu.

§. 15. On détermine le *point de la plus grande humidité*, en suspendant l'instrument sous une cloche, dont les parois sont mouillées avec de l'eau. La cloche elle-même est placée sur une assiette ou il y a de l'eau, afin d'empêcher l'introduction de l'air extérieur : on laisse l'appareil ainsi disposé, jusqu'à ce que le cheveu n'éprouve plus aucun allongement, et l'on observe le point où il s'arrête.

Les distances qui se trouvent entre les deux points fixes, se partagent en 100 divisions que l'on appelle degrés.

Remarques générales sur l'Hygrométrie.

§. 16. Qu'indique proprement un hygromètre ? Selon la théorie exposée plus haut, l'allongement du cheveu indique qu'il a enlevé de l'eau à l'air ; son raccourcissement, qu'il lui en a cédé ; et l'état de repos, que le fil et l'air sont arrivés à l'équilibre hygrométrique. Par conséquent, si les forces avec lesquelles l'air et les corps hygroscopiques attirent l'eau étaient entr'elles dans des rapports invariables, la marche de l'ai-

---

(*)*Voyez*, relativement à l'hygromètre et à la théorie de Deluc, plusieurs excellens articles insérés dans les Annales de Chimie, sur l'ouvrage de ce physicien, intitulé : *Idées sur la Météorologie.* Quoique ces articles soient sans nom d'auteur, il est bien facile de reconnaître à la profondeur des vues et à leur justesse, ainsi qu'à l'érudition qui y règne, quelle est la plume qui les a tracés.

guille indicatrice ne serait soumise qu'à l'augmentation ou à la diminution de l'eau contenue dans l'air, et il n'y aurait aucune difficulté à déterminer dans quels rapports elle s'y trouve, pour chaque degré de l'hygromètre. Mais comme la force élastique de la vapeur d'eau augmente quand la température s'élève, et décroît quand elle s'abaisse, l'aiguille de l'hygromètre doit se mouvoir, quoique la quantité absolue des vapeurs ne change point, lorsqu'il arrive un changement dans la température de l'air. Même comme l'air peut contenir indépendamment de l'eau, un mélange de beaucoup d'autres substances qui agissent toutes sur l'eau avec une force particulière, il est évident que l'indication que donne un hygromètre, est un résultat compliqué de beaucoup de forces. Il arrive aussi que l'eau liquide suspendue dans l'air, et les bulles de vapeur qui y nagent, agissent conjointement sur l'hygromètre, sans qu'on puisse les distinguer. Ces observations ne permettent guère d'espérer qu'on puisse parvenir à donner à ces instrumens le degré de perfection nécessaire.

§. 17. Un autre défaut de presque tous les hygromètres inventés jusqu'ici, consiste en ce que le corps hygroscopique est d'origine organique. A la vérité, les corps de ce genre sont pour la plupart très-sensibles à l'humidité; mais c'est une loi générale, que chaque corps produit par une force organique, doit changer sa constitution chimique lorsqu'il est exposé à l'air, à l'humidité et à des variations multipliées de température. Après que cette force est détruite, ces corps hygroscopiques doivent donc, avec le temps, devenir hors d'état d'être employés, puisqu'en changeant leurs propriétés matérielles, ils changent aussi leur force attractive relativement à l'eau. Ceci est une circonstance à laquelle on paraît n'avoir fait aucune attention jusqu'à présent.

§. 18. Comme il est sans vraisemblance qu'on puisse jamais trouver un hygromètre dont l'échelle indique immédiatement combien de parties d'eau sont contenues dans l'air, il ne reste d'autre moyen, pour faire exactement cette estimation, que celui des décompositions chimiques. Les sels desséchés présentent une manière assez commode et assez précise de faire cette opération. Pour cela, il faudrait mettre l'air qu'on veut éprouver, dans un vase d'une capacité exactement connue, et l'exposer ainsi long-temps à l'action d'un sel desséché, et garanti avec grand soin de toutes les atteintes de l'humidité. L'accroissement de poids du sel déterminé avec une balance très-sensible, donnerait l'évaluation de l'eau contenue dans l'air, seulement un peu trop faible, puisqu'il est clair, d'après la théorie que nous venons d'exposer, qu'aucun corps ne peut enlever à l'air toute l'eau qui y est contenue (*a*).

(*a*) On trouve de plus grands détails sur tous les hygromètres, dans Gehler et Fischer, ainsi que dans l'Encyclopédie Économique de Krünitz. *Voyez*, sur l'hygromètre de Lambert, les Mémoires de l'Académie de Berlin, 1769 et 1772; l'Hygrométrie du même, et sa suite. Sur les recherches de Deluc, voyez ses *Idées sur la Météorologie*, première partie; Gren's, Journ. de Phys. V, 279 = 362; VIII, 141 = 160 et 293 = 302. Le travail de Saussure se trouve dans son livre intitulé *Essai sur l'Hygrométrie*. Les recherches de Saussure sont très-importantes, et son ouvrage est considéré comme classique.

CHAPITRE XXIX.

Du Baromètre et de la Machine Pneumatique.

§. 1. Nous devons maintenant nous instruire plus parti-culièrement des propriétés mécaniques de l'air. Pour cela, nous allons d'abord examiner avec attention deux instru-mens qui sont d'une grande importance pour la physique, et dont la destination propre est de faire reconnaître les propriétés mécaniques de l'air, c'est-à-dire sa pesanteur et sa dilatabilité. Ces instrumens se nomment le *baromètre* et la *machine pneumatique*.

Du Baromètre.

§. 2. On remplit de mercure un tube de verre *A B*, (fig. 43), long de trente pouces ou davantage, large au moins d'une ligne, et fermé hermétiquement à l'une de ses extrémités *A*. On bouche ensuite avec le doigt l'orifice *B* du tube, on le renverse et on le plonge par cette extrémité dans un vase *C D* qui contient du mercure, en prenant bien soin qu'il n'y entre pas d'air. Alors, si l'on retire le doigt qui fermait l'orifice, le mercure descend dans le tube, mais non pas jusqu'au niveau *C D* du vase; il reste élevé à une hau-teur *E F* de 28 pouces environ. Si la surface du mer-cure *C D* n'était exposée à aucune pression, il devrait descendre jusqu'en *E*, d'après les lois de l'hydrostatique (pag. 139, §. 2, 3); la colonne de mercure *E F* ne peut donc être soutenue que par la pression de l'air extérieur sur *C D*. Cette expérience, que Torricelli fit le premier à

Florence, en 1644, ne sert pas seulement à prouver que l'air exerce une pression, mais elle en donne encore la mesure exacte; car on voit que cette pression est justement équivalente à celle qu'exerce une colonne de mercure de la hauteur EF. Lorsque l'opération est faite avec le soin nécessaire, il y a dans le tube au-dessus du point F, un espace entièrement vide d'air. C'est ce qu'on nomme le *vide de Torricelli*.

L'appareil entier se nomme le *tube de Torricelli*, et quand il est pourvu d'une échelle pour mesurer la hauteur EF, il prend le nom de *baromètre*.

§. 3. On peut voir dans les dictionnaires de Gehler et de Fischer, à l'article *Barometer*, les différentes formes qu'on a données au tube, les diverses manières de le purger d'air, et les perfectionnemens qu'on a imaginés pour rendre sensibles les plus légères variations de la hauteur EF. Après tous ces essais, on est revenu aux plus simples dispositions, qui sont représentées *fig.* 44 — 46 : la *fig.* 44 montre le *baromètre à cuvette* : GBH est un vase de bois ou de verre qui est joint au tube en GH. Il peut y avoir, en cet endroit, une petite ouverture pour faciliter le passage de l'air dans l'intérieur du vase, quoiqu'il pénètre fort aisément, même au travers d'un bois très-compacte. La *fig.* 45 représente le baromètre nommé, à cause de la forme du tube, le *baromètre à fiole*; celui de la *fig.* 46 consiste en un seul tube ABG, d'une largeur aussi égale que possible, et il se nomme le *baromètre à syphon*. C'est celui de ces instrumens qui est le plus en usage pour les expériences exactes (*). On conçoit facilement que l'échelle

---

(*) Son principal avantage est d'être indépendant des effets de la capillarité. Si le tube est sensiblement d'un diamètre égal dans ses deux branches, la convexité de la surface du mercure produit dans

divisée en pouces, qui est jointe à chacun de ces baromètres, pour mesurer la colonne EF, doit être faite avec une très-grande exactitude. Sur le continent d'Europe on ne se sert, jusqu'à présent, que des anciennes mesures françaises pour ces divisions. Les Anglais, seulement, emploient les leurs. (*). Au reste, ce qui est exigé dans chaque bon baromètre, c'est qu'il ne pénètre point d'air dans l'espace AF, et de plus que le diamètre intérieur du tube soit large d'une ligne, ou davantage ; car dans les tubes plus étroits, le mercure reste trop bas, même quand ils sont vides d'air, à cause de la capillarité (**).

§. 4. Bientôt après l'invention du baromètre, on remarqua que la pression de l'air est variable, et que le mercure monte ou descend de deux pouces environ au-dessus ou au-dessous de F : on observa aussi un certain rapport entre l'état du baromètre et l'état du ciel, parce

l'une et dans l'autre une action égale, ce qui ne trouble point l'équilibre ; et le poids de l'atmosphère est exactement représenté par la différence de longueur des deux colonnes.

(*) La plupart des baromètres français portent maintenant deux échelles, l'une en mètres et millimètres, l'autre en pouces et lignes. On y adapte des nonius qui donnent les dixièmes de millimètres, avec une très-grande précision. A cet égard, rien de plus simple, de plus exact et de plus commode que les baromètres portatifs de Fortin, à Paris.

(**) Cela est vrai pour les baromètres ordinaires ; mais l'on peut dessécher si bien l'intérieur du tube par une ébullition répétée, que la surface du mercure y deviendra plane, et même concave ; alors ce fluide se tiendra au-dessus du niveau, et non pas au-dessous. Cette remarque est de simple théorie ; car dans la pratique, si la surface du mercure était concave au lieu d'être convexe, il en résulterait un inconvénient opposé. Généralement, il faut éviter les tubes étroits, à cause des effets de la capillarité : c'est ce que l'auteur a eu en vue.

qu'en effet lorsque le mercure est élevé dans le baromètre , le temps est ordinairement serein , et qu'il devient variable quand le baromètre baisse. Cette règle n'est pourtant pas certaine ; mais elle s'observe plus fréquemment qu'elle ne manque. L'explication plus détaillée de ceci doit se rapporter à la géographie physique (*). Les baromètres ordinaires du commerce , auxquels on joint seulement une indication de l'état du ciel, sans échelle divisée en pouces , sont des instrumens qui ne peuvent servir au physicien : même pour les observations météorologiques, il suffit de connaître la hauteur moyenne du baromètre dans le lieu où l'on est ; au-dessus de cette hauteur, le temps est ordinairement serein et constant , et au-dessous il est presque toujours variable.

(*) Le tracé graphique est la manière la plus commune de rassembler comparativement de longues suites d'observations barométriques. On se sert pour cela d'une longue bande de papier , au milieu de laquelle on trace une ligne droite qui la traverse d'un bout à l'autre. Cette ligne est destinée à représenter la hauteur moyenne du baromètre dans le lieu de l'observation. On la divise en un certain nombre de parties égales, qui sont destinées à représenter des jours ; puis, parallèlement à cette ligne , et tant au-dessus d'elle qu'au-dessous , on en trace plusieurs autres à des distances égales, comme par exemple d'une demi-ligne. Lorsqu'on a observé le baromètre un tel jour , si sa hauteur est la moyenne, on marque d'un trait le point de la ligne principale qui correspond à ce jour-là ; s'il est plus haut d'une demi-ligne , on porte l'observation sur la première parallèle , au-dessus de la ligne moyenne ; s'il est au-dessous de la hauteur moyenne , on porte l'observation au-dessous de cette ligne , sur la parallèle qui lui correspond. On porte ainsi successivement les observations de tous les jours chacune au rang et à la hauteur qui leur convient. On peut même, et cela est plus exact , répéter les observations

Mais les variations de l'état du baromètre ne sont pas égales par toute la terre : sous l'équateur et sur les très-hautes montagnes, il ne varie que très-peu ; ses changemens deviennent plus considérables à mesure qu'on s'approche des pôles, et particulièrement dans les contrées basses. La géographie physique doit aussi donner des éclaircissemens sur ce phénomène.

§. 5. On remarqua aussi, peu de temps après l'invention du baromètre, que le mercure s'y abaisse lorsqu'on le porte sur une hauteur : en effet il descend d'une ligne environ pour 78 pieds. D'après cette observation, on peut comparer la pesanteur de l'air avec celle du mercure ou de l'eau ; car une ligne de mercure exerce la même pression que 78 pieds d'air ; et comme 78 pieds $= 11,232$ lignes, on voit combien de fois le mercure est plus lourd que l'air. Si l'on

---

plusieurs fois par jour, et les porter de même chacune à leur place, en divisant en parties égales l'intervalle qui correspond à un jour ; et si par tous les points ainsi déterminés, on fait passer une ligne courbe qui les unisse, et qui en suive toutes les irrégularités ; cette ligne, par ses ondulations, représentera fidèlement l'état du baromètre dans les époques successives où on l'aura observé.

Je connais, en Suisse, un propriétaire fort instruit, qui tient ainsi, depuis plusieurs années, un tableau très-exact d'observations barométriques, faites trois fois par jour, avec un fort bon baromètre. Il a eu soin de noter l'état de l'atmosphère, près de chaque observation : or, à l'inspection de ce tableau, on voit que dans le très-grand nombre des cas, lorsque le baromètre a baissé, il est tombé de la pluie, et au contraire, lorsqu'il s'est élevé, le temps est devenu serein. On aperçoit par intervalles des exceptions à cette règle ; mais elles sont beaucoup moins nombreuses que les cas dans lesquels elle se vérifie. Cette connaissance peut être fort utile à l'agriculture ; et la personne dont je parle en tirait elle-même un très-grand parti.

divise ce nombre par 14, le quotient 802 indique combien de fois l'eau est plus pesante que l'air (*).

Cette observation a donné aussi occasion à l'idée ingénieuse de mesurer les hauteurs avec le baromètre. Les principes d'après lesquels se fait cette opération, seront exposés dans la suite.

§. 6. On peut déterminer exactement par le baromètre, la pression qu'exerce l'air sur une surface d'une grandeur donnée. Le calcul suivant se rapporte à une évaluation qui peut faire connaître en même temps la méthode d'un calcul plus exact. Quand le baromètre est élevé de 28 pouces, l'air presse sur la surface d'un pouce carré autant que presserait le poids d'une colonne de mercure qui aurait un pouce carré de base, et 28 pouces de hauteur. Cette colonne comprend donc 28 pouces cubiques. Maintenant, comme un pouce cubique d'eau, mesure de Paris, pèse 375,4 à 4° (pag. 147 *a*), un pouce cubique de mercure, qui est 14 fois plus pesant, pesera 5228 grains, ou environ 9 onces; par conséquent, 28 pouces cubiques peseront 15,9 livres. Telle est donc la pression de l'air sur un pouce carré de Paris, et par conséquent la pression sur un pied carré est équivalente à 2287 livres, ou près de 23 quintaux.

§. 7. Si l'on voulait faire un baromètre avec de l'eau au lieu de mercure, il faudrait qu'il fût 14 fois plus long. Si l'on multiplie la hauteur moyenne du baromètre, c'est-a-dire 28 pouces ou 2 $\frac{1}{3}$ pieds par 14, on a 32 $\frac{2}{3}$ pieds : l'instrument devrait donc être de trente et quelques pieds. Par plus d'une raison, un baromètre à eau serait un instrument

---

(*) Nous avons trouvé, M. Arago et moi, par une expérience exacte, qu'à la température de la glace fondante, et sous la pression de 0^m,76, le poids de l'air est à celui de l'eau comme 1 à 770.

très-incommode ; mais il est important de savoir à quelle hauteur une colonne d'eau peut être portée par la pression de l'air. En particulier, c'est d'après cette connaissance qu'on conçoit pourquoi les tubes aspirans de toutes les espèces de pompes à eau, ne doivent pas excéder la longueur d'une trentaine de pieds.

§. 8. Pour les observations barométriques très-exactes, il faut faire une petite correction à cause de la chaleur ; car puisque la chaleur dilate le mercure, on conçoit que la pression restant la même, si le mercure s'échauffe, la colonne barométrique s'allongera davantage, et son sommet paraîtra plus élevé. On n'aurait besoin d'aucune correction, s'il était possible de conserver toujours le mercure à une même température : par exemple à o° ; mais comme cela ne se peut, il faut ramener par le calcul les diverses hauteurs de la colonne de mercure à une température déterminée. On choisit ordinairement pour cela, la température o°. D'après les observations de Deluc, une colonne de mercure haute de 27 pouces, se dilate justement d'un demi-pouce lorsque le baromètre est échauffé de o jusqu'à 8o°. de Deluc ; ou si l'on divise chaque pouce en 16o parties, la colonne de 27 pouces en contient 4320, et elle se dilate depuis le point de congellation jusqu'à celui d'ébullition de 8o de ces parties ; c'est-à-dire qu'à chaque degré du thermomètre de Deluc elle se dilate de $\frac{1}{4320}$ de sa longueur. Ainsi, pour réduire une hauteur de baromètre à la température o° ; on doit soustraire pour chaque degré au-dessus de zéro $\frac{1}{4320}$ de toute la hauteur de la colonne, et en ajouter autant pour chaque degré au-dessous de o°. Cette règle n'est pas tout-à-fait exacte, mais elle suffit dans presque tous les cas. Pour avoir la température du mercure aussi précisément qu'il est possible, on attache un thermomètre de correction sur la même planchette où est le baromètre (*a*).

La Machine Pneumatique.

§. 9. Dans l'année 1650 , Guericke de Magdebourg inventa un des instrumens de physique les plus importans , la *machine pneumatique* , au moyen de laquelle on peut enlever tout l'air qui se trouve dans un vase , ou du moins on peut le raréfier à un très-haut degré. Les bornes de cet ouvrage ne nous permettent pas de décrire sa construction primitive , ni les divers changemens qu'on y a faits dans la suite. On peut voir ces détails dans Gehler et Fischer , article *Luftpumpe*. Nous allons seulement indiquer ici les parties essentielles du plus simple appareil de ce genre. *A B C D* , *fig.* 47 , est un cylindre de métal qui doit être

---

(*a*) Réellement , lorsque la température du mercure est t degrés du thermomètre de Deluc au-dessus de o , on devrait , pour la réduire à ce dernier terme , en soustraire non pas $\frac{t}{4770}$, mais $\frac{t}{4770+t}$ de sa longueur pour chaque degré ; et lorsque la température est à t degrés est au-dessous de o, on devrait ajouter $\frac{t}{4770-t}$ pour chaque degré. Car soit l la longueur de la colonne à zéro, l' sa longueur , à t degrés , on aura $l\left(1+\frac{t}{4770}\right)=l'$,

d'où l'on tire $l=\dfrac{l'}{1+\dfrac{t}{4770}}=l'-\dfrac{l't}{4770+t}$

* La vraie valeur de la dilatation du mercure trouvée par MM. Lavoisier et Laplace , est $\frac{1}{5412}$ pour chaque degré du thermomètre centigrade. Cette évaluation ne s'éloigne pas beaucoup de celle de Deluc ; car si la dilatation est de $\frac{1}{5412}$ pour chaque degré du thermomètre centésimal , elle sera plus grande pour un degré de Deluc , dans la proportion que ces degrés ont entr'eux , c'est-à-dire comme 10 à 8 ; elle deviendra donc $\frac{10}{8\times5412}$ ou $\frac{10}{43296}$, fraction qui , étant divisée par haut et bas par 10 , se réduit à $\frac{1}{4329}$.

calibré avec une exactitude extrême. Le piston $E\,F$ peut être élevé et abaissé dans l'intérieur de ce cylindre, au moyen de la poignée G, sans que l'air puisse y pénétrer. Le piston est percé dans le milieu en $H\,I$; un morceau de taffetas gommé est tendu en H au-dessus de l'ouverture, et attaché à ses deux bouts; de sorte que l'air qui vient de dessous par l'ouverture $H\,I$, puisse le lever et s'échapper, et que l'air qui vient d'en-haut le presse contre l'ouverture, et se bouche ainsi lui-même le passage. Cet appareil adapté au piston se nomme une soupape. Dans le fond du cylindre, il se trouve une seconde soupape de cette espèce, qui laisse passer l'air de dessous dans le cylindre, mais qui ne lui permet pas de revenir; l'ouverture de cette soupape correspond avec le tube $K\,L\,M\,N$; et à l'extrémité N de ce tube on assujétit un plateau de glace dépolie $O\,P$. Mais l'ouverture du tube s'élève un peu au-dessus du plateau en N, et on y place extérieurement une vis pour pouvoir la boucher s'il est nécessaire. Dans la plupart des expériences, on pose sur le plateau un récipient de verre Q, dont les bords sont usés à l'émeri, pour qu'ils puissent s'appliquer exactement contre le plateau de glace. Alors il suffit de presser un peu le récipient, en le posant sur le plateau, pour qu'il y adhère.

Enfin, on fait encore à quelqu'endroit du tube, par exemple en L, une ouverture qu'on ferme avec un bouchon usé à l'émeri, ou mieux encore avec une vis bien exacte, afin de pouvoir établir à volonté une communication entre le tube et l'air extérieur.

Au lieu des deux soupapes, il y a dans quelques machines pneumatiques un simple robinet placé dans le tube $K\,L$, immédiatement au-dessous du cylindre. On le perce de manière qu'on peut faire, si l'on veut, communiquer en-

semble le cylindre et le tube , ou le cylindre et l'air extérieur , ou enfin l'air extérieur et le tube. Cette disposition
a quelques inconvéniens , mais elle a aussi de certains
avantages.

§. 10. Supposons le récipient placé , l'ouverture en L
fermée , et le piston abaissé jusqu'au fond du cylindre. Si
on élève ce dernier, il se fait un espace vide au-dessous de
lui ; l'air qui se trouve dans la cloche et dans le tube
n'éprouve ainsi aucune contre-pression au-dessus de la soupape K. Il ouvre donc cette soupape , et se répand en partie
dans le cylindre. De cette manière , la masse d'air renfermée
se trouve déjà raréfiée. Si l'on enfonce de nouveau le piston,
l'air qui est entré dans le cylindre ne peut pas retourner
dans le tube , mais il s'échappe par la soupape du piston. Si
l'on continue d'élever et d'abaisser successivement le piston,
il passe , a chaque fois qu'on l'élève , quelque peu d'air du
récipient dans le cylindre ; et à chaque fois qu'on l'abaisse ,
l'air passé dans le cylindre est chassé au-dehors. L'air est
donc de plus en plus raréfié. Cependant il est impossible de
faire le vide parfait , car après un certain temps on arrive
à un point où l'on ne peut plus produire aucun effet : c'est
lorsque l'air est si raréfié , que sa force n'est pas suffisante
pour élever la soupape K. Quand on veut faire rentrer l'air
extérieur dans le récipient , on ôte le bouchon placé en L (*).

§. 11. Une partie de la machine pneumatique qui est
très-nécessaire pour les expériences exactes , c'est un petit

---

(*) On voit , d'après cela , que tous les changemens qui tendront à
rendre la soupape plus sensible , ou même à la remplacer tout-à-
fait , comme on peut le faire , par exemple par des plateaux polis ,
glissant l'un sur l'autre , doivent être autant d'améliorations à la
machine , et lui donner une plus grande force d'exhaustion. Rien
de plus parfait , à cet égard , que les machines pneumatiques que

baromètre à syphon, ou *éprouvette*, qui consiste en un tube recourbé $A\,B\,C$, *fig.* 48, dont l'une des branches A est fermée, et l'autre B est ouverte. L'espace $A\,B\,F$ est rempli de mercure ; et comme tout l'instrument est seulement haut d'environ cinq à six pouces, la pression de l'air dans la branche ouverte fait monter le mercure dans l'autre jusqu'au sommet A. Ce tube est attaché à un petit support, de manière qu'on peut le poser sur le plateau de la machine, et placer le récipient au-dessus. Entre les deux branches du tube se trouve une échelle $D\,E$ qui est divisée en pouces et en lignes. Lorsque l'on met cet appareil sous le récipient, tandis qu'on fait le vide, on s'aperçoit bientôt que l'air ne presse plus assez le mercure pour le faire monter jusqu'en A. Il descend donc de ce côté, et s'élève au-dessus de F, de sorte qu'au moyen de l'échelle on peut voir à chaque instant quelle est la hauteur de la colonne de mercure à laquelle l'air raréfié fait encore équilibre.

Cet instrument indique proprement la pression que l'air raréfié exerce par sa dilatabilité ; mais nous verrons dans le chapitre suivant qu'elle est proportionnelle à la raréfaction elle-même. Si l'on compare la colonne de mercure à laquelle équivaut l'air raréfié, avec la hauteur du baromètre, on trouve le rapport de la raréfaction. Supposons que le baromètre soit à la hauteur de 28 pouces, et que l'éprouvette, placée sous le récipient, marque 6 lignes ou $\frac{1}{2}$ pouce ; on sait que l'air est raréfié dans le rapport de $\frac{1}{2}$ à 28, ou de 1 à 56. Les machines

---

construit Fortin, à Paris. Elles font le vide avec une telle exactitude, que la tension indiquée par l'éprouvette n'est jamais que celle inévitablement produite par la vapeur d'eau qui se dégage toujours des parois des vases où elle était attachée.

pneumatiques , où l'air peut être raréfié jusqu'à ce que l'éprouvette n'indique plus qu'une élévation de 1 ligne $\frac{1}{2}$ à 2 lignes , sont considérées comme de très-bons instrumens (*). Ordinairement on est satisfait quand la plus grande raréfaction n'exerce plus qu'une pression équivalente à 4 à 5 lignes de mercure.

§. 12. Au lieu de poser cette éprouvette sous le récipient , il vaut encore mieux l'adapter à la machine elle-même. Pour cela , la branche ouverte du tube doit s'élever plus que l'autre , et être pourvue d'un robinet. Cette extrémité ouverte doit correspondre par quelque moyen au tube $L\,M$, *fig.* 47 , dans lequel l'air est raréfié de même que dans le récipient; de sorte que quand le robinet est ouvert , l'éprouvette communique librement avec ce tube. Cet appareil a l'avantage qu'on peut connaître la raréfaction de l'air dans telle espèce de vase qu'on veuille placer sur le plateau au lieu du récipient (**).

§. 13. On a objecté contre l'emploi de l'éprouvette , qu'elle ne peut donner aucun résultat exact, parce que l'humidité toujours adhérente au plateau de glace et aux parois des récipiens , produit des vapeurs élastiques tandis qu'on fait le vide, et que , par conséquent , ce qu'on observe n'est pas le simple effet de l'air raréfié : mais , outre que cette quantité peut se calculer par la formule

---

(*) J'ai souvent employé une machine faite par Fortin , qui fait le vide jusqu'à un millimètre ou un millimètre et demi en hiver, lorsque le temps est froid , et que la tension inévitable due à la vapeur d'eau est peu considérable : c'est un peu moins d'une demi-ligne.

(**) On a même soin, dans de bonnes machines , d'avoir un baromètre entier qui communique avec leur intérieur , afin de connaître ainsi à chaque instant la raréfaction de l'air , que l'éprouvette n'indique que lorsqu'elle est très-considérable.

que M. Laplace a déduite des expériences de Dalton, on peut, si on veut l'évaluer avec tout le soin nécessaire, employer l'éprouvette de Smeathon, dont on trouve la description dans Gehler et Fischer, sous le nom de *Birnprobe* (*).

La Pompe de compression.

§. 14. On peut seulement raréfier l'air au moyen de la machine qu'on vient de décrire : pour le condenser, l'instrument peut être encore plus simple. Le piston $E\,F$ n'a pas besoin de soupape ; mais il suffit que l'air puisse pénétrer dans le cylindre par une petite ouverture percée dans sa paroi latérale, immédiatement au-dessous du point le plus élevé où le piston puisse atteindre. La soupape K doit être disposée de manière à ce que l'air puisse passer du cylindre dans le tube $K\,L$, mais à ce qu'il ne puisse pas revenir. Si l'on veut comprimer l'air dans un récipient, il faut ajouter

------

(*) C'est un petit matras de verre, auquel sont soudés deux tubes de verre opposés l'un à l'autre, et dont l'un est ouvert, l'autre fermé hermétiquement à son extrémité, et divisé en parties égales ; tous deux communiquent au matras. Cet instrument est suspendu dans le récipient, et le vide s'y fait comme dans tout le reste de l'appareil. Alors, au moyen d'une tige de métal qui traverse une boîte à cuirs, et qui peut être ainsi introduite sous le récipient, ou plonge l'orifice ouvert dans un vase qui contient du mercure, et on laisse rentrer l'air dans le récipient. Cet air ne pouvant pas rentrer dans l'éprouvette, y fait monter le mercure, qui condense l'air et précipite la vapeur qui peut y être restée. L'air ainsi refoulé, occupe dans le tube gradué une petite place, dont on juge par l'échelle des parties égales ; et comme la vapeur d'eau a été précipitée, en grande partie, par la condensation de l'espace, il ne reste que la tension produite par l'air ; seulement cette tension est réduite proportionnellement à la pression de l'atmosphère.

un appareil pour fixer ce récipient très-fortement sur le plateau, parce qu'autrement la force de l'air comprimé le renverserait. On doit aussi avoir soin de n'employer pour ces expériences que des vases très-solides, parce qu'ils sont fort exposés à se rompre. Pour connaître le degré de condensation de l'air, on adapte au récipient un baromètre beaucoup plus long que ceux qui servent pour la pression ordinaire de l'atmosphère.

Sur les Propriétés mécaniques de l'Air.

§. 15. Les propriétés mécaniques de l'air, qui sont, ainsi que lui, non-perceptibles pour nos sens, se manifestent par leurs effets au moyen du baromètre et de la machine pneumatique. Toutes les propriétés mécaniques de chaque gaz peuvent se réduire à deux, la *pesanteur* et la *dilatabilité*. Ce qui concerne la première a été exposé suffisamment ci-dessus (chap. VII, pag. 24 et suiv.); et ensuite, en traitant du baromètre (pag. 199 et suiv., . 2 — 6), il a été prouvé qu'elle est au nombre des propriétés de l'air atmosphérique. Nous devons donc parler premièrement de la dilatabilité de l'air.

A. *Dilatabilité de l'Air.*

§. 16. La dilatabilité de l'air consiste en ce que chaque volume d'air renfermé montre une tendance à se dilater dans un plus grand espace. Comme chaque liquide exerce par sa seule pesanteur une pression contre les parois du vase qui le renferme, de même chaque volume d'air, si petit qu'il soit, presse également toutes les parois qui le contiennent, par la force de sa dilatabilité. Cette force est d'autant plus considérable, que le volume d'air est plus condensé. Un liquide n'a besoin d'être contenu que par le fond et sur les côtés ; un fluide aériforme doit l'être de toutes parts. La plus petite masse d'air se dilate dès qu'on lui en laisse la possibilité , et se répand dans tout l'espace qui lui est offert. Même à l'état de la plus forte raréfaction que nous sachions produire , l'air exerce encore contre les parois qui le contiennent , une certaine pression qui peut être mesurée avec l'éprouvette. Réciproquement toute masse d'air peut être comprimée dans un espace moindre que celui qu'elle occupe ; seulement elle produit une pression d'autant plus considérable contre les parois qui la retiennent , qu'elle est condensée plus fortement.

Aucune expérience immédiate ne peut faire décider quelles sont les limites de cette condensation et de cette raréfaction , ou même s'il en existe. Quant à la loi qui donne les rapports de la densité et de la dilatabilité , elle ne sera examinée que dans le chapitre suivant. Au contraire , la dépendance qui existe entre la pression et la dilatabilité est claire en elle-même. Dans l'état d'équilibre , elles doivent être en rapports égaux ; car , si l'on suppose l'air comprimé dans un cylindre au moyen d'un piston , la force de pression doit , pour que le piston reste en repos , être justement aussi grande que la force que lui oppose l'air dilatable. Par conséquent , si l'air est contenu de tous côtés par des parois solides , ces parois , selon la troisième loi de Newton (pag. 24 , § 8) , doivent résister avec une force égale à celle que l'air dilatable exerce contre elles. Si leur force de cohésion est plus faible que cette pression , elles se brisent.

Puisque la pression qu'exerce une masse d'air peut être mesurée par le baromètre , nous avons en même temps , de cette manière , une mesure pour la dilatabilité.

§. 17. La dilatabilité de l'air peut être encore rendue sensible sans machine pneumatique , au moyen des expériences

très-simples , mais très-instructives , que nous allons décrire. Dans un vase de verre *A B* , *fig.* 49, dont le col est
un peu long et mince , on met assez d'eau pour que le vase
étant renversé , comme dans la figure , elle s'élève environ
jusqu'à la moitié du col. On marque cette place avec un fil ,
et fermant très - exactement avec le doigt l'orifice *B* du
vaisseau *A B* , on le plonge sous l'eau , dans un vase un peu
large *D E F* : si l'on enfonce l'appareil jusqu'au fil, l'eau sera
également à la même hauteur en dedans et en dehors , car
l'air intérieur se trouve alors au même état de densité qu'il
avait avant d'être renfermé. Il se met donc en équilibre avec
l'air extérieur ; et nonobstant sa faible masse , il exerce par
sa dilatabilité la même pression sur l'eau contenue dans le
col du vase , que l'air extérieur exerce par sa pesanteur sur
la surface de l'eau. Si on enfonce le vase *A B* plus profondément , par exemple , de sorte que le fil se trouve en *G* , la
pression de l'air extérieur se joint à la pression d'une hauteur
d'eau *G C* ; et l'air , en vertu de sa dilatabilité qui le rend
compressible , doit s'élever au-dessus du fil. Au contraire ,
si l'on élève le vase *A* de manière , par exemple , à ce que le
fil soit en *H* , l'air , par sa dilatabilité , doit s'étendre assez
pour que son ressort combiné avec la pression de la colonne
d'eau qui , dans le col du vase , s'est élevée au-dessus de *C* ,
soit en équilibre avec la pression de l'air extérieur.

On voit par-là combien il est facile de donner à une
masse d'air renfermée une dilatabilité égale à celle de l'air
extérieur. Les différens gaz agissent de même que l'air
atmosphérique , dans les mêmes circonstances.

§. 18. Au moyen de la machine pneumatique , on peut
observer la dilatabilité de l'air de plus d'une manière , et
avec des raréfactions et des condensations très - considérables.

1°. L'opération de la raréfaction et de la compression démontre déjà par elle-même la dilatabilité de l'air.

2°. Une vessie dont on a ôté presque tout l'air, s'enfle lorsqu'on l'enferme sous un récipient où l'on y fait le vide.

3°. On nomme *ballon de héron*, un vase fermé AB, *fig.* 50, dont la forme est arbitraire, qui est environ à moitié rempli d'eau, et auquel on joint un tube CD, dont l'ouverture inférieure touche presqu'au fond, et dont l'ouverture supérieure se termine par une pointe assez fine. L'orifice du vase est exactement bouché par-tout, excepté dans l'endroit où passe le tube. Si dans un tel instrument l'air est condensé au-dessus de l'eau, au moyen du souffle ou d'une pompe de compression, l'eau s'échappe par l'ouverture D, et s'élève d'autant plus haut que l'air intérieur est plus condensé. Si l'on met un petit ballon de héron avec de l'air non condensé, sous le récipient de la machine pneumatique, et qu'on raréfie l'air extérieur, on obtient les mêmes effets.

4°. La force de l'air comprimé se remarque d'une manière frappante dans l'effet du fusil à vent. *Voyez* Gehler et Fischer, art. *Windbüchse* (a).

B. *Pression de l'Air.*

§. 19. Puisque la pression de l'air et sa dilatabilité sont toujours en rapports égaux (pag. 212, §. 16), c'est la même chose de dire que la pression que l'air exerce sur une surface quelconque est l'effet de la pesanteur de l'at-

---

(a) On trouve une infinité de jeux physiques qui se rapportent à l'effet de la raréfaction et de la condensation, dans les *Leçons d'Adam sur la Physique Expérimentale*, traduit de l'anglais en allemand par Geistler, Leipsick, 1798, tom. I, pag. 50 — 67.

mosphère, ou qu'elle est produite par la dilatabilité de l'air. L'air qui nous environne, est pressé par tout le poids de l'atmosphère ; et il acquiert ainsi dans chaque point une dilatabilité qui est égale au poids qui le comprime. Cette force de dilatation doit être toujours la même pour des hauteurs égales. Par conséquent, à d'égales hauteurs au-dessus de l'horizon, le baromètre doit aussi s'élever au même degré, soit à l'air libre, soit dans les espaces renfermés, pourvu que ceux-ci aient la plus petite communication avec l'air extérieur, et que les lieux où l'on observe ne soient pas trop éloignés les uns des autres. La grandeur de cette pression a déjà été déterminée (pag. 204, §. 6).

§. 20. Au moyen de la machine pneumatique, on peut observer cette pression de diverses manières :

1°. Si l'on place sur le plateau de la machine pneumatique un cylindre de métal ouvert par les deux extrémités, et qu'on attache une vessie sur son ouverture supérieure, cette vessie sera fortement comprimée, et même rompue, lorsqu'on fera le vide au-dessous d'elle. Un plateau de verre qu'on assujettirait sur le cylindre avec de la cire, serait brisé encore plus facilement.

2°. Si l'on pose sur le plateau un cylindre de verre ouvert par les deux extrémités, et qu'on ferme l'ouverture supérieure avec un vase de bois disposé exprès et rempli d'eau, lorsqu'on fait le vide l'eau pressée par le poids de l'air extérieur pénètre à travers le bois, et tombe goutte à goutte. Dans les mêmes circonstances, le mercure s'échappe comme une fine pluie d'argent.

3°. Le phénomène qu'on observe au moyen des hémisphères de Magdebourg, se rapporte sur-tout à ceci. Deux hémisphères de métal sont disposés de manière que leurs bords peuvent se joindre très-exactement. A l'un est attaché un fort anneau ; à l'autre un robinet qui peut tre vissé à la machine pneumatique : on enduit les bords avec quelque substance grasse, de sorte que l'air ne peut s'introduire entre les deux hémisphères. Tant que l'air intérieur a la même dilatabilité que l'air extérieur, on peut les séparer très-facilement ; mais si l'on fait le vide intérieurement, ils tiennent si fort ensemble par la pression de l'air extérieur, qu'il faut un grand poids pour les séparer. On peut évaluer ce poids en livres, en multipliant par 5o le carré du diamètre de la sphère, exprimé en pouces (a).

4°. Les différentes espèces de baromètres à syphon offrent des phénomènes qui ne peuvent être expliqués que par la pression de l'air. (*Voyez* dans Gehler et Fischer, les articles *Heber* et *Stechheber*.)

C. *Pesanteur de l'Air.*

§. 21. Si l'air est un fluide pesant, chaque corps qui s'y trouve plongé doit perdre autant de son poids que pèse la partie de fluide dont il occupe la place (pag. 144, §. 9). Ainsi, qu'on attache à une petite balance très-sensible un

---

(a) Si le diamètre de la sphère est r, le plan du grand cercle où doit se faire la séparation sera $= r^2 \pi$, π étant la demi-circonférence dont le rayon est l'unité. Si r est donné en pouces, πr^2 est la surface exprimée en pouces carrés. La pression de l'air sur chaque pouce carré est environ de 16 livres (pag. 204, §. 6). Par conséquent la pression totale $= 16 r^2 \pi$; mais 16π est $= 5o,24$, puisque $\pi = 3,14$. Ce résultat est toujours un peu plus fort que la pression véritable, parce qu'on ne peut pas épuiser exactement tout l'air ; mais il est augmenté par la cohésion des hémisphères qui adhèrent fortement l'un à l'autre par leur attraction, indépendamment de l'action de l'air.

On voit, dans la *Physique Expérimentale d'Adam*, des expériences qui se rapportent à ceci, tom. I, pag. 17—33.

corps léger et qui a beaucoup de volume , par exemple un morceau de liége , et qu'on le mette en équilibre ; qu'on place ensuite la balance sous le récipient de la machine pneumatique , et qu'on fasse le vide , le corps tombe sensiblement , parce qu'il perd d'autant moins de son vrai poids , que l'air environnant est plus raréfié.

En pesant un corps dans l'air , on trouve son poids trop petit , quand sa densité est moindre que celle du poids qu'on lui oppose ; on le trouve un peu trop fort dans le cas opposé , et tout-a-fait exact quand sa densité est égale à celle de la matière dont est formé le poids.

§. 22. Pour peser l'air exactemen , on se sert d'un ballon de verre aussi léger qu'il est possible , et d'environ cinq à six pouces de diamètre : à son orifice est adapté un robinet au moyen duquel il peut être vissé sur le plateau de la machine. L'espace cubique compris dans le ballon , après que le robinet est fermé , doit être déterminé de la manière la plus exacte (pag. 137 , §. 9). On fait le vide ensuite aussi parfaitement qu'il est possible ; on ferme le robinet , on enlève le ballon , et on le pèse avec une balance très-exacte : on ouvre alors le robinet , et on laisse le ballon se remplir d'air ; il devient ainsi plus pesant , et l'on estime avec précision à combien de grains monte cette augmentation. De cette manière , on connait le poids de l'air que contient le ballon. En divisant ce poids par la capacité du ballon , exprimée en pouces cubiques , on a le poids d'un pouce cubique d'air.

Si l'expérience doit être extrêmement précise , il faut joindre à la machine pneumatique une éprouvette , qui indiquera combien de pouces cubiques d'air sont restés dans le ballon, afin de les soustraire de la capacité cubique du ballon.

En outre , comme la pesanteur de l'air varie avec l'état la

baromètre et du thermomètre , l'expérience doit être faite à une hauteur déterminée de ces deux instrumens , si l'on ne veut faire aucun calcul de réduction. On choisit ordinairement pour cela une température de 10° de Deluc, et une hauteur de 28 pouces de Paris. Mais il vaut mieux recourir aux réductions , car il est presqu'impossible de réunir exactement ces deux circonstances.

D. *Poids spécifiques des autres Gaz.*

§. 23. Après que le ballon est pesé , si l'on y fait entrer quelqu'autre gaz , on peut en trouver le poids de la manière indiquée dans l'article précédent. On peut de même diviser ce poids en pouces cubiques ; et nous avons déjà remarqué en un autre endroit (pag. 26 , §. 5) que c'est ainsi qu'on exprime habituellement le poids spécifique des gaz.

§. 24. Nous allons donner les poids spécifiques de quelques gaz , d'après les expériences de Lavoisier , faites à une hauteur barométrique de 28 pouces , et à 10° de Deluc.

	Poids d'un pouce cubique de Paris, en grains de Paris.	Poids d'un pouce cubique duodécimal de Brandebourg , en grains d'Allemagne.
Air atmosphérique	0,46005	0,3550
Azote............	0,44444	0,3430
Oxigène..........	0,50694	0,3912
Hydrogène........	0,03539	0,0273
Acide carbonique..	0,68985	0,5324

Voyez le système de chimie de Lavoisier.

Si l'on voulait réduire ce poids spécifique au poids de l'eau, on n'aurait qu'à diviser les nombres de la dernière colonne par 288, pour les poids de Brandebourg (a), et

---

(a) La réduction des poids et mesures français en poids et mesures d'Allemagne , et réciproquement , se peut faire d'après la

par 373,4 pour les poids de Paris , parce que ces quantités expriment le poids d'un pouce cubique d'eau.

§. 25. Une autre manière très-commode de déterminer le poids et la densité d'une masse d'air dans certaines circonstances , est l'emploi du manomètre de Guericke , surtout lorsqu'il est construit d'après les perfectionnemens que Fischer et Gehler y ont apportés. On nomme aussi cet instrument une balance à air. (*Voyez* Gehler, III, 135 V, 623 ; et Fischer, art. *Manomèter.*)

---

formule suivante : si N est le nombre de grains de Paris que pèse un pouce cubique de Paris , un pouce cubique duodécimal de Brandebourg pesera 0,772 N grains d'Allemagne , poids de médecine. Au contraire , si N est le nombre de grains d'Allemagne que pèse un pouce cubique duodécimal de Brandebourg , le poids d'un pouce cubique de Paris , en grains de Paris , est $= 1{,}2958\ N$. (*Voyez* , pour ces réductions , les rapports des mesures , donnés pag. 124.)

CHAPITRE XXX.

De l'Équilibre de l'Air, ou Premiers fondemens de l'Aérostatique.

§. 1. Tant que l'air est considéré comme un fluide pesant, les lois essentielles de l'hydrostatique doivent y être applicables. Ainsi,

1°. Chaque pression se propage également de tous côtés dans l'air, de même que dans un liquide (pag. 139, §. 1).

2°. Dans l'état d'équilibre, la pression doit être égale sur tous les points de chaque plan horizontal ; seulement, à cause de la grande légèreté de l'air, cette pression doit diminuer, à mesure qu'on s'élève, beaucoup plus lentement que dans les liquides (pag. 139, §. 2). Mais la loi de ce décroissement n'est pas la même pour l'air et pour les liquides, ainsi que nous le dirons par la suite.

3°. La pression de l'air sur une surface donnée peut se déterminer de la même manière que dans l'hydrostatique ; c'est-à-dire qu'elle est égale au poids d'un prisme de mercure dont la base est le plan comprimé, et dont l'élévation est déterminée par la hauteur barométrique. Mais à cause de la lente diminution de la pression de l'air, on ne remarque aucune différence, soit que le plan comprimé se trouve horizontal, vertical ou oblique, à moins qu'il ne soit d'une grandeur très-considérable. Il n'y a non plus aucune différence, soit que la pression provienne de l'air libre ou d'une masse d'air renfermée, pourvu que celle-ci ait la même dilatabilité que l'air extérieur (pag. 212, §. 16). On trouve ci-dessus (pag. 204, §. 6), des données pour évaluer facilement la pression.

4°. Chaque corps qui se trouve dans l'air , perd autant de son poids que pèse l'air déplacé par lui , ainsi que nous l'avons vu ci-dessus (pag. 217 , §. 21).

5°. Un corps qui est plus léger qu'un égal volume d'air atmosphérique , s'élève dans celui-ci jusqu'à la hauteur où il est en équilibre avec l'air environnant , qui , ainsi que nous le verrons avec détail par la suite , devient toujours plus rare en s'élevant. — Sur cela est fondée la théorie des *aérostats* ou *ballons* , aussi bien de ceux dans lesquels on raréfie l'air par la chaleur , selon la méthode de Montgolfier , que de ceux qui sont remplis d'hydrogène , suivant celle de Charles.

On trouve dans Gehler et Fischer des notices historiques sur cette découverte , et des détails sur sa théorie. (Article *Aérostat.*)

Loi de Mariotte , ou Rapport de la pression et de l'élasticité avec la densité ou le poids spécifique.

§. 2. Tous les effets de la dilatabilité établissent une différence entre les fluides élastiques et les liquides. Parmi ces effets on doit sur-tout remarquer le décroissement de densité en proportion de la hauteur. Les couches d'air inférieures sont pressées par tout le poids de l'atmosphère. Dans les parties élevées ce poids devient de plus en plus faible , et par conséquent aussi la densité de l'air diminue. Mais pour trouver la loi suivant laquelle décroit la densité , il faut déterminer d'abord par des expériences quel est , en général , dans une masse d'air , le rapport de la pression à la densité.

§. 3. La loi suivante , qui est extrêmement simple , se trouve confirmée par toutes les expériences qu'il nous est possible de faire.

La densité d'une masse d'air croît et décroît en pro-

portion égale avec la pression, à moins qu'il n'arrive quelque changement dans la température ou dans la combinaison chimique de la masse d'air.

Comme la pression et la dilatabilité sont toujours égales entr'elles (pag. 212 , §. 16), et que la densité et le poids spécifique sont deux expressions qui signifient une même chose, c'est seulement exprimer différemment la même loi, que de dire :

La dilatabilité d'une masse d'air est proportionnelle à son poids spécifique , tant que sa température et sa combinaison chimique sont les mêmes.

Ce principe important et particulier à l'aérostatique se nomme la *loi de Mariotte*, quoiqu'il eût été trouvé en Angleterre , par Robert Boyle et par son élève Townley , un peu avant que Mariotte l'eût découvert à Paris. (*Voyez* Gehler , III , 9—16; Fischer , III , 310 , 317.)

Les expériences qui ont servi à déterminer l'exactitude de cette loi sont, en peu de mots , les suivantes:

Pour mesurer la condensation de l'air par la pression , on se sert d'un tube de verre qui est recourbé comme un baromètre à syphon , *fig.* 46 ; seulement avec la différence que la branche courte est fermée en G , et que la longue branche est ouverte en A. Il est même convenable de donner à cette dernière branche une longueur de plusieurs pieds. L'air renfermé entre G et $C\,D$ sera comprimé à-la-fois par la colonne de mercure $E\,F$, et par l'air extérieur , puisque A est ouvert. Cette dernière pression est égale à la hauteur barométrique. Si l'on remplit donc peu-à-peu la longue branche avec du mercure , et qu'on mesure toujours l'espace qu'occupe l'air renfermé , on voit facilement comment on peut comparer la pression et la densité ; car la densité est en rapport inverse de l'espace compris par l'air.

Pour mesurer la raréfaction de l'air, produite par une diminution de pression, on se sert d'un tube de baromètre droit, qui est ouvert à son extrémité inférieure, et muni d'un robinet à son autre extrémité. Ce robinet étant ouvert, on plonge le tube par son orifice inférieur, dans un vase rempli de mercure, de manière à ce qu'il ne reste environ qu'un pouce ou deux d'air dans le tube ; alors on ferme le robinet et on élève le tube peu-à-peu : à mesure qu'on l'élève, l'air renfermé se dilate ; mais au-dessous de lui il s'élève aussi une colonne de mercure qui excède la surface du mercure extérieur. L'on mesure de temps en temps l'espace que comprend l'air renfermé, et la hauteur de la colonne de mercure qui s'élève dans le tube. La force avec laquelle l'air renfermé est pressé, se trouve toujours égale à la hauteur barométrique, moins la colonne de mercure qui s'élève dans le tube. La pression et la densité peuvent donc aussi être comparées dans ces circonstances, comme dans l'expérience précédente.

Pour faire en petit des expériences de ce genre, on se sert d'un tube de baromètre un peu long, $A\,B$, *fig.* 51, qui est fermé en A, ouvert en B, et dont le diamètre intérieur est d'environ $\frac{1}{2}$ ligne : ce tube doit être d'une largeur égale, sur-tout depuis son sommet A jusqu'à la moitié de sa longueur, on doit y ajouter une échelle divisée en pouces ; on introduit dans ce tube une colonne de mercure d'environ 5 à 6 pouces de longueur, ce qui se fait en chassant, par le moyen de la chaleur, une portion de l'air renfermé. Supposons que la colonne de mercure occupe à-peu-près le milieu du tube. Si l'on tient celui-ci dans une position verticale, l'extrémité ouverte dirigée vers le haut, la pression que supporte l'air renfermé $B\,D$ est égale à la pression de la colonne de mercure $C\,D$, jointe à la hauteur barométrique.

Au contraire, si l'on retourne le tube de manière que l'extrémité ouverte soit dirigée vers le bas, la pression supportée par l'air intérieur devient égale à la hauteur du baromètre, moins la colonne de mercure $C\,D$. Dans la position horizontale elle est justement égale à la hauteur du baromètre. On peut donc, dans ces trois cas, comparer la pression avec l'espace occupé par l'air renfermé. Un tel instrument est, dans ses parties essentielles, semblable au *manomètre* de Varignon ou de Wolf.

On voit des descriptions très-exactes de plusieurs expériences de ce genre, dans Gehler et Fischer, aux endroits indiqués à la page 223 (*).

§. 4. L'importance de la loi de Mariotte exige que l'on connaisse exactement quelles en sont les limites et les conditions.

1°. Pour l'air atmosphérique, on l'a trouvée exacte jusqu'à une condensation octuple, et par-delà une raréfaction centuple. Nous ne pouvons pas décider *si elle est exacte pour toutes les condensations et toutes les raréfactions imaginables*. Les partisans du système des atomes doivent le nier. Au contraire, ceux qui suivent le système dynamique n'y voyent aucun obstacle. Pour l'usage, il suffit de savoir que cette loi est applicable dans toutes les expériences que nous pouvons faire.

2°. On n'a fait d'expériences immédiates que par des températures moyennes. Mais c'est une conséquence nécessaire des expériences de Gay-Lussac et de Dalton (pag. 98 , §. 13), *que la loi demeure exacte sous toutes les températures*; car si dans les deux masses d'air A et B, dont les

____

(*) Pour faire ces expériences avec exactitude, il faut que l'air et les tubes soient parfaitement desséchés.

propriétés chimiques et les températures moyennes sont égales, la densité est proportionnelle à la pression, la raison de cette proportionnalité doit rester la même pour toutes les températures, puisque les masses d'air sont dilatées également par la chaleur.

3°. Ces expériences sur les pressions n'ont été faites qu'avec l'air atmosphérique, et il reste encore à déterminer par des expériences immédiates, *si la loi de Mariotte est exacte pour toutes les autres espèces de fluides élastiques*. Cependant, comme, d'après les recherches sur les dilatations, qu'on vient de mentionner, la chaleur agit uniformément sur tous ces fluides, il est très-vraisemblable qu'une pression mécanique agit de même uniformément. Ce qui rend cette opinion très-probable, c'est que toutes les expériences qu'on a faites avec l'air atmosphérique ont toujours donné les mêmes résultats, quoique l'air employé dans chacune de ces expériences ait peut être différé dans ses combinaisons chimiques.

D'après ces diverses considérations, jusqu'à ce que la question soit parfaitement décidée, nous admettons comme une hypothèse très-probable, que la loi de Mariotte est applicable à tous les fluides élastiques.

4°. Jusqu'à présent nous n'avons parlé de l'application de la loi que par rapport à un fluide élastique pris isolément. Mais on peut demander aussi *si la densité de deux masses d'air A et B, dont les natures chimiques sont différentes, est proportionnelle à la pression indiquée par leurs volumes.* On doit répondre négativement à cette question ; car l'expérience apprend que des masses d'air différentes ont, par une température et une pression égales, des poids spécifiques différens (pag. 219, §. 24). Elles exigent donc des pressions différentes pour avoir la même densité.

Loi d'après laquelle la densité de l'air doit décroître en proportion de la hauteur.

§. 5. Avec quelques raisonnemens mathématiques assez faciles, on peut déduire de la loi de Mariotte le théorème principal de l'aérostatique, c'est-à-dire que

Dans l'état d'équilibre, la densité de l'air doit décroître de bas en haut en série géométrique, lorsque la nature chimique et la température de la colonne sont égales dans toute sa hauteur.

Ainsi, en divisant la colonne d'air $ABCD$, *fig.* 52, en couches de hauteurs arbitraires, mais semblables entre elles, $AEFB$, $EGHF$, $GIKH$, $ILMK$, etc., la densité de l'air décroît en séries géométriques dans les points F, G, I, L, c'est-à-dire par des rapports égaux entre chacun des points qui se succèdent (a).

(a) Qu'on suppose les couches d'air assez minces pour pouvoir considérer la densité de chacune d'elles comme égale en toutes ses parties. Qu'on nomme la densité de la couche inférieure α, celle de la suivante β, celle de la troisième γ, etc.

De plus, qu'on nomme a le poids de toute la colonne d'air $ABCD$; b son poids lorsqu'on en sépare la couche inférieure, et c son poids après qu'on a retranché aussi la troisième couche, etc. Alors le poids de la première couche est $= a - b$; le poids de la seconde $= b - c$; le poids de la troisième $= c - d$, etc.

Maintenant la densité de deux corps de volumes égaux est en général comme leur poids (pag. 25, §. 3). Par conséquent, $\alpha : \beta = a - b : b - c$.

Mais, selon la loi de Mariotte, la densité de deux masses d'air est comme la pression qu'elles subissent. Par conséquent $\alpha : \beta = b : c$. Ces proportions combinées donnent $a - b : b - c = b : c$; ou en changeant le membre du milieu, $a - b : b = b - c : c$; ou,

§. 6. L'expression de ce théorème peut être fort variée, et en particulier des six manières suivantes. Lorsqu'une colonne d'air a par-tout une même température et une même nature chimique, on doit considérer comme décroissant en séries géométriques,

1°. La densité de l'air;

2°. Son poids spécifique;

3°. Le poids de l'air supérieur;

4°. La pression que l'air subit et exerce;

5°. L'élasticité de l'air;

6°. La hauteur barométrique.

Les n°s 1 et 2 ne sont que l'expression différente d'une seule chose. Les n°s 3, 4, 5 et 6 ne sont aussi que des manières diverses de considérer une chose unique en soi; car le poids de l'air supérieur n'est que la pression soufferte

---

d'après un principe connu des proportions, comme la somme du premier et du second terme est au second, ainsi la somme du troisième et du quatrième terme est à ce dernier; c'est-à-dire $a : b = b : c$.

On démontre de la même manière que $b : c = c : d$; de plus que $c : d = d : e$, etc.

Les poids a, b, c, d, e, etc., forment donc une série géométrique; mais comme les densités α, β, γ, δ, etc., sont proportionnelles à ces poids, d'après la loi de Mariotte, elles forment aussi une série géométrique.

Cette preuve n'est rigoureusement exacte que pour les couches infiniment petites. Mais c'est une propriété des séries géométriques, que, lorsqu'on en détache quelques-uns des membres intermédiaires, ces membres détachés forment de nouveau une série géométrique, pourvu seulement qu'il y ait un nombre égal de termes entre ceux que l'on a détachés. Il est clair, d'après cela, que le principe conserve son exactitude, lors même que les hauteurs égales AE, CG, GI, IL, etc., sont des grandeurs finies.

par l'air placé au-dessous , ou exercée par ce même air dans l'état d'équilibre. De plus , la pression qu'une masse d'air exerce est égale à son élasticité , et la hauteur barométrique est la mesure de la pression.

Ainsi , d'après la loi de Mariotte , les n°s 1 et 2 d'une part, et les n°s 3 , 4 , 5 et 6, de l'autre , se rapportent entre eux , et par conséquent le sens général du théorème est celui-ci : En admettant la loi de Mariotte , les propriétés indiquées n°s 1 et 2 décroissent dans les mêmes rapports que celles exprimées n°s 3 , 4 , 5 et 6 , et réciproquement.

§. 7. Comme la condition de notre théorème est que la colonne d'air a par-tout une même température et une même nature chimique , on ne doit pas s'attendre à trouver dans la réalité ce décroissement géométrique de la densité parfaitement exact. Mais cependant ce serait conclure avec trop de précipitation , que de considérer la loi de Mariotte , et le théorème qui s'en déduit , comme une simple hypothèse qu'on peut admettre ou rejeter à son gré. On ne peut refuser de reconnaître cette loi , à moins qu'on ne regarde aussi la loi de la chute des corps pesans comme une hypothèse arbitraire , parce que , dans la réalité , les phénomènes s'en écartent à cause de la résistance de l'air. Tous les mouvemens qui se passent dans l'atmosphère ne sont que des efforts continuels de la nature pour rétablir l'équilibre que les causes secondaires troublent à chaque instant. Il doit donc y avoir effectivement une tendance continuelle vers cet équilibre. Le physicien ne peut pas rejeter les lois générales , ou les changer à volonté ; mais il doit chercher à connaître l'influence des forces perturbatrices , et à la mesurer s'il est possible.

Sur les Mesures des hauteurs par le baromètre.

§. 8. La méthode de mesurer les hauteurs au moyen du baromètre, est fondée sur le théorème que nous avons donné (page 227, §. 5). Cette méthode est si utile pour la physique, que nous ne pouvons nous dispenser d'en donner une idée, quoique les limites que nous nous sommes fixées nous obligent à n'en présenter qu'historiquement les règles ordinaires.

Personne n'a fait sur cet objet des recherches pratiques plus approfondies, que Deluc : c'est pourquoi la règle qu'il a donnée a obtenu une sorte de considération classique, quoiqu'on pense qu'elle peut être encore améliorée. La voici (*).

Observation. On observe en même temps dans les deux endroits dont on veut connaître la hauteur, l'état du baromètre avec un instrument très-exact, et on le corrige des effets de la dilatation du mercure (pag. 205, §. 8). On observe aussi la température de l'air dans les deux endroits avec des thermomètres ordinaires.

Calcul. Après que les deux hauteurs sont exprimées sous

(*) La découverte de cette méthode est due à Bouguer, qui, le premier, l'a indiquée et mise en pratique. La seule formule exacte que l'on ait donnée pour cela, est celle de M. Laplace, dans la *Mécanique céleste*. Elle se trouve rapportée dans ce grand ouvrage, et dans l'*Astronomie physique* de Biot, 2e. édition, tome III. Toutes les autres sont empyriques, et lui cèdent de beaucoup en exactitude, parce qu'elle est au contraire fondée sur la plus saine théorie et sur les expériences les plus précises. Quant à la conformité de cette théorie avec les expériences, voyez l'excellent ouvrage publié par M. Ramond sur cet objet, ainsi que sur le détail des précautions à prendre pour bien faire les observations barométriques.

la même dénomination, par exemple en lignes de Paris ou en parties décimales, ou encore, comme Deluc l'a fait, en seizièmes de ligne, en négligeant le dénominateur, on soustrait le logarithme de la plus grande hauteur du baromètre, du logarithme de la moindre hauteur. On multiplie le reste par 10,000, et l'on a la hauteur cherchée en toises de Paris. Mais dans la plupart des cas cette hauteur a encore besoin d'une correction, à cause de la température de l'air.

Pour faire cette correction, on cherche la température moyenne entre les températures des deux endroits ; ensuite on additionne les hauteurs thermométriques, et on divise leurs sommes par 2. Si cette température moyenne se trouve justement de 16° $\frac{1}{4}$ de l'échelle à 80 divisions, ce que Deluc appelle la *température normale*, il n'est pas nécessaire de faire aucune correction. Mais si ce n'est pas le cas, il faut ajouter pour chaque degré au-dessus de la température, $\frac{1}{215}$ de la hauteur trouvée, et soustraire la même quantité pour chaque degré au-dessous de la température normale (*a*).

(*a*) Par rapport à cette théorie, nous nous contenterons de renvoyer à des ouvrages plus étendus. (*Voyez* Gehler et Fischer, art. *Höhemessung* ; la Dissertation de Kastners sur cet objet, dans son ouvrage intitulé *Anmerkungen zur Markscheidekunst* ; *Gerstners Beobachtungen auf Reisen nach dem Riesengebirge*, etc.)

Soit x la différence de niveau que l'on cherche à déterminer. Nommons b la moindre hauteur ; a la plus grande hauteur barométrique corrigée ; que t indique le nombre de degrés dont la température moyenne de l'air diffère de la température normale ; alors la règle de Deluc peut être représentée par la formule suivante :

$$x = 10{,}000 \left(1 \pm \frac{t}{215} \right) (\log b - \log a.)$$

Sur la Hauteur de l'Atmosphère.

§. 9. Si la loi de Mariotte est exacte pour tous les degrés imaginables de raréfaction et de condensation, il suit du théorème exposé (page 227, §. 5), que la dilatation de l'atmosphère est illimitée, puisque dans une série géométrique décroissante les membres peuvent devenir infiniment petits, à la vérité, mais jamais nuls. Cette opinion n'éprouve en soi aucune contradiction ; mais cependant elle ne paraît pas s'accorder avec les observations des astronomes, qui n'aperçoivent dans les mouvemens des planètes aucune influence d'un milieu résistant. On ne peut donc déterminer absolument quelle est la hauteur de l'atmosphère. On démontre cependant par la théorie des hauteurs barométriques, qu'à une hauteur de 40,000 toises l'air doit être

---

Trembley a trouvé, par une comparaison exacte de beaucoup d'observations, que l'on approche encore plus près de la vérité, lorsqu'on suppose la température normale de 11° ½, et qu'on ajoute ou qu'on soustrait pour chaque degré, au-dessus ou au-dessous de cette température, $\frac{1}{177}$ de toute la hauteur. (*Voyez* le *Voyage aux Alpes*, de Saussure.)

* Voici la formule de M. Laplace. Soit T la température de l'air en degrés du thermomètre centigrade, et H la hauteur du baromètre, dans la station inférieure ; t et h les valeurs analogues pour les stations les plus élevées ; enfin x la différence de niveau exprimée en mètres ; on aura

$$x = 1833\tfrac{1}{2}\overset{\text{mètres}}{}\left(1 + 2\left(\frac{T+t}{1000}\right)\right)L\left(\frac{H}{h\left(1 + \frac{T-t}{y+t}\right)}\right)$$

Il y a une petite correction à faire pour la diminution de la pesanteur en ligne verticale, à mesure que l'on s'élève ; mais cette correction est peu sensible. On la trouve indiquée dans la *Mécanique céleste*, et dans l'*Astronomie physique* de Biot, 2ᵉ. édition.

au moins aussi rare que dans le vide de nos meilleure
machines pneumatiques (*a*). On a coutume, par cette
raison, d'évaluer la hauteur de l'atmosphère à 40,000 toises.
Cependant, si on a estimé exactement la hauteur de quelques météores, tels que les aurores boréales, les globes de
feu, etc., il faut admettre qu'à une hauteur de plus de
vingt lieues il doit y avoir non-seulement de l'air atmosphérique, mais encore beaucoup d'autres substances qu'on ne
soupçonnerait pas à une telle hauteur.

*Évaluation plus précise de l'influence que la chaleur a
sur les propriétés mécaniques d'un fluide dilatable.*

§. 10. Nous avons déjà mentionné la découverte importante faite en même temps par Dalton et par Gay-Lussac.
Elle consiste en ce que *tous les fluides élastiques sont
également dilatés par la chaleur, lorsque la pression reste la même. Cette dilatation entre la température de la congélation jusqu'à celle de l'ébullition, est
de 0,375, ou de ⅜ du volume que la masse avait à la
première température.*

(*a*) Si on néglige la température ici, où il ne s'agit que d'une
évaluation approchée, en prenant la formule fondamentale de la
mesure de hauteur (§. 8), on a

$$x = 10,000 \, (\log. \, b - \log. \, a),$$

d'où l'on tire

$$\log. \, a = \log. \, b - \frac{x}{10000}$$

Qu'on fasse maintenant $x = 40,000$ et $b = 336$ lignes de Paris,
c'est-à-dire 28 pouces, on trouve $\log b = 8,526393 - 10$; à quoi
se rapporte le nombre $a = 0,0336$; c'est-à-dire que la hauteur
barométrique indiquerait à peine, en cet endroit, 0,03 lignes de
Paris.

Cette découverte remarquable nous met en état de déterminer avec beaucoup d'exactitude l'influence que la chaleur a sur la densité et sur l'élasticité d'une masse d'air.

§. 11. Puisque la loi de Mariotte est applicable à chaque masse de fluide élastique , il suit de là réciproquement :

Que pour une masse d'air parfaitement renfermée , et qui ne peut changer son volume , l'élasticité doit croître par la chaleur dans le même rapport que son volume serait augmenté , si, la pression étant la même , il lui était possible de se dilater.

Il faut donc que , depuis le point de la congélation jusqu'à celui de l'ébullition , l'élasticité d'une masse d'air parfaitement renfermée croisse dans le rapport de 1000 : 1375 ou 8 : 11.

§. 12. Si l'on divise maintenant la distance fondamentale d'un thermomètre à air de Lambert (page 89 , §. 7) en 375 parties ; qu'on place au point de congélation le nombre 1000 , au point d'ébullition le nombre 1375 , et qu'on évalue la température d'après les degrés de ce thermomètre , la comparaison de deux nombres de cette échelle indiquerait exactement quels seraient, sous ces deux températures , les rapports de la dilatation d'une masse d'air , sa pression restant la même , ou ceux de la dilatabilité , si le volume reste le même.

Si l'on ne voulait pas diviser la distance fondamentale en 375 parties , mais en 80 , comme le thermomètre ordinaire , il faudrait mettre au point de congélation le nombre 213 ¼ (la quatrième proportionnelle de 375, 1,000 et 80), et par conséquent 293 ¼ au point d'ébullition. Les nombres de cette échelle indiqueraient aussi immédiatement les rapports dont nous venons de parler.

§. 13. La marche d'un thermomètre à air divisé en

80 parties, et celle d'un thermomètre de mercure divisé de même, ne sont peut-être pas parfaitement conformes ; mais, selon les observations de Lambert, elles ne diffèrent que très-peu entre les points de congélation et d'ébullition (*). (*Voyez* la *Pyrométrie de Lambert*, §. 141 ; Berlin, 1779). Qu'on mette donc $213° \frac{1}{5}$ au lieu de $0°$ au point de congélation, et $293 \frac{1}{5}$, au lieu de 80 au point de l'ébullition, ou, ce qui revient au même, si l'on ajoute $213 \frac{1}{5}$ à la température indiquée par le thermomètre, ces nombres expriment d'une manière approchée les rapports déterminés dans l'article précédent. D'après cela, il paraît qu'il serait fort utile pour l'aérostatique, et peut-être même pour toute la thermométrie, d'introduire par-tout l'usage du thermomètre à air, au lieu de celui de mercure, ou du moins qu'on déterminât avec précision les rapports des deux échelles (**).

(*) Gay-Lussac a prouvé récemment, par des expériences extrêmement précises, qu'elles sont rigoureusement les mêmes, lorsque l'air et les tubes sont parfaitement desséchés.

(**) C'est ce qu'a fait Gay-Lussac depuis la publication de cet ouvrage en Allemagne.

CHAPITRE XXXI.

Des Mouvemens des Fluides élastiques, ou Observations sur la Pneumatique.

§. 1. Dans les recherches sur les mouvemens des fluides élastiques le physicien peut se borner presqu'exclusivement à examiner l'air atmosphérique ; car pour les autres espéces d'airs que nous ne produisons qu'en petite quantité , et qui ne comprennent jamais que de petits espaces , il arrive rarement que leurs mouvemens aient un intérêt particulier. Mais , au contraire , les grandes agitations de l'immense étendue d'air qui enveloppe le globe terrestre ; les vents continuels , périodiques ou accidentels , qui s'y produisent , sont non-seulement des phénomènes remarquables en eux-mêmes , mais encore ils sont devenus importans de plus d'une manière pour les rapports de la vie sociale ; et l'on peut juger de quelle utilité infinie serait la connaissance exacte des lois de ces mouvemens , si l'on pouvait parvenir ainsi à les prévoir et à les déterminer d'avance. Il y a aussi plusieurs mouvemens artificiels de l'air dont l'observation est importante. Dans une infinité de machines pneumatiques ou hydraulico - pneumatiques , l'élasticité de l'air ou de la vapeur d'eau opère à elle seule le mouvement , ou du moins y contribue essentiellement. Les courans d'air qu'on pratique dans les mines , dans les chambres et dans les cheminées , pour détourner les gaz malfaisans, ou pour nous délivrer d'une fumée incommode , se rapportent à la connaissance de ces mouvemens.

§. 2. La physique mécanique devrait , par rapport à

ces mouvemens , développer   d'abord leus principes fondamentaux , et les confirmer ensuite par les expériences.
Mais leur théorie, qu'on appelle *pneumatique* (a) , n'a pas
seulement à lutter contre toutes les difficultés qui se rencontrent dans l'hydraulique , elle doit encore avoir égard à
deux forces particulières très-actives qui entravent continuellement les recherches exactes. Ces forces sont la dilatabilité et la chaleur. Aussi cette partie de la physique manque-
t-elle encore entièrement de principes fondamentaux démontrés par des raisonnemens exacts et confirmés par des
expériences. Nous devons , par cette raison , nous contenter
de remarques générales sur cet objet. Pour avoir une idée
des recherches mathématiques qui ont été faites jusqu'ici
dans cette partie , on peut consulter la sixième partie des
Elémens de Mathématiques de Karsten.

§. 3. On peut affirmer que nous pourrions expliquer
assez bien les causes de tous les mouvemens qui se passent
dans l'atmosphère , si deux conditions essentielles pour les
recherches précises ne nous manquaient dans la plupart des
cas. La première est la mesure exacte de l'effet produit. La
seconde est la connaissance particulière de toutes les circonstances diverses qui influent sur un effet unique. Nous
connaissons , par exemple , les causes générales du vent ;
mais nous ne savons que bien rarement , ou plutôt nous ne
savons jamais de quelle force sera l'effet du vent , et jusqu'à
quelle distance il s'étendra , ou quelles sont les causes particulières d'un vent qui souffle en ce moment.

§. 4. Au lieu des lois fondamentales et particulières à la
pneumatique , que nous devrions exposer ici , nous ne
pouvons que rapporter le principe général suivant , qui

(a) Du πνεῦμα , vent.

est assez évident pour n'avoir besoin d'aucune preuve.

Chaque cause qui agit sur une masse d'air contradic-toirement à une des lois de l'équilibre, doit produire du mouvement.

Comme nous avons exposé d'une manière suffisante les conditions de l'équilibre de l'air dans le précédent chapitre, il nous sera très-facile de donner une idée claire des causes des mouvemens de l'air.

§. 5. Une des causes principales des mouvemens de l'air, c'est la chaleur. Les mouvemens qu'elle occasionne, quoique fort variés, se produisent tous de la même manière. La chaleur augmente l'élasticité de l'air (pag. 233, §. 10 et 11); ainsi, lorsqu'en quelqu'endroit de l'atmosphère une masse d'air est beaucoup plus échauffée que le reste de l'air qui l'environne, elle se dilate et repousse de tous côtés l'air plus froid qu'elle. De cette manière l'équilibre est rompu ; et l'air échauffé, devenu plus léger, doit s'élever, d'après les lois de l'hydrostatique, car l'air environnant étant plus froid, est par-la même plus pesant. Réciproquement l'air froid doit descendre et se presser vers l'endroit où agit la chaleur ; l'air s'accumule alors au-dessus de la place échauffée, ce qui produit nécessairement dans le haut un courant d'air qui se répand de tous les côtés. La chaleur produit donc toujours un double courant d'air, affluent au-dessous de la place échauffée, effluent au-dessus de la même place.

Le froid doit évidemment agir de la manière op-posée, et produire un courant d'air effluent au-dessous de la place échauffée, et un courant d'air affluent au-dessus.

§. 6. D'après cette théorie générale, les mouvemens causés par la chaleur et par le froid peuvent être expliqués facilement , en ayant égard aux diverses circonstances qui modifient chaque cas donné.

Ainsi , la plupart des vents proviennent de l'échauffement et du refroidissement des différentes régions de l'atmosphère , particulièrement les vents constans et périodiques qu'on observe sous la zone torride.

C'est d'après les mêmes principes qu'agissent les courans d'air dans les fours et les cheminées , dans la lampe d'Argant , dans les ventouses , etc. On peut observer , au moyen d'une bougie allumée , les deux courans d'air affluent et effluent à l'ouverture de la porte d'une chambre échauffée. On produit de même un courant d'air dans les mines , en y pratiquant un puits , ou une galerie , parce que la température de l'air de la mine est très-différente de la température extérieure. Si cette différence ne produit pas assez d'effet , on parvient souvent à ce but en établissant un fourneau dans la mine.

§. 7. Puisqu'à température et à pression égales chaque fluide élastique possède un degré particulier de densité , tout changement qui a lieu dans la combinaison chimique d'une masse d'air , est , ainsi que la chaleur et le froid , une cause de mouvement. Chaque augmentation de densité agit comme la chaleur , chaque diminution comme le froid. Or , il se fait continuellement des changemens de combinaisons dans l'air atmosphérique , parce qu'au moyen de procédés organiques et chimiques , dont la plupart nous sont peut-être entièrement inconnus , tantôt il cède aux autres corps quelques-uns de ses principes constituans , et tantôt il se combine une partie des leurs. Il doit y avoir ainsi une source intarissable de mouvemens , lesquels , cependant, ne doivent être que rarement considérables, puisque les changemens de combinaisons ne se font qu'avec lenteur.

§. 8. De semblables changemens de combinaisons produisent des mouvemens, non-seulement parce qu'ils changent la force élastique de l'air, mais aussi parce *qu'ils augmentent ou diminuent alternativement sa masse.* Aux endroits où la masse d'air augmente, il doit se produire un courant d'air effluent de tous les côtés. Aux endroits où elle diminue, le contraire doit arriver. La cause la plus active de cet effet est sans doute l'évaporation de l'eau. On a observé qu'il s'évapore annuellement une couche d'eau d'environ 30 pouces de hauteur, dans les pays tempérés de l'Europe, et dans le rapport de $\frac{1}{4}$ pouce à-peu-près pour le mois le plus froid, et de 4 à 5 pouces pour le plus chaud. (*Voyez* Gehler et Fischer, art. *Ausdünstung.*) On peut imaginer, d'après cela, combien la masse d'air qui est au-dessus de l'immense surface des mers augmente continuellement sur-tout sous la zone torride; et l'on peut attribuer à cette augmentation une quantité de mouvemens qui se répandent dans toute l'atmosphère.

Mais des mouvemens beaucoup plus forts doivent avoir lieu par la cause opposée, c'est-à-dire lorsque l'eau tombe sur la terre, en pluie, en neige et en grêle : ils sont surtout remarquables dans les violentes pluies d'orage, où souvent un espace limité de l'atmosphère perd en un temps très-court plusieurs milliers de quintaux de masse; ce qui doit évidemment produire un courant d'air affluent de tous côtés vers cet endroit. En effet, c'est ce qu'on remarque lorsqu'on observe attentivement un orage.

§. 9. Les mouvemens des autres corps, et particulièrement ceux de l'eau, se communiquent aussi à l'air. Lorsque l'air est tranquille, on remarque au-dessus de chaque rivière dont le cours est un peu rapide, un courant d'air dans la même direction que ce cours et il ne devient insensible que par l'effet d'un vent plus fort. Ceux qui connaissent les grands courans qu'on distingue dans les mers , concevront facilement qu'ils peuvent produire , de la même manière , des mouvemens considérables dans l'atmosphère. On se sert, dans les mines , d'un moyen qui a rapport à ces phénomènes, pour produire un courant d'air. Dans une galerie où coule un ruisseau , on place à une petite hauteur , sur celui-ci, une cloison de planches ; au-dessous de cette cloison l'air suit le courant du ruisseau ; au-dessus il prend la direction contraire.

§. 10. On a imaginé une foule de moyens mécaniques pour produire de plus petits mouvemens dans l'air : tels sont le soufflet ordinaire, la pompe de raréfaction , celle de condensation , etc. Ces appareils se fabriquent suivant diverses dimensions , selon l'usage auquel on veut les employer. Dans les fonderies on emploie la plus grande espèce de soufflet , et l'on pourrait se servir avec avantage de la pompe de condensation (*Annal.* de Gilbert, IX, 45 , ff.). Dans les mines , on fait quelquefois usage du soufflet à double courant d'air et de la pompe de raréfaction.

§. 11. De même que l'air est mis en mouvement par d'autres corps , *il peut aussi lui-même faire mouvoir d'autres corps solides et liquides.*

On sait qu'un ouragan peut arracher des arbres et renverser les maisons , et qu'il élève les vagues de la mer jusqu'à une hauteur effrayante.

Les arts ont utilisé cette force motrice de l'air , ou des autres fluides élastiques, de diverses manières. La pression d'un vent modéré met en mouvement les ailes d'un moulin. La machine à vapeur élève les plus grands poids par la force de la vapeur d'eau , et elle peut être employée comme un

Physique Mécanique. 16

moyen de faire mouvoir toute espèce de machines. Pour les machines hydrauliques qui agissent par secousses, comme toutes les pompes et l'ingénieux bélier hydraulique de Montgolfier (a), on obtient un mouvement uniforme par la condensation de l'air dans un réservoir. Dans le fusil à vent, c'est l'air comprimé qui produit tout l'effet ; dans les armes à feu, c'est la dilatation des gaz qui se produisent par l'inflammation de la poudre. Enfin nous devrions nommer toutes les machines hydrauliques et pneumatico-hydrauliques, si nous voulions donner une idée complète des manières infiniment variées d'appliquer les forces motrices des fluides élastiques. La postérité trouvera encore ici une abondante matière pour d'importantes inventions.

Parmi les machines plutôt amusantes qu'utiles, qui appartiennent à ceci, nous citerons seulement le ballon de héron, la fontaine de héron, de laquelle cependant on a fait une application intéressante dans les mines, et la fontaine de feu. On en trouve un plus grand nombre dans Gehler et Fischer, art. *Springbrunnen.*

§. 12. Comme tous les mouvemens des corps solides et liquides que nous produisons se passent dans l'air, la théorie de la résistance de ce fluide est un objet très-important, mais aussi très-difficile à étudier. Les principes que Newton en a donnés, ne sont pas si bien confirmés par les expériences que ses lois du mouvement des corps solides. (Voyez à ce sujet l'article *Widerstand der Mittel*, dans les Dictionnaires de Gehler et de Fischer.)

§. 13. L'incertitude de cette théorie empêche d'exposer complétement les *lois de la chute dans l'air.* Sur cela, ce

---

(a) Voyez *Pfaffs und Friedlanders Franz. Annal.*, 1083, n°. V, pag. 17.

qu'on peut déterminer en général est ce qui suit : la chute dans l'air ne peut pas, plus que la chute dans un liquide, se faire en mouvement uniformément accéléré ; mais son accélération doit de même décroître à chaque instant. Cependant le mouvement ne peut pas y devenir uniforme comme celui de la chute dans un liquide (pag. 176, §. 16), parce que la densité de l'air, et par conséquent aussi sa résistance, s'accroissent continuellement. Ainsi, en supposant qu'un corps tombât dans une colonne d'air suffisamment longue, il aurait d'abord une vitesse croissante, mais son accélération diminuerait continuellement. A une certaine profondeur l'accélération deviendrait nulle, et la vitesse serait au maximum. La résistance croissant toujours, il arriverait qu'au-delà de ce point la vitesse elle-même diminuerait, jusqu'à ce qu'enfin elle deviendrait aussi nulle, et alors le corps demeurerait suspendu dans l'air. Cette conséquence peut paraître paradoxale, lorsqu'on n'a pas une idée exacte de l'accroissement de la densité de l'air. Mais on peut déduire de la formule donnée pour les mesures de hauteur barométrique (pag. 233, §. 8), qu'une colonne d'air qui se prolongerait dans l'intérieur de la terre serait déjà, à une profondeur de 50,000 toises, 100,000 fois plus dense qu'à la surface, c'est-à-dire environ cinq ou six fois plus dense que l'or et le platine, et par conséquent que les corps les plus pesans y devraient rester suspendus (a).

(a) Soit a la hauteur barométrique à la surface de la terre ; soit h cette hauteur à une certaine profondeur, au point où l'air est n fois plus dense ; par conséquent la hauteur barométrique de ce lieu $= n\,a$, d'après la loi de Mariotte. On a ainsi (pag. 233, §. 8) $h = 10000$ (log. $n\,a$ — log. a) ; mais comme log. $n\,a =$ log. $n +$ log. a, il s'ensuit que $h = 10000$ log. n ;

si l'on fait $n = 100,000$, on a log. $n = 5$, par conséquent $h = 50000$. Si l'on suppose h égal au rayon de la terre, c'est-à-dire $= 3275790$ t., on trouve log. $n = 3275790$; la valeur de n correspondante à ce logarithme, aurait trois cent vingt-neuf chiffres, et les premiers seraient 379. . . . La densité de l'air, au centre de la terre, serait ainsi déterminée par un nombre qu'on peut bien écrire, mais non pas exprimer.

SIXIÈME SECTION.

DE L'ÉLECTRICITÉ.

CHAPITRE XXXII.

De la Machine électrique, et des Phénomènes généraux de l'Électricité.

§. 1. Les anciens connaissaient déjà la propriété que possède l'ambre, ou succin (a), d'attirer de petits corps lorsqu'il est frotté ; mais ils ne soupçonnaient pas que ce phénomène fût l'effet d'une force naturelle très-remarquable et très-répandue. Ce ne fut qu'au dix-septième siècle qu'on découvrit que le soufre, toutes les résines et beaucoup d'autres corps, possèdent aussi cette même propriété ; et l'inventeur de la machine pneumatique fut encore celui qui enrichit les appareils physiques d'un second instrument très-important, de la machine électrique. Les bornes d'un ouvrage élémentaire ne permettent ni de décrire la construction physique primitive de cette machine, ni de s'étendre sur les divers changemens au moyen desquels on l'a peu-à-peu perfectionnée. On trouvera des détails sur ceci, dans les Dictionnaires de Physique, à l'article *Machine élec-*

(a) L'ambre s'appelle en grec ἤλεκτρον.

trique. Nous devons nous contenter d'indiquer ce qui est le plus nécessaire pour la construction de celui de ces appareils qu'on regarde maintenant comme le meilleur.

§. 2. Les deux parties les plus essentielles sont : le *corps frotté*, et le corps frottant, ou *frottoir.*

Le corps *frotté* est ordinairement, aujourd'hui, un plateau rond de verre poli; il est d'autant meilleur qu'il est plus grand. Cependant on lui substitue quelquefois une boule ou un cylindre de verre. Au milieu du plateau passe un axe métallique qui est assujetti dans une monture de bois, de sorte que cet axe peut tourner avec le plateau au moyen d'une manivelle.

Le *frottoir* consiste le plus souvent en deux ou quatre coussins alongés, qui, pressés par un ressort, serrent entre eux les faces opposées du verre lorsqu'on tourne le plateau. Le fond des coussins est une plaque de métal : ils sont rembourrés avec du crin et recouverts avec du cuir. Ce cuir doit être enduit de quelque substance grasse; puis on y répand, le plus également possible, un amalgame sec de mercure et de zinc. A chaque coussin, et du côté vers lequel se fait la rotation du plateau, on adapte un morceau de taffetas gommé qui s'attache au verre lorsqu'on met la machine en mouvement. La monture qui porte les coussins est de métal; elle doit être attachée aux montans qui supportent le plateau, non par du métal, mais par une colonne ou un gros tube de verre. Pour l'usage, il faut attacher à la partie métallique des coussins une chaîne de laiton qu'on laisse tomber sur le pied de bois de la machine, ou, si l'on veut, sur la terre. Cette circonstance est très-essentielle; car les phénomènes sont sensiblement plus forts, lorsque le frottoir a une communication métallique avec le sol, que lorsque cette communication manque.

§. 3. Avec les parties de la machine que nous venons de décrire, on peut déjà rendre sensibles les principaux phénomènes dont on a coutume de nommer l'ensemble *électricité*. Lorsqu'on a tourné le plateau, l'air étant chaud et sec, on observe les phénomènes suivans :

1°. On sent une odeur phosphorique.

2°. En approchant peu-à-peu d'un plateau la main ou le visage, on éprouve à une certaine distance une sensation telle que si des toiles d'araignées venaient y toucher.

3°. Si l'on approche du plateau la jointure d'un doigt, ou une boule de métal, il produit une petite étincelle pétillante qui fait éprouver une faible piqûre.

4°. Dans l'obscurité, ce phénomène est beaucoup plus frappant ; et à mesure qu'on tourne la machine, on voit des rayons de feu qui s'élancent de dessous le taffetas gommé, et serpentent sur le plateau (*).

5°. Lorsqu'on cesse de tourner la machine, tous ces

(*) La lumière qui se manifeste dans l'explosion électrique me paraît être le simple résultat de la compression que l'air et les vapeurs éprouvent quand elles sont traversées par l'électricité. Car nous savons maintenant que la seule compression dégage la lumière des fluides aériformes ; et, d'un autre côté, les fortes explosions produites par l'électricité prouvent que, dans son passage à travers les corps, elle exerce une énorme compression. Il est vrai que la lueur électrique s'observe aussi dans le vide ; mais qu'est-ce que nous appelons le vide, si ce n'est un espace occupé par l'air réduit au plus à $\frac{1}{5}$ de sa densité, ou, à défaut d'air, par les vapeurs de l'eau, de mercure et d'autres corps ? Si l'air plus dense laisse échapper de la lumière à une compression moindre, un air plus rare en laissera de même échapper par une plus forte compression. Je crois avoir le premier émis cette idée, en rendant compte de mes expériences sur la formation de l'eau par la seule compression. (Voyez les *Annales de Chimie*.)

phénomènes continuent encore quelque temps, quoique cependant avec une intensité sensiblement décroissante ; mais on peut alors observer encore le phénomène électrique, le plus remarquable à beaucoup d'égards, celui de *l'attraction* et de la *répulsion électrique*. Dans cet état, le plateau attire tous les corps légers ; il les retient un instant, et ensuite il les repousse. Lorsqu'on approche du plateau des boules de liége suspendues au bout d'un fil, ce phénomène devient très-digne d'attention. Si le fil est de soie et sec, la petite boule est attirée, s'attache un instant au plateau, puis est repoussée. Cette répulsion est durable ; mais si l'on touche la petite boule, elle est de nouveau attirée et repoussée. Au contraire, si le fil est de lin, et sur-tout s'il est humide, la boule sera de même attirée, mais non pas repoussée.

§. 4. Lorsqu'un corps manifeste ces phénomènes, ou seulement le dernier, on dit qu'il est *électrique* ou *électrisé* ; et la substance inconnue qui produit ces phénomènes se nomme la *matière électrique*.

§. 5. Il reste encore à parler d'une partie principale de la machine électrique, du *conducteur*. C'est un corps qui est ou entièrement de métal, ou du moins recouvert par une substance métallique, fût-elle seulement de papier doré ou argenté. Sa grandeur et sa forme sont arbitraires ; cependant c'est communément un cylindre arrondi par ses deux extrémités ; quelquefois on lui donne la forme d'une boule. Pour un plateau de deux pieds on le fait long d'environ trois pieds, et on lui donne un diamètre de cinq à six pouces. Il est en communication avec le plateau, au moyen de deux branches de métal arrondies qui présentent quelques pointes environ à la distance d'un demi-pouce du plateau, à l'endroit où l'électricité produite s'écoule de dessous le taffetas gommé. On doit éviter qu'il ne s'y trouve aucunes autres pointes ou angles proéminens. Ces branches doivent être disposées de manière qu'on puisse les enlever et les échanger l'une avec l'autre pour un usage très-important, dont nous parlerons par la suite, et qui consiste à mettre le conducteur en communication avec le frottoir, au lieu d'y mettre le plateau. Une circonstance essentielle, c'est que le conducteur soit placé sur des supports de verre, et qu'il n'ait aucune communication avec les pieds de la machine.

§. 6. Dès qu'on tourne le plateau, le conducteur devient électrique sur toute sa surface; ce qui se manifeste par tous les phénomènes mentionnés à l'art. 3. Il y a seulement dans la production de l'étincelle cette différence, qu'elle est plus grande, plus pétillante, et qu'elle pique davantage; ainsi elle peut s'élancer à la distance de plusieurs pouces, surtout lorsque l'air est parfaitement sec. Une autre différence très-remarquable, c'est que par une seule de ces étincelles toute l'électricité du conducteur lui est enlevée en une fois, tandis, au contraire, que le plateau ne perd son électricité qu'à l'endroit où l'on tire l'étincelle, même quand on a cessé de le tourner. Si l'on fait communiquer le conducteur à la terre, ou au pied de la machine, par une chaîne de laiton, il ne montre plus la moindre électricité lorsqu'on tourne le plateau.

§. 7. Ces expériences font voir clairement les différentes propriétés du verre et du métal, par rapport à l'électricité. Le verre s'électrise par le frottement; il retient fortement sur sa superficie l'électricité qui y est accumulée, et ne la laisse enlever que précisément à la place où on le touche. Le métal, au contraire, ne s'électrise pas par le frottement; il reçoit l'électricité instantanément dans toute son étendue, lorsqu'il est mis en contact avec le verre; mais instantanément aussi cette électricité l'abandonne , lorsqu'on lui présente pour passage le doigt ou quelqu'autre corps , principalement les corps métalliques.

On voit par-là pourquoi le conducteur doit être supporté par des colonnes de verre , et pourquoi il ne s'électrise pas lorsqu'il est en communication avec la terre. Le métal *conduit* la matière électrique , et le verre ne la conduit pas.

§. 8. Le verre et le métal ne sont pas les seuls corps qui montrent ces dispositions contraires par rapport à l'électricité. Ils sont seulement, chacun dans leur genre, ceux qui les manifestent au plus haut degré (*). On peut donc , sous ce point de vue , diviser les corps en *non-conducteurs* et en *conducteurs* de l'électricité.

Dans la première classe se trouvent : 1°. parmi les substances inorganiques , le verre ordinaire et toutes les vitrifications avec leurs principes constituans chimiques essentiels ; les terres et les oxides de métaux , et de plus toutes les cristallisations naturelles de ces substances , par conséquent toutes les pierres précieuses et presque toutes les espèces de pierres dures , qui ne sont vraisemblablement que des conglomérations de petits cristaux. — Le soufre et l'air atmosphérique se rangent encore dans cette classe : cependant ce dernier a toujours quelque faculté conductrice , tantôt plus forte , tantôt plus faible , qui dépend de la quantité d'eau qui s'y trouve en vapeur. 2°. La plupart des substances animales sèches , particulièrement la soie , la laine , les cheveux , les plumes. 3°. Beaucoup de substances végétales sèches , principa-

(*) Les résines, et principalement la gomme-laque, sont encore moins conductrices que le verre ; mais on ne peut pas les employer aussi commodément pour faire des machines électriques d'une grande dimension.

lement toutes les résines et les mélanges résineux, la cire à cacheter, l'ambre ou succin, le coton, le papier, le sucre, le bois sec, sur-tout lorsqu'il est desséché par le feu; les huiles grasses sont aussi comprises dans cette classe. Parmi tous ces corps il n'en est cependant aucun qui ne conduise l'électricité jusqu'à un certain point. Les meilleurs non-conducteurs sont le verre, le soufre, la résine, la gomme-laque, la soie; les autres sont plutôt seulement de mauvais conducteurs.

Les meilleurs conducteurs sont, parmi les corps inorganiques, les métaux, l'eau et le charbon; parmi les corps organiques, les animaux et les végétaux vivans; et même la fibre végétale, dégagée de toutes les parties huileuses et résineuses, paraît être un assez bon conducteur : du moins il en est ainsi de la toile de lin; et le bois, le coton, etc., sont peut-être seulement mauvais conducteurs, à cause des parties huileuses et résineuses qu'ils contiennent (*a*).

On nomme aussi les corps non-conducteurs *corps électriques*, et les conducteurs *corps non-électriques*, dénominations qui ne sont pas bien choisies (*).

(*a*) Il y a beaucoup de raisons pour souhaiter que des chimistes instruits commencent à s'occuper de l'électricité. Le rapprochement qu'on vient de faire entre des corps conducteurs et les non-conducteurs, fait conjecturer qu'entre les propriétés électriques et les combinaisons chimiques des corps il y a une certaine connexion que le seul physicien mécaniste ne peut découvrir.

(*) A la rigueur, la distinction des corps conducteurs et non-conducteurs n'est guère préférable. Tous les corps se laissent pénétrer par une forte électricité. La gomme-laque elle-même, lorsqu'elle est répandue sur un corps en couche très-mince, se laisse traverser par l'étincelle électrique. Il faut donc regarder toutes ces distinctions comme relatives. Il n'y a en cela rien d'absolu.

§. 9. On appelle *isoler* un corps, ne lui laisser de communication avec le reste des corps visibles que par des corps non-conducteurs, ou mauvais conducteurs de l'électricité. On a divers supports qui servent à suspendre, poser et assujettir des corps. Un support de cette espèce se nomme un *isoloir*. Les meilleures matières pour isoler sont : le verre, la cire à cacheter, la soie et le bois séché au feu (*).

§. 10. Si l'on compare les phénomènes de l'attraction et de la répulsion (pag. 247, §. 3), avec ce qui a été dit sur la faculté conductrice des corps, il en résulte un principe important pour la théorie des phénomènes électriques :

C'est que *les corps électrisés et les corps non-électrisés s'attirent entr'eux, et qu'au contraire les corps électrisés de même électricité se repoussent.*

La boule de liége attachée au fil de soie non-conducteur est attirée d'abord, lorsqu'elle n'est pas électrisée ; mais elle est repoussée ensuite dès qu'elle s'est saturée d'électricité, et cette répulsion persiste jusqu'à ce que la boule ait perdu son électricité par le contact avec un conducteur non-isolé. Si, au contraire, elle est suspendue à un fil de lin conducteur, et non-isolé, elle ne se peut saturer d'électricité, et par cette raison elle est continuellement attirée.

§. 11. C'est d'après ces phénomènes de l'attraction et de la répulsion électrique, qu'on a imaginé presque toutes les espèces d'*électroscopes* et d'*électromètres*, instrumens qui servent à évaluer ou à mesurer l'intensité de l'électricité, mais qui, pour la plupart, n'atteignent que très-imparfai-

---

(*) Rien n'isole mieux qu'un petit cylindre de gomme-laque. M. Coulomb a prouvé qu'un fil de gomme-laque tiré à la flamme d'une bougie, est presque un isoloir parfait pour de petites quantités d'électricité.

tement ce but. Ils sont cependant utiles dans beaucoup d'expériences, et pour cela nous devons en donner ici quelques notions. Le plus simple instrument de cette espèce , est l'*électromètre à fil.* Deux petites boules de liége ou de moelle de sureau sont attachées aux extrémités d'un fil de lin. On les suspend au conducteur ou à un autre corps électrisé, de manière qu'elles se touchent par l'effet naturel de la pesanteur. Aussitôt qu'elles sont électrisées , elles s'écartent l'une de l'autre , et d'autant plus que l'électricité est plus forte. On fait cet électromètre de beaucoup de grandeurs différentes. Pour les foibles degrés d'électricité , il doit être très-petit. La plupart des électromètres ne sont que des perfectionnemens de celui-ci. Les limites d'un livre élémentaire ne permettent point de décrire séparément ces divers instrumens , et même les principes de plusieurs d'entr'eux ne pourraient être ici exposés avec clarté. Nous indiquerons donc seulement, comme les préférables et les plus utiles , *la bouteille électroscopique* de Cavallo , *l'électromètre à air* , de De Saussure , *l'électromètre à feuilles d'or* , de Bennet , et *l'électromètre à paille* , de Volta. (*Voyez* Gehler et Fischer , aux articles *Electrometer* et *Luftelectrometer.* (*)

Nous ne devons pas pourtant omettre *l'électromètre à cadran* de Henly , puisqu'on le considère comme une dépendance essentielle d'une machine électrique. Un demi-cercle , ou un quart de cercle d'une matière quelconque , est divisé en degrés , et assujetti par son diamètre à une colonne perpendiculaire de métal ou de bois , non séché au *feu* , de manière cependant qu'il soit un peu éloigné de la colonne , mais que son diamètre lui soit parallèle. Au centre est atta-

---

(*) Il est étonnant que l'auteur ne parle point de la balance électrique de Coulomb , seul instrument qui donne la mesure exacte de l'électricité. Je reviendrai plus loin sur ce sujet.

ché un petit pendule très-mobile, qui peut être fait d'un filament de baleine, et à l'extrémité duquel se trouve une petite boule de liége. La colonne qui est beaucoup plus longue que le pendule, peut être vissée par son extrémité inférieure, perpendiculairement sur le conducteur de la machine; ou bien on peut la maintenir droite sur un support particulier de métal qui s'enlève à volonté. Cet électromètre placé sur le conducteur, reçoit son électricité; et comme le pendule et la colonne sont électrisés de lamême manière, le pendule est repoussé de la colonne, et s'élève d'autant plus haut sur le quart de cercle divisé, que l'électricité est plus forte. (*Voyez* Gehler, I, 808; Fischer, II, 79.) (*a*)

§. 12. La puissance conductrice des corps ne dépend pas seulement de leur constitution matérielle, mais encore de leur forme. Si, tandis qu'on tourne le plateau, on approche du conducteur un corps aigu, de quelle matière que ce soit, on peut remarquer déjà, à un éloignement considérable, le pouvoir de sa force conductrice. Les pointes de métal montrent cet effet dans sa plus grande force. Ce pouvoir conducteur des pointes se manifeste de même lorsqu'on attache une pointe au conducteur, de manière que la partie aiguë soit dirigée vers l'air. Il est alors impossible d'électriser le conducteur à un degré considérable.

Au contraire, plus les corps sont larges et arrondis, plus le passage de la matière électrique est difficile. Il faut alors rapprocher les corps bien davantage, et le passage se fait au moyen d'une étincelle.

§. 13. Il y a toujours dans l'air, en même temps que ce

(*a*) Parmi les expériences d'électricité seulement amusantes, qui se font au moyen de l'attraction et de la répulsion, nous citerons la *Danse électrique, electrische Tanz,* Gehler, I, 740; et le *Carillon électrique, electrische Glockenspiel,* Gehler, II, 509.

courant effluent d'électricité sort des pointes, un certain mouvement qu'on peut sentir , ou qu'on peut rendre très-visible au moyen d'une flamme de bougie, ou de quelque vapeur. C'est sur ce mouvement de l'air qu'est fondée la *roue électrique*. Cette roue consiste en une bande de cuivre en forme d'S , et soigneusement aiguisée aux deux bouts ; ce petit instrument peut tourner circulairement sur une pointe placée à son centre. Lorsque cette pointe est vissée sur le conducteur , et qu'on électrise celui-ci , la roue placée dessus tourne en arrière avec une grande vitesse.

Une circonstance importante à remarquer ici , c'est que le mouvement de l'air est toujours dirigé vers la partie aiguë de la pointe.

§. 14. De même qu'on peut faire passer l'électricité du plateau au principal conducteur, on peut aussi la communiquer de celui-ci à tout autre conducteur , pourvu qu'il soit isolé. Ainsi , par exemple , un homme peut être électrisé lorsqu'il se tient sur un *isoloir ;* on appelle ainsi , dans cette circonstance, un tabouret supporté par quatre pieds de verre verni. Son corps montre alors tous les phénomènes électriques , sans qu'il éprouve aucun effet ni aucune sensation particulière , si ce n'est une légère piqûre , lorsqu'on tire des étincelles de son corps.

§. 15. Les effets chimiques de l'électricité sont extrémement remarquables. Nous indiquerons seulement ici l'inflammation de l'esprit-de-vin chauffé et du gaz tonnant , au moyen de l'étincelle électrique (*). Dans la suite on trouvera quelques autres phénomènes qui se rapportent à ceci.

Nous réservons pour un autre endroit les phénomènes électriques qui ont lieu dans l'obscurité et dans l'air raréfié.

(*) Ce que l'on nomme le gaz tonnant , est un mélange de deux parties d'hydrogène , et d'une d'oxigène en volume.

CHAPITRE XXXIII.

Électricités opposées.

§. 1. Dans la première moitié du siècle précédent, Dufay, physicien français, avait déjà découvert qu'il existe deux espèces d'électricités, lesquelles, considérées isolément, ont la plus grande ressemblance, mais qui, comparées entr'elles, se montrent cependant opposées dans les phénomènes. Il nomma l'une *électricité vitrée*, et l'autre *électricité résineuse*, parce que la première est excitée lorsque le corps frotté est de verre, et la seconde quand il est de résine (*). Après la mort de Dufay, les physiciens parurent oublier la subtile différence des deux électricités, dont la distinction fait un grand honneur à l'esprit d'observation de ce savant. Enfin, dans la seconde partie du même siècle, le célèbre Franklin continua cet examen, et montra si parfaitement la différence de ces deux électricités, que cette découverte est devenue, depuis, la clef de l'explication des phénomènes électriques les plus remarquables. Au lieu des noms d'électricité vitrée et résineuse, que Dufay avait

---

(*) La définition n'est pas tout-à-fait exacte. Le verre frotté avec une étoffe de laine prend l'électricité que l'on nomme vitrée; frotté avec une peau de chat, il prend l'électricité résineuse. Je ne connais pas de corps qui ne puisse acquérir les deux électricités par le frottement, en changeant de frottoir, ou en variant tant soit peu les circonstances où le corps frotté se trouve. Cependant la distinction des deux électricités n'en est pas moins réelle, parce qu'elle repose sur les répulsions et les attractions qui leur sont propres, et non pas sur la nature des corps qui les produisent.

choisis , Franklin adopta ceux d'*électricité positive* et *né-gative*; d'où il est devenu ordinaire d'indiquer l'une par le signe $+ E$, et l'autre par le signe $- E$. Cependant, comme la dénomination de Dufay se fonde sur un fait , et celle de Franklin sur une simple hypothèse , laquelle a encore beaucoup perdu de sa vraisemblance dans ces derniers temps, la dénomination de Dufay mérite d'être généralement conservée.

§. 2. L'on sait à présent que les deux espèces d'électricités peuvent être excitées de beaucoup de manières , et qu'en effet elles se produisent toujours toutes deux en même temps , l'une dans le corps frotté , l'autre dans le corps frottant. Ainsi , lorsque le conducteur de la machine électrique est disposé de la manière décrite dans le précédent chapitre (pag. 248 , §. 5) , il est aussi facile de charger le conducteur d'électricité résineuse que d'électricité vitrée. Il ne faut pour cela qu'isoler le frottoir , et faire communiquer le conducteur avec lui (pag. 246 et 248 , §. 2 et 5) , puis mettre le plateau en communication avec le sol , et en tirer continuellement, au moyen de quelques pointes placées de la manière convenable , l'électricité vitrée qui se produit sur sa surface.

§. 3. Lorsqu'on tourne le plateau , après avoir fait ce changement de disposition , le conducteur , qui se trouve alors en communication avec le corps frotté , et qui en fait lui-même partie , devient électrique et montre tous les phénomènes indiqués au chapitre précédent (pag. 247 , §. 3). Seulement cette électricité est toujours beaucoup plus faible , ce qui n'est vraisemblablement qu'une circonstance accidentelle qui provient de ce que l'électricité vitrée , qui s'écoule du conducteur au plateau , et qui contrarie les effets de la première , ne peut être entièrement épuisée à mesure qu'elle s'y attache.

Physique Mécanique.

§. 4. La principale différence des deux électricités s'observe dans les phénomènes de l'attraction et de la répulsion ; car deux corps, qui se repoussent lorsqu'ils ont la même électricité, s'attirent lorsque l'un a l'électricité vitrée, et l'autre l'électricité résineuse. De là se déduit la loi :

Que les électricités de même nom se repoussent entr'elles, et que les électricités de noms opposés s'attirent.

Pour se convaincre de l'exactitude de cette loi, on dispose la machine comme nous venons de le dire, de manière à donner au conducteur l'électricité résineuse, le plateau absorbant toujours l'électricité vitrée. Celui-ci, comme corps non-conducteur, retient toujours un peu de cette électricité, quelque moyen qu'on prenne pour la lui enlever à mesure qu'elle s'y dépose. Alors, on prend une boule de liége, ou de moelle de sureau, suspendue à un fil de soie ; si l'on approche cette boule du conducteur, elle est attirée par lui ; puis dès qu'elle est saturée de l'électricité résineuse, elle est repoussée : mais dans cet état elle est attirée par le plateau de verre ; son électricité résineuse est détruite, elle se charge d'électricité vitrée, et alors elle est repoussée par le plateau ; dans cet état elle est de nouveau attirée par le conducteur, et l'on peut facilement trouver une position où la boule est alternativement repoussée, et jetée, pour ainsi dire, de l'un à l'autre.

§. 5. On voit sensiblement dans cette expérience, qu'une électricité détruit l'autre. Cela devient encore plus visible lorsqu'on dispose la machine pour produire l'électricité vitrée, avec la seule précaution d'isoler le frottoir et de le faire communiquer par une chaîne au conducteur. Alors on ne trouve pas la moindre trace d'électricité dans le conducteur. Généralement, lorsqu'on réunit des degrés inégaux des deux électricités, la moins intense est toujours détruite, et la plus forte diminue. On conçoit, d'après cela, pourquoi il faut toujours que le plateau communique avec le conducteur, lorsque la machine est disposée pour l'électricité vitrée, et pourquoi ce doit être le frottoir, si la machine est disposée pour l'électricité résineuse (*).

§. 6. Sur ces rapports entre les deux électricités, exposés dans les deux précédens articles, se fonde la manière de les distinguer. L'appareil dont on se sert ordinairement pour cet objet, consiste en un électromètre à fil, suspendu et isolé, et en un bâton de cire à cacheter. On sait par expérience que la cire frottée avec la laine, le cuir et le lin, acquiert toujours l'électricité résineuse. On communique à l'électromètre l'électricité qu'on veut éprouver, de sorte que les boules se repoussent, et demeurent quelque temps éloignées l'une de l'autre ; alors on en approche la cire à cacheter frottée : si l'électromètre a l'électricité vitrée, une partie de cette électricité se trouve dissimulée par celle de la cire, et

---

(*) Généralement, quand deux corps isolés s'électrisent par leur frottement mutuel, l'un prend l'électricité vitrée, l'autre la résineuse. Cela arrive donc au plateau et au frottoir quand ils sont isolés : cela a encore lieu quand le frottoir toujours isolé communique au conducteur. Mais l'effet a bientôt un terme ; car l'électricité vitrée qui s'accumule sur le plateau, ne pouvant pas s'échapper, empêche de nouvelles quantités d'électricité vitrée d'y arriver, et par conséquent de se produire. Au lieu que, si l'on soutire cette électricité vitrée du plateau par des pointes, à mesure qu'elle y arrive, alors la décomposition du fluide naturel du conducteur, et l'arrivée de l'électricité vitrée sur le plateau, se continuent sans interruption ; ce qui, par réciprocité, met le conducteur dans un état durable et croissant d'électricité résineuse.

les fils se rapprochent ; au contraire , s'il a l'électricité
résineuse , ils s'éloignent plus qu'auparavant.

Phénomènes électriques dans l'obscurité et dans l'air
raréfié.

§. 7. Dans l'obscurité , les deux électricités se distinguent encore d'une autre manière remarquable , c'est-à-
dire , par une différence dans les phénomènes lumineux
qui se produisent lorsque l'électricité est soutirée par des
pointes.

Si le conducteur est chargé d'électricité vitrée , et qu'on
en approche une pointe , on voit déjà , à une distance
considérable , un point lumineux à l'extrémité de cette
pointe, lequel devient plus brillant à mesure qu'on approche
davantage. Si l'on assujettit la pointe au conducteur, et
qu'on en approche la main , ou quelqu'autre corps conducteur , ce n'est pas un point lumineux qu'on aperçoit,
mais un faisceau de rayons divergens.

Au contraire , si le conducteur est chargé d'électricité
résineuse , les deux phénomènes sont justement en sens
inverse.

§. 8. Nous allons joindre à ceci encore une autre expérience qui , à la vérité , ne montre pas si clairement la
différence des deux électricités , mais qui est remarquable à d'autres égards.

Quoique l'air atmosphérique sec soit un mauvais conducteur de l'électricité , l'air très-raréfié se laisse cependant traverser par elle. L'expérience suivante en est une
preuve. On raréfie l'air dans un vase de verre quelconque
qui est fermé avec un couvercle métallique , par exemple
dans un récipient adapté à une machine pneumatique , ou
dans un tube de verre préparé pour cet objet ; alors

en faisant communiquer au conducteur une des extrémités
du vase , et établissant à l'autre extrémité une communication avec le sol , on peut , dans l'obscurité , voir l'électricité s'écouler dans l'air raréfié sous l'apparence d'une
lumière blanchâtre. Ce phénomène , qu'on pourroit nommer *aurore boréale électrique*, dure aussi long-temps
qu'on tourne le plateau.

Il y a beaucoup de manières de varier cette expérience,
et la plupart produisent des phénomènes lumineux très-
agréables. Si l'on place aux deux extrémités du vase deux
pointes dirigées vers le dedans , la lumière s'échappe de
l'une en divergeant, et pénètre dans l'autre en conver-
geant. Si le vase est un récipient , et qu'on assujettisse
en dedans du couvercle supérieur une tige de métal au
bout de laquelle est appliquée horizontalement une étoile
de métal, la lumière électrique s'écoule de chacune de
ses pointes vers le plateau inférieur, ce qui lui donne
l'aspect d'une fontaine de feu. Si au lieu d'une étoile on
place à cet endroit un anneau ou un corps de quelqu'autre
figure , on peut produire toutes sortes de changemens dans
la forme du courant de lumière.

§. 9. Dans ces expériences , la circonstance suivante est
digne d'attention. Lorsqu'on avance un conducteur près
du vase dans lequel s'écoule la lumière électrique , il se
fait un mouvement particulier de cette lumière à l'endroit
dont il s'approche. On peut alors tirer des étincelles de
ce conducteur; mais elles sont de forces très-variables.
Cette observation prouve que l'attraction électrique agit
même à travers le verre, quoiqu'il soit non-conducteur.

Nous remarquerons encore sur cela , que la phospho-
rescence que montrent quelques baromètres , qui ne
sont pas absolument privés d'air , lorsque dans l'obscu-

rité on fait monter et redescendre le mercure en penchant le tube, a sa cause dans ce même phénomène électrique.

§. 10. Ces phénomènes lumineux ne diffèrent que peu
ou point du tout pour les deux électricités. Franklin et
beaucoup de partisans de son hypothèse croyoient qu'il
y avait une différence, en ce que, lorsque le conducteur
est chargé d'électricité vitrée, l'électricité s'écoule toujours du conducteur; et quand, au contraire, il est chargé
d'électricité résineuse, la lumière électrique passe du sol
dans le conducteur. Mais c'était là plutôt une conséquence
de l'hypothèse qu'une véritable observation; car avec l'attention la plus exacte sur tous les mouvemens de la
lumière électrique, il est impossible de reconnaître les
directions de ce mouvement, parce qu'il se fait avec une
vitesse extrême. Il paraît à l'œil le plus attentif, tantôt
venir et tantôt s'éloigner, et tantôt la lumière électrique
paraît se diriger en même temps vers les deux côtés.

Hypothèse de Franklin.

§. 11. Selon Franklin, les phénomènes électriques sont
les effets d'une seule matière infiniment subtile, qui se
répand dans tous les corps, d'après des lois semblables
à celles du calorique; ses particules se repoussent entre
elles, mais elles sont plus ou moins attirées par les autres
corps. Tant que cette matière électrique se trouve à l'état
d'équilibre dans un système de corps, aucun phénomène
électrique n'a lieu; mais si, au contraire, cette matière
s'accumule ou diminue quelque part au-dessus ou au-
dessous du point d'équilibre, le corps est électrisé dans
les deux cas, positivement dans le premier, négativement dans le second, et les phénomènes électriques sont

produits par les efforts que fait la matière électrique pour rétablir l'équilibre rompu.

§. 12. C'était sur-tout la remarque que le frottoir ne doit pas être isolé, qui conduisit très-naturellement Franklin à cette opinion. Car dans le fait on est presque forcé d'admettre que l'électricité qui s'accumule sur le plateau s'écoule du frottoir. La possibilité de charger le conducteur avec les deux électricités s'explique très-facilement par cette hypothèse. On ne peut pas nier non plus que la plupart des phénomènes électriques ne s'en déduisent assez bien. Cependant l'explication de l'attraction et de la répulsion n'est pas encore sans difficulté. Si deux corps électrisés positivement sont approchés l'un de l'autre, ce sont, dans cette hypothèse, leurs atmosphères électriques environnantes qui, étant pressées, les forcent à se repousser. Si deux corps négativement électriques sont approchés l'un de l'autre, c'est l'électricité naturelle placée entre leurs atmosphères raréfiées, et par là même devenue plus intense, qui s'efforce de se répandre, et oblige ainsi les corps à s'écarter. Enfin, si deux corps électrisés, l'un positivement, l'autre négativement, sont placés près l'un de l'autre, ils s'approchent, parce que l'atmosphère positive du premier est attirée par l'atmosphère négative du dernier. Nous trouverons aussi, par la suite, plusieurs phénomènes qui ne peuvent s'expliquer par cette hypothèse que d'une manière forcée. Parmi les phénomènes de cette espèce dont il a déjà été question, se trouve cette circonstance, que, lors du passage de l'électricité par une pointe, le courant d'air qu'elle produit est toujours dirigé vers la partie aiguë de la pointe (page 254, §. 13), et qu'il en est encore de même lorsqu'on électrise le conducteur négativement, selon l'expression de Franklin.

Voyez, pour connaître cette hypothèse dans ses détails, la lettre de Franklin sur l'électricité.

Hypothèse de Symmer.

§. 13. Robert Symmer, dans la première partie du cinquante-unième volume des *Transactions philosophiques*, publia une autre hypothèse qui a détruit celle de Franklin chez la plupart des physiciens, parce qu'effectivement elle satisfait mieux aux phénomènes. Selon Symmer, il y a deux matières électriques qui s'attirent l'une l'autre, tandis, au contraire, que les particules de chacune d'elles prises isolément, se repoussent entre elles; leur réunion, qu'on nomme *électricité combinée*, produit l'état d'équilibre; leur désunion, l'état électrique. L'une, prise séparément, donne les phénomènes de l'électricité vitrée; l'autre, ceux de l'électricité résineuse.

Lorsque deux corps ont tous deux l'électricité vitrée, ou tous deux la résineuse, leurs atmosphères homogènes se repoussent; lorsque l'un a l'électricité vitrée, et l'autre la résineuse, leurs atmosphères hétérogènes s'attirent.

L'électricité combinée du frottoir est décomposée par le frottement; le plateau attire l'électricité vitrée; l'électricité résineuse devenue libre, s'échappe par le conducteur; à sa place, la nouvelle électricité combinée afflue par le même conducteur; et tant qu'on tourne le plateau, cet effet continue d'une manière non interrompue.

Par cette hypothèse, on explique de même, sans effort, quelques phénomènes électriques plus compliqués qui se présenteront dans la suite.

§. 14. Les hypothèses plus anciennes sont tout-à-fait inadmissibles. Parmi les plus nouvelles, celle de Deluc, qu'on trouve dans ses *Nouvelles Idées sur la Météorologie,* peut seule mériter quelque attention. Les dictionnaires de physique donnent, à l'article *Électricité*, une courte exposition de cette hypothèse et de toutes les autres.

On peut douter qu'aucune de ces hypothèses soit tout-à-fait exacte; mais celle des deux électricités, de Symmer, doit avoir incontestablement la préférence, parce que c'est la manière la plus commode de satisfaire à l'explication des phénomènes électriques.

ADDITION.

De la Balance électrique.

M. Coulomb a singulièrement perfectionné les idées de Symmer; on peut même dire qu'il les a, le premier, réduites en théorie exacte, sur-tout par la découverte qu'il a faite de la loi suivant laquelle s'exercent les attractions et les répulsions électriques; car ce n'est pas assez pour un physicien rigoureux de savoir en général que les corps électrisés de telle manière s'attirent, ou de telle autre se repoussent; il faut, s'il veut adapter une hypothèse à ces faits, que cette hypothèse puisse les représenter avec exactitude, c'est-à-dire qu'on puisse en déduire tous les détails des phénomènes par un calcul rigoureux. Or, c'est à quoi a conduit la découverte de M. Coulomb.

Pour la faire concevoir, il est nécessaire de donner une idée de l'instrument avec lequel elle a été faite, et que M. Coulomb a nommé une *balance électrique*.

A un fil d'argent très-fin, fixé par une de ses extrémités à quelque corps solide, on suspend une aiguille longue et mince de gomme-laque, substance qui laisse très-difficilement écouler l'électricité; on dispose cette aiguille de manière qu'elle soit horizontale, et l'on colle à un de ses bouts un très-petit cercle de papier doré. Ce cercle est le corps auquel on communique l'électricité ; l'aiguille de gomme-laque sert à l'isoler ; et le fil d'argent, par sa force de torsion, sert à mesurer la force attractive ou répulsive qu'exercent sur lui les corps électrisés qu'on lui présente.

On conçoit en effet qu'il faut une force, à la vérité fort petite, mais cependant déterminée et constante, pour faire tordre un pareil fil d'un tour ou d'un demi-tour, et par conséquent pour déranger d'autant l'aiguille de gomme-laque de la situation d'équilibre où elle s'était naturellement placée. Ainsi, plus l'action répulsive ou attractive de l'électricité sera forte, plus l'angle décrit par le petit cercle de papier doré sera considérable. On pourroit donc connaître comment l'action électrique varie avec la distance, si l'on connoissait les forces de torsion correspondantes à des déviations différentes de l'aiguille de gomme-laque. Or, c'est à quoi l'on peut très-aisément parvenir; car M. Coulomb a prouvé par des expériences très-précises que la force de torsion dans un fil de métal d'une certaine longueur, est exactement proportionnelle à l'angle de torsion ; et pour éviter les différences que la forme irrégulière des corps pourrait produire, on emploie pour corps attirant ou repoussant une sphère de cuivre pareillement isolée à l'extrémité d'un cylindre de gomme-laque. Le petit cercle de papier doré sur lequel elle doit agir peut être considéré comme un point. On place la sphère de manière qu'elle touche le cercle, dans la position d'équilibre, où il s'arrête naturellement; et pour éviter les erreurs que l'agitation de l'air pourrait produire, tout l'appareil est enfermé dans une cage de verre, sur les parois de laquelle on trace des divisions horizontales qui servent à mesurer les angles décrits depuis le point de contact.

Cet instrument se nomme une *balance électrique*, parce qu'il sert à mesurer et à peser, pour ainsi dire, l'électricité.

Voici maintenant la manière d'en faire usage :

On ôte la sphère de cuivre en la prenant par son support de gomme-laque, et on lui communique une certaine quantité d'électricité en la faisant toucher à un conducteur électrisé; puis on la replace dans la balance, à sa position ordinaire. Alors, le petit morceau de papier doré qui la touche dans sa situation naturelle, prend par le contact une portion de cette électricité, et il est repoussé à l'instant. L'aiguille décrit donc un angle, en s'éloignant de la sphère électrisée, et après plusieurs oscillations elle se fixe dans une certaine position. Il est clair qu'alors la torsion éprouvée par le fil d'argent fait équilibre à la force répulsive, et peut ainsi lui servir de mesure. Pour fixer les idées, supposons que cette torsion, ou la force répulsive qui agit sur l'aiguille, soit de 36°.

Alors, si vous tordez le fil par force en sens contraire, ce que l'on peut faire au moyen d'un index placé au sommet de la machine, et auquel ce fil est attaché, il est clair que la torsion, devenant prépondérante, l'emportera sur la force répulsive, et le petit cercle se rapprochera de la sphère. Ce rapprochement sera d'autant plus sensible, que le fil sera tordu davantage. Supposons donc que l'on tourne l'index jusqu'à ce que l'écart de l'aiguille ne soit plus que de 18°, au lieu de 36 qu'il était d'abord; on trouvera que pour la ramener à cette position il a fallu tordre le fil de 126°.

Cette torsion s'ajoute évidemment aux 36° qui avaient été occasionnés par l'action de la force répulsive, et la torsion totale serait de 162°, si dans le second cas le petit cercle était resté à la même position que dans le premier ; mais comme il s'est rapproché de 18°, il s'ensuit que le fil sera détordu d'autant ; ainsi la torsion véritable est 162° — 18°, ou 144°.

En rapprochant ces résultats, on voit que lorsque les écarts de l'aiguille ont été 36° et 18°, les forces de torsions qui faisaient équilibre à la force répulsive, ou, ce qui revient au même, les intensités de cette force répulsive, étaient représentées par 36° et 144° ; d'où il suit que si les écarts de l'aiguille sont comme 2 à 1, ou comme 1 à ½, les forces répulsives sont comme 1 à 4; c'est-à-dire que la force répulsive de l'électricité augmente comme le carré de la distance diminue, ou diminue comme le carré de la distance augmente, et généralement qu'elle *est réciproque au carré de la distance*. Toutes les autres expériences faites de la même manière et avec des intensités diverses, donneraient le même rapport. En appliquant la même méthode aux attractions électriques, on les trouve soumises à la même loi.

Pour plus de simplicité, on a supposé ici que la distance de la sphère et du petit morceau de papier doré est mesurée par l'arc de cercle qui les sépare. Cela n'est point tout-à-fait exact, et c'est la corde de l'arc qui est la mesure de la distance. Mais lorsque les arcs sont petits, comme nous le supposons dans cet exemple, la différence n'est pas très-considérable, et d'ailleurs on a soin d'y avoir égard dans un calcul rigoureux. C'est même avec cette correction que la loi précédente est exacte. Il est remarquable qu'elle est la même que celle des attractions célestes.

Au moyen de ce qui précède, la théorie des deux fluides, telle que M. Coulomb la présente, peut être réduite à cette hypothèse.

On suppose les phénomènes électriques produits par l'action réciproque de deux fluides invisibles et parfaitement élastiques, dont les propriétés sont que les molécules de chacun d'eux se repoussent entre elles, et attirent celles de l'autre fluide, suivant la raison inverse du carré des distances.

D'après cette hypothèse, qu'il faut bien se garder de prendre pour une réalité, on représente tous les phénomènes électriques, et on peut même en assujettir plusieurs à un calcul rigoureux; mais il faut n'y voir autre chose qu'un moyen commode de les expliquer, et l'on peut seulement en conclure que les phénomènes se passent comme s'ils étaient produits par deux fluides doués des propriétés précédentes; car la vraie nature de l'électricité est encore inconnue.

CHAPITRE XXXIV.

Distance explosive, Sphère d'activité, Électricité accumulée.

§. 1. Lorsqu'on approche d'un conducteur électrisé un corps conducteur non aigu, il se fait à un certain éloignement, ainsi que nous l'avons vu (pag. 248, §. 6), un passage de l'électricité au moyen d'une étincelle, et la même sorte d'électricité qu'a le conducteur est communiquée par-là au corps approché. Cette manière d'électriser un corps se nomme *communication de l'électricité.* Si le corps est bien isolé, il conserve cette électricité lors même qu'il n'est plus en présence du conducteur qui la lui a donnée. On nomme l'espace environnant autour du corps électrisé , au – dedans duquel s'opère cet effet , sa *distance explosive ;* et l'on dit qu'un conducteur donne des étincelles de 4 à 6 pouces , quand le passage se fait à ces distances. Au reste , la distance explosive est très-variable , selon la force de l'électricité , selon la puissance conductrice du corps approché , selon la forme de ce corps , enfin selon les qualités de l'air environnant.

Sphère d'activité.

§. 2. L'action de l'électricité n'est pas limitée à la distance explosive , elle se manifeste au-delà d'une manière à la vérité moins frappante , mais peut-être encore plus digne d'attention. La loi de cette action se démontre très-clairement par l'expression suivante :

On prend un conducteur isolé , par exemple un tube de métal ; on applique à l'une de ses extrémités un électromètre sensible , et on présente son autre extrémité au conducteur de la machine. On remarque alors , par l'électromètre, que le conducteur isolé donne des signes d'électricité bien avant la distance explosive , et toujours de la même électricité que le conducteur de la machine. Cependant cette électricité se distingue de celle que produit l'étincelle , par cela que si l'on éloigne le corps du conducteur , elle diminue de même qu'elle avait augmenté lorsqu'on l'approchait ; tandis qu'au contraire l'électricité communiquée par un étincelle ne subit aucun affaiblissement par le changement de place , si ce n'est celui que produit inévitablement la force conductrice de l'air humide. On nomme cette manière d'électriser un corps , *partage de l'électricité.*

Si l'on approche de nouveau le conducteur jusqu'au point où il donne des marques sensibles d'électricité , et

si on le touche alors avec le doigt, les fils de l'électromètre se rapprochent, et toute trace d'électricité disparaît.
Mais alors, en éloignant peu-à-peu le conducteur, et le
tenant toujours isolé, les fils divergent de nouveau, et
toujours davantage à mesure qu'on s'éloigne. Ce phénomène, précisément contraire à ce qui arrive avant qu'on
ait touché le corps conducteur, indique que ce corps a
passé à l'état d'électricité opposée ; et c'est ce qui est parfaitement confirmé au moyen de l'épreuve par l'électromètre.

§. 3. On nomme tout l'espace au-dedans duquel cet effet
a lieu, la *sphère d'activité électrique* ; et l'influence de
cette sphère d'activité est une des choses les plus importantes de la théorie de l'électricité, parce qu'aucune
autre ne montre si clairement les lois particulières de la
statique électrique.

§. 4. Selon le système de Symmer, il arrive ce qui suit
dans la sphère d'activité électrique :

Si le conducteur de la machine est chargé d'électricité
vitrée, le conducteur isolé qu'on en approche apporte
les deux électricités combinées. Son électricité résineuse
est attirée par la vitrée du conducteur, quoique non pas
tout-a-fait enlevée, mais dissimulée ; de sorte que son
effet sur l'électricité vitrée du corps conducteur est affaibli.
Cette dernière électricité est donc libre à un certain point,
et le devient d'autant plus que le corps est plus rapproché
du conducteur. Si l'on éloigne le corps conducteur, l'effet
répulsif que l'électricité du conducteur de la machine
produisait sur son électricité vitrée naturelle, est affaibli ;
par conséquent les deux électricités de ce corps se combinent plus fortement, et l'effet de son électricité vitrée
naturelle devient moins sensible ; enfin, lorsque le corps

du conducteur est tout-à-fait hors de la sphère d'activité du conducteur de la machine, il se trouve dans l'état d'équilibre où tous les phénomènes électriques disparaissent.

Mais si l'on touche le corps conducteur tandis qu'il est dans le voisinage de la machine, on lui enlève seulement son électricité vitrée, qui alors n'est qu'imparfaitement combinée ; et son électricité résineuse reste, parce qu'elle est retenue et dissimulée par l'électricité vitrée du conducteur ; de sorte qu'elle ne peut s'échapper. Si, ensuite, on éloigne le corps conducteur, ce qui lui reste de son électricité vitrée naturelle ne suffit plus pour saturer son électricité résineuse ; par conséquent celle-ci redevient de plus en plus libre, et produit ainsi son effet accoutumé.

Il n'est besoin que de changer les expressions d'électricité vitrée et résineuse, pour expliquer le cas où le conducteur de la machine est chargé de cette dernière.

On voit comme ces phénomènes se déduisent naturellement de l'hypothèse de Symmer.

§. 5. Pour expliquer la formation de la sphère d'activité d'après la même hypothèse, il faut seulement admettre que les deux électricités agissent déjà l'une sur l'autre à distance, mais que cette action n'a d'autre influence que de diminuer leur activité réciproque, et ne peut enlever ni l'une ni l'autre des corps où elles sont fixées.

Si l'une des deux, l'électricité vitrée, par exemple, est accumulée en un corps quelconque, elle attire l'électricité résineuse contenue dans la combinaison des deux électricités de l'air environnant ; en même temps elle repousse l'électricité vitrée : ainsi, par cette double influence, elle diminue l'action mutuelle qui rendait jusque-là sans effet l'électricité vitrée combinée avec la résineuse. Par-là l'électricité vitrée de la couche d'air la plus voisine devient presque entièrement libre, et produit un effet semblable, mais plus faible, sur la combinaison des deux électricités des couches d'air environnantes; et cette influence se propage ainsi de couche en couche, à une distance plus ou moins grande, selon que la force de l'électricité vitrée qui a commencé tout l'effet, était plus ou moins considérable. D'après cette explication, dans toute la sphère d'activité, ni l'une ni l'autre des électricités ne se trouve nulle part à l'état naturel; mais l'une des deux est à l'état de lien; et ce lien est d'autant plus fort, qu'il est plus près du corps électrisé réellement.

Quand un conducteur isolé est placé dans la sphère d'activité, l'électricité résineuse de son état naturel est combinée à un certain degré avec l'électricité vitrée de la sphère d'activité, et par conséquent son électricité vitrée devient sensible à un certain point.

Quand, au contraire, un conducteur non isolé est placé dans cette même sphère d'activité, quoique la même chose ait lieu, l'effet est différent, parce que l'électricité vitrée s'échappe par le conducteur qui lui est offert, et il ne lui reste que l'électricité résineuse, mais à un état combiné.

C'est dans ce sens qu'il faut entendre ce qu'on dit, que la sphère d'activité tend toujours à exciter dans le corps qui y est placé, une électricité opposée à la sienne.

§. 6. Qu'on garnisse les deux côtés d'un plateau de verre mince, avec des feuilles d'étain laminé, de sorte pourtant que quelques pouces des deux surfaces du verre restent à découvert sur les bords, et qu'il n'y ait pas la moindre

communication conductrice entre ces deux garnitures métalliques : qu'on place le plateau de manière que ces deux
garnitures demeurent isolées , et qu'on communique alors
l'électricité du conducteur a la surface supérieure ; la
surface inférieure manifestera la même électricité. Si on
enlève a la surface supérieure son électricité au moyen
d'une pointe dirigée vers elle , l'électricité de la surface
inférieure disparaît aussi ; cependant l'électricité s'échappe
dans ces circonstances avec plus de difficulté que dans
toute autre disposition. Si , au contraire , on enlève l'électricité de la surface inférieure par le contact , avant de
détourner l'électricité de la surface supérieure , et qu'ensuite on approche une pointe de cette dernière , la surface inférieure indique une électricité croissante , mais
opposée.

§. 7. On ne peut méconnaître dans les circonstances
essentielles de cette expérience une parfaite ressemblance
avec l'expérience décrite pag. 270, §. 2, dès qu'on admet que
la sphère électrique de la surface supérieure s'étend a travers
le verre jusqu'à la surface inférieure. Cette opinion
semble parfaitement confirmée par l'observation rapportée
ci-dessus (pag. 261 , §. 9). Si la surface supérieure est
chargée d'électricité vitrée , elle neutralise l'électricité
résineuse naturelle de la surface inférieure , et alors l'électricité vitrée de celle-ci devient libre. Si l'on enlève
l'électricité vitrée de la surface supérieure, l'électricité
résineuse de la surface inférieure est de nouveau combinée
avec l'électricité vitrée de la même surface , et celle-ci
ne paraît pas électrique. Mais si l'on touche d'abord la
surface inférieure , on en détourne l'électricité vitrée
devenue libre ; il ne lui reste plus que son électricité résineuse , mais dissimulée , et rendue sans effet par l'élec-

tricité vitrée de la surface supérieure, tant que cette électricité vitrée y reste fixée ; enfin, dès qu'on enlève cette dernière, l'électricité résineuse de la surface inférieure doit devenir libre.

§. 8. D'après la comparaison des deux expériences, les conditions essentielles pour la formation d'une sphère d'activité se déterminent plus exactement encore.

Un corps conducteur doit être près d'un autre corps qui se trouve à l'état électrique, et en être séparé par un milieu non conducteur. Nous verrons dans la suite, que le corps électrisé peut être aussi bien un non conducteur qu'un conducteur. Dans l'air, la distance entre ces deux corps peut être assez grande, parce que la sphère d'activité s'y étend très-loin. Au contraire, si le milieu non conducteur est dense et compacte, comme le verre, par exemple, la sphère d'activité ne s'y étend qu'à de petites distances : par cette raison, le verre employé à cette expérience ne doit pas être trop épais. Dans ces circonstances, le conducteur qu'on approche montre toujours les phénomènes de la sphère d'activité, pourvu cependant que l'électricité ne soit pas tellement accumulée, que la distance explosive puisse atteindre le conducteur. Ce dernier cas, comme nous le verrons par la suite, peut arriver spontanément par l'effet d'une trop forte charge, même lorsque le milieu qui sépare est de verre.

Électricité accumulée.

§. 9. Quand on fait communiquer la surface inférieure du plateau avec le sol, et qu'on électrise alors la surface supérieure, celle-ci reçoit une beaucoup plus grande quantité d'électricité que lorsque les deux surfaces sont isolées.

Si le plateau de verre est électrisé de cette manière, on dit qu'il est *chargé*, et l'on nomme avec raison l'électricité obtenue par ce moyen, *électricité accumulée*, puisque ses effets se distinguent singulièrement de ceux de l'électricité ordinaire, considérée jusqu'ici. Si l'on touche seulement la surface inférieure, on n'en éprouve rien, puisque son électricité libre a pu s'écouler dans le sol. Si l'on touche seulement la surface supérieure, on reçoit son électricité, non comme celle du conducteur, par une seule étincelle, mais par plusieurs étincelles plus petites, très-piquantes, et se succédant rapidement les unes aux autres. Enfin, si l'on touche les deux surfaces en même temps (il est mieux de toucher d'abord celle de dessous), on reçoit toute l'électricité du plateau par une seule et forte étincelle, qui ne fait pas seulement éprouver une sensation piquante à l'endroit où on la reçoit, mais qui produit dans les deux bras, surtout aux jointures des coudes, une violente secousse qu'on nomme *coup électrique*, et qui ne se fait jamais sentir par l'électricité ordinaire. Cette décharge du plateau de verre peut s'effectuer, non-seulement au moyen des mains, mais aussi par toute autre communication conductrice entre les deux garnitures métalliques. Si l'on continue toujours à charger le plateau, l'électricité s'accumule toujours davantage, jusqu'à ce qu'enfin il se fasse une décharge *spontanée*, au moyen d'une étincelle qui, de la surface supérieure, va frapper la surface inférieure en traversant le verre, ce qui brise ordinairement le plateau.

C'est encore une circonstance digne de remarque, que cette électricité accumulée n'agit pas à beaucoup près aussi fortement sur l'électromètre que l'électricité libre. On peut se convaincre de cela en faisant communiquer un électromètre à cadran avec la surface supérieure du plateau, tandis

qu'il est chargé, ou, ce qui revient au même, en l'assujettissant au conducteur (*).

§. 10. Il est, dans le fait, étonnant de voir comme tous
ces phénomènes s'expliquent avec facilité par l'hypothèse
de Symmer.

Si le conducteur fournit de l'électricité vitrée, cette
électricité s'accumule sur la surface supérieure du plateau
jusqu'à ce que sa sphère d'activité atteigne la surface inférieure au travers du verre. Aussitôt que cela arrive,
l'électricité vitrée de la surface supérieure neutralise
l'électricité résineuse de la surface inférieure ; mais comme
chaque combinaison est réciproque, elle est elle-même
neutralisée à un certain degré, et par conséquent la surface
supérieure du plateau est mise jusqu'à un certain point à
l'état non électrique, au moins tant qu'elle ne contiendra
pas plus d'électricité vitrée qu'elle n'en aurait pu recevoir
sans cette combinaison. Mais l'électricité vitrée devenue
libre sur la surface inférieure, s'écoule et fait place à la
nouvelle électricité combinée qui arrive du sol. Celle-ci
est décomposée par l'électricité vitrée qui s'accumule sur la
surface supérieure, comme celle qui existait d'abord ; et
l'on conçoit facilement que la même opération continue sans
interruption, tant que la surface supérieure reçoit un excès
d'électricité vitrée. Mais tandis que l'électricité s'accumule
ainsi, la distance explosive de la surface supérieure pénètre
plus avant dans le verre ; et si elle atteint la surface inférieure, il doit y avoir une décharge spontanée.

Si l'on décharge le plateau avant ce moment, toute l'élec-

(*) Car malgré la grande quantité d'électricité accumulée, l'électromètre n'indiquera qu'une faible tension, à cause de l'action
attractive de l'électricité opposée qui se trouve répandue sur
l'autre face du plateau.

tricité accumulée sur la surface supérieure se combine tout d'un coup avec toute l'électricité résineuse accumulée sur la surface inférieure, par le plus court chemin qui lui est offert, et produit le coup électrique au moment du passage instantané à travers le corps.

La diminution de l'effet électrique sur l'électromètre vient de ce que les deux électricités ne peuvent avoir d'effet qu'à l'état libre, et qu'elles se trouvent dans le plateau de verre à l'état d'une certaine combinaison. Cette combinaison n'est cependant pas une vraie union des deux matières, puisque celle-ci se fait ensuite par la décharge. Chacune des électricités adhère à la surface où elle est amenée ; mais dans le voisinage où elles se trouvent, l'action de l'une réprime celle de l'autre.

§. 11. Si l'on recouvre la surface supérieure du verre avec une matière qui conduise mal l'électricité, par exemple, avec un vernis mêlé de poudre métallique, le plateau se charge de même, mais l'électricité ne se répand pas tranquillement sur sa surface supérieure ; au contraire, du milieu où elle afflue, elle se lance vers tous les côtés en éclairs serpentans. Si l'on fait communiquer la garniture inférieure avec le bord de la garniture supérieure, au moyen d'une bande conductrice d'étain, la charge a lieu encore ; mais si l'électricité est accumulée à un certain point, il se fait par la bande d'étain une décharge spontanée qui embellit le phénomène. Un semblable plateau s'appelle un *carreau magique.*

§. 12. Comme la forme du plateau de verre qu'on emploie pour cette expérience est tout-à-fait arbitraire, on se sert ordinairement, pour produire l'électricité accumulée, de l'appareil nommé *Bouteille de Leyde.* La disposition de cet appareil, qu'on regarde maintenant comme la plus convenable, est la suivante : un bocal de verre mince est recouvert en dedans et en dehors avec des feuilles d'étain laminé, de sorte qu'extérieurement et intérieurement il ne reste qu'un pouce et demi ou deux pouces du bord supérieur du verre, qui ne soient pas couverts. On enduit ordinairement ce bord avec une couche de cire à cacheter dissoute dans l'alcohol, parce que cette couche isole encore mieux que le verre seul. C'est la garniture intérieure de la bouteille, qui est chargée immédiatement par le conducteur ; et pour pouvoir la charger plus commodément, on ajoute à la bouteille un petit appareil qui consiste en une tige ronde de métal, plus haute que la bouteille, de trois ou quatre pouces, pourvue d'un bouton à son extrémité supérieure, et attachée par le bas à une plaque ronde de plomb, qui s'ajuste exactement au fond de la bouteille. On place cet appareil dans la bouteille, et dans le haut on l'assujettit au moyen d'un couvercle de carton enduit de cire à cacheter, à-peu-près à l'endroit où finit la garniture intérieure.

Pour charger la bouteille on la tient à la main, et l'on présente le bouton au conducteur ; ou bien on la place sur une table, et l'on fait communiquer le bouton au conducteur par le moyen d'une chaîne (a).

§. 13. Comme il serait dangereux de décharger avec les mains de trop fortes charges, on emploie pour cela un

---

(a) Il est dit dans les Dictionnaires de Physique (Gehler, II, 288 ; Fischer, II, 508), et vraisemblablement dans beaucoup d'autres ouvrages, que le verre épais est moins exposé au danger de se rompre, que le verre mince. Les bouteilles que fabrique M. Elckner, à Berlin, sont, ainsi que tous les instrumens de cet habile artiste, faites avec le plus grand soin ; elles ne se brisent ja-

petit instrument particulier, qu'on nomme un *excitateur*. Il consiste en une verge de métal courbée en arc, arrondie aux deux bouts, et terminée par deux boutons; ou bien encore une des extrémités est arrondie en anneau, et l'autre terminée par un bouton. On place un bout de cet instrument contre la garniture extérieure de la bouteille, et l'on touche, avec l'autre, la tige ou bouton qui surmonte : de cette manière toute la décharge passe à travers la verge de cuivre, sans que la main en éprouve la plus légère impression. L'excitateur est encore plus commode quand on fait tenir deux arcs métalliques mobiles à un manche isolant, de bois séché, recouvert de cire à cacheter, par exemple, de sorte qu'on puisse varier à volonté la distance des deux extrémités, dont l'une est ordinairement recourbée en anneau, et l'autre terminée par un bouton arrondi.

§. 14. La découverte de l'électricité accumulée fut faite en même temps, dans l'année 1745, par deux physiciens, par le chanoine Kleist à Cammin, et par Muschenbroek à Leyde. C'est pour cela qu'on nomme la bouteille qui sert à cette expérience, *bouteille de Leyde* ou de Kleist, et l'expérience elle-même, *expérience de Leyde*. Les Dictionnaires de Physique de Gehler et de Fischer donnent des détails circonstanciés sur cette découverte, à l'article *Flasche, geladene*.

§. 15. On peut faire avec la bouteille de Leyde une

---

mais par une décharge artificielle, et supportent presque toutes les décharges spontanées; et elles doivent cet avantage à ce qu'il choisit du verre très-mince, d'une densité et d'une épaisseur aussi égales que possible. Si l'explication de la sphère d'activité donnée ci-dessus est exacte, ce procédé s'accorde parfaitement avec la théorie.

quantité d'expériences instructives et amusantes. Par rapport aux premières , nous remarquerons seulement ce qui
suit :

La décharge a toujours lieu lorsqu'on établit une communication conductrice entre la garniture intérieure et la
garniture extérieure de la bouteille , de quelqu'étendue que
soit cette communication. On peut donc communiquer au
même instant *le coup électrique* à un grand nombre de
personnes , lorsqu'elles forment une chaîne en se tenant par
les mains , et que la première tient la garniture extérieure,
tandis que la dernière touche le bouton de la bouteille avec
la jointure du doigt.

Si l'on donne à l'électricité le choix pour le passage entre
un bon et un mauvais conducteur, elle passe par le premier,
et ne touche point du tout au dernier. C'est pour cela qu'on
peut tenir hardiment l'excitateur par les deux mains , sans
éprouver aucun coup. Cependant , lorsque le chemin par
un mauvais conducteur est beaucoup plus court , quelquefois l'électricité le préfère au chemin par un bon conducteur.

La chaîne de communication peut même être interrompue à un ou à plusieurs endroits ; et pourvu seulement
que la distance ne soit pas trop grande , la décharge a lieu,
cependant avec cette modification , qu'à chaque place où la
chaîne est interrompue le passage se fait par une étincelle
qui donne le coup.

§. 16. Lorsqu'on veut augmenter l'effet de la bouteille
de Leyde autant que possible , on fait une *batterie électrique* , c'est-à-dire qu'on réunit une quantité de semblables bouteilles , et qu'on met en communication , d'une
part , toutes leurs garnitures extérieures , et de l'autre
toutes leur garnitures intérieures. On établit très-simplement la communication entre les garnitures extérieures ,

en les plaçant toutes sur une même couche d'étain laminé; et celle des garnitures extérieures se fait aussi très-facilement, en joignant ensemble les tiges des bouteilles, ou mieux encore les boutons qui les terminent, au moyen d'un fil de métal. Le reste de la disposition extérieure est arbitraire, et doit être cherché dans des ouvrages plus étendus.

On charge cet appareil en tournant le plateau de la machine électrique après qu'on a fait communiquer la garniture intérieure au conducteur, par le moyen d'un fil ou d'une chaîne de métal.

On ne peut pas déterminer généralement combien de fois on doit tourner le plateau pour obtenir une charge complète, puisque cela ne dépend pas seulement de la grandeur de la machine, mais encore de l'état et de la température de l'air.

Comme les effets d'une batterie chargée ont une force qui exige de la prudence, il est fâcheux qu'on n'ait, jusqu'à présent, aucune marque à laquelle on puisse reconnaître avec certitude combien la charge est avancée. Il faut du moins apporter la plus grande attention à distinguer les signes imparfaits qui nous sont offerts. Sous ce rapport on doit observer ce qui suit : 1°. A chaque expérience on doit compter combien de fois on a tourné le plateau, afin de tirer une règle de ce qui est arrivé à la première expérience pour se diriger dans les suivantes. 2°. On ne doit jamais manquer de placer l'électromètre à cadran sur le conducteur, et de l'observer. Il s'élève à la vérité beaucoup plus lentement par la charge d'une batterie que par l'électricité du seul conducteur, ou par la charge d'une seule bouteille ; mais on peut déduire de son état durant la première expérience, une règle pour les suivantes, et l'on peut même, dans la première expérience, observer en quelque sorte la progression de la charge. 3°. Avant de commencer les expériences, on place sur les communications métalliques qui joignent ces garnitures intérieures, une verge de métal terminée aux deux bouts par une petite boule d'environ ¼ de pouce de diamètre, et qui prolonge quelque pouces au-delà de la batterie. On approche de temps en temps d'une de ces boules le bouton d'un excitateur isolé. A une certaine distance, une étincelle pétillante vient frapper l'excitateur; et l'on peut conclure à-peu-près la force de la charge, par l'éloignement où cette étincelle a lieu. Pour une batterie de 20 à 30 bouteilles de quart de Berlin, une distance d'un demi-pouce indique déjà une forte charge. 4°. Lorsqu'on est attentif à ce qui arrive dans toute la batterie, et qu'on entend un pétillement entre les bouteilles, on ne doit pas tarder à décharger la batterie, puisque ce bruit indique ou qu'il y a une bouteille endommagée, ou qu'il va se faire incessamment une décharge spontanée.

Il faut éviter la décharge spontanée, parce qu'elle fait casser souvent des bouteilles. La décharge artificielle se fait de même que dans une bouteille seule, en établissant une communication entre la garniture intérieure et la garniture extérieure.

§. 17. L'effet d'une batterie augmente avec le nombre des bouteilles qu'on y emploie, ou plutôt avec l'étendue des surfaces qui sont revêtues de métal.

Il faut aussi avoir égard à la force de la machine électrique dont on fait usage. Plus elle est faible, plus il faut de temps pour charger une même batterie, et plus aussi il se perd d'électricité par le contact de l'air; ce qui empêche la charge de s'effectuer.

§. 18. L'excitateur à tiges, de Henly , est une dépendance presque indispensable d'une batterie électrique.
Voici en quoi il consiste. Sur une petite planche longue
d'environ 12 pouces , et large de 6 à 8 , sont placés assez
près des deux extrémités les plus étroites , deux montans
isolés de 8 à 10 pouces de hauteur. Chacun d'eux supporte
une verge de métal posée transversalement , et qui est
recourbée en anneau du côté extérieur , et terminée du
côté intérieur par une boule ou par une pointe lorsqu'on
dévisse la boule. Ces verges de métal sont attachées aux
montans par le moyen d'une monture de cuivre , de sorte
que chacune d'elles peut faire trois sortes de mouvemens.
Elle peut se mouvoir en avant et en arrière dans la
monture ; elle peut être tournée horizontalement et verticalement. Entre les deux montans est une espèce de
petite table de bois très-sec , qu'on peut placer plus haut
ou plus bas à volonté , et qu'on peut même ôter tout-à-fait.
Sur la petite table est encore un plateau de la même
grandeur qu'elle , et qu'on peut y adapter avec des vis
à la manière d'une presse.

Pour se servir de cet instrument , on attache l'un des
bouts d'une chaîne de métal à l'anneau d'une des verges
de métal , et l'autre bout à la garniture extérieure de la
batterie. On met le corps qu'on veut exposer à l'effet du
coup , sur la petite table , ou on le presse entre les deux
plateaux ; puis on donne aux boutons des deux verges de
métal la situation et la distance convenables par rapport au
corps ; ensuite on attache l'anneau d'un excitateur ordinaire
(pag. 279 , §. 13) à l'anneau de la seconde verge métallique , et l'on touche avec le bouton de l'excitateur ordinaire la garniture intérieure de la batterie ; l'étincelle
électrique est alors , comme on le voit aisément , forcée de

passer par le corps qui est placé entre les deux boutons de l'excitateur.

§. 19. Parmi les innombrables expériences qui se font avec une batterie électrique, nous rapporterons seulement les suivantes :

Les oiseaux et les autres petits animaux sont tués instantanément par la décharge d'une batterie. Pour faire l'expérience sur de plus grands animaux, il faut user de beaucoup de prudence. Les chenilles paraissent faire une exception, et peuvent soutenir non-seulement la décharge d'une batterie, mais même, selon l'observation d'un de mes amis, la décharge de la poudre.

L'étincelle d'une batterie passe à travers un plateau de verre mince, avec un grand bruit, mais sans le rompre en éclats ; il ne s'y fait qu'un trou presqu'imperceptible.

Elle perce plusieurs doubles de feuilles de carton, un jeu de cartes, des lames d'étain ou de plomb. Il est à remarquer que ces ouvertures ont les bords relevés des deux côtés.

L'étincelle électrique rougit, fond et oxide, ou brûle des fils déliés de métal. Il est très-facile de faire cette expérience avec de petites batteries, lorsqu'on se sert d'un bout très-court d'un fil très-mince, par exemple de la plus petite des cordes d'acier que l'on emploie dans les pianos.

Une feuille d'or ou d'argent pressée entre deux plaques de verre est incrustée dans le verre par l'étincelle électrique. Une feuille qui contient de l'alliage, perd par cette opération une partie de sa couleur en plusieurs endroits ; ce qui est l'effet d'un commencement d'oxidation.

Si l'on approche de la surface de l'eau les deux boutons de l'excitateur de Henly, déjà à cinq à six pouces de distance l'un de l'autre, la décharge se fait avec un bruit très-fort. Si on tient un doigt dans l'eau pendant la décharge, on éprouve quelque commotion. Il est hors de doute que la vapeur d'eau conductrice qui se trouve au-dessus de l'eau, favorise la décharge.

Si l'on met les boutons de l'excitateur dans l'eau, à une petite distance l'un de l'autre, l'étincelle paraît dans l'eau entre les boutons, ce qui donne à l'eau un mouvement remarquable.

CHAPITRE XXXV.

De l'Electrophore et du Condensateur.

§. 1. Alexandre Volta, de Pavie, celui des physiciens vivans qui s'est le plus occupé de l'électricité, a augmenté les appareils électriques de plusieurs instrumens très-remarquables, parmi lesquels se trouvent l'électrophore et le condensateur. Les découvertes de ce savant sont caractérisées par cela, qu'aucune n'est due au hasard, mais que toutes sont des fruits de l'étude et de l'application de la théorie.

De l'Electrophore.

§. 2. Qu'on se représente un plateau circulaire de fer-blanc, entouré d'un bord en saillie, mais peu élevé. Sa grandeur est très-variable : il y a de petits électrophores de quelques pouces de diamètre, et de grands, dont le diamètre est de deux jusqu'à cinq pieds ; le bord doit toujours être relativement très-bas, d'un huitième de pouce, à-peu-près, pour les petits électrophores, et d'un pouce environ pour les plus grands. Ce plateau se nomme la *forme de l'électrophore*.

Il est rempli avec de la résine, de la poix, de la cire à

cacheter, du soufre, ou une composition résineuse quelconque. On doit avoir soin que la masse qui le remplit n'ait aucune fente, et que la surface soit bien unie. Cette masse s'appelle *le gâteau de l'électrophore*.

La troisième et dernière partie essentielle de l'instrument s'appelle *le couvercle*. Il consiste en un plateau circulaire, dont le diamètre est plus petit que le diamètre de la forme, d'un huitième ou d'un dixième. Il doit être d'une matière conductrice, et n'avoir aucun angle ni aucune proéminence. S'il est de fer-blanc, le bord doit être arrondi; mais il est difficile alors de le conserver parfaitement uni, et par cette raison il vaut mieux le faire de plusieurs cartons collés l'un sur l'autre et recouverts avec du tain. On le suspend à trois cordons de soie, comme un plateau de balance; ou bien on y adapte au milieu un manche de verre. Enfin, il doit pouvoir être enlevé isolément.

§. 3. On excite l'électricité de cet instrument, en frottant le gâteau avec une queue de renard, ou une peau de chat parfaitement sèche, qui lui donne l'électricité résineuse.

Les propriétés qui distinguent l'électrophore, se manifestent dans les phénomènes suivans :

1°. Si l'on place le couvercle sur le gâteau électrisé, l'électricité s'y conserve plusieurs jours, même plusieurs semaines. De là vient le nom d'électrophore, c'est-à-dire *porteur d'électricité*.

2°. Si l'on pose un électromètre sur le couvercle avant de le placer sur le gâteau, et qu'on l'approche peu-à-peu de celui-ci, les fils de l'électromètre s'éloignent à mesure qu'on avance vers le gâteau. Le couvercle est donc électrisé alors, et son électricité est la même que celle du gâteau. Mais si on enlève le couvercle sans l'avoir touché, les fils se rapprochent d'autant plus qu'on élève le couvercle davantage ; enfin , lorsqu'il se trouve hors de la sphère d'activité du gâteau , toute trace d'électricité disparaît (*).

3°. Si l'on replace le couvercle sur le gâteau , et qu'on le touche avant de l'enlever , ou , ce qui est encore mieux , qu'on touche en même temps , avec la même main , la forme et le couvercle , le doigt qui touche au couvercle reçoit une petite étincelle , et les fils de l'électromètre se réunissent ; de sorte que le couvercle ne paraît plus avoir aucune électricité : mais si on l'enlève alors par le manche isolant , les fils de l'électomètre s'écartent d'autant plus qu'on éloigne le couvercle davantage , jusqu'à ce qu'enfin , lorsqu'il est hors de la sphère d'activité du gâteau , ils conservent entre eux un certain éloignement. Le couvercle est donc électrisé, mais de l'électricité contraire à celle du gâteau. Si l'on abaisse de nouveau le couvercle , les fils se rapprochent , et toute l'électricité semble avoir disparu

---

(*) Lorsqu'on fait cette expérience , il ne faut pas laisser trop long-temps le plateau en contact avec le gâteau de l'électrophore , ou même dans sa sphère d'activité ; car , comme l'électricité naturelle du plateau se trouve décomposée , et que la partie vitrée est seule retenue par l'attraction de la résine , tandis que la résineuse est repoussée , celle-ci a une tendance à s'échapper ; c'est là ce qui fait diverger les fils de l'électromètre. Or, comme l'air qui environne le plateau ne produit jamais un isolement parfait, une partie de cette électricité s'échappe par ce moyen. Et , quoique cet effet soit assez faible dans un instant très-court , comme il est continuel , il augmente avec le temps , de manière que le plateau finit par se trouver déchargé de son électricité résineuse , précisément comme si on l'avait touché ; et l'on peut s'assurer de ses pertes successives au moyen de l'électromètre.

quand il est posé sur le gâteau. Mais si on touche le couvercle avant de l'abaisser, on reçoit une étincelle assez forte, qui lui enlève toute son électricité.

4°. On peut répéter cette expérience autant de fois qu'on veut, et tirer alternativement du couvercle des étincelles, tandis qu'il est élevé et tandis qu'il est sur le gâteau, sans que ce dernier perde rien de son électricité.

§. 4. D'après ce qui a été dit dans le chapitre précédent, sur la sphère d'activité électrique, ces phénomènes offrent peu de chose qui ait besoin d'une explication particulière. Le seul phénomène nouveau qu'on remarque ici, c'est qu'il ne se produit pas une vraie *communication*, mais un simple *partage* de l'électricité, lorsqu'en pose le couvercle sur le gâteau. Nous avons déjà vu cependant (p. 254, §. 12) que la forme des corps a une grande influence sur la communication de l'électricité, et que la communication est d'autant plus difficile, que le corps offre moins de pointes et d'angles saillans. L'électrophore nous apprend donc une nouvelle loi de la communication, c'est-à-dire *qu'entre deux surfaces planes, dont l'une est conductrice et l'autre non conductrice de l'électricité, il ne peut y avoir aucune communication.*

Le reste est clair pour ceux qui comprennent les lois de la sphère d'activité.

§. 5. L'électrophore peut remplacer la machine électrique dans un grand nombre de cas ; car lorsqu'il est une fois électrisé, il est, pour ainsi dire, une source inépuisable d'électricité : même par ce moyen on peut charger des bouteilles de Leyde avec les deux électricités. Pour cela, on place deux bouteilles près de l'électrophore, et l'on fait communiquer la garniture extérieure de l'une avec le couvercle métallique. Cette bouteille tire des étincelles du couvercle lorsqu'il est sur le gâteau ; et l'autre bouteille en tire de ce même couvercle, quand il est enlevé. La première est donc par la chargée d'électricité résineuse, et la seconde d'électricité vitrée. On n'obtient cependant de fortes charges que lentement, lorsque l'électrophore n'est pas très-grand.

§. 6. Nous devons encore rapporter un moyen facile d'accumuler l'électricité sur le gâteau. On charge une bouteille d'électricité, au moyen de l'électrophore ou de la machine, et on la pose sur le gâteau ; cela fait, on la prend par le bouton, et l'on promène ainsi le fond de la bouteille sur l'électrophore : de cette manière, toute l'électricité vitrée de la bouteille passe peu-à-peu dans la main, et le gâteau prend aussi peu-à-peu toute l'électricité résineuse qu'elle retenait combinée, et son électricité en est augmentée.

§. 7. Parmi les expériences qui ne se font qu'avec l'électrophore, se trouve celle qu'on désigne sous le nom de *figures de Lichtenberg*. On charge deux bouteilles, l'une d'électricité vitrée, l'autre d'électricité résineuse. On tient chacune d'elles par la garniture extérieure, et l'on dessine quelques traits sur le gâteau avec le bouton, après qu'on a enlevé toute autre électricité au gâteau, en le frottant et l'essuyant avec une toile de lin. On le saupoudre ensuite de poudres fines ; par exemple, de soufre, de poudre de résine, de minium, etc., etc. ; et les traits qu'on y a faits avec l'une ou l'autre des électricités, se distinguent très-sensiblement par le moyen de ces poudres, qui vont se ranger sur leurs contours.

§. 8. On peut voir dans les Dictionnaires de Physique de Gehler et de Fischer, et dans d'autres ouvrages plus étendus, les autres expériences qui se font avec l'électrophore. On en a fait dernièrement une ingénieuse application pour le *briquet électrique*, instrument dont le premier et imparfait appareil est décrit dans les Dictionnaires de Physique cités, à l'article *Lampe electrische*. Je ne connais aucune description imprimée de sa nouvelle construction ; ce qu'elle a d'essentiel, consiste en ce qu'une boîte est adaptée à l'électrophore au-dessous de la machine, et qu'il n'est besoin que de tourner un seul robinet pour produire l'inflammation. Ces briquets sont très-répandus à Berlin, et les meilleurs sont fabriqués par M. Elckner.

Du Condensateur.

§. 9. On a commencé, dans ces derniers temps, à faire des recherches très-instructives sur les faibles degrés d'électricité qui se manifestent dans un grand nombre de circonstances. Le physicien qui veut approfondir la science, doit donc connaître les instrumens qui peuvent servir pour ces recherches. On y emploie principalement, outre les électromètres très-sensibles, le condensateur de Volta, avec lequel les effets de l'électricité la plus faible peuvent être observés.

§ 10. La construction du condensateur peut être variée de différentes manières ; mais elle est toujours extrêmement simple. Les parties essentielles sont le *couvercle* et la *base*. Le couvercle est disposé comme celui d'un électrophore (pag. 286, §. 2) ; seulement il est ordinairement beaucoup plus petit : il a environ 2 ou 5 pouces de diamètre. Il est convenable de le faire en métal et de polir la surface inférieure. La *base* est un plateau d'un diamètre un peu plus grand. La matière qui le compose doit ne pas conduire l'électricité ; ou, si l'on emploie une matière qui la conduise, elle doit être recouverte de quelque substance qui ne se laisse point pénétrer par l'électricité. Ordinairement c'est un disque poli, couvert d'un taffetas ou d'une couche mince de vernis. On peut employer aussi pour le même usage une plaque de marbre très-sec et chauffé, un plateau de bois séché et couvert d'une légère couche de vernis, etc., etc.; même, puisque l'air est mauvais conducteur de l'électricité, on n'a besoin que de placer trois petites plaques de verre sur une table, pour servir de supports, et de mettre le couvercle dessus; la couche d'air qui est au-dessous tient lieu de la base.

§. 11. Dans l'électrophore le gâteau est électrisé; dans le condensateur, on communique immédiatement au couvercle, tandis qu'il est sur sa base, la faible électricité qui doit être examinée. Tant qu'il est posé sur la base, il ne montre presqu'aucune électricité; mais si on l'élève, il agit sensiblement sur l'électromètre, et donne même des étincelles. On peut en faire l'expérience avec le petit reste d'électricité que conserve une bouteille après la décharge complète.

§. 12. La théorie du condensateur n'a aucune difficulté, d'après ce qui a été dit ci-dessus. Il n'y a aucune communication entre le couvercle et la base (pag. 289, §. 4); par conséquent, l'électricité communiquée au couvercle forme une sphère d'activité. Si l'on donne l'électricité vitrée au couvercle, elle neutralise jusqu'à un certain degré l'électricité résineuse contenue dans l'électricité naturelle de la base, et par une conséquence nécessaire elle se trouve neutralisée elle-même à un degré égal. Ainsi, le couvercle reçoit par-là, de même qu'une bouteille qu'on charge, la faculté d'accumuler plus d'électricité. Il aspire donc toute l'électricité des corps qui lui sont présentés; mais cette électricité est dissimulée entièrement ou en très-grande partie, tant que le disque supérieur est posé sur le plateau inférieur ; et ce n'est qu'en l'enlevant , et lorsque la base est tout-à-fait hors de la sphère d'activité du disque supérieur , que l'électricité de celui-ci se manifeste de la manière ordinaire.

On conçoit très-facilement comment cet instrument, très-ingénieusement inventé pour la recherche des très-petits degrés d'électricité , peut avoir une application dans d'autres cas. (Voyez l'article *Condensator* , dans les Dictionnaires de Physique de Gehler et de Fischer.)

CHAPITRE XXXVI.

De l'Excitation de l'Électricité par d'autres moyens que le frottement , et en particulier du Galvanisme.

§. 1. Plusieurs physiciens du siècle dernier , entr'autres Nollet , Winkler et Franklin , eurent en même temps l'idée que le tonnerre est un phénomène électrique. Mais le célèbre Franklin eut non-seulement le mérite incontestable d'avoir décidé la question par l'expérience ; il s'acquit encore une renommée éternelle par l'invention des paratonnerres. Une exposition détaillée de la théorie de la foudre appartient plutôt à la géographie physique qu'à la physique mécanique ; mais nous avons toutefois rapporté ici ce phénomène , parce qu'il prouve d'une manière frappante que la nature possède , pour l'excitation d'une très-forte électricité , des moyens que nous ne connaissons peut-être pas encore : car il n'y a pas la moindre vraisemblance que l'électricité du tonnerre soit produite par le frottement de l'air contre l'air , ou de l'air contre la vapeur d'eau. La circonstance suivante demande quelqu'attention. Durant un orage, l'atmosphère étant remplie de vapeur d'eau et de gouttes de pluie, elle a une communication très-conductrice avec le sol, par laquelle une quantité considérable d'électricité est insensiblement détournée du nuage orageux. Mais comme il se fait cependant de très-fortes décharges par les éclairs, et qu'elles se répètent souvent pendant plusieurs heures, on est forcé d'admettre que dans le nuage orageux lui-même il s'opère continuellement un phénomène quelconque, par lequel une si grande quantité d'électricité devient libre, que la force conductrice de l'air ne la peut enlever, ni même l'affaiblir sensiblement. Quant à la manière dont se produit ce phénomène, nous l'ignorerons peut-être encore long-temps. (*Voyez* au reste, sur ce sujet, les articles *Blitz*, *Blitzableiter*, *Donner*, *Electricitaet*, *Gewitter*, *Spitzen*, *Wetterleuchten*, dans les Dictionnaires de Gehler et de Fischer.)

§. 2. Le frottement est sans doute le moyen le plus actif d'exciter l'électricité, et il est sûr qu'il s'en produit à chaque frottement de deux corps, sur-tout lorsque ces deux corps ne sont pas homogènes. Seulement il se peut que cette électricité n'occasionne pas d'effet sensible, soit à cause de son peu d'intensité, soit parce qu'elle est aussitôt détournée par les moyens de conductibilité qui lui sont offerts. Mais on sait aussi maintenant exciter l'électricité par d'autres moyens que le frottement, quoique ce ne soit qu'à de faibles degrés.

On doit d'abord ranger parmi ces moyens excitateurs la grande influence que le froid et la chaleur exercent sur les phénomènes électriques : ils changent la conductibilité des corps. Le verre chauffé jusqu'à la couleur rouge devient conducteur ; et la glace, par un très-grand froid, cesse d'avoir cette propriété. La terre siliceuse chauffée dans un creuset, montre une attraction électrique pour les parois de ce vase. Les phénomènes électriques que produit la tourmaline chauffée, sont sur-tout étonnans. (*Voyez* les Dictionnaires de Gehler et de Fischer, article *Turmalin.* — *Voyez* aussi la Physique et la Minéralogie de Haüy.)

Un vaste champ pour les recherches s'offre encore ici aux chimistes; car il y a apparence qu'à chaque combinaison chimique il se fait aussi des changemens dans l'état électrique des corps. En effet, on reconnaît des traces d'électricité, lors du passage de l'eau liquide à l'état de vapeur, par l'ébullition ; lorsque les charbons se consument, lorsque le soufre, la cire, la résine, fondent; et suivant la belle observation de Lavoisier et de Laplace, lorsque le fer est dissous dans l'acide sulfurique, etc. etc. Il est fort à désirer que les chimistes puissent suivre cet indice, qui conduira peut-être à des éclaircissemens très-intéressans à beaucoup d'égards. On conçoit aisément l'utilité que doivent avoir, par rapport à ces recherches, les instrumens qui rendent sensibles les faibles degrés d'électricité (pag. 291, §. 9).

Du Galvanisme.

§. 3. La découverte la plus importante qui ait été faite de notre temps sur ce sujet, est celle de l'effet qui se manifeste par le simple contact de deux métaux, dont l'un prend ainsi une électricité résineuse, et l'autre une électricité vitrée. Cette découverte est devenue une source de recherches nouvelles et très-remarquables. On a trouvé les moyens d'augmenter considérablement cette électricité, et elle produit ainsi plusieurs effets qui lui sont absolument particuliers ; de sorte que, maintenant encore ; quelques physiciens doutent de sa parfaite identité avec l'électricité (*). On a donné à tout ce qui se rapporte à cette nouvelle découverte, le nom de *galvanisme*, parce que Galvani, physicien de Bologne, a le premier observé le phénomène qui a conduit à s'occuper de ces recherches. Cependant nous devons encore ce qui a été fait de plus important sur ceci, à la pénétration de Volta.

§. 4. Dans l'année 1791, Galvani s'aperçut, par hasard, que la cuisse d'une grenouille, séparée du corps et dépouillée, éprouvait des contractions au moment où l'on faisait communiquer deux métaux, dont l'un était en contact avec un nerf de cette cuisse, et l'autre avec un muscle. Il reconnut ensuite que ce phénomène s'opérait également sur toutes les parties de l'animal tué, mais que l'irritabilité du muscle nécessaire pour le produire, ne durait que peu de momens après la mort. Ces expériences furent bientôt répétées par tous les physiciens de l'Europe, avec toutes les modifications qu'on peut imaginer. Nous allons donner ici les observations et les découvertes les plus intéressantes qui ont été faites sur ce sujet, soit par Galvani, soit par d'autres physiciens.

1°. Le phénomène se produit avec tous les métaux, et même avec quelques autres corps, comme le charbon, la plombagine, etc. ; mais on emploie avec plus d'avan-

---

(*) Ceci pouvait être vrai lors de la publication de cet ouvrage en Allemagne ; mais depuis l'ingénieuse théorie que Volta a donnée des phénomènes galvaniques, il est impossible de ne pas y reconnaître l'action de l'électricité, et il n'y a plus à ce sujet qu'une seule opinion pour les physiciens et les chimistes éclairés.

tage le zinc mis en communication avec l'or, l'argent ou le cuivre.

2°. Au lieu de deux métaux, on pourrait faire également une sorte de chaîne galvanique, au moyen de plusieurs corps, dont l'une des extrémités serait terminée par un nerf, et l'autre par un muscle : l'effet s'opérerait aussitôt qu'on fermerait la chaîne dans le milieu. Cependant il paraît que tous les corps ne sont pas indifféremment propres à cet emploi, et que les conducteurs et les non-conducteurs de l'électricité conservent encore ici ces mêmes propriétés.

3°. On a reconnu qu'il n'est pas nécessaire que l'un des bouts de la chaîne se termine par un nerf, et l'autre par un muscle ; tous deux peuvent se terminer par un nerf ou par des fibres musculaires qui sont en communication avec un nerf.

4°. La présence de l'eau paraît être une condition essentielle de ce phénomène ; car lorsque les parties du corps animal, mises en contact, ne sont point humectées, l'effet produit est faible ou presque nul.

5°. L'expérience se fait sur tous les animaux, et même sur les parties séparées du corps humain ; mais l'irritabilité dure plus long-temps, après la mort, dans les animaux à sang froid, que dans ceux à sang chaud.

6°. Le contact de deux métaux peut aussi produire des phénomènes remarquables sur le corps vivant. Si l'on place deux pièces de métaux différens sur une ou sur deux plaies faites à quelques endroits du corps, on ressent une vive douleur dans l'instant où l'on met les deux métaux en contact (*). Si l'on met une pièce

(*) Cette expérience a été faite par M. de Humboldt. C'est lui

de zinc sous l'extrémité de la langue , une pièce d'argent
par-dessus , et qu'on fasse toucher alors les deux métaux , on éprouve une saveur acide bien déterminée.
Si l'on change l'ordre des métaux , la saveur est différente et comme brûlante , ou , ainsi que le disent
quelques personnes , alcaline. Si l'on place un métal contre
l'angle interne de l'œil , et l'autre entre la lèvre inférieure
et la mâchoire , on voit, au moment du contact , une lueur
devant les yeux , à-peu-près semblable à la réverbération
d'un éclair éloigné. On prétend qu'on reconnaît aussi une
très-subtile différence dans cette lueur , lorsque l'ordre des
métaux est changé.

§. 5. Les physiciens étaient d'avis très-différens sur
l'explication de ces phénomènes. Quelques-uns croyaient
qu'on avait découvert une nouvelle force naturelle qui
agissait seulement sur l'organisation animale, et qu'on
devait nommer , par cette raison , *électricité animale :*
la plupart considéraient ces phénomènes comme purement électriques ; mais ils n'étaient pas d'accord sur la
manière de les expliquer. Galvani présumait que dans
l'état de vie il se trouvait de l'électricité vitrée à l'intérieur des nerfs ; que les muscles ou l'enveloppe extérieure
des nerfs contenaient de l'électricité , et qu'il se produisait dans les expériences quelque chose de semblable à la
décharge d'une bouteille de Leyde. Volta , au contraire ,
avait observé que le simple contact de deux métaux

---

qui , se faisant appliquer deux vésicatoires sur les épaules , y fit
placer des pièces d'or , qui par leur communication produisirent
sur lui tous les effets que décrit ici l'auteur. M. de Humboldt
observant ainsi ces phénomènes sur lui-même , y trouva le sujet
de plusieurs remarques physiologiques importantes.

excitait dans tous deux un faible degré d'électricité, de
sorte que dans l'un on pouvait reconnaitre l'électricité
vitrée, dans l'autre l'électricité résineuse; et il avança
que cette propriété, jointe à la grande susceptibilité
connue des nerfs relativement à l'action des plus faibles
électricités, renfermait la cause de ces phénomènes. Cette
opinion paraît se confirmer par toutes les expériences faites
depuis.

La Pile de Volta, ou Batterie galvanique.

§. 6. Volta fut conduit par la seule force de son raisonnement, et non par le hasard, à la découverte d'un moyen
par lequel cette espèce d'électricité peut être augmentée
d'une manière surprenante; c'est ce qu'on appelle la *Pile
de Volta*. Pour la construire, on place des plaques d'argent
et de zinc, ou de cuivre et de zinc, alternativement les
unes au-dessus des autres, en séparant chaque couple par
une rondelle d'étoffe mouillée d'eau ou d'une dissolution
saline. La pile se continue toujours dans le même ordre où
on l'a commencée. Ainsi, par exemple, argent, zinc, eau;
argent, zinc, eau — argent, zinc, de manière que les
deux extrémités de la pile finissent par un métal différent.
Et selon le métal qui les termine, chacune de ses extrémités prend le nom de pôle zinc ou de pôle argent. Pour
observer les effets de la pile d'une manière suffisante, il
faut qu'elle soit composée au moins de 50 couples. Les
plaques qui y sont convenables doivent être à-peu-près de
la largeur d'un écu. Nous parlerons en particulier de l'effet
des plaques plus larges.

La colonne est ordinairement disposée de manière à
être tout-à-fait isolée. On commence et l'on termine souvent la pile par des plaques doubles, entre lesquelles on

interpose une plaque de laiton battu, qui a d'un côté un petit crochet auquel on peut attacher des fils de métal pour les expériences.

§. 7. Les expériences les plus remarquables qu'on puisse faire avec une pile semblable, sont les suivantes :

1°. Si l'on attache des fils de métal aux extrémités de la pile, et qu'on prenne un de ces fils dans chaque main, on ressent une commotion qui se répète et se prolonge autant que le contact. Cet effet est plus fort lorsque les mains sont mouillées ; il l'est encore beaucoup plus, quand on tient dans chacune d'elles une pièce de métal mouillée qu'on met en contact avec les fils de métal qui sont attachés à la pile, ou quand on fait plonger les deux fils dans un vase où il y a de l'eau, et qu'on touche ensuite l'eau avec les deux mains, etc., etc.

On peut faire passer cette commotion par telle partie du corps qu'on veut, et par une chaine de plusieurs personnes.

2°. Les phénomènes lumineux rapportés à l'article 4, s'opèrent très-facilement et de diverses manières ; par exemple, il suffit pour cela de prendre un des fils avec la main mouillée, et de faire toucher l'autre à l'œil aussi mouillé, ou même à la langue. Dans ce dernier cas, en éprouve de plus une saveur extrémement âcre. Du reste, tous les phénomènes indiqués, page 297, §. 3 et 4, ont lieu, et acquièrent même une plus grande intensité au moyen de la pile.

3°. Lorsqu'on fait communiquer avec les fils de la pile deux électromètres extrêmement sensibles, ils indiquent des marques d'électricité, très-faibles à la vérité, mais cependant non équivoques. L'extrémité zinc donne toujours de l'électricité vitrée, et l'extrémité argent ou cuivre, toujours de l'électricité résineuse. Ces électricités s'observent encore mieux lorsqu'on se sert d'un petit condensateur (pag. 291 , 9 — 12). On peut , avec cet instrument , charger ainsi de petites bouteilles , tracer les figures de Lichtenberg sur un électrophore (pag. 290 , §. 7) , etc.

4°. Si l'on attache un fil-de-fer à l'une des extrémités de la pile , et qu'on touche l'autre extrémité avec le même fil , on voit une étincelle électrique (*). Le phénomène arrive plus sûrement lorsqu'on enveloppe l'extrémité du fil-de-fer avec une légère feuille d'or. Cette feuille est consumée à l'endroit où l'étincelle a passé. On a enflammé du gaz tonnant avec cette étincelle , et même du phosphore et du soufre , en employant la feuille d'or , etc.

5°. L'expérience la plus importante qui se fasse avec la pile , se rapporte à la chimie ; mais elle est si remarquable, que nous ne pouvons pas négliger de la décrire. Il s'agit de la décomposition de l'eau. Pour l'effectuer , on remplit un tube de verre avec de l'eau distillée , et on le ferme à ses deux extrémités avec des bouchons de liège ; à travers ces deux bouchons passent deux fils métalliques qui plongent dans l'eau , et dont les bouts ne sont éloignés intérieurement que de quelques lignes. Ordinairement on aiguise les extrémités intérieures , mais cela n'est pas nécessaire : ces deux fils communiquent extérieurement chacun à un des pôles de la pile. Ces fils peuvent être d'argent ou de quelque métal plus grossier. Dans tous les cas , on observe les phénomènes suivans : l'extrémité du fil qui

---

(*) Si l'on attache deux fils métalliques très-fins aux pôles d'une pile électrique , et que l'on approche doucement ces deux fils l'un de l'autre jusqu'au contact, il s'établit entr'eux une attraction qui les retient unis.

est attaché au pôle argent ou cuivre dégage une quantité
de bulles d'air qui s'accumulent dans le haut du tube.
Lorsqu'on a rassemblé assez de cet air pour pouvoir
l'éprouver, on reconnaît que c'est de l'hydrogène, l'un
des principes constituans de l'eau. L'extrémité intérieure de
l'autre fil qui communique au pôle zinc, se garnit de l'oxide
du métal dont le fil est formé ; ce qui prouve qu'il se fait
de ce côté un dégagement d'oxigène. De cette manière,
on peut distinguer et reconnaître les deux principes constituans de l'eau (pag. 13, §. 9, et 123, §. 6).

Lorsque les deux fils sont de platine ou d'or pur, il se
dégage des gaz des deux côtés ; de l'hydrogène, comme
auparavant, du côté argent, et de l'oxigène du côté zinc.
On se sert ici d'un tube recourbé en forme de V, afin de
recueillir et d'éprouver séparément les deux gaz.

Cette décomposition peut s'opérer aussi par l'électricité
ordinaire, mais non pas commodément ni d'une manière
si active. (*Annal. de Gilb*, XI, 220.)

6°. En général, l'électricité de la pile exerce, à ce qu'il
paraît, une plus grande influence sur les effets chimiques
que sur les effets mécaniques. Dans la pile elle-même, il
ne se fait pas seulement une décomposition de l'eau dont
les rondelles d'étoffe sont mouillées ; mais lorsqu'on les a
trempées dans une dissolution saline, on remarque aussi
une décomposition du sel qui attaque et oxide fortement
les plaques de métal entre lesquelles est placée la rondelle
d'étoffe. D'après cette observation, plusieurs physiciens
pensent que l'électricité de la pile doit plutôt être attri-
buée à ces actions chimiques qu'au contact des métaux ;
mais les principes qu'a donnés Volta, et les expériences
contraires à cette opinion, ne lui laissent que peu de vraisemblance.

§. 8. Parmi les remarques faites nouvellement sur cet objet, la plus singulière, c'est que certains effets augmentent d'intensité avec la hauteur de la pile, ou plutôt avec le nombre des couples qui la composent, et que la force de quelques autres dépend de la largeur des plaques.

Les effets qui se produisent sur les corps animaux sont très-différens selon le nombre des plaques ; mais le plus ou le moins de largeur des plaques ne paraît influer sur eux que très-peu, ou même point du tout. Au contraire, l'étincelle acquiert une grande force et une influence chimique très-considérable, lorsqu'on emploie des plaques de 6 à 8 pouces de diamètre. Il y a apparence qu'aucun métal ne peut résister à l'effet de ce feu électrique ; et même l'argent, l'or et le platine se fondent ainsi et s'oxident avec une belle lumière bleue, c'est-à-dire qu'ils brûlent. Mais pour cette expérience, ils doivent être employés en feuilles très-minces.

Rapports de l'électricité avec le galvanisme.

§. 9. Il est étonnant que parmi des ressemblances si marquées entre les phénomènes de l'électricité et du galvanisme, on ne trouve en aucun point une concordance parfaite. La commotion que fait éprouver la pile, se distingue sensiblement de celle produite par la bouteille de Leyde. Avec de petites plaques, on n'obtient qu'une très-faible étincelle ; avec des plaques larges, les effets chimiques de l'étincelle surpassent ceux de l'électricité ordinaire. L'attraction et la répulsion électrique, ainsi que la charge de la bouteille, ne se font qu'avec beaucoup de difficultés au moyen de la pile, tandis que la décomposition de l'eau s'opère ainsi plus facilement sans comparaison que par la simple électricité. L'isolement, sans lequel la plupart des expériences électriques ordinaires ne peuvent réussir, paraît à-peu-près inutile pour une grande partie des expériences faites avec la pile ; cependant il est nécessaire, quand on veut mettre l'électromètre en mouvement, ou charger le condensateur ou des bouteilles. La présence de l'eau est entièrement inutile dans presque toutes les expériences électriques ; c'est une condition essentielle pour toutes les expériences galvaniques.

Cependant, comme toutes ces différences sont plutôt produites par des diversités d'intensité, que par des anomalies véritables dans ce qui constitue les phénomènes, on peut ne pas mettre en doute l'identité de la force qui agit dans les deux cas. — En effet, on peut aisément concevoir qu'il doit exister une grande différence dans les effets, lorsqu'on pense que presque tous les phénomènes de l'électricité ordinaire ont lieu par un mouvement instantanée de la matière électrique, et qu'au contraire les phénomènes galvaniques ne s'opèrent qu'au moyen d'un courant continuel de cette même matière.

§. 10. Ceux qui voudront connaître plus exactement les expériences et les recherches innombrables des physiciens sur ces étonnans phénomènes, pourront consulter les *Annales de Gilbert*, où l'on peut prendre une idée de tout ce qui a été fait sur ce sujet. Pour cela, l'éditeur a donné dans un Supplément au douzième volume, une table alphabétique de tous les objets contenus dans les douze premiers, et de plus une revue systématique de tous les mémoires qui ont rapport au galvanisme.

ADDITION AU GALVANISME.

Pour compléter les notions que l'auteur vient de donner sur le galvanisme, et sur-tout pour assurer dans tous ses points ses rapports avec l'électricité, j'ai cru devoir joindre ici un rapport fait à l'Institut national par la commission du galvanisme, au sujet des expériences de Volta.

Les premiers phénomènes galvaniques consistaient dans des contractions musculaires excitées par le contact d'un arc métallique. Galvani et plusieurs autres physiciens les regardèrent d'abord comme produites par une électricité particulière et inhérente aux parties animales. Volta montra le premier que l'arc animal introduit dans ces expériences ne servait qu'à recevoir et à manifester l'influence, mais trèspeu, ou point du tout, à la produire. L'irritation musculaire, que l'on avait cru d'abord la partie importante du phénomène, ne fut plus, selon lui, qu'un effet de l'action électrique, produite par le contact mutuel des métaux dont l'arc excitateur était formé. Cette opinion, qui trouva des partisans et des contradicteurs, fit multiplier les expériences propres à l'appuyer et à la combattre ; et il arriva ce qui arrive toujours dans l'enfance des découvertes. On vit paraître avec les faits une foule d'anomalies singulières qui rendaient leur liaison plus difficile, et qui même étaient alors absolument inexplicables, parce qu'elles étaient dues à des circonstances très-délicates, dont l'influence n'était pas encore bien connue.

Tel était l'état de cette branche de la physique, lorsque la commission du galvanisme fit son premier rapport à l'Institut : son but avait été de déterminer avec exactitude les conditions propres à développer et à modifier les effets galvaniques ; elle n'essaya point de les expliquer, et se borna à les présenter dans l'ordre qui lui parut le plus convenable. On ne connaissait point en France, à cette époque, les recherches par lesquelles Volta, en suivant la route qu'il s'était frayée, a cherché à rattacher à sa première découverte tous les phénomènes que le galvanisme présente. Il en a fait connaître depuis beaucoup d'autres également importans, qu'il a liés par une théorie extrêmement ingénieuse ; et s'il reste encore quelque chose à faire pour déterminer avec exactitude les lois de cette action singulière, et les soumettre à un calcul rigoureux, du moins les faits principaux qui doivent lui servir de base paraissent invariablement fixés.

On se propose, dans ce qui va suivre, de rendre compte de ces expériences fondamentales, et de faire connaître comment Volta les a fait servir à l'établissement de sa théorie. On peut être assuré que toutes ces expériences ont été répétées et vérifiées avec soin.

Le fait principal, celui dont tous les autres dérivent, est le suivant :

Si deux métaux différens, isolés, et n'ayant que leur quantité d'électricité naturelle, sont mis en contact, on les retire du contact dans des états électriques différens ; l'un est positif, et l'autre négatif.

Cette différence, très-petite à chaque contact, étant successivement accumulée dans un condensateur électrique, devient assez forte pour faire écarter très-sensiblement l'électromètre. L'action ne s'exerce point à distance, mais seulement au contact des différens métaux : elle subsiste aussi long-temps que le contact dure ; mais son intensité n'est pas la même pour tous.

Il nous suffira de prendre pour exemple le cuivre et le zinc. Dans leur contact mutuel, c'est le cuivre qui devient négatif, et le zinc devient positif.

Après avoir prouvé le développement de l'électricité métallique, indépendamment de tout conducteur humide, Volta introduit ces conducteurs.

Si l'on forme une lame métallique avec deux morceaux, l'un de zinc, l'autre de cuivre, soudés bout à bout, que l'on prenne entre les doigts l'extrémité de la lame qui est de zinc, et que l'on touche avec l'autre extrémité, qui est de cuivre, le plateau supérieur du condensateur qui est aussi de cuivre, celui-ci se charge négativement. Cela est évident, d'après l'expérience précédente.

Si au contraire on tient entre les doigts l'extrémité cuivre, et que l'on touche avec l'autre extrémité, qui est zinc, le plateau supérieur du condensateur, qui est de cuivre; lorsqu'on détruit le contact et qu'on enlève le plateau supérieur, il n'a point acquis d'électricité, quoique le plateau inférieur communique avec le réservoir commun.

Mais si on place entre le plateau supérieur et l'extrémité zinc un papier imbibé d'eau pure, ou tout autre conducteur humide, le condensateur se charge d'électricité positive. Il se charge encore, mais négativement, lorsque l'on touche avec l'extrémité cuivre le plateau recouvert par le conducteur humide, en tenant entre les doigts l'extrémité zinc. Ces faits sont incontestables; ils ont été vérifiés par la commission.

Voici comment Volta les explique et les rapporte au fait précédent.

Les métaux, dit-il, et probablement tous les corps de la nature, exercent, comme on vient de le voir, une action réciproque sur leurs électricités respectives au moment du contact. Lorsqu'on tient la lame métallique par son extrémité cuivre, une partie de son fluide électrique passe dans la lame opposée, qui est de zinc; mais si ce zinc est en contact immédiat avec le condensateur, qui est aussi de cuivre, celui-ci tend à se décharger de son fluide avec une force égale, et le zinc ne peut rien lui transmettre; il doit donc se trouver, après le contact, dans l'état naturel. Si, au contraire, on place un papier mouillé entre le zinc de la lame et le plateau de cuivre du condensateur, la propriété motrice de l'électricité, qui ne subsiste qu'au contact, est détruite entre ces métaux ; l'eau, qui paraît jouir à un degré très-faible de cette propriété par rapport aux substances métalliques, n'arrête que très-peu la transmission du fluide du zinc au condensateur, et celui-ci peut se charger positivement.

Enfin, lorsque l'on touche le condensateur avec l'extrémité de la lame qui est cuivre, le papier humide interposé, et dont l'action propre est très-faible, n'empêche pas le plateau métallique de faire passer une partie de son électricité positive dans la lame de zinc : alors, en détruisant le contact, le condensateur se trouve chargé négativement.

Il est facile, d'après cette théorie, d'expliquer la pile de Volta. Pour le faire avec plus de simplicité, supposons qu'on la forme sur un isoloir, et représentons par l'unité l'excès d'électricité que doit avoir une pièce de zinc sur une pièce de cuivre qu'elle touche immédiatement (a).

Si la pile n'est composée que de deux pièces, l'une inférieure de cuivre, l'autre supérieure de zinc, l'état élec-

---

(a) Les quantités d'électricité accumulées dans un corps au-delà de son état naturel sont, toutes choses égales d'ailleurs, proportionnelles à la force répulsive avec laquelle les molécules du fluide tendent à s'écarter les unes des autres, ou à repousser une nouvelle molécule qu'on essaierait de leur ajouter. Cette force répulsive qui, dans les corps libres, est balancée par la résistance de l'air, constitue ce que nous nommerons la *tension* du fluide ; tension qui n'est point proportionnelle à l'écart des pailles dans l'électromètre de Volta, ni des boules dans celui de Saussure, et qui ne peut être exactement mesurée que par le moyen de la balance électrique.

trique de la première sera représenté par $-\frac{1}{2}$, et celui de la seconde par $+\frac{1}{2}$.

Si l'on ajoute une troisième pièce qui doit être de cuivre, il faudra, pour qu'il se fasse un déplacement de fluide, la séparer, par un carton mouillé, de la pièce de zinc inférieure ; alors elle devra acquérir le même état électrique que cette dernière, du moins en négligeant l'action propre de l'eau qui paraît fort petite, et peut-être encore la très-faible résistance que ce liquide, comme conducteur imparfait de l'électricité, peut opposer à la communication. L'appareil étant isolé, l'excès de la pièce supérieure ne peut s'acquérir qu'aux dépens de la pièce de cuivre qui est au-dessous : alors les états respectifs de ces pièces ne seront plus les mêmes que dans l'expérience précédente, et deviendront :

Pour la pièce inférieure qui est de cuivre $-\frac{1}{2}$;

Pour la seconde qui la touche, et qui est de zinc, $-\frac{1}{2}+1$ ou $+\frac{1}{2}$;

La troisième qui est de cuivre, et qui est séparée de la précédente par un carton mouillé, aura la même quantité d'électricité, c'est-à-dire $+\frac{1}{2}$; et la somme des quantités d'électricité perdue par la première pièce, et acquise par les deux autres, sera encore égale à zéro, comme dans le cas de deux pièces.

Si nous ajoutons une quatrième pièce qui sera de zinc, elle devra avoir une unité de plus que celle de cuivre, à laquelle elle est immédiatement superposée : ces excès ne pouvant s'acquérir qu'aux dépens des pièces inférieures, puisque la pile est isolée, on aura :

Pour la pièce inférieure qui est de cuivre, -1 ;

Pour la seconde pièce qui la touche, et qui est de zinc, 0 ; c'est-à-dire qu'elle sera dans l'état naturel ;

Pour la troisième pièce qui est de cuivre, et qui est séparée de la précédente par un carton mouillé, o ; elle sera aussi dans l'état naturel.

Enfin, pour la pièce supérieure qui est de zinc, et qui est en contact avec la précédente, $+ 1$.

En poursuivant le même raisonnement, on trouvera les états électriques de chaque pièce de la pile, en la supposant isolée et formée d'un nombre quelconque d'élémens ; les quantités d'électricité croîtront pour chacun d'eux, de la base au sommet de la colonne, suivant une progression arithmétique, dont la somme sera égale à zéro.

Si, pour plus de simplicité, nous supposons que le nombre des élémens soit pair, il est facile de s'assurer par un calcul très-simple,

Que la pièce inférieure, qui est cuivre, et la pièce supérieure, qui est zinc, doivent être également électrisées, l'une en plus, l'autre en moins ; et il en sera de même pour les pièces prises à égale distance des extrémités de la pile.

Avant de passer du positif au négatif, l'électricité deviendra nulle ; et il y aura toujours deux pièces, l'une de zinc, l'autre de cuivre, qui seront dans l'état naturel. Elles se trouveront au milieu de la pile : c'est ce que l'on a vu, par exemple, dans le cas de quatre pièces (a).

Supposons maintenant qu'on établisse la communication entre la partie inférieure de la pile et le réservoir commun ; il est évident qu'alors la pièce de cuivre inférieure, qui se trouve électrisée négativement, tendra à reprendre au sol ce qu'elle a perdu ; mais son état électrique ne peut changer sans que celui des pièces supérieures varie, puisque la dif-

---

(a) *Voyez*, à la fin de ce rapport, la note (A).

férence électrique des unes aux autres doit être toujours la même dans l'état d'équilibre. Il faudra donc que toutes les quantités négatives de la moitié inférieure de la pile soient neutralisées aux dépens du réservoir commun ; et alors il arrivera ,

Que la pièce inférieure , qui est cuivre, aura le degré d'électricité du sol, que nous représentons par o ;

La seconde pièce , qui est zinc , et qui touche immédiatement la précédente, aura $+ 1$;

La troisième , qui est cuivre , et qui est séparée du zinc inférieur par un carton mouillé , aura, comme lui , $+ 1$;

La quatrième , qui est zinc , et qui touche la précédente , aura $+ 2$;

Et les quantités d'électricité des divers élémens croîtront ainsi , en suivant une progression arithmétique.

Alors , si l'on touche d'une main le sommet de la pile , et de l'autre sa base , ces excès d'électricité se déchargeront à travers les organes dans le réservoir commun , et exciteront une commotion d'autant plus sensible , que cette perte se réparant aux dépens du sol , il doit en résulter un courant électrique , dont la rapidité , plus grande dans l'intérieur de la pile que dans les organes , qui sont des conducteurs imparfaits , permet à la partie inférieure de la pile de reprendre un degré de tension qui s'approche de celui qu'elle avait dans l'état d'équilibre (a).

La communication étant toujours établie avec le réservoir commun , si l'on met le sommet de la pile en contact avec le plateau supérieur d'un condensateur , dont le plateau inférieur communique avec le sol , l'électricité

(a) *Voyez* , à la fin de ce rapport , la note (B).

qui se trouvait à cette extrémité de la pile, à un très-faible degré de tension, passera dans le condensateur, où la tension peut être regardée comme nulle ; mais la pile n'étant pas isolée, cette perte se réparera aux dépens du réservoir commun : les nouvelles quantités d'électricité recouvrées par la plaque supérieure, passeront dans le condensateur comme les précédentes, et elles s'y accumuleront enfin de manière qu'en séparant le plateau collecteur, on pourra en tirer des signes électrométriques très-sensibles, et jusqu'à des étincelles.

Quant à la limite de cette accumulation, il est visible qu'elle dépend de l'épaisseur de la petite couche de gomme qui sépare les deux plaques du condensateur : car, en vertu de cette épaisseur, l'électricité accumulée dans le plateau collecteur, ne pouvant agir qu'à distance sur celle du plateau inférieur, elle est toujours plus considérable que celle qui lui fait équilibre dans ce dernier ; et de là résulte dans le plateau collecteur une petite tension qui a ici pour limite la tension existante à la partie supérieure de la pile.

De même que l'électricité de la colonne s'accumule dans le condensateur, elle s'accumulera dans l'intérieur d'une bouteille de Leyde, dont l'extérieur communiquera avec le réservoir commun ; et comme à mesure que la pile se décharge, elle se recharge aux dépens de ce même réservoir, la bouteille se chargera également, quelle que soit sa capacité ; mais sa tension intérieure ne pourra jamais excéder celle qui a lieu au sommet de la pile. Si on retire alors la bouteille, elle donnera la commotion correspondante à ce degré de tension ; et c'est ce que l'expérience confirme (a).

(a) *Voyez*, à la fin de ce rapport, la note (C).

Les choses doivent se passer ainsi, en négligeant comme très-petite l'action propre de l'eau sur les métaux, et supposant :

1°. Que la transmission du fluide se fait d'un couple à l'autre, dans la pile isolée, à travers les morceaux de carton mouillé qui les séparent, même lorsqu'il n'existe aucune autre communication entre les deux extrémités de la colonne;

2°. Que l'excès d'électricité que le zinc prend au cuivre est constant pour ces deux métaux, soit qu'ils se trouvent dans l'état naturel ou non.

Volta appuie la première proposition par une expérience que nous avons déjà rapportée, et dans laquelle le condensateur se charge, lorsqu'on touche le plateau collecteur, recouvert d'un papier humide, avec l'extrémité cuivre, d'une lame métallique, dont l'autre extrémité qui est zinc, est tenue entre les doigts.

Quant à la seconde supposition, elle est la plus simple que l'on puisse imaginer; M. Coulomb a fait, pour la vérifier, une suite d'expériences très-délicates, avec la balance électrique, et il l'a trouvée parfaitement exacte; je suis aussi parvenu de mon côté aux mêmes résultats.

Jusqu'ici nous avons supposé, pour fixer les idées, que la pile était formée de cuivre et de zinc : la même théorie s'appliquerait également à deux métaux quelconques; et les effets des différens appareils qu'ils serviraient à former, dépendraient des différences d'électricité qui s'établiraient entr'eux au moment du contact.

Ce que nous venons de dire s'étend également à tous les autres corps entre lesquels il existera une action analogue : ainsi, quoique cette action paraisse en général très-faible entre les liquides et les substances métalliques, il en existe pourtant quelques-uns, tels que les sulfures alcalins, dont l'action avec les métaux devient très-sensible : aussi les Anglais sont-ils parvenus à remplacer par ces sulfures un des élémens métalliques de la colonne , et , avant eux , M. Pfaff les avait employés à cet usage dans ses expériences.

A cet égard , Volta a découvert entre les substances métalliques une relation très-remarquable , qui rend impossible la construction d'une pile avec ces seules substances. Nous allons l'exposer d'après lui ; mais nous n'avons pas eu l'occasion de la constater.

Si l'on range les métaux dans l'ordre suivant , argent , cuivre , fer , étain , plomb , zinc , chacun d'eux deviendra positif par le contact avec celui qui le précède , et négatif avec celui qui le suit : l'électricité passera donc de l'argent au cuivre , du cuivre au fer , du fer à l'étain , et ainsi de suite.

Maintenant la propriété dont il s'agit consiste en ce que la force motrice de l'argent au zinc est égale à la somme des forces motrices des métaux qui sont compris entr'eux dans la série : d'où il suit qu'en les mettant en contact dans cet ordre ou dans tel autre que l'on voudra choisir , les métaux extrêmes seront toujours dans le même état que s'ils se touchaient immédiatement ; et par conséquent , en supposant un nombre quelconque d'élémens ainsi disposés , et dont les extrémités seraient , par exemple , argent et zinc , on aurait le même résultat que si ces élémens étaient seulement formés de ces deux métaux ; c'est-à-dire qu'il n'y aura pas d'effet , ou qu'il sera le même que celui qu'aurait produit un seul élément.

Il paraît jusqu'à présent que la propriété précédente s'étend à tous les corps solides ; mais elle ne subsiste pas entr'eux et les liquides : c'est pour cela que l'on réussit à la construction de la pile par l'intermède de ces derniers. De là résulte la division que fait Volta des conducteurs en deux classes : la première comprenant les corps solides ; la seconde, les liquides. On n'a pu construire encore l'appareil à colonne que par un mélange convenable de ces deux classes ; il devient impossible avec la première seulement, et l'on ne connaît pas encore assez exactement l'action mutuelle des corps qui composent la seconde, pour prononcer s'il en est de même à leur égard.

Nous avons supposé que les cartons mouillés, placés entre les élémens de la pile, étaient imbibés d'eau pure. Si l'on emploie, au lieu d'eau, une dissolution saline, la commotion devient incomparablement plus forte ; mais la tension indiquée par l'électromètre ne paraît pas augmenter, au moins dans le même rapport. Volta nous a prouvé ce fait à l'aide de l'appareil à couronne de Tasse, en y versant successivement de l'eau pure et de l'eau acidulée.

Il conclut de cette expérience, que les acides et les dissolutions salines favorisent l'action de la pile, principalement parce qu'ils augmentent la propriété conductrice de l'eau dont les cartons sont imbibés. Quant à l'oxidation, il la regarde comme un effet qui établit un contact plus étroit entre les élémens de la pile, et contribue ainsi à rendre son action plus continue et plus énergique.

J'ai vérifié depuis ce résultat, par une suite d'expériences extrêmement précises, et je l'ai trouvé parfaitement conforme à la vérité. Quelle que soit la substance interposée comme corps humide, pourvu qu'il y ait le même nombre de couples, le condensateur se charge au même degré ; seulement il lui faut plus ou moins de temps, suivant que la substance interposée est plus ou moins conductrice. (Voyez les *Annales de Chimie.*)

Tel est à-peu-près le précis de la théorie de Volta sur l'électricité que l'on a nommée *galvanique.* Son but a été d'en réduire tous les phénomènes à un seul, dont l'existence est maintenant bien constatée : c'est le développement de l'électricité métallique par le contact mutuel des métaux. Il paraît prouvé par ses expériences, que le fluide particulier auquel on attribua pendant quelque temps les contractions musculaires et les phénomènes de la pile, n'est autre chose que le fluide électrique ordinaire, mis en mouvement par une cause dont nous ignorons la nature, mais dont nous voyons les effets.

Telle est la destinée des sciences, que les plus brillantes découvertes ne font qu'ouvrir un champ plus vaste à des recherches nouvelles. Après avoir reconnu et évalué, pour ainsi dire, par approximation, l'action mutuelle des élémens métalliques, il reste à la déterminer d'une manière rigoureuse, à chercher si elle est constante pour les mêmes métaux, ou si elle varie avec les quantités d'électricité qu'ils contiennent, et avec leur température. Il faut évaluer avec la même précision l'action propre que les liquides exercent les uns sur les autres et sur les métaux. C'est alors que l'on pourra établir le calcul sur des données exactes, s'élever ainsi à la véritable loi que suivent, dans l'appareil de Volta, la distribution et le mouvement de l'électricité, et compléter l'explication de tous les phénomènes que cet appareil présente. Mais ces recherches délicates exigent l'emploi des instrumens les plus précis qu'aient inventés les physiciens pour mesurer la force du fluide électrique.

Enfin, il reste à examiner les effets chimiques de ce courant électrique, son action sur l'économie animale, et ses rapports avec l'électricité des minéraux et des poissons ; recherches qui, d'après les faits déjà connus, ne peuvent être que très-importantes.

Lorsqu'une science déjà fort avancée a fait un pas important, il s'établit des liaisons nouvelles entre les branches qui la composent : on aime alors à porter ses regards en arrière pour mesurer la carrière qui a été parcourue, et voir comment l'esprit humain l'a franchie. Si nous remontons ainsi à la naissance de l'électricité, nous la trouvons, au commencement du dernier siècle, réduite aux seuls phénomènes d'attraction et de répulsion. Dufay, le premier, reconnut les règles constantes auxquelles ils sont assujettis, et expliqua leurs bizarreries apparentes. Sa découverte des deux électricités, résineuse et vitrée, fonda les bases de la science ; et Franklin, en la présentant sous un nouveau point de vue, en fit le fondement de sa théorie, à laquelle tous les phénomènes, même celui de la bouteille de Leyde, vinrent naturellement se plier. Epinus acheva de prouver cette théorie, la perfectionna en l'assujettissant au calcul, et parvint, à l'aide de l'analyse, jusqu'à ces phénomènes que Volta a si heureusement employés dans le condensateur et dans l'électrophore. La loi rigoureuse des attractions et des répulsions électriques manquait encore ; elle fut établie par des expériences exactes ; et, se liant à celle du magnétisme, elle se trouva la même que pour les attractions célestes. On sait que Coulomb est l'auteur de cette découverte.

Enfin, parurent les phénomènes galvaniques, si singuliers dans leur marche, et si différens en apparence de tout ce que l'on connaissait déjà. On créa d'abord, pour les expliquer, un fluide particulier ; mais par une suite d'expériences ingénieuses, conduites avec sagacité, Volta se propose de les ramener à une seule cause, le développement de l'électricité métallique ; les fait servir à la construction d'un appareil qui permet d'augmenter à volonté leur force, et les lie, par ses résultats, avec les phénomènes les plus importans de la chimie et de l'économie animale.

Relativement à ces applications, on ne peut rien lire de plus remarquable que les Mémoires de M. Davy sur la décomposition des alkalis, et le bel ouvrage de MM. Gay-Lussac et Thenard sur la même matière.

NOTES.

Note (A).

Nommons n le nombre des élémens de la pile, en sorte que le nombre total des pièces qui la composent soit $2\,n$. Supposons toujours que la pièce inférieure soit de cuivre, la pièce supérieure de zinc, et représentons par x la quantité d'électricité accumulée dans cette dernière au-delà de son état naturel.

Les tensions des différentes pièces de zinc formeront, du sommet de la pile à sa base, la progression arithmétique

$$x;\ x-1;\ x-2\ldots\ldots x-(n-1)$$

dont la somme est

$$n\,x - \frac{n.\overline{n-1}}{2}$$

Celles des pièces de cuivre formeront de même la progression

$$x-1;\ x-2;\ x-3\ldots\ldots x-n$$

dont la somme est

$$n\,x - \frac{n.\overline{n+1}}{2}$$

La somme totale de ces tensions est

$$2\,n\,x - n^2$$

Elle doit être nulle dans l'état d'équilibre, lorsque la pile est isolée, et n'a que sa quantité d'électricité naturelle que nous avons représentée par o; car alors l'excès des pièces supérieures ne peut s'acquérir qu'aux dépens des inférieures. On aura donc

$$2\,n\,x - n^2 = 0$$

d'où l'on tire

$$x = \frac{n}{2}$$

C'est la tension de la pièce supérieure dans l'état d'équilibre, lorsque la pile est isolée. La tension de la pièce inférieure, qui est $x - n$, devient par cette valeur

$$x - n = -\frac{n}{2}$$

et elle est la même que la précédente, au signe près.

La tension de la m^e pièce de zinc, en partant du sommet de la colonne, serait

$$x - (m - 1)$$

ou

$$\frac{n}{2} - (m - 1)$$

Celle d'une pièce de cuivre également distante de l'autre extrémité de la colonne, serait

$$x - n + m - 1$$

ou

$$-\frac{n}{2} + m - 1$$

Elle est, au signe près, la même que la précédente; et par conséquent, lorsque la pile est isolée, et qu'elle n'a que sa quantité d'électricité naturelle, les pièces qui sont à égale distance de ses extrémités, se trouvent également électrisées, l'une en plus, l'autre en moins.

S'il y a une pièce de zinc qui soit dans l'état naturel, sa tension sera nulle, et son rang sera déterminé par l'équation

$$\frac{n}{2} - (m - 1) = 0$$

qui donne

$$m = 1 + \frac{n}{2}$$

m devant être un nombre entier positif, cela n'a lieu que si n est un nombre pair. Alors la pièce de cuivre qui a la même tension, prise avec un signe contraire, est aussi dans l'état naturel, et leurs distances respectives aux deux extrémités de la pile étant $1 + \frac{n}{2}$, elles se trouveront à son milieu.

Note (B).

Si l'on suppose la communication établie entre la base de la pile et le réservoir commun, qu'on nomme toujours n le nombre des élémens qui la composent, on aura pour les tensions des pièces de zinc la progression arithmétique

$$n \; ; \; n-1 \; ; \; n-2 \ldots \ldots 1$$

dont la somme est

$$\frac{n \cdot \overline{n+1}}{2}$$

Les tensions des pièces de cuivre formeront la progression

$$n-1 \; ; \; n-2 \; ; \; n-3 \ldots \ldots 0$$

dont la somme est

$$\frac{(n-1)n}{2}$$

En les ajoutant, on aura les quantités d'électricité que renferme la pile au-delà de son état naturel. Cette somme sera n^2. C'est la charge de la pile : elle est représentée par le carré n, tandis que la tension de la pièce supérieure l'est par la première puissance de n. Ainsi, toutes choses égales d'ailleurs, les phénomènes dépendant de la quantité d'électricité qui s'accumule dans la pile, croîtront avec la hauteur de la colonne plus rapidement que ceux qui dépendent uniquement des tensions.

Note (C).

Les signes électrométriques sont très-faibles sur la pile isolée ; il est même difficile, quand le nombre des élémens métalliques est peu considérable, d'y charger le condensateur d'une manière sensible ; le calcul donne aisément la raison de ce phénomène, et nous nous y arrêterons d'autant plus volontiers, que ces résultats sont très-propres à faire sentir le jeu du condensateur.

Représentons par q la capacité du plateau collecteur, celle d'une des pièces de la pile étant prise pour unité, en sorte qu'il faille les quantités $q \, a$ et a pour mettre le plateau et la pièce à la même tension a. Nommons i la force condensante de l'instrument, quand ses deux plateaux sont superposés, et que l'inférieur communique avec le réservoir commun ; en sorte qu'une tension exprimée par b, quand les plateaux sont unis, devienne $b\,i$ quand ils sont séparés.

La pile n'étant point isolée, la tension de la pièce de zinc qui la

termine est n. (*Voyez la note* (B) , *pag.* 321.) Si l'on met cette
pièce en contact avec le plateau collecteur du condensateur , elle
lui cédera une partie de son électricité ; mais cette perte se réparant
aux dépens du réservoir commun , sa tension restera la même , et
celle du condensateur deviendra aussi n. La quantité absolue dont
il se sera chargé , et que nous nommerons X', sera proportionnelle à
sa capacité et à sa force condensante.

On aura donc , dans la pile non isolée ,

$$X' = q\, n\, i.$$

Si , au contraire , la pile est isolée , la pièce supérieure ne peut
se mettre en équilibre avec le condensateur , sans que sa tension
varie. Soit x cette tension dans le cas d'équilibre , la quantité
absorbée par le condensateur sera

$$q\, i\, x$$

la somme des tensions des pièces de la pile sera , comme dans la
note (A) ,

$$2\, n\, x - x^2$$

cette somme , jointe à la charge du condensateur , doit être nulle
dans la pile isolée , qui n'a que sa quantité naturelle d'électricité.
On aura donc , pour déterminer x , l'équation

$$2\, n\, x - n^2 + q\, i\, x = 0;$$

d'où l'on tire

$$x = \frac{n^2}{2\, n + q\, i}$$

C'est l'expression de la tension à la partie supérieure de la pile : il
faudra la multiplier par $q\, i$, pour avoir la charge du condensateur
dans la pile isolée. En la représentant par X , nous aurons

$$X = \frac{n^2\, q\, i}{2\, n + q\, i}$$

Mettant pour $q\, n\, i$ sa valeur X' , il vient

$$X = X' \cdot \frac{n}{2\, n + q\, i}$$

La quantité $\dfrac{n}{2\, n + q\, i}$ est nécessairement une fraction qui devient d'autant plus petite , que la force du condensateur est plus

considérable ; ainsi le condensateur se charge beaucoup moins quand la pile est isolée, que quand elle ne l'est pas.

Si, par exemple, il y a 30 paires de plaques métalliques, que le condensateur ait seulement la capacité d'une de ces plaques, et qu'il condense 120 fois, comme faisait celui de Volta, il faudra supposer

$$n = 30; \quad q = 1; \quad i = 120;$$

ce qui donne

$$X = \frac{1}{6} X'.$$

La charge du condensateur dans la pile isolée est alors six fois plus petite que dans la pile non isolée.

La capacité du plateau collecteur est ordinairement plus grande que 1. Si nous la supposons égale à 4, les autres données restant les mêmes, on trouve

$$X = \frac{1}{18} X'$$

et cette charge, dans le second cas, est dix-huit fois plus petite que dans le premier.

On a vu que, dans la pile isolée, lorsque le nombre des élémens est pair, il existe, à son milieu, deux pièces, l'une de zinc, l'autre de cuivre, qui sont dans l'état naturel. Cela n'a plus lieu de la même manière, quand le condensateur est appliqué à la partie supérieure de la pile ; et le point de passage du positif au négatif varie. En effet, la tension de la m^e pièce de zinc, en partant du sommet de la colonne, est, d'après la note (A),

$$x - (m - 1).$$

Pour que cette tension soit nulle, il faut qu'on ait

$$m = 1 + x$$

ou, en mettant pour x sa valeur $\dfrac{n^2}{2n + qi}$,

$$m = 1 + \frac{n^2}{2n + qi}.$$

La valeur de m, et par conséquent le rang de la pièce qui se trouve dans l'état naturel, dépendent, comme on voit, du nombre des plaques et de la force du condensateur. Il faut, de plus, pour que la condition demandée soit possible, que m soit un nombre entier.

Ainsi, dans un des exemples précédens, où l'on avait

$$n = 30; \quad q = 1; \quad i = 120;$$

on aurait

$$m = 6$$

c'est-à-dire que la sixième plaque de zinc, en partant du sommet de la colonne, serait dans l'état naturel. Sans l'action du condensateur, on aurait eu $m = 16$, etcette plaque eût été la seizième.

En général, la valeur de m diminue à mesure que $q\,i$ augmente, n restant le même. Le passage du positif au négatif, dans la pile, se fait donc plus près de son extrémité supérieure, à mesure que le condensateur appliqué à cette extrémité est plus fort.

$q\,i$ étant infini, on a $m = 1$, c'est-à-dire que si la force du condensateur est assez considérable pour que l'électricité dont la pile se charge n'y produise aucune tension sensible, il absorbera toute cette électricité; la pile deviendra entièrement négative, et la pièce supérieure sera seule dans l'état naturel : c'est le cas d'une pile isolée par la base, et dont l'extrémité supérieure, qui est zinc, communique avec le réservoir commun.

Voyons maintenant ce qui arriverait si le condensateur, au lieu d'être appliqué à la partie supérieure de la pile, l'était à une pièce de zinc quelconque dont le rang fût exprimé par m en partant du sommet : la tension de cette pièce serait

$$x - (m - 1)$$

d'après la note (A); et la charge du condensateur deviendrait

$$q\,i\left[\,x - (m - 1)\,\right]$$

En lui ajoutant la somme des quantités d'électricité contenues dans la pile, qui est

$$2\,n\,x - n^2,$$

il faudra que la somme soit nulle dans l'état d'équilibre; ce qui donne, pour déterminer x, l'équation

$$2\,n\,x - n^2 + q\,i\left[\,x - (m - 1)\,\right] = 0,$$

d'où l'on tire

$$x = \frac{n^2 + q\,i\,(m - 1)}{2\,n + q\,i}.$$

Ici l'on voit que la tension varie dans la pièce supérieure avec la position du condensateur. Si $m = 1$, il est appliqué au sommet de la pile, et l'on a

$$x = \frac{n^2}{2\,n + q\,i}$$

comme précédemment.

On peut trouver, à l'aide de ces formules, le rang de la pièce qui est dans l'état naturel, pour une position donnée du condensateur; car ce rang étant représenté par m', en partant du sommet de la colonne, on aura

$$m' = 1 + x$$

ou

$$m' = 1 + \frac{n^2 + q\,i\,(m - 1)}{2\,n + q\,i}.$$

Pour suivre la loi de ces variations, il faut remarquer que si $m - 1$ est moindre que $\frac{n}{2}$, le condensateur est appliqué à la moitié supérieure de la pile, et qu'il est appliqué à la moitié inférieure quand $m - 1$ surpasse cette quantité. Lorsque

$$m - 1 = \frac{n}{2},$$

la valeur

$$x = \frac{n^2 + q\,i\,(m - 1)}{2\,n + q\,i}$$

est divisible par $2\,n + q\,i$, et donne

$$x = \frac{n}{2}$$

c'est-à-dire que si l'on applique le condensateur au milieu de la pile isolée, la tension de la pièce supérieure sera la même qu'auparavant; mais aussi la charge du condensateur, qui est exprimée par

$$q\,i\,[\,x - (m - 1)\,]$$

devient

$$q\,i\left(x - \frac{n}{2}\right)$$

et se réduit à zéro par la substitution de la valeur précédente de x. Par conséquent le condensateur ne prendra point d'électricité.

Faisons

$$m - 1 = \frac{n}{2} - \omega$$

ω étant positif dans la moitié supérieure de la pile, et négatif dans la moitié inférieure, la valeur de x prendra cette forme

$$x = \frac{n}{2} - \frac{q\,i\,\omega}{2\,n + q\,i}$$

Tant que ω sera positif, n sera plus petit que $\frac{n}{2}$; mais lorsque ω sera négatif, il deviendra plus grand que cette quantité : ainsi, la tension de la pièce supérieure diminue lorsque l'on place le condensateur dans la moitié supérieure de la pile; elle augmente si on le place dans la moitié inférieure.

La charge du condensateur est exprimée par

$$q\,i\,[\,x - (m - 1)\,]$$

En mettant $\frac{n}{2} - \omega$ au lieu de $m - 1$, elle devient

$$q\,i\,\left(x - \frac{n}{2} + \omega\right)$$

Enfin, en substituant pour x sa valeur, et représentant la charge du condensateur par X, on trouve

$$X = \frac{2\,n\,\omega\,q\,i}{2\,n + q\,i}$$

X est donc positif ou négatif, suivant que ω est positif ou négatif : ainsi le condensateur se charge positivement, quand on le place à la moitié supérieure de la pile; il se charge négativement, quand on l'applique à sa moitié inférieure.

La valeur de x, qui exprime la tension de la pièce supérieure, est, comme on vient de le voir,

$$x = \frac{n}{2} - \frac{q\,i\,\omega}{2\,n + q\,i}$$

Si le condensateur est appliqué à la dernière pièce de zinc située à la base de la colonne

$$\omega = -\frac{n}{2} + 1$$

ce qui donne

$$m = n$$

et

$$x = \frac{n}{2}\left(1 + \frac{qi}{2n + qi}\right) - \frac{qi}{2n + qi}$$

la tension de la dernière pièce de cuivre, qui est $x - n$, devient alors

$$x - n = \frac{n}{2}\left(-1 + \frac{qi}{2n + qi}\right) - \frac{qi}{2n + qi}.$$

Si la force du condensateur est infinie, la quantité $\dfrac{qi}{2n + qi}$ se réduit à l'unité ; ce qui donne

$$x = n - 1 ; \quad x - n = -1 ;$$

c'est-à-dire qu'alors, si la force du condensateur est assez considérable pour que l'électricité qu'il transmet à la pile n'occasionne dans le plateau collecteur aucune tension sensible, il neutralisera toute l'électricité négative, excepté celle de la pièce inférieure. La pièce de zinc à laquelle le conducteur est appliqué, sera dans l'état naturel ; la pièce de cuivre qui est immédiatement au-dessous, aura -1, et le reste de la pile sera positif. C'est le cas d'une pile qui commence par le cuivre, qui finit par le zinc, et dans laquelle la première pièce de zinc, en partant de la base, communique avec le réservoir commun.

Pour donner à l'action du condensateur toute son énergie, il faut que les communications de ses deux plateaux avec le sol, et avec la pile, se fassent par des conducteurs parfaits. Ce que j'ai trouvé pour cela de plus commode relativement à la pile isolée ou non-isolée, c'est de poser sa base sur une lame métallique, qui fait partie de la partie inférieure du condensateur, et de mettre sur son sommet un petit godet en fer, rempli de mercure, et dans lequel on fait plonger, au moyen d'une tige de verre, l'extré-mité d'une tige métallique, communiquant au plateau collecteur. Il faut que toutes les pièces, et sur-tout les extrêmes, soient par-faitement nettoyées. Par ce moyen, les communications sont par-faites, et une pile de 20 couples donne déjà des étincelles au condensateur. Celui que j'emploie est en cuivre ; il a 6 pouces de diamètre, et condense 20000 fois.

On pourrait encore soumettre au calcul plusieurs autres phénomènes de la pile de Volta ; mais, pour le faire sur des données exactes, il faudrait des expériences très-précises, et il nous suffira d'avoir montré comment on peut y parvenir.

SEPTIÈME SECTION.

DU MAGNÉTISME.

CHAPITRE XXXVII.

Des Propriétés générales de l'aimant.

§. 1. **P**armi les différentes espèces de mines de fer que l'on trouve dans la nature, il en est une qui possède particulièrement la propriété surprenante d'attirer le fer par une force invisible. A la vérité, tous les morceaux de cette espèce de mine ne jouissent pas de cette faculté au même degré; mais elle se trouve dans le plus grand nombre et même dans des masses considérables. C'est ce qu'on nomme des *aimans naturels*. On peut communiquer cette propriété au fer et à l'acier, et produire ainsi des *aimans artificiels*. On croyait autrefois que la *force magnétique* appartenait exclusivement au fer; mais on sait maintenant qu'elle est commune encore à deux autres métaux, le nickel et le cobalt; et elle y est d'autant plus énergique, que ces substances sont plus pures. Cependant, comme il est difficile d'avoir des masses considérables de ces deux métaux à un grand état de pureté, toutes nos connoissances sur leurs propriétés magnétiques se bornent à savoir qu'ils sont attirés par un aimant. Mais il serait intéressant d'examiner s'ils sont, ainsi que le fer, susceptibles de recevoir intérieurement et de communiquer le magnétisme (*).

Rapports de l'aimant avec le fer non-magnétique.

§. 2. Le fer à l'état métallique et à celui d'oxide noir s'attache à l'aimant avec une force considérable. Dans le dernier cas, il faut pourtant qu'il ne soit pas trop fortement oxidé; cette force se mesure par le poids du fer que l'aimant peut enlever. Elle ne dépend pas de la grosseur de celui-ci; car il y a de gros aimans qui n'ont que peu de force, et de petits qui en ont une beaucoup plus grande; quelquefois même ils peuvent porter des poids dix fois plus considérables que le leur propre. Au reste, l'expérience apprend que la force d'un même aimant est variable, suivant les positions dans lesquelles il agit.

§. 3. La force magnétique ne se manifeste pas avec une égale intensité dans tous les points de la surface d'un aimant. Ordinairement il y a deux portions de cette surface dans lesquelles l'attraction est plus forte; quelquefois, mais rarement, il y en a davantage. Ces places se nomment les *pôles de l'aimant.* On peut reconnaitre les pôles d'un aimant en le plaçant dans de la limaille de fer. Aux environs des pôles elle s'attache

---

(*) C'est ce que j'ai fait sur des morceaux de nickel qui avaient été préparés à Berlin, et que M. Berthollet m'a donnés. Je les ai façonnés en aiguilles en les passant au laminoir, car le nickel pur se lamine très-aisément, et j'ai pu alors essayer leur force magnétique par les oscillations, suivant la méthode qui sera exposée plus bas. J'ai vu ainsi que la force magnétique du nickel est environ le quart de celle de l'acier, à poids égal. Il a, comme le fer, la propriété de la conserver et de la communiquer.

beaucoup plus fortement à l'aimant que dans tous les autres points. On peut aussi les découvrir au moyen d'un brin de fil de fer très-mince. Aux endroits où sont les pôles, il s'attache à l'aimant par une de ses extrémités, s'en tient éloigné par l'autre, et reste ainsi comme fixé perpendiculairement à la surface ; par-tout ailleurs il s'attache en prenant une position oblique dirigée vers le pôle le plus voisin ; aux points à-peu-près également éloignés des deux pôles, il s'applique sur la surface dans le sens de sa longueur.

§. 4. Lorsque les deux pôles peuvent agir en même temps sur les extrémités opposées d'un morceau de fer, l'attraction magnétique en est augmentée. Par cette raison, on donne souvent aux aimans artificiels la forme d'un fer à cheval, dont les deux extrémités sont les deux pôles. On applique sur ces deux extrémités un morceau de fer doux qu'on appelle l'*ancre*, et qu'on charge d'autant de fer que l'aimant en peut porter.

§. 5. La force magnétique n'exerce pas seulement son influence par le contact ; un aimant un peu fort enlève de la limaille de fer *à distance* : cette force décroît avec l'éloignement ; mais dans un morceau d'aimant de forme irrégulière, la loi de ce décroissement paraît fort compliquée ; et quoiqu'il soit facile de déterminer l'intensité de la force attractive pour chaque éloignement, au moyen d'une balance dans laquelle on place et l'on met en équilibre l'aimant ou le fer qu'il doit attirer, cependant les expériences ont appris que la loi du décroissement est tellement modifiée par la forme, la grandeur et la position des deux corps, qu'il est très-difficile de déterminer avec exactitude la loi propre et l'influence des circonstances modifiantes.

§. 6. Si l'on met un aimant sous un plateau uni, de verre, de bois, de carton ou de quelque autre matière, pourvu que ce ne soit pas du fer, et qu'on répande ensuite de la limaille de fer sur la surface de ce plateau, les brins viennent se ranger dans une espèce d'ordre, et forment des lignes courbes qui paraissent aller d'un pôle vers l'autre, de manière qu'on peut ainsi distinguer facilement la position de ces points.

Cette expérience indique en même temps que la force magnétique s'exerce également à travers tous les corps, si on en excepte le fer, qui, selon la manière dont il est placé, favorise ou affaiblit l'effet magnétique. Nous nous assurerons encore mieux, par la suite (pag. 344, §. 10), que cette force n'est nullement diminuée par l'interposition des corps matériels. D'après cette singulière propriété, il est facile de cacher un aimant ou le fer qu'il doit attirer; et c'est ainsi que sont disposées les nombreuses machines magnétiques qu'on emploie pour faire des tours d'adresse.

§. 7. On conserve à un aimant toute sa force, on l'augmente même quelquefois, en ayant soin de le charger autant qu'il peut l'être. Il est aussi très-utile de donner aux pôles leur situation naturelle (§. 8). Si on laisse l'aimant sans être chargé, sa force diminue peu-à-peu. Quant aux très-petits aimans, on peut les garder dans de la limaille de fer. La rouille affaiblit les effets magnétiques. Les aimans chauffés fortement perdent tout-à-fait leur propriété. On a aussi observé qu'une chute ou le choc d'une pierre, ou aussi la décharge électrique, peuvent nuire quelquefois au pouvoir magnétique.

Propriétés de l'aimant considéré isolément.

§. 8. Si, par un moyen quelconque, on place un aimant de manière à ce qu'il puisse se mouvoir librement en direction horizontale, il prend toujours de lui-même une position telle, qu'un de ses pôles est dirigé vers le nord, et l'autre vers le sud. Par cette raison, on donne à ces points de l'aimant les noms de *pôle austral* et de *pôle boréal*. Cette propriété elle-même s'appelle la *polarité* de l'aimant.

C'est d'après l'observation de cette propriété qu'on a imaginé la *boussole*, qui n'est qu'une aiguille d'acier aimanté, placée sur une pointe aiguë et qui peut se mouvoir librement en direction horizontale. On sait assez de quelle inappréciable utilité ce simple instrument est devenu pour la navigation, et par conséquent aussi pour tous les hommes. On n'en connaît pas l'inventeur, et l'on place seulement d'une manière incertaine le temps de sa découverte entre le douzième et le quatorzième siècle. Les anciens ne le connaissaient pas, quoiqu'ils connussent la propriété attractive de l'aimant.

Quelque peu de liaison qui paraisse exister au premier coup d'œil, entre la propriété attractive et la polarité de l'aimant, nous verrons cependant par la suite, que la polarité elle-même n'est que l'effet d'une attraction magnétique de la terre entière.

De l'Action réciproque des aimans.

§. 9. Deux aimans s'attirent mutuellement par des points déterminés, et cette attraction est plus forte encore que celle qui existe entre l'aimant et le fer. En d'autres points ils se repoussent, et au moyen de deux aiguilles aimantées, ou d'un aimant et d'une aiguille aimantée, on reconnaît facilement, à ces phénomènes, la loi suivante :

Les pôles de noms différens, boréal *et* austral, *s'attirent ; les pôles de mêmes noms se repoussent.*

Par cette raison, on appelle les pôles de noms différens, *pôles amis*, et ceux de noms semblables, *pôles ennemis.*

Cette loi fournit un moyen commode pour trouver les pôles d'un aimant et pour déterminer la dénomination de chacun d'eux.

§. 10. Comme un aimant d'une force convenable agit déjà à une distance assez grande sur une bonne aiguille aimantée, on peut se convaincre aisément par l'expérience, que les corps interposés ne diminuent point le pouvoir magnétique.

Communication du Magnétisme.

§. 11. On peut communiquer une force magnétique sensible à un petit morceau de fer, en passant dessus, à plusieurs reprises, le pôle d'un aimant. Il faut seulement observer de passer toujours dans la même direction ; car si l'on revient en sens contraire, on diminue le magnétisme déjà communiqué. Une des meilleures manières de faire cette opération, est la suivante : Soient $n\,s$, *fig.* 53, un barreau de fer non aimanté, et $N\,S$ un aimant dont N est le pôle boréal, et S le pôle austral. On place l'aimant sur le fer, ainsi que la figure l'indique, de sorte que le pôle boréal touche au milieu du fer. Alors on presse l'aimant un peu fortement, et on le glisse dans la direction de N vers S, jusqu'à l'extrémité du fer ; puis on rapporte l'aimant à sa première place, et l'on répète plusieurs fois la même opération. On applique ensuite l'aimant sur l'autre moitié de la barre de fer, de sorte que le pôle austral touche au milieu, et l'on suit dans la direction de S à N, justement le même procédé que nous venons de décrire, en le répétant précisément autant de fois pour une moitié que pour l'autre. Le fer acquiert ainsi une propriété magnétique considérable (*).

Cette propriété se communique promptement au fer doux, mais elle y est peu durable. Il est plus difficile de la donner à l'acier trempé, mais il la conserve beaucoup mieux.

Lorsqu'on communique le magnétisme avec un seul aimant, on nomme cette opération, la *méthode du simple contact*. Pour connaître la méthode du double contact qui se fait avec deux aimans, on doit consulter des ouvrages plus étendus. (Voyez la *Physique d'Haüy*.)

§. 12. C'est une loi générale pour toutes les espèces de communications, que *les points qui sont touchés les derniers par une des extrémités de l'aimant, prennent des pôles de nom contraire à cette extrémité*. Ainsi, dans l'opération ci-dessus décrite, n devient un pôle boréal, et s un pôle austral.

§. 13. L'aimant ne perd que peu ou point de sa force par ce procédé, lorsqu'il est exécuté de point en point comme nous venons de l'expliquer, sans ramener jamais l'aimant sur lui-même en sens contraire. On peut donc, avec un seul aimant, communiquer le pouvoir magnétique à un grand nombre de barreaux de fer, et en réunissant ceux-ci on compose un aimant très-fort, qu'on appelle un *magasin magnétique*.

(*) Il faut mieux incliner le barreau aimanté à 10 ou 12° sur l'autre, que de l'appliquer entièrement sur sa surface.

Partage du Magnétisme, et Sphère d'activité magnétique.

§. 14. Tant qu'un morceau de fer doux touche à un aimant, ou même tant qu'il en est proche, il est lui-même magnétique ; mais dès qu'on l'en éloigne, le magnétisme qu'il avait acquis disparaît à l'instant presque en totalité, et il n'en reste qu'une très-faible trace.

Dans ce cas, on dit que le fer n'est pas aimanté par communication, mais p a le partage du magnétisme ; et l'espace au-dedans duquel cet effet a lieu, s'appelle la *sphère d'activité magnétique.* On peut reconnaître une certaine ressemblance entre ces phénomènes et ceux du partage de l'électricité de la sphère d'activité électrique.

Au moyen d'une aiguille aimantée, on peut rendre sensible la loi suivante, qui a toujours lieu lors du partage de la force magnétique. Le *fer prend du côté qui est proche de l'aimant, un pôle de nom différent, et attirable par le pôle de l'aimant le plus voisin, et par conséquent à l'autre extrémité du fer il se forme un pôle de même nom que ce pôle de l'aimant, et susceptible d'être repoussé par lui.*

§. 15. Cette ressemblance avec l'électricité a donné naissance à des hypothèses sur les causes du magnétisme, qui ont quelque rapport avec celle de Franklin et de Symmer sur l'électricité.

Æpinus reconnaît une seule matière magnétique dont les parties se repoussent entr'elles et sont attirées par le fer et l'acier ; elle est par-tout uniformément répandue : elle se trouve accumulée dans le fer, mais toujours uniformément. Dans l'aimant, elle est en excès d'un côté, ce qui donne un magnétisme positif ; et elle manque de l'autre, ce qui produit un magnétisme négatif.

Wilke et Brugmann admettent deux matières magnétiques qui s'attirent entr'elles, tandis que les particules de
chacune d'elles se repoussent mutuellement : ces deux
matières se trouvent combinées dans le fer. Dans l'aimant
elles sont séparées, et chacune d'elles est accumulée vers
un des côtés.

Il est difficile de croire que l'une ou l'autre de ces hypothèses exprime une chose réelle ; mais la dernière est
un moyen commode de réunir tous les principes du
magnétisme, et d'en expliquer suffisamment les phénomènes.

Les hypothèses plus anciennes de Descartes, d'Euler,
de Bernouilli, etc., qui supposaient une matière se mou-
vant en tourbillons dans l'aimant, sont plus forcées et
beaucoup moins satisfaisantes (*).

(*) C'est encore M. Coulomb qui a donné à ces idées de deux
fluides magnétiques l'exactitude nécessaire pour qu'elles pussent
former un corps de doctrine. Il a fait osciller une très-petite aiguille
aimantée à diverses distances d'un des pôles d'une barre très-
longue, aussi aimantée, mais dans un degré beaucoup plus considérable. L'effet de la force magnétique pour produire ces oscillations, est analogue à celui de la pesanteur pour produire les
oscillations du pendule, et elles peuvent également servir à mesurer
l'intensité du magnétisme. Or, en comparant entr'elles les forces de
ces oscillations, M. Coulomb a remarqué qu'elles deviennent de
de plus en plus lentes, à mesure que la petite aiguille s'éloigne du
centre de la force attractive ; ce qui prouve que l'effet de cette
force diminue à mesure que la distance augmente : et d'après la loi
de ce ralentissement, il a prouvé par le calcul, que l'attraction
magnétique est constamment réciproque au carré de la distance,
ainsi que l'attraction électrique et la pesanteur terrestre. Le célèbre
astronome Tobie Mayer de Gottingue était parvenu aux mêmes
résultats, comme je l'ai vu par des extraits de ses manuscrits que
son fils a bien voulu me communiquer.

Physique Mécanique.   22

§. 16. D'après la loi que suit le partage du magnétisme, on peut expliquer facilement comment, par l'attraction magnétique, la limaille de fer forme des lignes courbes. (pag. 332 , §. 6.)

§. 17. C'est en se fondant sur la même loi qu'on a imaginé ce qu'on appelle l'*armure* d'un aimant naturel. Voici comment elle se construit. Soit $A\,s\,n$, *fig.* 54, un aimant naturel, dont s est le pôle austral, et n le pôle boréal. Un morceau de fer doux $B\,C$, est limé de manière qu'il s'y applique exactement, et qu'il touche les deux pôles. Au-dessous justement de ces deux pôles, le fer doit avoir deux proéminences $S\,M$. On recouvre le reste de l'aimant avec une enveloppe de cuivre $D\,E\,F$, et on y joint un anneau en F, pour pouvoir la suspendre. On applique alors une *ancre* (pag. 331 , §. 4) aux deux proémi-nences $S\,N$, afin de charger plus commodément l'appareil.

Au moyen de cette disposition, le fer doux devient lui-même, par le partage du magnétisme, un aimant dont le pôle austral se trouve en S, et le pôle boréal en N.

L'expérience a montré qu'un aimant armé a une force plus active et plus durable qu'un aimant ordinaire.

CHAPITRE XXXVIII.

Développement plus précis des phénomènes de l'Aiguille aimantée.

§. 1. Si une aiguille d'acier, non aimantée, est mise en équilibre sur une pointe aiguë, de manière à se tenir par-faitement horizontale, cet équilibre n'aura plus lieu lors-qu'elle sera aimantée ; et, ce qui est très-remarquable, l'inclinaison qu'elle prendra sera différente selon les dif-férens pays. Dans notre hémisphère boréal, l'aiguille se

penche vers le nord; dans l'hémisphère austral elle se
penche vers le sud. On doit conclure de ce phénomène,
que la force qui influe sur la direction de l'aiguille aimantée
ne s'exerce pas ici horizontalement, mais qu'elle suit un
angle très-incliné à l'horizon. Lorsqu'on veut observer parfaitement les phénomènes de l'aiguille aimantée, il faut
avoir deux espèces d'aiguilles : une pour l'examen de la
direction horizontale, et c'est ce qu'on nomme une *aiguille
de déclinaison*; une autre pour la recherche de l'inclinaison vers la terre, et celle-ci s'appelle, par cette raison,
une *aiguille d'inclinaison*.

De l'Aiguille de déclinaison.

§. 2. On fait l'extrémité boréale de cette aiguille plus
légère que l'extrémité australe, de manière qu'elle puisse
se mouvoir tout-à-fait horizontalement. Après qu'elle est
aimantée, on l'enferme dans une boîte de cuivre, et on
l'entoure avec un cercle qui est divisé en degrés, ou, pour
la navigation, en trente-deux parties, que l'on nomme
rhumbs de vents.

Une aiguille disposée ainsi prend divers noms, selon
le but auquel elle est destinée. Si elle doit être employée à
des recherches exactes sur la direction de l'aiguille, on
l'appelle un *déclinatorium*. On lui donne une longueur
de 6 à 12 pouces. L'aiguille et la division du cercle qui
l'entoure doivent être travaillées avec un soin extrême. Si
elle doit servir à la navigation, elle prend le nom de
boussole : on peut aussi l'employer à mesurer des angles ;
et c'est ainsi que les ingénieurs, et même les mineurs,
s'en servent quelquefois (*).

____

(*) La meilleure manière de disposer une aiguille magnétique

§. 3. Si l'on compare la direction d'une aiguille de déclinaison avec une ligne méridienne astronomique déterminée exactement, on voit que, dans nos contrées, l'aiguille ne se dirige pas précisément vers le nord, mais qu'elle s'en écarte d'environ 19 degrés vers l'ouest. Par cette raison, de même qu'on nomme méridienne astronomique la ligne qui se dirige exactement du midi au nord, la direction de l'aiguille aimantée a reçu le nom de *méridienne magnétique*.

§. 4. Mais la déclinaison n'est pas la même en chaque lieu. Lorsqu'on va à l'ouest ou à l'est de l'Europe, on observe la déclinaison occidentale plus faible à mesure qu'on s'éloigne. On trouve dans l'Amérique Septentrionale une ligne qui se continue en direction à-peu-près sud-est par les golfes du Mexique et du Brésil jusque dans la mer Atlantique, et dans laquelle la déclinaison est nulle. Une autre ligne semblable traverse dans la même direction l'Asie et toute la mer du Sud : au-delà de ces

---

pour des expériences exactes, c'est de la suspendre à un fil de soie, tel qu'il sort du cocon, ou à un assemblage de fils de soie de ce genre réunis dans le sens de leur longueur. Cette suspension ne donnant aucun frottement et aucune force de torsion sensible, laisse à l'aiguille toute sa liberté. C'est le même procédé que celui que nous avons décrit pour la balance électrique, et il est également dû à M. Coulomb. Si l'on veut voir tous les procédés du magnétisme réunis dans un très-petit espace, et accompagnés des moyens d'observations les plus précis, il faut lire deux Mémoires de M. Coulomb. Le premier, dans les *Mémoires de l'Institut*, tom. V, a pour objet la détermination de l'inclinaison de l'aiguille dans chaque lieu ; l'autre, dans les mêmes Mémoires, tom. VI, renferme les méthodes les plus sûres et les plus simples pour aimanter des aiguilles à saturation. Ces deux points renferment tout l'objet du *magnétisme*.

deux lignes, l'aiguille décline vers l'est. (*Voyez* les Dictionnaires de Physique, article *Abweichung der Magnetnadel.*)

§. 5. La déclinaison varie aussi dans chaque lieu avec le temps. Au dix-septième siècle, la ligne sans déclinaison qu'on observe maintenant en Amérique, traversait l'Europe. Depuis ce temps elle s'est éloignée de plus en plus en s'avançant vers l'ouest; et de même toutes les lignes qui ont des déclinaisons semblables, se meuvent et font le tour de la terre dans l'espace de quelques siècles. On conçoit facilement qu'il doit résulter de ceci des changemens de déclinaison pour chaque lieu. Il paraît que la déclinaison occidentale augmente lentement jusqu'à une certaine limite, qui est environ pour nous de 19 à 20 degrés ; ensuite elle commence à décroître lentement, puis devient nulle durant quelque temps, et se change en déclinaison orientale, jusqu'à ce qu'après avoir atteint un certain degré, elle rétrograde et redevient nulle, etc. Mais des observations continuées durant plusieurs siècles seraient nécessaires pour déterminer avec certitude des périodes et des lois de ce mouvement. D'après les observations faites jusqu'ici, et qui n'ont été commencées avec l'exactitude nécessaire que depuis un siècle et demi environ, ce mouvement ne paraît pas très-régulier (*).

§. 6. Indépendamment de ces grandes variations, on observe encore un petit mouvement diurne ; mais il ne

______

(*) Il n'est pas même sûr que ce mouvement soit oscillatoire, comme l'auteur le suppose ici ; car, depuis un assez grand nombre d'années que l'aiguille a atteint sa limite vers l'ouest, elle n'a pas rétrogradé sensiblement.

peut être aperçu qu'avec des aiguilles très-grandes et très-exactes. Durant les heures du matin, l'aiguille décline un peu plus vers l'ouest; après le milieu du jour, elle rétrograde avec un mouvement lent vers l'est. Graham remarqua le premier ce mouvement, en 1722. Wargertin et Canton ont répété et suivi ces observations. Le dernier de ces physiciens a prouvé par des expériences, que la chaleur a sur le magnétisme une influence qui mérite d'être examinée.

De l'Aiguille d'inclinaison.

§. 7. Une lame d'acier amincie aux deux extrémités, et longue de quelques pouces, est percée justement à son centre de gravité; un axe court qui se termine en deux pointes aiguës, est placé à ce point, et l'appareil est assujetti sur un support, de manière que l'aiguille puisse avoir un mouvement vertical sur l'axe. Comme elle se meut autour de son centre de gravité, elle doit, avant d'être aimantée, demeurer en équilibre dans chaque position (chapitre XI, pag. 39 et suiv.); mais lorsqu'elle est devenue magnétique, son extrémité boréale s'incline beaucoup, du moins en Europe. On applique au support un arc de cercle exactement divisé en degrés et en minutes, pour mesurer l'inclinaison à l'horizon.

La construction d'un semblable instrument a beaucoup de difficultés, et une bonne aiguille d'inclinaison est une chose extrêmement rare.

§. 8. Il faut aussi beaucoup de soin pour faire usage de cette aiguille, parce qu'elle doit être placée justement dans la direction d'un méridien magnétique, pour indiquer exactement l'inclinaison. Dans toutes les autres positions, elle s'incline trop fortement, et même elle peut prendre

la situation verticale. On conçoit ceci facilement, lorsqu'on dirige l'aiguille de manière qu'elle fasse un angle
considérable avec le méridien magnétique, et qu'on se
représente un fil attaché à sa pointe, lequel l'attirerait dans
la direction magnétique (*). —

§. 9. A cause de ces difficultés pour la construction et
l'usage de cet instrument, il n'y a que peu d'observations
exactes de l'inclinaison. En Prusse, on l'évalue à-peu-près
à 71 degrés. Ce qu'on peut déduire d'ailleurs des observations faites, est ce qui suit :

§. 10. L'inclinaison est encore plus variable, dans les
différens lieux, que la déclinaison. Vers le nord elle augmente, et vraisemblablement il y a dans l'Amérique septentrionale, environ à 14 à 17 degrés du pôle boréal, une
place où l'aiguille est tout-à-fait verticale. Vers le sud,
l'inclinaison diminue ; et il y a dans la zone torride une
ligne qui fait le tour de la terre, et où l'aiguille demeure

(*) On peut observer également dans toute direction, sans connaître le méridien magnétique, au moyen de la propriété suivante,
que je crois avoir remarqué le premier.

*Si l'on a observé les inclinaisons de l'aiguille à l'horizon
dans deux plans verticaux quelconques, mais perpendiculaires l'un à l'autre, le carré de la tangente de l'inclinaison
dans le méridien magnétique est égal à la somme des carrés
des deux tangentes des inclinaisons observées.*

Soit H la force horizontale qui tire l'aiguille dans le méridien
magnétique ; V la force verticale, et i l'inclinaison : on aura,
dans le méridien magnétique

$$\text{tang. } i = \frac{H}{V}.$$

Pour un autre plan vertical qui fera un angle a avec le méridien
magnétique, la force horizontale ne sera plus $= H$; mais elle sera
égale à H décomposée suivant la direction de ce plan, c'est-à-dire

horizontale. Cette ligne passe au-dessus de l'équateur dans notre hémisphère, et au-dessous dans l'autre. Au-delà de cette ligne, le côté sud de l'aiguille commence à s'incliner, d'autant plus fortement qu'on s'éloigne davantage, et il est probable que dans la Nouvelle Zélande, environ à 35 ou 40 degrés du pôle austral, il y a une place où l'aiguille prend encore une situation verticale (*).

§. 11. L'inclinaison change aussi avec le temps; mais es lois de ces variations ne se déduisent que d'hypo-

---

à $H \cos a$. La force verticale V sera encore la même, et l'inclinaison dans ce plan étant représentée par i', on aura

$$\tan i' = \frac{H \cos a}{V}$$

ou en mettant pour $\dfrac{H}{V}$ sa valeur.

$$\tan i' = \tan i \cdot \cos a.$$

Si l'on désigne par i'' l'inclinaison dans le plan vertical, perpendiculaire au précédent, on aura

$$\tan i'' = \tan i \sin a,$$

et en élevant ces deux équations au carré, et les ajoutant ensemble,

$$\tan^2 i' + \tan^2 i'' = \tan^2 i,$$

ce qui est la propriété énoncée plus haut.

(*) Dans un mémoire que j'ai composé avec M. de Humboldt, et qui est principalement fondé sur ses observations, nous avons trouvé une loi qui lie entr'eux tous les résultats de l'inclinaison dans tous les lieux de la terre, et qui, même avec une modification indiquée par les observations, représenterait aussi la déclinaison et les variations d'intensités des forces magnétiques dans les différentes parties du globe. J'ai vu, depuis, dans les manuscrits de Tobie Mayer, qu'il avait été conduit à des résultats semblables. (*Voyez le Journal de Physique.*)

thèses, et non pas d'observations précises. (*Voyez* l'article *Neigung der Magnetnadel*, dans les Dictionnaires de Physique.)

Magnétisme terrestre.

§. 12. Les phénomènes que présentent les deux aiguilles, nous autorisent, ou plutôt nous obligent à considérer la terre elle-même comme un grand aimant, puisqu'elle agit sur l'aiguille aimantée suivant les mêmes lois d'après lesquelles un aimant agit sur un autre. Euler a montré qu'en donnant aux pôles magnétiques de la terre à-peu-près la même position qui est indiquée à l'art. 10, on peut expliquer entièrement les phénomènes de la déclinaison et de l'inclinaison. (*Voyez* les Recherches sur la déclinaison de l'aiguille aimantée, *Mémoires de l'Acad. de Berlin*, 1757.) On peut concevoir facilement, d'après ce que nous avons dit sur les rapports réciproques de deux aimans, que le pôle magnétique placé dans l'Amérique septentrionale doit prendre le nom de pôle austral, et que celui qui se trouve à la Nouvelle Zélande doit être appelé pôle boréal.

§. 13. Effectivement il n'est pas improbable qu'il puisse exister une grande masse de fer magnétique dans l'intérieur de la terre; car ce métal est répandu avec une telle abondance, que chaque poignée de terre en contient toujours quelque peu (*). De plus, les observations faites au moyen du pendule (page 64, §. 13), rendent vrai-

---

(*) Il paraît plus simple de considérer, comme nous l'avons fait M. de Humboldt et moi, l'action magnétique de la terre entière, comme la résultante des actions de toutes les particules magnétiques qui y sont disséminées. Au reste, toutes les hypothèses que

semblable que le noyau intérieur de la terre consiste plutôt en une masse métallique qu'en une simple masse ter-
reuse. Si l'on admet, en outre, les observations de Canton
sur l'influence de la chaleur relativement au magnétisme
(pag. 342 , §. 6), on est conduit à penser que le mouvement diurne du soleil , de l'est vers l'ouest, peut causer une
rétrogradation occidentale des pôles magnétiques , au moyen
de laquelle les variations de déclinaison et d'inclinaison
peuvent s'expliquer plus naturellement que si l'on voulait
supposer , avec quelques physiciens, un mouvement particulier de l'aimant dans la terre.

Excitation du magnétisme naturel.

§. 14. Pour compléter la connaissance que nous avons donnée du magnétisme terrestre , nous devons ajouter qu'on
a observé que le fer exposé à l'air pendant un temps considérable s'aimante de lui-même , sur-tout s'il est placé
dans la direction du méridien magnétique. Cette observation a donné lieu à l'expérience suivante. On a placé un
barreau de fer dans l'exacte direction magnétique de la déclinaison et de l'inclinaison , et l'on a reconnu qu'un semblable barreau s'aimante de lui-même en très-peu de
temps , et qu'on peut accélérer cet effet par des coups et des
frottemens. (Gehler , III , 111 ; Fischer , III , 445.)

§. 15. On a très-inconvenablement donné le nom de
magnétisme animal , à de certains phénomènes singuliers

---

l'on a faites sur ce sujet , et celle même que nous avons proposée ,
doivent être considérées seulement comme des moyens plus ou
moins commodes de représenter les faits , et de les lier les uns
aux autres ; car il n'y a peut-être pas plus de réalité dans ces sup-
positions que dans celle des deux fluides électriques.

qui s'opèrent dans les corps humains vivans , et qui n'ont aucun rapport au sujet que nous venons de traiter.

Voyez , sur le magnétisme proprement dit , les ouvrages suivans , qui sont considérés comme classiques : Musschenbrock , *Diss. de magnete in Diss. phys.* 1729 ; les ouvrages de Brugman sur l'aimant et la matière magnétique ; celui d'Epinus , et les Mémoires de Cavallo sur le magnétisme.

HUITIÈME SECTION.

DE LA LUMIÈRE.

CHAPITRE XXXIX.

*De la lumière en général ; particulièrement des phéno-
mènes qui dépendent de son mouvement en ligne droite ;
ou premiers principes d'optique.*

INTRODUCTION.

§. 1. LE sens du toucher nous fait connaître les diverses
propriétés des corps de la manière la plus sûre ; mais celui de
la vue s'exerce sur beaucoup plus d'objets. Nous n'aurions
que bien peu d'idées, si les facultés de notre esprit n'attei-
gnaient qu'à la distance où notre main peut saisir les corps.
Le sens de la vue élève ces facultés hors des limites de la
demeure où nous sommes fixés, et les fait pénétrer jusque
dans les espaces immenses de la création. Aussi, est-ce
un des triomphes de l'esprit humain, d'être parvenu, à
force d'art, à étendre encore le pouvoir de ce sens beaucoup
au-delà des bornes que la nature semblait lui marquer. Et
puisque l'œil nous fournit les moyens de connaître presque tout ce qui existe, cette considération ne doit-elle
pas engager puissamment les hommes qui réfléchissent, à
s'instruire avec exactitude des lois d'après lesquelles s'o-
pèrent les phénomènes de la vision ?

§. 2. Dans un sens fort étendu, on donne le nom d'*op-*

tique à toute la théorie de la lumière ; et dans un sens plus resserré, cette dénomination ne s'applique qu'aux objets dont on traite dans ce chapitre et dans le suivant. Toute l'optique, en laissant à ce terme sa généralité, est une des parties les plus avancées de la physique. Son histoire est très-importante pour le physicien philosophe ; car elle montre clairement quel chemin on doit suivre pour parvenir à perfectionner une science. Toutes les hypothèses sur la nature de la lumière, quoique imaginées par les têtes profondément pensantes de Descartes, de Newton et d'Euler, n'ont été d'aucun secours pour l'avancement de la science ; et les expériences de Newton, de Dollond et de quelques autres, ont conduit à une explication exacte de tous les phénomènes de l'optique.

§. 3. Il doit y avoir entre notre œil et l'objet que nous voyons, une matière quelconque qui rend possible l'action d'un objet éloigné sur notre vue : nous ignorons quelle est cette matière, et nous devons même ne la jamais connaître, puisque nous ne l'apercevons pas elle-même, mais seulement les objets qui deviennent visibles par son influence. Au reste, il doit nous être indifférent que cette matière, suivant l'opinion de quelques anciens, émane de l'œil, ou que, suivant celle de Newton, elle vienne des objets que l'on voit ; ou encore, d'après le système de Descartes et d'Euler, qu'elle soit un fluide excessivement ténu, dont les mouvemens opèrent les phénomènes de la vision de la même manière que les vibrations de l'air produisent l'audition. Il est peu important que l'une de ces hypothèses soit exacte, ou qu'aucune d'elles n'ait cet avantage, pourvu que nous connaissions les lois des phénomènes de la vision ; et quant à ces lois, on est parvenu à les développer presque aussi complètement que celles de la pesanteur.

§. 4. Nous nommons *lumière*, la cause inconnue de la visibilité. Nous pouvons empêcher les effets qu'elle produit, mais non pas leurs causes. La lumière se produit d'une infinité de manières, par exemple, par-tout où l'acier peut seulement se frotter contre le silex ou la pierre à feu. Sous l'eau même, l'acier donne des étincelles. La lumière électrique est visible dans l'eau; et l'acier embrasé dans l'oxigène continue de paraître rouge sous l'eau. La lumière doit donc être une matière qu'on ne peut empêcher de pénétrer dans tous les corps, et qui peut être traversée par tous. Elle doit être d'une nature tout-à-fait différente de celle des substances perceptibles, puisqu'elle a une tout autre mécanique, et une tout autre statique. En effet, nous ne pourrons employer dans l'optique, qui est la vraie mécanique de la lumière, aucune des lois du mouvement développées dans les sections précédentes (*). Nous ne trouverons nulle part aucun indice de pesanteur, d'impénétrabilité, d'effet par choc, etc. Si l'on peut espérer quelque connaissance plus précise sur la nature de cette matière, il faut l'attendre de la chimie; car la lumière possède incontestablement des propriétés chimiques très-remarquables. Presque par-tout elle se trouve jointe avec la chaleur, qui est l'agent chimique le plus important de la nature. Ses effets

----

(*) L'auteur me paraît ici s'avancer beaucoup trop. Si l'on veut considérer la lumière dans ses effets seulement, sans y rien mêler d'hypothétique sur sa nature, on ne peut pas se proposer de soumettre ses mouvemens à un calcul mathématique. Mais si on la considère comme formée de molécules matérielles douées d'un mouvement rectiligne très-rapide, et susceptibles d'être attirées par les corps, alors ces mouvemens sont soumis aux lois de la mécanique ordinaire; et c'est ainsi que Newton est parvenu à déduire, par le calcul, les lois de la réfraction.

ne se manifestent pas seulement dans les phénomènes variés de la combustion, mais encore dans la plupart des expériences électrico-chimiques. Le chimiste observe aussi dans les propriétés naturelles de certaines substances, plusieurs changemens qui ne se peuvent opérer que par l'action de la lumière. — Enfin, personne ne peut méconnaître l'influence grande et bienfaisante de la lumière sur les corps organisés. Mais les lois de son action chimique sont aussi obscures que celles de ses mouvemens sont simples et faciles à saisir.

Mécanique de la lumière directe.

§. 5. Le soleil, la flamme et tous les corps embrasés, répandent de la lumière autour d'eux. On dit que de tels corps sont *lumineux par eux-mêmes.* D'autres corps rendent l'effet qu'ils ont reçu des premiers, et l'on dit de ceux-ci qu'ils sont *éclairés.* Les effets de la lumière pénètrent, à travers tous les gaz, la plupart des liquides, particulièrement l'eau, et beaucoup de corps solides, parmi lesquels on doit sur-tout distinguer le verre. De semblables corps prennent le nom de *transparens*; d'autres retiennent la lumière, et s'appellent corps *opaques.*

§. 6. La première loi des mouvemens de la lumière est la suivante :

Dans un milieu transparent et de propriétés matérielles homogènes, la transmission de la lumière se fait en ligne droite.

Il n'est besoin d'aucune expérience particulière pour démontrer cette loi : sa preuve la plus évidente se trouve dans l'observation suivante, que nous pouvons répéter à chaque fois que nous regardons. Il nous est impossible de voir immédiatement un corps, s'il se trouve un corps opaque dans la ligne droite que l'on peut mener de lui à notre œil; de plus, on reconnaît que la lumière se dirige en ligne droite, lorsque dans une chambre dont les volets fermés

ne laissent que peu de passage au jour, on observe la direction des grains de poussière éclairés qui voltigent dans l'air.

§. 7. Cette loi représente parfaitement les effets de la
lumière directe, et ramène l'optique entière aux principes
de la géométrie. Une ligne droite considérée comme le
chemin que suit l'effet de la lumière, se nomme un *rayon*.

§. 8. De chaque point d'un corps lumineux par lui-
même, les rayons se dispersent vers tous les côtés où l'on
peut tirer des lignes droites dans le milieu transparent ; et
chaque rayon de lumière suit son chemin en ligne droite
jusqu'à ce qu'il arrive à un milieu de propriétés matérielles différentes : alors l'effet change suivant la nature du
corps dans lequel pénètre le rayon.

§. 9. Si le rayon de lumière entre dans un milieu transparent plus rare ou plus dense, ou dont les propriétés matérielles sont différentes, il éprouve une *réfraction* ; c'est-à-
dire il est plus ou moins détourné de son chemin en ligne
droite. La *dioptrique* développe les lois de ces phénomènes.

Si le rayon arrive sur la surface polie d'un corps opaque,
il est *réfléchi* dans une direction déterminée : la *catoptrique* examine les lois de cette *réflexion*.

Si un rayon passe très-près d'un corps, il subit une faible
inflexion dont les lois ne sont pas encore parfaitement
connues, mais qui paraît ne pas avoir une influence fort
importante sur les phénomènes de la vision. Par cette raison,
il suffira d'avoir seulement mentionné ici ce phénomène.

Enfin si la lumière tombe sur un corps opaque et non
poli, il se fait en elle des changemens que nous devons
examiner ici avec attention.

§. 10. Dans ce cas, le corps est *éclairé*, c'est-à-dire
que tous ses points deviennent lumineux, parce qu'il réfléchit la lumière qu'il reçoit, vers tous les points où l'on

peut mener une ligne droite à travers le milieu transparent.

§. 11. On conçoit qu'il résulte toujours de cette dispersion de lumière un affaiblissement considérable, puisque chaque rayon est pour ainsi dire subdivisé en un nombre infini de rayons. Aussi l'impression de cette lumière disséminée est-elle moins forte, sans comparaison, que la lumière éblouissante des corps lumineux par eux-mêmes.

§. 12. Mais indépendamment de cette dissémination, la lumière se trouve encore affaiblie par une autre cause. Il arrive presque toujours des changemens remarquables dans la lumière, par le contact des corps. Il y a quelques corps qui renvoient toute ou presque toute la lumière qu'ils reçoivent. Ceux-ci paraissent parfaitement blancs. D'autres n'en renvoient que peu, ou même point du tout. Ce sont les corps parfaitement noirs. Dans tous les autres, la lumière subit un changement particulier, qu'on peut considérer comme une modification chimique de la matière lumineuse. La lumière dispersée fait sur l'œil une impression toute différente de celle de la lumière primitive. Nous nommons cette impression *couleur*. La lumière primitive s'affaiblit toujours lorsqu'elle est ainsi modifiée. Cet effet est moins considérable pour les couleurs vives et claires, que pour les couleurs obscures. Nous examinerons avec plus d'exactitude les phénomènes des couleurs, dans un chapitre particulier de la dioptrique. Cependant nous pouvons déjà remarquer ici que la couleur n'appartient pas aux corps, mais que c'est la lumière réfléchie qui est elle-même bleue, verte, rouge, etc., puisque les sensations des diverses couleurs ne peuvent être apportées dans l'œil qu'au moyen de cette lumière.

§. 13. Une expérience connue prouve, sans réplique, que la lumière qui vient d'un corps coloré a elle-même une couleur. Lorsque, dans une chambre sombre, la lumière de quelques objets éclairés vient, en passant par une ouverture quelconque, se peindre sur un mur blanc opposé à cette ouverture, les objets y sont représentés renversés et d'une manière assez indécise, mais cependant avec leurs couleurs naturelles. Ce phénomène s'explique aisément par le mouvement rectiligne et les couleurs de la lumière. Qu'on se figure un objet, par exemple un grand bâton droit et peint de diverses couleurs, placé à quelque distance devant une chambre très-sombre et où la lumière ne pénètre que par une seule ouverture fort petite, et qui serait par exemple triangulaire; supposons encore le bâton placé de manière que la lumière qui en émane parvienne dans la chambre par cette ouverture, et qu'un mur blanc parfaitement uni se trouve dans la chambre en face de la fenêtre, de manière que la lumière qui passe par l'ouverture vienne s'y peindre : si l'on observe d'abord la lumière qui vient du haut du bâton, et que nous supposons rouge, on remarque que cette lumière a la forme d'une pyramide triangulaire, dont le point le plus brillant est placé à la pointe, et dont les côtés et les angles sont déterminés par la forme de l'ouverture. La lumière de cette pyramide frappera la paroi blanche vers le bas, et éclairera un petit espace de forme triangulaire comme l'ouverture. Cet espace éclairé est l'image indéterminée de la pointe du bâton; et puisque cette image est rouge, il faut nécessairement que la lumière qui la produit soit rouge aussi. Si nous supposons que la partie inférieure du bâton est bleue, elle produira vers le haut de la muraille une semblable image triangulaire bleue, et un peu confuse. Il en est de même de tous les points du bâton, et l'on conçoit qu'il doit se faire sur la paroi une image renversée du bâton entier, laquelle n'est pas composée de points lumineux, mais de petits triangles de lumière. Si l'ouverture était quadrangulaire, l'image serait formée de petits carrés lumineux; si elle était ronde, de petits cercles, etc.; l'image sera d'autant plus indécise, que l'ouverture sera plus grande, l'objet plus près, et la paroi qui reçoit l'image, plus éloignée.

Quand le soleil paraît à travers un feuillage épais, et qu'on reçoit l'image de sa lumière sur un plan perpendiculaire à la direction de ses rayons, les places éclairées sont toutes circulaires, mais non pas arrêtées avec précision. Ce sont aussi des images indéterminées du soleil qui se forment de la même manière.

§. 14. Cette seule observation, que la lumière colorée est beaucoup plus faible que la lumière blanche, porterait à penser que la lumière blanche du soleil est un mélange de diverses lumières colorées, et que la surface de chaque corps ne réfléchit que quelques-uns de ses principes constituans, c'est-à-dire seulement quelques-unes de ses couleurs, tandis qu'elle en absorbe d'autres et les rend sans effet. Cette opinion sera entièrement confirmée par la théorie des couleurs dioptriques (chap. XLIV).

C'est un fait connu, que certains corps absorbent la lumière blanche, et la renvoient ensuite dans l'obscurité.

Quant aux mouvemens directs de la lumière colorée, ils sont soumis aux mêmes lois que ceux de la lumière blanche.

§. 15. Kepler croyait que la transmission de la lumière est instantanée, c'est-à-dire que sa vitesse est trop grande pour pouvoir être mesurée. Néanmoins, dans la suite, les astronomes ont réellement mesuré cette vitesse, puisqu'ils ont observé que les occultations des satellites de Jupiter sont visibles d'autant plus tard, que cette planète est plus éloignée de nous. D'après cette donnée, ils ont calculé que la lumière parcourt en 15 minutes ou 900″, le diamètre de l'orbite de la terre, c'est-à-dire un espace équivalent à 47416 fois le rayon de la terre, et que, selon le jugement que nous en pouvons porter, ce mouvement est parfaitement uniforme. La lumière parcourt donc, en une seconde, un espace de 52,68444.. rayons de la terre ; ou, si l'on admet que le rayon de la terre soit équivalent à 3275790 toises de Paris, cet espace sera de 172583176,2 toises, ou de 1035499057,6 pieds de Paris.

§. 16. Il est difficile de déterminer si l'intensité d'un même rayon lumineux décroît ou reste constante lorsqu'il passe à travers un espace vide ou un milieu absolument transparent. Cependant la forte intensité de la lumière des étoiles fixes, par rapport à leur immense éloignement, rend la dernière opinion plus vraisemblable (a), et démontre du moins incontestablement, que dans les distances plus petites que parcourt la lumière, il ne peut y avoir aucun affaiblissement sensible de son intensité.

§. 17. Mais la lumière qui vient d'un corps, perd de sa force en se répandant, puisqu'elle est dispersée dans un espace d'autant plus considérable qu'elle avance davantage. Au moyen de quelques propositions géométriques

---

(a) Selon ce que disent les astronomes, la lumière, malgré sa prodigieuse vitesse, emploie au moins trois ans pour parvenir de l'étoile la plus voisine jusqu'à nous ; et cet éloignement inconcevable n'indique pas encore la véritable distance de l'astre, mais il montre seulement une limite au-dedans de laquelle il ne peut y avoir d'étoiles fixes.

connues, on démontre que la *force de la lumière est réciproque au carré de la distance*, supposé que cette force
ne soit affaiblie par aucune autre cause que par la dispersion et l'écartement des rayons. C'est là le principal
théorème relatif à la théorie de l'évaluation de l'intensité
de la lumière (*a*).

(*a*) Soit A, fig. 55, un point rayonnant, et qu'on se représente
à la distance $A B$ une étendue géométrique $B C D$ d'une forme
arbitraire, et dont le plan soit perpendiculaire sur $A B$. On conçoit ainsi facilement que la lumière tombant de A sur $B C D$, doit
avoir la forme d'une pyramide dont la pointe est A, et dont la
base est $B C D$: qu'on prolonge cette pyramide indéfiniment, et
qu'on la coupe à une distance arbitraire $A E$, par un plan $E F G$,
parallèle à $B C D$. Maintenant, si la lumière venant de A passe
par ces deux plans $B C D$ et $E F G$, il est clair qu'il y aura autant
de lumière dans l'un que dans l'autre. Mais $B C D$ est plus petit
que $E F G$; par conséquent la lumière y sera plus dense proportionnellement aux rapports des grandeurs de $E F G$ et $B C D$.
Nommons L l'intensité de la lumière en $B C D$, l celle de la lumière en $E F G$; $L : l = E F G : B C D$. Mais $E F G$ et $B C D$
sont des figures semblables, puisque ce sont des coupes parallèles
d'une pyramide. Elles sont, par conséquent, comme les carrés des
deux côtés homologues. Ainsi nous avons $L : l = E F^2 : B C^2$.
Mais $A E F$ et $A B C$ sont aussi des triangles semblables,
puisque les lignes $B C$ et $E F$ sont parallèles : nous avons
donc $E F : B C = A E : A B$; et par conséquent enfin,

$$L : l = A E^2 : A B^2 = \frac{1}{A B^2} : \frac{1}{A E^2}.$$

S'il se trouve en A plusieurs points lumineux, la lumière de
chacun d'eux doit décroître d'après cette loi. Ainsi, s'il se trouve
en A, non pas un simple point lumineux, mais un corps lumineux
de forme et de grandeur arbitraires, il est clair que la loi démontrée est aussi applicable dans ce cas, pourvu que l'on évalue séparément la distance de chacun des points du corps.

§. 18. Mais indépendamment de la distance, l'éclat de la lumière est encore modifié par diverses circonstances, entre autres par les suivantes : 1°. Par l'intensité de lumière du corps éclairant ; 2°. par sa grandeur et sa position ; 3°. par la situation du plan qui reçoit la lumière ; 4°. par les propriétés du milieu à travers lequel passe la lumière.

On doit bien distinguer l'intensité d'*éclairement*, de l'intensité *de la lumière* ; car la première dépend, comme il résulte de ce qui a été dit à l'art. 12, pag. 353, de la capacité pour la lumière que possède le corps éclairé, et de la quantité qu'il en absorbe.

§. 19. Tant que l'intensité de la lumière est sensible pour nos yeux, on la nomme *clarté*. Dans la construction des instrumens d'optique, ceci est un objet particulier de recherches, parce qu'il ne faut pas seulement connaître quelle est l'intensité de la lumière hors de l'œil, mais encore sur quel espace la lumière est étendue dans l'œil par la réfraction des verres.

§. 20. L'absence totale de lumière se nomme *obscurité*. Dans un espace éclairé, on appelle *ombres* les places où la lumière du corps lumineux ne peut parvenir directement, parce qu'elle est interceptée par quelques corps opaques. Derrière chaque corps opaque il se trouve toujours un espace sur lequel la lumière du corps éclairant ne peut frapper immédiatement, de manière qu'un œil qui y serait placé ne pourrait pas l'apercevoir. On nomme cet espace, *ombre parfaite*. Mais si le corps lumineux ne consiste pas seulement en un seul point brillant comme les étoiles fixes, et qu'il ait, ainsi que le soleil, la lune et toutes les flammes, une grandeur apparente sensible, il se trouvera encore, derrière le corps opaque éclairé, un espace qui

ne recevra pas toute la lumière, mais seulement une partie.
Un œil qui y serait placé, verrait une partie plus ou
moins grande du corps lumineux. On nomme cet espace
la *penombre*. On conçoit facilement que les dégradations
de l'ombre parfaite jusqu'à l'espace entièrement éclairé,
se succèdent de manière que l'œil qui observe la forme
de l'ombre sur une surface ne peut apercevoir de limite
bien terminée. Au reste, comme l'ombre dépend simplement de la forme du corps éclairant, de celle du corps
éclairé, et du mouvement rectiligne de la lumière, cette
théorie est susceptible d'une démonstration rigoureusement
mathématique ; c'est-à-dire qu'on peut déterminer géomé-
triquement, pour chaque cas, la forme de l'ombre parfaite
et de la penombre, ainsi que l'intensité de la lumière dans
chaque point de cette dernière. Vulgairement, on entend
par le mot *ombre*, la configuration de l'espace ombré,
qui devient visible sur un second corps opaque placé derrière le premier.

§. 21. Plusieurs physiciens ont cherché à donner une
théorie parfaitement mathématique pour l'évaluation de
l'intensité de la lumière. C'est ce qu'on a coutume de
nommer *photométrie*. Cependant Karsten emploie ce mot
dans un sens plus étendu. Bouguer, parmi les Français,
et Lambert, parmi les Allemands, se sont particulièrement occupés de cet objet; et le dernier a donné un estimable ouvrage latin, intitulé *Photometria, sive de men-
sura et gradibus colorum et umbræ*, qui est fait avec
toute la sagacité qui distingue son auteur. Cette théorie a
ses difficultés, puisque l'intensité de la lumière dépend
beaucoup des propriétés naturelles des corps lumineux et
des corps éclairés, et que ces propriétés ne sont susceptibles d'aucune évaluation mathématique : l'application de

cette théorie est fort restreinte, par la raison que les petites différences d'intensité de la lumière ne sont pas appréciables pour notre œil. Cependant Bouguer, Lambert et plusieurs autres ont donné plusieurs instrumens qu'on nomme *photomètres*, dont la destination est de mesurer l'intensité de la lumière dans des circonstances données. Leslie et le comte de Rumfort ont proposé nouvellement des instrumens de cette espèce, fort commodes. (*Voy.* le nouveau Journal de Physique de Gren, vol. II, pag. 15.)

§. 22. Pour terminer ce chapitre, nous devons encore parler des rapports qui existent entre la lumière et la chaleur. La lumière solaire et le feu terrestre montrent ces deux substances combinées ensemble. Dans d'autres circonstances, la lumière paraît sans chaleur, ou plus souvent encore la chaleur sans lumière. Plus on étudie les effets qu'elles produisent, plus on est porté à les reconnaître pour deux substances entièrement distinctes.

CHAPITRE XL.

De la Vision.

§. 1. Quoiqu'une théorie complète de la vision ne suppose pas seulement la dioptrique, mais aussi des connaissances anatomiques, nous pouvons cependant décrire ici historiquement et d'une manière claire, ce qui arrive dans l'œil lors du phénomène de la vision.

L'œil lui-même est un globe pourvu de diverses enveloppes et placé dans une cavité qu'on appelle son *orbite*, et où il peut se mouvoir aisément en toutes directions, au moyen de quelques muscles. L'enveloppe ou la *tunique* extérieure de l'œil est composée d'une substance blanche, opaque et cornée A, B, C, D, *fig.* 56. Elle s'appelle *cornée opaque*. Seulement sur le devant, entre A et D, où elle s'élève en forme plus courbée, et où elle est parfaitement diaphane, elle prend le nom de *cornée transparente*. Sous la cornée opaque, on trouve la *membrane choroïde*, qui est composée d'une matière de couleur obscure, et sous celle-ci est appliquée la *rétine*, qui est une membrane blanche, mince et presque visqueuse, que la plupart des anatomistes considèrent comme le siége propre de la sensation de la lumière. Cette membrane est formée par la continuation de la partie médullaire du nerf optique, lequel vient du cerveau et passe dans l'œil en B, C. Derrière la cornée transparente A, D, la choroïde se détache et se divise en deux parties, dont l'une s'arrondit comme un anneau, et forme cette ouverture ronde qu'on appelle la *pupille* ou la *prunelle*. La membrane qui forme cet anneau, a reçu le nom d'*iris* à cause de la variété de ses couleurs. Elle consiste en un tissu fort délicat de fibres contractiles qui rétrécissent la prunelle lorsque l'œil est frappé par une lumière forte, et qui reviennent à leur premier quand la lumière est faible. Ces opérations se font indépendamment de notre volonté, et même sans que nous nous en apercevions.

Derrière l'iris est un corps E F, assez consistant, transparent et lenticulaire, qui partage l'intérieur de l'œil en deux espaces inégaux, que l'on nomme les *chambres antérieures* et *postérieures*. Ce corps s'appelle le *cristallin*. La chambre antérieure contient *l'humeur aqueuse* dont le nom exprime la nature; la chambre postérieure est remplie d'une matière transparente et comme gélatineuse ; c'est ce qu'on appelle *l'humeur vitrée.*

Une ligne $C\,B$ qui passe à travers la pupille et perpendiculairement aux deux faces du cristallin, se nomme *l'axe de l'œil.* Dans un œil bien conformé, cet axe est dirigé sur l'objet qu'on regarde, de sorte que c'est au point B que se produit la sensation la plus forte de la vue.

§. 2. La vision a lieu, parce que sur le fond de l'œil il se peint, pour ainsi dire, une petite image renversée, mais très-précise, de l'objet vers lequel l'œil est dirigé. Soit $H\,I$, *fig.* 56, un objet que regarde l'œil. Chacun de ses points qui sera ou lumineux ou éclairé, enverra des rayons en toutes directions. Nous choisissons le point G pour exemple. Une petite partie de ses rayons pénètre par la pupille dans l'intérieur de l'œil, en formant un cône qui est indiqué par trois lignes dans la figure. Le rayon du milieu de ce cône lumineux traverse l'œil sans dévier de sa direction, et va marquer sur la rétine le point qui doit représenter G ; les autres rayons qui l'environnent sont réfractés, mais de manière qu'ils se réunissent tous au point g. Maintenant, si G était coloré en bleu, par exemple, g ne recevrait que de la lumière bleue, et serait lui-même coloré ainsi. Ce serait donc une image du point G. La même chose a lieu pour tous les rayons qui viennent d'un point quelconque de l'objet, par exemple de H ou de I. En menant ainsi, de chaque point lumineux, une ligne droite à-peu-près par le milieu du cristallin, on peut trouver la place où ce point est représenté sur la rétine. Ainsi H se peint en H, et I en i ; et l'on voit que de cette manière il doit se produire dans l'œil une petite image renversée de l'objet.

§. 3. Tout ce qui peut être demandé de l'optique, pour

l'explication de ce phénomène, se déduira parfaitement des principes de la réfraction ; mais il reste encore à l'anatomie et à la physiologie quelques questions importantes à résoudre ; telles sont les suivantes :

L'expérience apprend que nous ne voyons bien distinctement ni les objets trop rapprochés, ni les objets trop éloignés, et qu'il se trouve pour tous les yeux une certaine distance où l'on voit les objets de la manière la plus précise. Cela est entièrement conforme aux lois de la dioptrique ; car on peut démontrer par les principes de la réfraction, que les rayons d'un point trop rapproché ne se réuniraient pas justement sur sa rétine, mais un peu derrière ; les rayons d'un objet éloigné, au contraire, auraient leur point de jonction un peu en avant de la rétine : et dans les deux cas, il ne peut se produire une image bien terminée. Mais nous savons par notre expérience que dans l'œil la nature a remédié à ce défaut jusqu'à un certain point. En quoi consiste le moyen qu'elle a employé ? c'est ce que l'anatomie n'a pas encore découvert. Quelques-uns croient que le cristallin est susceptible de se mouvoir un peu en avant ou un peu en arrière ; mais il est plus vraisemblable que la courbure de sa surface peut prendre de légères variations (a).

____

(a) D'après les recherches de Home, il paraît décidé que les quatre muscles droits qui font mouvoir l'œil, changent aussi la courbure de la cornée transparente, laquelle est fort élastique, et que par leur moyen il nous est possible de voir nettement des objets placés à diverses distances (*).

(*) Il est des animaux qui doivent avoir la faculté de distinguer les objets très-éloignés, sans cependant les perdre de vue lorsqu'ils en sont très-rapprochés. Les oiseaux de proie, par exemple, qui

La distance de la vision distincte est très-différente pour les diverses personnes. On la place à 8 pouces en général. On nomme *myope* celui pour qui elle est plus rapprochée, et *presbyte*, celui pour qui elle est plus éloignée : mais ces deux défauts de la vue viennent plus souvent de l'habitude que de la construction de l'œil (*).

---

aperçoivent un très-petit oiseau sur la terre, quoiqu'à une très-grande élévation dans l'air, et qui ne cessent de le voir qu'au moment où ils le touchent, ont dû nécessairement changer la forme de leur œil ; et en effet, en examinant la structure de cet organe, on observe que la cornée opaque, mince en arrière, est garnie en devant d'un cercle osseux, composé de petites pièces qui peuvent jouer les unes sur les autres, et qui offrent une très-grande solidité pour l'attache des muscles. (*Voy. Leçons d'Anatomie comparée* de M. Cuvier, tom. II, pag. 387.) Généralement l'organe de la vue, dans les différens animaux, est nécessairement en rapport avec leur manière de vivre. Par exemple, les poissons qui vivent dans un lieu où la lumière passe plus difficilement que dans l'air, et est absorbée en grande partie, ont les yeux conformés autrement que les animaux qui vivent dans l'air. Leur cristallin est sphérique, beaucoup plus enfoncé dans l'humeur vitrée, et quelquefois mobile. Leur cornée transparente est presque toujours plate ; et souvent la pupille, au lieu d'offrir une ouverture circulaire, présente une sorte de treillage par les découpures de l'iris qui est mobile. On ignore en quoi ces modifications peuvent faciliter la vision de ces animaux, quoiqu'il soit probable qu'elles conviennent à leur existence. Il est remarquable que la rondeur du cristallin existe aussi dans le cormoran, oiseau qui pêche en plongeur.

(*) Cependant on sait qu'en général les myopes ont les yeux très-gros, très-saillans ; ce qui dépend de la grande convexité de leur cornée transparente. Or, cette convexité suppose un intervalle plus grand pour l'humeur aqueuse contenue dans la chambre antérieure, et par conséquent un espace plus considérable entre la partie antérieure convexe du cristallin, et la partie postérieure et concave de la cornée transparente. Il faut donc que l'objet soit plus rapproché de l'œil, pour que les rayons lumineux qui en partent

§. 4. Ce qu'il y a de plus inexplicable dans le phénomène de la vision, c'est cette circonstance, que l'image qui produit la sensation est dans l'œil, mais que cependant l'image que nous voyons en est dehors. La cause de ceci dépend sans doute du pouvoir de notre imagination, et par conséquent elle ne se rapporte pas à la physique, mais à la psycologie. Au reste, quoique ce phénomène ne soit pas expliqué, et que peut-être il ne puisse jamais l'être, le fait est si assuré, qu'il peut servir de principe fondamental pour l'explication d'autres phénomènes.

§. 5. La sensation et le jugement se confondent tellement dans les rapports de nos sens à cause de l'habitude, que nous croyons souvent éprouver une sensation, lorsque nous ne faisons que porter un jugement. C'est pour le sens de la vue que cet effet a lieu le plus fréquemment. Par cette raison, il est nécessaire de distinguer avec exactitude ce qui est, dans la vue, une vraie sensation, sans mélange d'aucun jugement. Pour y parvenir, il faut prendre le cas le plus simple; et c'est certainement celui où un seul point rayonnant envoie de la lumière dans l'œil. Ce qui parvient à l'œil alors, c'est la couleur de la lumière, et la direction dans laquelle le rayon du milieu du cône lumineux frappe la rétine; ce sont là les deux élémens les plus simples de la sensation de la vision.

§. 6. Les faits incontestables qui sont rapportés dans les deux articles précédens, peuvent résoudre d'une manière

---

puissent converger. Dans les presbytes, au contraire, l'humeur aqueuse est en moindre quantité, et c'est ce qu'on observe dans les vieillards, comme le mot grec de presbyte l'indique. Donc ces défauts de la vision ne dépendent pas le plus souvent de l'habitude, mais de la construction même de l'œil, quoiqu'il soit vrai pourtant de dire que l'habitude les augmente.

suffisante une question sur laquelle on a beaucoup discuté, c'est-à-dire, *comment il se fait que nous voyons les objets droits, tandis que leurs images qui se peignent dans l'œil sont renversées.* Si l'image du point H, que nous voyons, était à la même place où se produit dans l'œil la sensation de la vision, c'est-à-dire en h, nous apercevrions l'objet entier comme une chose qui serait dans l'œil, et nous le verrions sûrement de même que l'image est dans l'œil, c'est-à-dire renversé : mais comme nous ne recevons que la couleur et la direction de la lumière venant de H, l'image visible avance et recule par un effet inexplicable de la force de notre imagination, de sorte que nous ne pouvons voir le point H nulle part ailleurs que dans la partie de la ligne $H\,h$ qui est hors de l'œil ; c'est-à-dire qu'un point dont la représentation se trouve au-dessous de l'axe de l'œil, est vu au-dessus, *et vice versâ.*

§. 7. Si nous voyons les objets simples, quoique nous ayons deux yeux, c'est parce que nous voyons toujours les objets avec les deux yeux en même temps, et que la sensation confond les deux images en une seule.

§. 8. La *grandeur apparente* d'un objet $H\,I$, *fig.* 56, est proprement la grandeur de son image $h\,i$ sur la rétine. Lorsqu'on rapproche l'objet, l'image paraît plus grande ; si on l'éloigne, elle devient plus petite. La grandeur apparente est donc tout-à-fait différente de la *grandeur réelle* ; car celle-ci est invariable. On conçoit facilement que la grandeur apparente augmente ou diminue comme l'angle $H\,L\,I$; on considère, par conséquent, l'angle $H\,L\,I$ sous lequel on voit un objet, comme la mesure de sa grandeur apparente, et on le nomme *l'angle visuel* ou le *diamètre apparent* de l'objet.

§. 9. La possibilité de voir est limitée : si l'angle visuel est trop petit, nous ne sommes plus en état de discerner l'objet. On admet ordinairement qu'un objet cesse d'être visible, quand son angle visuel est plus petit qu'une minute. Cette évaluation ne doit cependant être considérée que comme approchée; car la visibilité d'un point ou d'un objet ne dépend pas seulement de la grandeur de son angle visuel, mais encore de la manière dont la lumière de l'objet se détache de la lumière du fond sur lequel il est vu. Un objet très-éclairé, lorsqu'il est placé sur un fond obscur, peut être visible sous un angle plus petit qu'une seconde, ainsi que le prouve l'observation des étoiles fixes, parmi lesquelles il n'en est peut-être pas une seule qui ait un diamètre apparent d'une seconde; mais lorsque la lumière d'un objet se détache moins sur le fond, il peut devenir invisible sous un angle beaucoup plus grand.

§. 10. L'œil ne peut pas discerner immédiatement la distance des objets; car l'impression qui se produit sur la rétine dépend uniquement, comme on le conçoit, de la direction et de l'intensité des rayons lumineux à l'instant du contact. Ainsi l'espace plus ou moins grand que le rayon a parcouru avant de parvenir à l'œil, ne peut avoir aucune influence sur la sensation produite. Par conséquent, ce que nos deux yeux réunis paraissent nous indiquer sur la distance des objets, n'est pas une sensation, mais un jugement, lequel se confond tellement avec la sensation, par l'habitude, que nous ne pouvons qu'à peine l'en distinguer.

§. 11. Mais la nature nous a beaucoup facilité le jugement de la distance: car, quoique la distance ne soit pas sentie immédiatement, il y a pourtant dans la sensation de la vue, des circonstances qui diffèrent selon que nous considérons un objet voisin ou éloigné. De ce nombre sont les suivantes :

1°. Dans les yeux bien conformés, l'axe de chaque œil doit être dirigé vers le point que nous considérons ; si ce point est proche, les deux axes doivent faire un angle beaucoup plus grand que lorsqu'il est éloigné ; et l'effort des muscles, qui est nécessaire pour produire le mouvement de la pupille, est en effet une chose sentie.

2°. Le degré de clarté et de précision avec lequel nous voyons chaque point, est différent pour les objets rapprochés et éloignés.

3°. La lumière d'un objet éloigné est beaucoup plus faible que celle d'un objet voisin, à cause du décroissement de l'intensité de la lumière (pag. 356, §. 17), et à cause de l'imparfaite transparence de l'air dans les basses régions de l'atmosphère.

4°. La grandeur apparente des objets dont nous connaissons la grandeur réelle, détermine notre jugement sur leur distance.

5°. Enfin la position d'un objet par rapport à d'autres objets dont la distance et la situation nous sont connues, sert aussi à former notre jugement.

§. 12. Pour les objets peu éloignés, où l'évaluation exacte de la distance nous est plus importante, toutes ces circonstances se réunissent pour décider notre jugement. Plus la distance augmente, moins notre jugement est certain, et au-delà de l'atmosphère tous ces moyens nous abandonnent, de manière que non-seulement les astres, mais encore les météores élevés, nous paraissent tous placés sur une même surface, c'est-à-dire attachés à cette voûte bleue que nous représente la lumière de l'air. On peut expliquer, d'après ce que nous avons dit à l'article 11, pourquoi cette voûte ne nous paraît pas avoir la forme d'une demi-sphère, mais celle d'une portion d'ellipsoïde, et pourquoi le soleil, la lune et les étoiles nous semblent plus grands et plus éloignés l'un de l'autre à l'horizon, que dans les parties plus élevées du ciel. Cette illusion dépend de ce que plusieurs circonstances se réunissent pour nous faire présumer que les objets aperçus près de l'horizon sont très-éloignés, tandis que ces moyens manquent dans le jugement que nous portons sur la distance des objets que nous voyons au-dessus de nos têtes.

§. 13. Les deux dernières indications rapportées à l'art. 11, pour l'évaluation de la distance, servent aussi à déterminer notre jugement sur la grandeur réelle de l'objet ; c'est-à-dire, si nous pouvons juger exactement de la distance par d'autres moyens, cette distance, comparée avec la grandeur apparente de l'objet, donne la possibilité d'évaluer sa grandeur réelle.

De plus, si nous voyons un objet inconnu parmi d'autres objets que nous connaissons, ceux-ci nous fournissent une mesure de sa grandeur réelle.

§. 14. De même la *forme apparente* d'une chose n'est pas sa *forme réelle*. L'image qui se peint sur la rétine n'est pas un corps, mais un plan, et par conséquent chaque objet paraît aux yeux comme une simple surface. Cependant nous jugeons avec beaucoup d'exactitude de la forme réelle d'un objet apparent, sur-tout lorsqu'il est assez près, parce que tout ce qui détermine notre jugement sur la grandeur et la distance sert encore ici à nous faire juger de la forme. Mais ce sont sur-tout les alternatives d'ombre et de lumière qui nous font reconnaître la forme, particulièrement lorsqu'il nous est possible de considérer l'objet de plus d'un côté.

§. 15. D'après ces observations, on peut concevoir la possibilité de représenter les objets apparens sur une simple surface, comme on le fait dans la peinture. Indépendamment de ce que le génie inventeur de l'artiste place dans un tableau, il faut, pour l'exacte représentation de la nature, que les perspectives géométriques et aériennes y soient observées. La première apprend à dessiner les contours des objets, de même qu'ils paraissent à l'œil d'après les lois de la lumière. Cette partie est susceptible de calcul, et d'après cela elle est considérée comme une section des mathématiques appliquées. La perspective aérienne consiste dans la dégradation exacte de la lumière et de la netteté des objets, selon leur éloignement. Elle ne peut être soumise à des considérations mathématiques, à cause de l'imperfection de la photométrie théorique et pratique (pag. 359 , §. 21.)

§. 16. Lorsqu'un corps nous paraît se mouvoir, ce que nous apercevons n'est pas son *mouvement réel*, mais son *mouvement apparent*. Un corps qui se trouve dans l'axe de l'œil, et qui avance ou qui recule directement devant lui, nous paraît en repos, pourvu qu'il ne soit pas assez près pour que nous puissions apercevoir le changement de sa grandeur apparente et de sa distance. Dans les autres cas, c'est toujours le mouvement de l'image sur la rétine que nous apercevons ; et l'on conçoit qu'il peut être fort différent du mouvement réel de l'objet ; car lorsque l'œil lui-même est en mouvement, les images changent de place sur la rétine, tandis que les objets qu'elles représentent restent en repos. Si l'observateur ne sent pas son propre mouvement, il doit imaginer que ce sont les objets qui se meuvent. Ce cas arrive effectivement, puisque nous ne pouvons pas sentir les mouvemens du globe que nous habitons, et qu'ils n'ont pu être découverts que par les astronomes qui sont continuellement occupés à comparer notre position avec celles de tous les autres corps célestes. Si l'œil et l'objet vu sont en mouvement en même temps, les phénomènes se compliquent davantage : c'est ce qui a lieu pour le cours apparent des planètes dans la sphère céleste.

C'est une grande gloire pour l'esprit humain d'être parvenu à porter de l'ordre et de la clarté dans cette matière difficile. Mais il ne pouvait y réussir que par les mathématiques ; car ces phénomènes sont susceptibles d'être calculés rigoureusement : cependant on n'a pas coutume de les exposer dans une section séparée des mathématiques appliquées, mais en partie dans la perspective, et en partie dans la mécanique et dans l'astronomie.

§. 17. Il est clair, par ce qui précède, que toutes les illusions d'optique ne sont pas des sensations mensongères, mais de faux jugemens auxquels nos sensations donnent souvent sujet. Nous jugerions beaucoup plus mal, si nos sensations elles-mêmes nous trompaient et pouvaient nous présenter de fausses images. C'est ce qui arrive quelquefois dans les maladies nerveuses.

CHAPITRE XLI.

De la Réflexion de la lumière par les miroirs, ou premiers principes de la Catoptrique.

§. 1. A proprement parler, toutes les surfaces polies réfléchissent à la manière des miroirs : même, lorsqu'on regarde obliquement une surface polie, on y voit quelques images semblables à celles qui se représentent dans un miroir ; mais le plus souvent elles sont indistinctes. Cependant, parmi les corps solides, il ne se trouve que quelques métaux simples et quelques amalgames de métaux qui soient susceptibles de prendre un poli parfait. Les glaces à miroir ne font même pas exception à ceci ; car c'est proprement l'amalgame de mercure et de zinc dont la surface postérieure est revêtue, qui produit l'effet de miroir.

§. 2. Les miroirs de glace rendent à la vérité les miroirs métalliques inutiles pour l'usage ordinaire ; mais ils ne peuvent être employés pour les expériences exactes d'optique, parce qu'ils font une double réflexion aux deux surfaces du verre, et aussi parce que la lumière qui parvient à la surface postérieure est elle-même réfractée deux fois dans le verre, et que par conséquent les phénomènes qu'on observe ne sont pas produits par la seule réflexion des rayons. Ces inconvéniens sont d'autant plus fâcheux, qu'il est difficile de préparer une bonne composition pour les miroirs métalliques.

§. 3. Parmi les formes infiniment variées qu'on peut donner aux surfaces des miroirs, il n'en est que deux dont il soit important de parler avec détail ; ce sont celles des miroirs plans et des miroirs sphériques. Sous la dernière dénomination on comprend tous ceux qui sont des portions d'un miroir sphérique, polies à l'extérieur ou à l'intérieur. On a tenté plusieurs fois en vain, depuis Descartes, de polir des miroirs de courbures elliptique, parabolique, etc. ; mais indépendamment des obstacles presque insurmontables que présente leur fabrication, il est démontré par la théorie que, relativement à leurs effets, ils seraient inférieurs aux miroirs sphériques. Les miroirs coniques et cylindriques ne servent absolument que pour les jeux d'optique.

Loi fondamentale de la catoptrique.

§. 4. Tous les phénomènes lumineux qui se produisent au moyen des miroirs, quoiqu'ils soient très-variés, reposent tous sur une seule loi extrèmement simple ; cette loi est la suivante :

Si un rayon de lumière H A *, fig. 57 , tombe sur une surface quelconque* B A C *ou* D A E *, ou* F A C *, et qu'on élève au point d'incidence* A *, la ligne* A I *perpendiculaire au miroir : si ensuite l'on suppose par la pensée un plan qui contiendrait cette ligne et le rayon incident , le rayon réfléchi passera aussi dans ce plan , et de manière à faire avec la perpendiculaire* A I *un angle* I A K *égal à l'angle* I A H *, formé par le rayon incident avec cette perpendiculaire.*

En un mot, le rayon incident et le rayon réfléchi ont, par rapport à la perpendiculaire *A I* et au miroir, une position opposée, mais symétrique. On nomme *A I* la perpendiculaire incidente, *I A H* l'angle d'incidence , et *I A K* l'angle de réflexion. Si un rayon tombe perpendiculairement sur un miroir, l'angle d'incidence, et par conséquent celui de réflexion, sont nuls, c'est-à-dire que le rayon est réfléchi sur lui-même.

L'exactitude de cette loi peut être prouvée par l'expérience, de diverses manières ; et en général il suffit, pour y parvenir, de rendre visible la direction du rayon incident et celle du rayon réfléchi. Une des méthodes les plus simples pour parvenir à ce but, c'est de faire arriver la lumière du soleil par une très petite ouverture sur un miroir quelconque , placé dans une chambre sombre , où l'on peut observer les grains de poussière répandus dans l'air et éclairés par la lumière incidente et par la lumière réfléchie.

Du Miroir plan.

§. 5. Les phénomènes connus du miroir plan s'expliquent très-facilement par cette loi. Soit AB, *fig.* 58, le profil d'un tel miroir; C un point rayonnant situé devant sa surface : qu'on mène la ligne CD perpendiculaire au miroir, et qu'on la prolonge au-delà jusqu'en $DE = DC$. Si maintenant un rayon quelconque CF venant de C, tombe sur le miroir, il n'est besoin que de tirer de E en F la ligne FG, pour trouver la position du rayon réfléchi; car l'égalité des triangles FDC, FDE, étant facile à démontrer, il s'ensuit que les angles DFC, DFE sont égaux. Mais DFE est opposé par le sommet à l'angle BFG; par conséquent DFC et BFG sont aussi égaux, c'est-à-dire que FG est, selon la loi de la catoptrique, le rayon réfléchi.

On voit donc que tous les rayons venant de C sont réfléchis par le miroir, de manière à passer tous par le même point E. Par conséquent un œil placé devant le miroir, dans une position telle qu'il peut recevoir un de ces rayons réfléchis, doit voir en E une représentation du point C; mais comme ce qui a été démontré pour le point C est applicable à tous les autres points, on conçoit comment l'image d'un objet doit se présenter dans le miroir, et en apparence, derrière sa surface, à une distance égale à sa distance réelle.

Des Miroirs sphériques.

§. 6. Soit ADB, *fig.* 59, le profil d'un miroir sphérique, et C le centre de la sphère dont ce miroir est un segment : on nomme ce point le centre géométrique; et D, qui est le point du milieu du segment lui-même, s'appelle le centre optique. Une ligne droite menée indéfiniment par C et D, représente l'axe; CD est le rayon du miroir, et DA ou DB sont les demi-largeurs ou ouvertures. Si la surface intérieure est polie, le miroir est *concave* ou *convergent*; il est *concave* ou *divergent*, si la surface extérieure est polie (*a*).

Phénomènes qui se produisent par le miroir concave.

§. 7. Si l'on dirige l'axe d'un miroir concave vers le soleil, il réunit tous les rayons qui viennent frapper la surface dans un très-petit espace F, qui se trouve justement au milieu entre C et D. Non-seulement il se produit en ce point une lumière éblouissante, mais encore il s'y développe une vive chaleur dont l'intensité ne peut être

---

(*a*) Lorsqu'on ne prétend pas à une exactitude rigoureuse, on peut produire les phénomènes des deux espèces de miroirs, avec des miroirs de glace; mais alors le rayon lumineux traversant la surface antérieure, s'y réfracte avant de parvenir à la surface postérieure qui le réfléchit. Ainsi, dans ce cas, on ne doit pas juger, comme précédemment, des propriétés du miroir d'après la seule inspection de sa surface antérieure; ce n'est que lorsque les deux faces sont parallèles, ou plutôt lorsqu'elles sont courbées concentriquement, ce qui est très-difficile à obtenir avec exactitude, que le miroir peut être aussi appelé convergent, quand sa surface antérieure est concave, et divergent quand elle est convexe. Mais si, au contraire, les deux faces, comme il arrive ordinairement, sont de formes et de courbures différentes, on appelle miroir convexe, ou miroir de convergence, celui dont les bords sont plus minces que le milieu; et miroir concave, ou de divergence, celui dont les bords sont plus épais que le milieu; la surface antérieure éta n in différemment ou plane, ou bombée, ou concave, parce qu'elle ne contribue à la réflexion que pour une quantité très-petite comparativement à la surface é amée. Ceux qui connaissent l'effet de ces deux espèces de miroirs, savent que le miroir de convergence grossit un objet placé entre C et D, *fig.* 60, et que le miroir de divergence le diminue. En ayant égard à cette observation, on peut faire les expériences indiquées aux paragraphes 7, 8, 9 et 11, avec des miroirs de glace.

égalée que par celle du feu augmentée par l'oxigène
(p. 117 , §. 4). Par cette raison on nomme cet espace
le *foyer* du miroir, et la distance *D F* sa *distance focale*.
Pour que cet effet soit aussi fort qu'il est possible, le
miroir doit être très-grand, et sa distance focale plus courte
que la largeur de sa surface, ou au moins ne doit-elle
pas l'excéder; car plus la distance focale est considérable,
en comparaison de la surface du miroir, et moins le foyer
aura d'action. Un corps qu'on veut exposer à la chaleur
du foyer d'un miroir, doit être plus petit que cet espace,
afin d'être environné de toutes parts par la chaleur qui y
est rassemblée. Un miroir concave disposé pour cet objet,
se nomme un *miroir ardent*.

§. 8. Si l'on place une flamme dans le foyer d'un miroir
concave, toute la lumière qui va frapper le miroir sera
réfléchie presque parallèlement à l'axe. Et comme la lumière
parallèle conserve toujours une égale force, excepté lorsqu'elle est affaiblie par le milieu dans lequel elle passe,
on peut propager ainsi une vive lumière à une distance
considérable : on nomme *miroir collecteur*, un miroir concave préparé pour cet effet.

§. 9. Les images des objets que représente un miroir
concave offrent des phénomènes beaucoup plus variés que
ceux qu'on observe dans le miroir plan. En plaçant une
bougie allumée devant le miroir, dans une chambre obscure,
tous les phénomènes suivans deviennent parfaitement visibles.

1°. Si la flamme est en-deçà du foyer, près du miroir,
on en voit une image verticale et grossie qui paraît un
peu plus loin derrière le miroir, que la flamme elle-même
n'est au-devant : à mesure qu'on rapproche la lumière du
foyer, l'image grandit et s'éloigne.

2°. Si la flamme est au foyer, son image ne se trouve nulle part ; mais on voit seulement le reflet lumineux dont nous avons parlé dans l'article précédent, et qui consiste presque en rayons parallèles.

3°. Si l'on place la lumière au-delà du foyer, on n'aperçoit pas non plus son image dans le miroir ; mais lorsqu'elle est à une certaine distance, il s'en peint une image grossie et renversée sur un mur blanc opposé au miroir : si on éloigne la lumière encore davantage, cette image est plus proche et plus petite. Lorsque la distance de la flamme devient double de la distance focale, l'image, coïncide avec elle, parce qu'elle est alors au centre de courbure du miroir ; si on la recule encore, l'image qui est alors plus petite que la flamme, se rapproche du foyer, et finirait par tomber précisément dans le foyer, si l'on pouvait éloigner indéfiniment la lumière. On voit par-là que dans un miroir ardent la violente chaleur qu'on observe au foyer est produite par une image du soleil qui vient s'y représenter.

§. 10. Ce n'est que par le calcul qu'on peut donner une explication complète de ces phénomènes. Il y a cependant une méthode très-simple et très-ingénieuse de déterminer par des constructions géométriques quel doit être le phénomène dans chaque cas donné ; mais elle suppose quelques résultats de recherches mathématiques que nous devons seulement faire connaître ici historiquement. A la fin de ce chapitre, nous rapporterons les démonstrations rigoureuses. Les propositions qu'on doit admettre sont les suivantes :

1°. Chaque rayon dirigé parallèlement à l'axe, est réfléchi au foyer.

2°. Tous les rayons qui viennent d'un point quelconque qui se trouve dans la direction de l'axe ou qui ne s'en écarte que très-peu, sont réfléchis de manière que leurs directions se coupent toutes en un point et y produisent par conséquent une image du point rayonnant : mais cette image est quelquefois devant, quelquefois derrière le miroir ; elle peut même être à un éloignement infini, et alors les rayons réfléchis sont parallèles.

La conséquence de ce principe est que, lorsqu'on connaît seulement la direction que prennent, en se réfléchissant, deux rayons venus d'un même point, on connaît aussi la direction de tous les autres.

3°. Lorsque plusieurs points sont à une égale distance du miroir, leurs images en sont aussi également éloignées.

C'est par suite de ceci que, quand on place un objet devant un miroir, les rayons réfléchis doivent toujours en produire une image, soit devant, soit derrière le miroir.

§. 11. En admettant ces propositions comme exactes, on démontre qu'on peut déterminer, dans chaque cas, toutes les conditions de la formation des images, quand on connaît seulement deux rayons qui viennent des points extrêmes d'un objet. Pour faire cette démonstration, on trace le profil du miroir $A\,B\,C$, *fig.* 60, 61, 62, son axe $C\,D$, et son foyer E ; on représente l'objet rayonnant par une ligne droite $F\,G$, qui est perpendiculaire à l'axe, et qui ne doit être ni plus petite ni plus grande que la hauteur du miroir, mais qui s'étende également des deux côtés de l'axe. Du plus haut point F de cet objet, on mène deux rayons $F\,A$ et $F\,C$ sur le miroir ; $F\,A$ parallèle à l'axe, est, par conséquent, réfléchi au foyer E (pag. 377, §. 10, n°. 1) ; $F\,C$ dirigé vers le centre optique C du miroir, sera réfléchi vers le point le plus inférieur de l'objet, d'après la loi de la catoptrique (pag. 372, §. 4). On prolonge la direction de ces deux rayons réfléchis jusqu'à ce qu'ils se coupent. Le point

de leur intersection *f*, est l'image du point *F* de l'objet
(p. 377 , §. 10 , n°. 2). Si l'on tire de ce point *f* une ligne
f g qui passe perpendiculairement par l'axe , et qu'on la prolonge également des deux côtés , de sorte que *f h = g h* ,
cette ligne représentera l'image qu'offre le miroir dans les
circonstances données (pag. 377 , §. 10 , n°. 3).

La *fig.* 60 montre le cas où l'objet *F G* est en-deçà de
la distance focale *C E*. Les deux rayons réfléchis *A E* et
C G , qui viennent primitivement de *F* , divergent ici ; et
l'on doit par conséquent les prolonger derrière le miroir
pour trouver leur point d'intersection *f* , où est l'image du
point *F* , aussi bien que *f g* qui présente l'image de l'objet
entier. Ceci est l'explication du phénomène rapporté à
l'art. 9 , n°. 1 , pag. 376.

Dans la *fig.* 61 , l'objet *F G* est lui-même au foyer *E*.
Ici les deux rayons réfléchis *A E* et *C G* deviennent parallèles ; car , puisque , d'après la remarque faite à la fin de
l'article 9, le miroir ne doit avoir qu'une très-faible courbure pour produire une image distincte , on peut considérer *C A F E* comme un parallélogramme ; mais alors
C A E G est aussi un parallélogramme , puisque *C A* et
E G sont égaux. Dans ce cas , il ne doit donc se produire
aucune image de l'objet ; ou bien l'on peut dire qu'elle se
produit à un éloignement infini , derrière ou devant le
miroir. Cela explique le deuxième phénomène indiqué à
l'art. 9.

La *fig.* 62 présente l'objet *F G* plus loin que la distance
focale. Les deux rayons réfléchis *A f* et *C f* convergent ici
visiblement ; et prolongés suffisamment, ils se coupent au-
dessous de l'axe en *f* , de manière que le miroir produit
ici dans l'air une image *f g* de l'objet. Le phénomène décrit
au n°. 3 de l'article 9, s'explique de cette manière.

On peut traiter de même tous les autres cas qui se présentent. Le lecteur pourra sur-tout examiner les changemens qui arrivent dans le dernier des phénomènes que nous avons considérés, et qui sont rapportés à la fin de l'article 9 ; c'est-à-dire les différences qu'on observe selon que l'objet est entre le centre géométrique et le foyer, ou au centre géométrique lui-même.

Phénomènes qui se produisent par le miroir convexe.

§. 12. Les phénomènes que présente un miroir convexe lorsqu'un objet y répand sa lumière, sont beaucoup plus simples. Quelque part que soit placé l'objet devant le miroir, on en aperçoit toujours une image plus petite que lui, et située verticalement derrière le miroir. Lorsqu'on dirige l'axe d'un miroir convexe vers le soleil, il ne rassemble pas sa lumière, il la disperse. Mais on peut prouver aussi bien par l'expérience que par le calcul, que la petite image du soleil, de laquelle vient cette dispersion de lumière, est placée à égale distance entre le centre optique et le centre géométrique, par conséquent derrière le miroir. A cause de cela, on nomme cette place le *foyer négatif du miroir*, et sa distance derrière le miroir, la *distance focale négative*.

§. 13. Les propositions théoriques rapportées à l'article 10, pag. 377, peuvent s'appliquer aux miroirs convexes comme aux miroirs concaves ; seulement l'expression de la première doit être changée ainsi. Un rayon parallèle à l'axe doit être réfléchi comme s'il venait du foyer négatif. Avec cette modification, la construction décrite à l'article 11 peut servir aussi pour le miroir convexe.

Soit donc *A C B*, *fig.* 63, le profil d'un semblable miroir, *E D* son axe, et *E* son foyer négatif. Soit *F G* l'obet ; qu'on mène de *F* le rayon *F A* parallèle à l'axe ; il sera réfléchi dans la direction *A K*, comme s'il venait de *E*. Le rayon *F C* est réfléchi en *G*. Les deux rayons réfléchis divergent visiblement, et l'on doit, par conséquent, les prolonger derrière leur miroir pour trouver le point d'intersection *f*, et pour marquer l'image entière *f g* de l'objet *F G*.

§. 14. Il faut connaître parfaitement la distance focale d'un miroir sphérique, lorsqu'on veut l'employer à des expériences exactes.

Pour un miroir concave, on la détermine de plusieurs manières. Par exemple, on place le miroir en face du soleil ou de la lune, et l'on mesure combien leur image est éloignée du miroir ; ou bien on taille un morceau de papier en rond et de la grandeur du miroir, on y trace un diamètre, et l'on fait sur celui-ci deux petites ouvertures rondes à une égale distance du centre ; on attache la feuille sur le miroir, et on présente celui-ci à la lumière du soleil. Les rayons réfléchis par les deux ouvertures convergent, on cherche le point où ils se réunissent, et l'on mesure sa distance au miroir.

Une troisième méthode sera exposée dans les additions mathématiques qu'on trouvera à la fin de ce chapitre, §. 22.

Pour un miroir convexe on ne peut employer que la deuxième méthode. Lorsqu'on a attaché le papier au miroir, on voit que les rayons réfléchis divergent, et l'on doit chercher les points où ils sont entre eux, à une distance double de celle qu'ils avaient sur le miroir. On mesure la distance de ces points au miroir, et l'on connaît ainsi la distance focale négative.

ADDITIONS MATHÉMATIQUES.

§. 15. Les propositions rapportées aux articles 10 et 13 ne sont pas exactes à la rigueur, mais conditionnellement. Cette condition consiste en ce qu'elles approchent d'autant plus de la vérité, que l'étendue du miroir est plus petite en comparaison de sa distance focale, ou du rayon de la sphère sur laquelle le miroir est construit. Cependant on peut prouver par un examen plus approfondi, que l'inexactitude dont nous parlons est à peine appréciable pour nos sens, même lorsque le segment sphérique qui forme le miroir est de plusieurs degrés. Pour les miroirs qui doivent donner des images nettes et distinctes, la largeur ne peut tout au plus qu'être égale à la moitié de la distance focale; et dans certains cas elle doit être beaucoup moindre.

Cette remarque justifie les approximations auxquelles nous allons nous borner dans les démonstrations suivantes.

§. 16. *Théorème.* Un rayon lumineux $E A$, *fig.* 64, qui tombe parallèlement à l'axe sur un miroir concave, est réfléchi entre le centre optique D et le centre géométrique C, et d'autant plus près du foyer F, qu'il passe plus près de l'axe.

Démonstration. Si l'on mène de A en C la droite $A C$, elle sera un rayon de la sphère $A D B$, et par conséquent perpendiculaire en A à la surface du miroir. Si l'on prend de plus l'angle $C A F = C A E$; $A E$ étant le rayon incident, $A F$ sera le rayon réfléchi (pag. 372, §. 4).

Si l'on considère maintenant le triangle $A F C$, on voit facilement que $A F = F C$, puisque les angles $F A C$ et $F C A$ sont égaux; car tous deux sont égaux à l'angle $E A C$; le premier par la construction même, et le second, parce que $A E$ étant parallèle à $F C$, $F C A$ et $C A E$ sont alternes internes. Maintenant, si l'on avait $A F = D F$, on aurait aussi $D F = F C$; par conséquent F serait parfaitement au milieu de la ligne $D C$. Cela n'arrive pas exactement ainsi pour tous les rayons; mais la différence entre la ligne la plus courte $D F$, et la plus longue $A F$, est d'autant plus petite, que $A D$ est petit en comparaison de $D F$ ou de $D C$. Si l'arc $A D$ ou l'angle $A F D$ ne comprennent que peu de degrés, on peut supposer sans inconvénient $D F = A F$; par conséquent aussi $D F = C F$; et par-là le n°. 1 de l'art. 10 est démontré.

§. 17. Théorème. *Dans un miroir convexe* $A D B$, fig. 65, *le rayon* $E A$ *parallèle à l'axe, sera réfléchi dans la direction* $A H$, *comme s'il venait du milieu du rayon* $C D$. La démonstration est semblable à la précédente. La ligne $C A G$ est perpendiculaire à l'arc $A D B$ en A. Si donc on fait $G A H = G A E$, $A H$ est le rayon réfléchi qui, étant prolongé, coupe l'axe en F. Or, dans le triangle $C A F$, $C F = A F$, puisque $C A F = A C F$. L'égalité de ces angles vient de ce que $C A F = H A G$ comme angles opposés au sommet, et $A C F = G A E$ comme angles correspondans; enfin $H A G = G A E$ à cause de la loi fondamentale de la réflexion (pag. 372, §. 4). Mais $F A$ et $F D$ ne sont pas à la vérité rigoureusement égaux, non plus que dans la figure 64; seulement ils approchent de l'égalité en admettant les mêmes conditions que dans l'article précédent : c'est pourquoi $C F$ est d'autant plus près d'être égal à $F D$, que le rayon incident passe plus près de l'axe. Ceci est la démonstration du principe qui a été supposé dans l'article 13.

§. 18. Problème. *Dans l'axe* $E D$ *du miroir sphérique* $A D B$, fig. 66, *se trouve un point rayonnant* E.

Un rayon E A *qui en émane, frappe le miroir en* A, *et est réfléchi vers* F. *Il s'agit de trouver une équation entre la distance focale du miroir* = , D C = p, *la distance du point lumineux* D E = a, *et la distance* D F = a, *à laquelle le rayon réfléchi coupe l'axe.*

Solution. Soit C le centre géométrique du miroir, CA sera perpendiculaire en A à sa surface. Par conséquent, d'après la loi de la catroptique, $CAF = CAE$; mais , d'après une proposition géométrique connue, $CAF = AFD - ACF$, et $CAE = ACF - AEC$, et par conséquent aussi $AFD - ACF = ACF - AEC$, ou $2ACF = AFD + AEC$. De plus , on démontre dans la trigonométrie, que dans un triangle rectangle dont un des angles aigus est fort petit, cet angle est , à fort peu près , proportionnel au côté opposé divisé par le côté adjacent , et d'autant plus exactement que le côté opposé est moindre. Or , si nous voulons produire des images distinctes, nous devons regarder l'arc AD comme très-petit relativement à DF, DC et DE ; nous pouvons donc le considérer comme une ligne droite perpendiculaire sur l'axe DE, et par conséquent considérer aussi les triangles ADF, ADC, ADE, comme des triangles rectangles qui ont de très-petits angles sur la base en F, C, E. Par conséquent

l'angle ACF est proportionnel à. . . . . $\dfrac{AD}{DC}$

AFD à. . . . . $\dfrac{AD}{DF}$

AEC à. . . . . $\dfrac{AD}{DE}$

Si dans l'équation ci-dessus $2ACE = AEC + AFD$,

en met, au lieu de ces angles, les valeurs qui leur sont
proportionnelles, on aura

$$\frac{2\,AD}{DC} = \frac{AD}{DE} + \frac{AD}{DF}$$

ou en divisant tout par AD

$$\frac{2}{DC} = \frac{1}{DE} + \frac{1}{DF}.$$

Enfin, si l'on substitue $2\,p$ à DC, a à DE, et α à DF,
on aura

$$\frac{1}{p} = \frac{1}{a} + \frac{1}{\alpha}.$$

Ce qui est l'équation demandée entre p, a et α.

Remarque. La formule que nous venons de trouver,
a une application très-étendue ; et nous montrerons,
soit ici, soit dans la dioptrique, que tous les phénomènes possibles qui ont lieu dans les miroirs et dans les
verres sphériques, peuvent être démontrés par elle, et
que par conséquent on doit la regarder comme la base
de tous les calculs d'optique. Il est utile de pouvoir
exprimer une proposition si importante avec une telle
précision.

Pour cela, il faut observer qu'il est assez ordinaire d'appeler le quotient qu'on obtient en divisant l'unité par une
quantité quelconque, la valeur réciproque de cette quantité.

Alors $\frac{1}{p}$ est la valeur réciproque de p ; et ainsi du reste.
Une quantité et sa valeur réciproque ont entre elles
un rapport tel, que si l'on connaît l'une des deux, on
trouve toujours l'autre en divisant l'unité par celle des

deux qui est connue. Ainsi, 1 divisé par $\frac{1}{p}$, donne p.

Comme on trouve si facilement l'une dé ces valeurs par l'autre, on peut presque indifféremment considérer l'une ou l'autre, comme la quantité connue ou cherchée. Il est donc avantageux de laisser à l'équation ci-dessus sa forme, et de ne point éliminer les diviseurs, parce qu'elle perdrait beaucoup de sa simplicité et de son utilité.

Si l'on nomme $DE = a$, et $DF = a$, *les deux distances des réunions des rayons*, la formule, dans sa forme rapportée ci-dessus, exprime le théorème suivant :

La valeur réciproque de la distance focale est égale à la somme des valeurs réciproques des deux distances de réunion des rayons.

§. 19. *Additions.* 1°. C'est une propriété essentielle de toute formule algébrique, qu'elle ne s'applique pas seulement au cas particulier qu'on a pris pour base du calcul, mais qu'elle sert aussi à tous les cas imaginables de même espèce. On doit cependant remarquer que lorsqu'on l'applique à d'autres cas, il faut quelquefois changer le signe de l'une ou de l'autre quantité. Dans le cas qui a servi à établir la formule, nous avons considéré toutes les quantités qui s'y présentent, p, a, a, comme positives, en les supposant placées les unes par rapport aux autres, comme le représente la *fig.* 66. Mais si une de ces lignes, dans un autre cas, se trouve avoir une situation opposée, il faut lui donner le signe —. Avec cette modification, notre formule s'applique à tous les cas imaginables, dans lesquels un rayon incident EA, *fig.* 66, coupe l'axe quelque part en E. Tant que le point E reste devant le miroir, comme dans la *fig.* 66, la quantité a reste positive. Mais si le rayon ne vient pas d'un point de l'axe, et qu'au contraire il se dirige vers un de ces points, comme GA, *fig.* 67, se dirige vers E, la distance DE qui était devant le miroir dans la *fig.* 66, se trouve maintenant derrière lui ; de sorte qu'il faut représenter DE par $-a$; et la formule serait alors, pour un miroir concave , $\dfrac{1}{p} = -\dfrac{1}{a} + \dfrac{1}{\alpha}$. Mais , si le miroir dont il s'agit est un miroir convexe , le rayon et la distance focale ont une position opposée à celle qu'indiquent les *fig.* 66 et 67 ; il faut donc représenter la distance focale par $-p$. Si , dans ce cas , le point rayonnant est devant le miroir , comme dans la *fig.* 66 , a reste positif , et la formule est $-\dfrac{1}{p} = \dfrac{1}{a} + \dfrac{1}{\alpha}$. Mais si l'intersection du rayon incident avec l'axe CD se faisait derrière le miroir comme dans la *fig.* 67 , a serait aussi négatif , et par conséquent on aurait $-\dfrac{1}{p} = -\dfrac{1}{a} + \dfrac{1}{\alpha}$, etc.

Ce qui vient d'être dit , ne peut cependant s'appliquer qu'aux quantités que l'on considère , dans un cas particulier , comme des quantités données ; mais on voit facilement que des trois quantités p , a , α , contenues dans la formule , chacune peut être considérée comme inconnue , lorsque les deux autres sont données. Ainsi , la formule sert généralement à trouver une de ces trois quantités par les deux autres , et elle détermine en même temps le signe qu'il faut lui attribuer.

2°. Puisque AD , *fig.* 66 , s'est trouvé tout-à-fait éliminé du calcul , c'est une preuve que la grandeur de cet arc n'influe pas sensiblement sur la position du point F , où le rayon réfléchi coupe l'axe , pourvu que AD soit en général un très-petit arc , comme le suppose tout le calcul. Il suit donc de là , que non-seulement le rayon EA , mais tous les rayons venant du même point E , se réuniront , après la réflexion , assez exactement au même point F, et y produiront une image du point E, qui sera visible pour un œil placé de manière à recevoir, à quelque distance, les rayons qui divergent en venant du F.

3°. Comme notre formule s'applique à toutes les positions du point E dans l'axe, il est démontré par là que de chaque point rayonnant situé sur l'axe, il se produit toujours par la réflexion une nouvelle image de ce point, située dans ce même axe. Cette image est devant le miroir, si le calcul donne une valeur positive de a; elle est derrière, si la valeur de a se trouve négative, elle est à une distance infinie, si l'on trouve a infinie, ou, ce qui revient au même, $\dfrac{1}{a} = 0$ (car o et l'infini sont des valeurs réciproques). Ce dernier cas a lieu pour un miroir de convergence, lorsque l'on suppose $a = p$; car alors on a $\dfrac{1}{p} = \dfrac{1}{p} - \dfrac{1}{a}$, c'est-à-dire $\dfrac{1}{a} = 0$; d'où l'on voit que si les rayons partent du foyer, ils deviennent parallèles à l'axe par la réflexion, c'est-à-dire que leur point de réunion est à une distance infinie.

§. 20. Problème. *Déterminer les circonstances de la réflexion lorsque le point rayonnant est hors de l'axe, mais à peu de distance.*

Solution. Soit G, *fig.* 68 , un point rayonnant près de l'axe. Qu'on mène la ligne droite $G\,C\,H$, par le centre géométrique, et qu'on la prolonge jusqu'au miroir, on voit facilement que cette ligne peut être absolument considérée comme un axe, puisque $A\,D\,B$ est sphérique. Si donc un rayon $G\,K$ tombe sur le miroir et est réfléchi vers $G\,L$, en faisant $\measuredangle G = a$, et $H\,L = a$, nous aurons comme ci-dessus,

$$\frac{1}{p} = \frac{1}{a} + \frac{1}{a}.$$

Et toutes les conséquences que nous en avons tirées relativement à l'axe (pag. 386 , §. 19), doivent être appliquées à la ligne *G H*. D'où il résulte que *chaque point rayonnant situé sur la ligne G H, produit une image quelque part dans cette même ligne*, image qui peut, selon les différens cas, se trouver tantôt devant, tantôt derrière le miroir, et tantôt à une distance infinie.

De cette manière, la seconde supposition que nous avions admise , pag. 377 , §. 10 , se trouve complètement démontrée.

§. 21. *Additions.* 1°. Comme nous supposons par-tout que la largeur du miroir est peu considérable relativement à la distance focale, et que le point rayonnant *G* est près de l'axe, il est évident que toutes les lignes qu'on peut mener de *G* vers le miroir, seront toutes presque égales en longueur. La même chose a lieu pour toutes les lignes qu'on peut mener de *L* au miroir. Ainsi , il suit de là que la formule $\frac{1}{p} = \frac{1}{a} + \frac{1}{\alpha}$ s'éloignerait très-peu de la vérité, même dans le cas où l'on n'aurait pas mesuré a et α , c'est-à-dire la distance des points *H*, *G* et *L*, sur la ligne *G H*, et en supposant qu'on y substituât leur distance perpendiculaire au miroir. Il suit encore de là, que s'il se trouvait au-dessous de *G* plusieurs points rayonnans à des distances égales du miroir , leurs images au-dessus de *L* seraient aussi toutes à des distances égales de sa surface. Car puisque a est égal pour tous ces points, la formule donnerait aussi des valeurs égales pour α. Ainsi la troisième supposition faite à l'art. 10, pag. 377 , se trouve suffisamment démontrée.

2°. Si l'on représente l'objet , ainsi que nous avons fait ci-dessus, par une ligne droite perpendiculaire à l'axe , l'image sera aussi une ligne droite perpendiculaire à l'axe.

Alors on peut nommer a la distance de *l'objet entier*, et non pas seulement celle d'un seul point rayonnant ; et α sera de même la distance de toute l'image. Pour cette valeur des lettres a et α, la formule $\dfrac{1}{p} = \dfrac{1}{a} + \dfrac{1}{\alpha}$, reste toujours exacte.

§. 22. *Remarques.* 1°. La dernière observation nous fournit, entre autres, un moyen commode pour trouver la distance focale d'un miroir concave. On place devant le miroir la flamme d'une bougie à une distance telle, qu'il se forme une image distincte sur un carton blanc ou sur une muraille à une certaine distance. Alors on mesure la distance de l'image et de l'objet au miroir, et on obtient a et α ; de sorte que l'on peut ensuite trouver p au moyen de la formule.

2°. Tous les calculs d'optique deviennent très-difficiles et très-compliqués, si on veut leur donner une exactitude absolument rigoureuse. Mais pour la pratique, cette rigueur n'est pas nécessaire, lorsqu'il s'agit d'instrumens optiques qui doivent donner des images très-précises ; car pour obtenir cette netteté, il faut donner aux miroirs et aux verres une largeur peu considérable, relativement à leur distance focale : c'est ce qui justifie toutes les approximations que nous nous sommes permises. Quant aux instrumens desquels on n'attend pas une exacte précision, le manque de rigueur se justifie de soi-même.

CHAPITRE XLII.

*De la Réfraction de la lumière dans les corps transpa-
rens, ou Premiers Principes de la Dioptrique.*

§. 1. Tous les fluides aériformes, la plupart des liquides,
et beaucoup de corps solides, sont transparens. Peut-être
même n'est-il aucun corps qui ne se laisse traverser jusqu'à un certain degré par la lumière ; puisque l'or lui-
même, qui est si opaque et si dense en grande masse, parait
avoir une espèce de transparence lorsqu'il est réduit à ces
feuilles minces qu'en fabriquent les batteurs d'or. La plupart des corps transparens laissent passer la lumière sans
l'altérer, c'est-à-dire sans changer la couleur qu'elle avait
avant d'y pénétrer ; mais beaucoup d'entre eux ne trans-
mettent que certaines couleurs de la lumière, et par cette
raison ils paraissent colorés. Il y a même des corps qui
réfléchissent une couleur et en laissent passer une autre.
Tels sont, par exemple, les feuilles d'or, la teinture de
tournesol, le verre blanc de lait, lorsqu'il est très-
mince, etc.

§. 2. Pour que les corps solides et liquides soient parfaitement transparens, il faut que leurs surfaces soient
exactement polies. Cette condition se trouve toujours remplie
naturellement dans les liquides, par le seul effet de la
pesanteur, qui rend leur surface parfaitement plane. Elle
l'est aussi jusqu'à un certain point dans les corps solides
cristallisés. Cependant ce n'est en général qu'avec le secours
de l'art, qu'on parvient à polir des surfaces avec toute
l'exactitude nécessaire. Lorsqu'un corps transparent n'est

pas poli, il laisse, à la vérité, passer la lumière; mais en même temps il la disperse irrégulièrement dans tous les sens, et l'on ne peut pas voir distinctement à travers sa substance.

Parmi les corps transparens, le plus grand nombre réfracte *simplement* la lumière; c'est-à-dire que les faisceaux de rayons lumineux ne se désunissent pas en les traversant; mais il est d'autres corps qui séparent les rayons en deux faisceaux distincts; de ce nombre sont toutes les substances cristallisées, dont la forme primitive n'est ni un cube, ni un octaèdre régulier: ce phénomène se nomme la *double réfraction*. Nous ne considérons ici que la réfraction simple, comme étant la plus commune, et celle dont la théorie est la plus facile. Il faudra chercher dans des ouvrages plus étendus la théorie de la double réfraction, dont la véritable loi, d'abord découverte par Huygens, a été mise en évidence dans ces derniers temps.

Loi de la Dioptrique.

§. 3. Tous les phénomènes qu'on observe au moyen des corps transparens qui réfractent simplement la lumière, se trouvent expliqués par la loi suivante:

Lorsqu'un rayon lumineux passe obliquement d'un milieu transparent dans un autre, il s'écarte de sa direction primitive, et subit une réfraction. Si par le point d'incidence où le rayon rencontre le second milieu, on conçoit une ligne perpendiculaire à la surface réfractante, le rayon, en se réfractant, s'approchera de cette perpendiculaire, si le milieu où il entre est plus dense que celui qu'il quitte; et au contraire, s'il est plus rare, il s'en écartera.

Pour donner à cette loi la rigueur mathématique,

supposons que *A*, *fig.* 69, est le point où le rayon de lumière passe d'un milieu dans un autre; soit que la surface qui sépare les deux milieux se trouve plane, comme *B C*, ou convexe, comme *D E*, ou enfin concave, comme *F G*; supposons que le milieu plus rare soit au-dessus d'elle, et le milieu plus dense au-dessous; que le rayon incident soit *H A* : si l'on élève en *A* la perpendiculaire *I A K* au point d'incidence, et que par la pensée on fasse passer un plan par *I A K* et *A H*, le rayon réfracté passe bien dans ce plan, mais de sorte que l'angle *K A L* qui est dans le milieu plus dense, se trouve plus petit que l'angle *H A I*, qui est dans le milieu plus rare. En prenant *A* pour centre et un rayon arbitraire, on décrit le cercle *H I L K*. Des points *H* et *L* où le rayon incident et le rayon réfracté coupent sa circonférence, on mène les lignes *H M* et *L N* perpendiculaires à la verticale *I A K*. Les expériences ont appris que ces deux lignes *H M*, *L N*, ont toujours des rapports invariables pour chaque milieu différent.

Dans un triangle rectangle dont l'hypothénuse est supposée égale à 1, les deux autres côtés exprimés en nombres, c'est-à-dire en parties de cette hypothénuse, s'appellent les sinus des angles qui leur sont opposés. On peut ici, puisque le rayon est arbitraire, le supposer égal à l'unité : alors *H M* sera le sinus de l'angle *H A I*, ou le *sinus d'incidence*, et *L N* sera le sinus de *L A K*, ou le *sinus de réfraction*; et la loi de la réfraction pourra s'exprimer brièvement ainsi :

Lorsqu'un rayon passe d'un milieu dans un autre, il est réfracté de manière que le sinus d'incidence et celui de réfraction sont entre eux dans un rapport constant.

Ce rapport se nomme *le rapport de réfraction*. On a

coutume d'appeler les angles HAI, LAK, du nom du milieu où ils sont ; l'angle dans l'air, dans l'eau, dans le verre, etc.

§. 4. Parmi les expériences qui se font d'après cette loi, la plus facile à comprendre, sinon la plus exacte, est celle qui suit : Un cube de verre $ABCD$, *fig.* 70, est placé sur deux planchettes jointes à angles droits, ainsi que les représentent les lignes EC et CF. Elles doivent être plus larges que le cube. Si l'on expose cet appareil à la lumière du soleil, de manière que le rayon lumineux y tombe dans la direction GH, ce rayon GH sera réfracté en HK dans le verre ; mais à côté du verre il poursuivra dans sa direction primitive, jusqu'en F. L'ombre de la planchette CE se prolongera donc jusqu'en K dans le verre, et jusqu'à F au-dehors. Maintenant, si l'on mène par H la verticale incidente LHM, on voit aisément que l'angle FHM est égal à l'angle dans l'air GHL, et que KHM est l'angle dans le verre. Si l'on mesure la longueur de l'ombre au-dedans et au-dehors du verre, on peut trouver les deux angles ou par le calcul, ou en les construisant. Ensuite si on fait tomber la lumière sous différens angles, et qu'on trace une figure pour chaque cas, on peut marquer les sinus des angles et trouver leurs rapports au moyen d'une échelle exacte.

Ces expériences peuvent être faites plus exactement avec un prisme de verre ; mais, pour être comprises alors, elles exigent une plus grande connaissance de la théorie, que celle que nous pouvons supposer ici.

§. 5. Avant le milieu du dix-septième siècle, les physiciens croyaient que les angles eux-mêmes, et non pas les sinus, avaient entr'eux un rapport constant. Ce fut un Hollandais nommé Snellius, qui rectifia le premier cette idée , et fit connaître le principe exact. Cependant, lorsque les angles *I A H* , *L A K* , *fig.* 69 , sont fort petits , on peut sans inconvénient attribuer ce rapport aux angles eux-mêmes , puisqu'ils sont sensiblement proportionnels à leurs *sinus* ; et comme on n'a jamais de grands angles dans des instrumens de dioptrique très-exacts , on admet encore maintenant le rapport des angles comme constant pour les calculs dioptriques ordinaires.

§. 6. Mais relativement à la loi précédente , on doit encore observer les circonstances suivantes :

1°. Si un rayon tombe perpendiculairement comme *I A*, *fig.* 69 , il passe sans être réfracté. Dans tous les autres cas il se réfracte, et d'autant plus fortement , qu'il tombe d'une manière plus oblique.

2°. Un rayon de lumière prend la même direction entre deux milieux, soit en y pénétrant, soit en en sortant , toutes les autres circonstances étant d'ailleurs égales : c'est-à-dire que si *L A* était un rayon incident , *A H* serait le rayon réfracté.

3°. A chaque réfraction , il se fait toujours une réflexion à la surface polie , soit que le rayon passe du milieu le plus dense dans le milieu le plus rare , ou réciproquement : c'est-à-dire que si le rayon est rompu en *A* , une partie est réfléchie d'après la loi de la catoptrique , et l'autre partie est réfractée d'après la loi de la dioptrique. Plus le rayon incident tombe obliquement , et plus la partie réfléchie est considérable , et plus , par conséquent , la partie réfractée est faible ; car toutes les surfaces polies réfléchissent bien plus fortement la lumière , dans les directions obliques , que lorsque le rayon tombe perpendiculairement sur leur surface. Même lorsque le rayon sort d'un milieu plus dense pour entrer dans un plus rare, il existe une limite , à compter de laquelle il ne peut avoir aucun angle de réfraction dans l'autre milieu, parce que le sinus de cet angle serait plus grand que l'unité, ce qui est impossible ; et alors toute la lumière est réfléchie. Dans un verre plein d'eau, on peut voir aisément que non-seulement la surface supérieure réfléchit, mais encore la surface inférieure, et que celle-ci réfléchit plus fortement que la première, sur-tout lorsqu'on regarde très-obliquement.

4°. Enfin, il se fait encore à chaque réfraction un changement remarquable dans la lumière. Nous allons seulement le rapporter ici, et par la suite nous le détaillerons avec plus d'exactitude. Le rayon lumineux n'est plus une simple ligne droite après la réfraction ; mais il s'élargit en forme pyramidale, et chaque point de sa largeur offre une couleur différente. Cependant cette expansion est très-faible pour un seul rayon réfracté, sur-tout dans le voisinage de la surface réfractante. Nous négligerons cette circonstance dans ce chapitre, et nous représenterons le rayon réfracté par une seule ligne droite.

5°. Les corps plus denses réfractent la lumière plus fortement que les corps plus rares. Cependant le pouvoir réfringent ne dépend pas seulement de la densité, mais aussi des propriétés chimiques des corps. Ainsi, on a observé que les corps combustibles réfractent la lumière plus fortement que les non-combustibles. On ne connaît cependant ceci que d'une manière si imparfaite, qu'on ne peut trouver la force de réfraction de chaque corps que par des expériences immédiates (*).

(*) Nous avons fait, il y a quelques années, sur cet objet, M. Arago et moi, un très-grand nombre d'expériences avec le cercle répétiteur. Nous avons trouvé que c'est l'hydrogène qui donne aux huiles, aux

6°. Les rapports de réfraction les plus intéressans sont ceux qui existent entre l'air et le verre, et entre l'air et l'eau. Le rapport de réfraction entre l'air et le verre commun est environ de 3 : 2, ou plus exactement de 17 : 11; entre l'air et le crown-glass anglais, il est de 1,55 : 1; entre l'air et le flint-glass, de 1,58 : 1; entre l'air et l'eau, à-peu-près de 4 : 3. On trouve plusieurs autres rapports de réfraction dans Gehler, I, 431; Fischer, I, 447.

Phénomènes généraux qui dépendent de la réfraction de la Lumière.

§. 7. Si la lumière n'était ni réfractée ni réfléchie par les corps transparens, ceux qui sont parfaitement diaphanes et incolores seraient invisibles pour nous. On ne peut les voir qu'à cause de la réflexion qui se fait à leurs surfaces, et par la différence de direction que prend la lumière qui les traverse, après qu'elle s'y est réfractée. De cette manière, on peut même distinguer deux fluides incolores qui, sans se mêler, se trouvent réunis dans un même vase : par exemple, une huile sans couleur et de l'eau, de l'éther et de l'eau, etc. L'air est invisible en petites masses, parce que les réfractions et les réflexions y sont insensibles.

---

résines et aux autres substances que l'on nomme combustibles, leur grande force réfringente. Nous avons trouvé aussi que le pouvoir réfringent d'un composé est formé des pouvoirs réfringens de ses composans, dans la proportion de leurs masses, lorsque la combinaison des substances n'a pas changé leur état d'aggrégation; en sorte que l'on peut, d'après cette loi, calculer d'avance, d'une manière assez approchée, les pouvoirs réfringens des corps, et en déduire quelques notions sur la nature et les proportions de leurs principes. (*Voyez les Mémoires de l'Institut*, tom. 7.)

Lorsqu'un corps visible se trouve dans un autre milieu transparent que celui où est l'œil, sa position apparente subit, dans la plupart des cas, un changement par la réfraction de la lumière.

Soit *A*, *fig.* 71, un point visible au fond d'un vase plein d'eau *B A C*. Un rayon *A D* qui tombe verticalement sur la surface de l'eau, la pénètre sans être réfracté ; mais c'est la seule direction dans laquelle on voie le point à la place où il est réellement. Le rayon *A E* qui perce la surface de l'eau sous un angle aigu, est réfracté dans l'air et s'éloigne davantage de la perpendiculaire incidente qu'on pourrait mener par *E*. Il continue donc à travers l'air comme s'il venait du point plus élevé *a* ; et alors un œil qui se trouve dans le prolongement du rayon *E F*, doit voir le point *A* sur la direction *E F*, c'est-à-dire en *a*.

Ce qui vient d'être dit de *A*, est applicable à tous les autres points du fond du vase; ainsi toute cette partie du vase doit paraître élevée en *B a C*. Si un bâton droit *G H A* est enfoncé dans l'eau, la partie qui plonge paraîtra brisée, parce que chacun des points qui la composent doit paraître plus élevé qu'il ne l'est réellement.

Si l'œil était en *A*, et qu'il regardât un objet situé dans la ligne *E F*, il ne le verrait pas dans sa vraie direction, mais dans le prolongement de la ligne *A E*.

Nous nous trouvons dans une situation semblable relativement aux astres ; et les astronomes ont depuis long-temps observé que les étoiles qui ne sont pas au zénith, paraissent plus éloignées de l'horizon qu'elles ne le sont réellement. C'est ce qu'on appelle la *réfraction astronomique* (*).

(*) Relativement à ce phénomène et à la manière dont on le mesure, voyez l'*Astronomie* de Biot, 2ᵉ édit., tom. I.

Phénomènes particuliers qui se produisent au moyen des verres polis.

§. 8. Les verres polis donnent lieu à des phénomènes trop importans, pour que nous puissions négliger d'en parler. Il y a deux espèces de verres que nous devons examiner ici ; ce sont ceux dont les faces sont planes et parallèles , et ceux dont les faces sont des portions de sphère. Dans un des chapitres suivans nous parlerons des verres dont les surfaces sont planes, mais inclinées les unes par rapport aux autres, c'est-à-dire des verres prismatiques.

Des Verres plans à faces parallèles.

§. 9. Soit $A B C D$, *fig.* 72, le profil d'un verre de cette espèce, et $E F$ un rayon lumineux qui tombe sur sa surface antérieure : qu'on élève au point d'incidence F la perpendiculaire $G H$; le rayon sera réfracté dans le verre en F, et prendra la direction $F I$. Qu'on élève en I, au point d'émergence , une seconde perpendiculaire $K L$, qui sera parallèle à la première , le rayon sera de nouveau réfracté dans l'air, à partir du point I, et se prolongera dans la direction $I M$. On voit aisément que $I M$ est parallèle à $E F$; car puisque les deux angles dans le verre $H F I$ et $F I K$ sont égaux , les angles dans l'air $E F G$ et $L I M$ doivent aussi être égaux.

Par la réfraction dans de semblables verres , tous les rayons émergens restent de même parallèles aux rayons incidens : ainsi l'on doit voir à travers un tel verre , précisément comme s'il n'y en avait point ; seulement quand on regarde très-obliquement, les objets doivent un peu changer de place, mais sans jamais varier de grandeur ni de situations respectives. Dans tous les autres cas , la direction du rayon est si peu déviée, qu'on peut considérer sa réfraction comme nulle.

Des Verres sphériques ou lenticulaires.

§. 10. Les diverses sortes de microscopes et de télescopes sont des instrumens indispensables pour le physicien. Ils consistent tous en verres dont les faces sont des portions de sphère. Pour concevoir exactement l'effet des instrumens d'optique composés, on doit nécessairement connaître d'abord les propriétés des verres simples dont ils sont formés.

§. 11. Quoique la forme des verres sphériques puisse être variée beaucoup plus que celle des miroirs, on peut cependant, en ne considérant que leurs propriétés essentielles, les rapporter à deux espèces, les *verres convexes* ou *de convergence*, et les *verres concaves* ou de *divergence*. On divise ensuite chacune de ces deux espèces ainsi qu'il suit :

Les verres de convergence sont :

1°. *Doublement convexe*, ainsi que la *fig.* 73 l'indique. La forme de ce verre est lenticulaire, et par cette raison on a coutume d'appeler verres *lenticulaires* ou *lentilles*, tous ceux de ce genre, et même tous les verres sphériques, particulièrement les plus petits.

2°. *Plan convexe*, comme dans la *fig.* 74.

3°. *Concave-convexe*, ainsi qu'on le voit dans la *fig.* 75. Le mot convexe doit être placé après, pour marquer que la convexité est plus forte ici que la concavité. On nomme ces verres *ménisques*, à cause de la forme de leur profil.

Les verres de divergence sont :

1°. Ou *doublement concave* (*fig.* 76);

2°. Ou *plan concave* (*fig.* 77);

3°. Ou *convexe-concave* (*fig.* 78). On a aussi coutume d'appeler *ménisques* ces verres dont la forme exige qu'on mette le mot concave le dernier.

§. 12. Par rapport à tous ces verres, on doit remarquer en général ce qui suit :

1°. On donne à leurs faces la forme sphérique, par la même raison qui a déterminé ce choix pour les miroirs (p. 372, §. 3).

2°. On nomme rayons des verres, les rayons des sphères dont les verres sont des segmens.

3°. Pour que l'on puisse voir distinctement à travers ces verres, il faut que leurs surfaces, de même que celles des miroirs, ne soient pas de grandes portions de sphère. On peut établir pour limite de leur étendue, que l'arc du segment soit, au plus, égal à la moitié du rayon.

4°. Dans le milieu d'un verre de cette espèce, il y a un point C, *fig. 73—78*, où les deux faces opposées sont parallèles. Ce point s'appelle le *centre optique* du verre. Une ligne DE, menée par ce point perpendiculairement aux deux faces, s'appelle *l'axe du verre* : c'est sur cette ligne que se trouvent les *centres géométriques* des deux faces, c'est-à-dire les centres F et G des sphères, dont ces faces sont des segmens.

Lorsque le centre optique et le point d'intersection de l'axe sont exactement au milieu du contour extérieur, on dit que le verre est exactement centré ; c'est une qualité essentielle pour les usages optiques. L'égale épaisseur de la circonférence extérieure indique cette propriété, mais non pas avec toute l'exactitude nécessaire. La marque la plus certaine, c'est que les objets ne changent point de position apparente lorsqu'on les considère en faisant mouvoir le verre circulairement dans un plan perpendiculaire à son axe.

Lorsqu'on veut employer ces verres, on a coutume de couvrir une portion de leurs bords par un anneau d'une matière opaque, et l'on nomme *ouverture* du verre, le diamètre intérieur de cet anneau.

5°. On nomme toujours *surface antérieure* du verre , celle qui est tournée vers l'objet qu'on regarde , et *surface postérieure* , celle qui est tournée vers l'œil.

6°. Tous les verres de convergence produisent essentiellement des phénomènes semblables. Il en est de même de tous les verres de divergence comparés les uns aux autres. Dans les diverses circonstances , les différentes espèces peuvent avoir quelqu'avantage ; mais c'est ce qu'on ne peut déterminer , ni même concevoir clairement sans connaissances mathématiques. En général , les verres doubles convexes ou doubles concaves , sur-tout lorsque leurs courbures sont symétriques , sont préférés , parce qu'ils ont , proportionnellement , les plus grandes ouvertures.

7°. L'expérience a prouvé que le verre de miroir ordinaire , et un peu verdâtre , est le meilleur de tous les verres optiques. Le cristal tout-à-fait incolore , et sur-tout le flint-glass anglais , sont employés seulement pour des objets particuliers.

Phénomènes produits au moyen des verres de convergence.

§. 13. Lorsqu'on expose un verre de convergence au soleil , et qu'on reçoit , sur une surface blanche , la lumière qui se transmet à travers lui , cette lumière se réunit dans un certain espace dont l'étendue varie avec la position de la surface. Si celle-ci se trouve d'abord très-près du verre , et qu'on l'en éloigne peu-à-peu , l'espace lumineux devient de plus en plus petit. C'est de là que vient la dénomination de verre de convergence. On arrive ainsi à un point où la lumière occupe le moins d'espace possible , et au-delà elle devient divergente.

Ce point se nomme le *foyer* ; et sa distance à la surface du verre la plus voisine , est la *distance focale.*

Si l'on retourne le verre , le même phénomène a lieu.

Un verre de convergence a donc deux foyers, et ils sont également distans des deux surfaces, si celles-ci ont le même rayon. Pour les verres dont les faces ne sont pas symétriques, sur-tout pour les ménisques, ces distances sont différentes, mais d'une quantité à peine sensible.

§. 14. On appelle verre ardent, un verre convexe d'une étendue considérable, comme de deux ou trois pieds, et dont la distance focale est égale à l'*ouverture*, ou du moins ne la surpasse que d'une très-petite quantité. Les effets d'un tel verre sont d'autant plus intenses, que sa surface est plus étendue, et que l'espace où se réunit la lumière est moindre. Si le foyer est trop éloigné du verre, cet espace est très-grand, et par-là même de peu d'effet. On a coutume, dans ce cas, de placer à quelque distance un second verre convexe qu'on nomme un verre collecteur, et qui rassemble la lumière dans un espace plus resserré.

Les effets des verres ardens sont aussi remarquables que ceux des miroirs ardens (p. 375, §. 7). On trouve beaucoup de détails sur les expériences où on les emploie, dans les Dictionnaires de Physique, aux articles *Brenngläser* et *Brennspiegel*.

§. 15. La distance focale d'un verre symétriquement *double convexe*, est égale au rayon de ses deux surfaces, ou plutôt à $\frac{14}{13}$ de ce rayon. Pour un verre *plan convexe*, elle est égale au double du rayon, ou plus exactement à $\frac{27}{14}$. On démontrera dans les additions mathématiques, qui sont à la fin du chapitre, quelle est sa valeur relativement aux rayons des verres non symétriques.

§. 16. Les autres propriétés des verres convexes ont la plus grande ressemblance avec celles des miroirs de convergence (pag. 376, §. 9), et l'on peut les rendre sensibles plus facilement encore, au moyen d'une bougie allumée, placée dans une chambre obscure.

1°. Lorsqu'on met la lumière très-près devant le verre en-deçà de la distance focale, l'œil placé de l'autre côté du verre, voit la flamme grossie, droite et assez éloignée. La grandeur et l'éloignement augmentent à mesure qu'on recule la lumière.

2°. Si l'on place la flamme dans le foyer, on ne trouve nulle part son image distincte, mais on aperçoit seulement une lueur vive qui consiste en grande partie en rayons parallèles, et qui se continue derrière la lumière, de manière à éclairer des objets éloignés.

3°. Enfin, si l'on porte la flamme à une certaine distance plus loin que la distance focale, on en voit une image grossie et renversée sur la paroi opposée. A mesure qu'on éloigne davantage la flamme, cette image s'approche du foyer postérieur du verre, et devient plus petite : si la flamme est placée à une distance double de la distance focale, l'image se trouve à la même distance, et elle a la même dimension que la flamme elle-même. Si on éloigne la flamme davantage, l'image se rapproche et devient plus petite ; et si l'objet est très-éloigné, elle tombe enfin dans le foyer lui-même. Ainsi l'espace *caustique* dans lequel un verre ardent brûle, n'est autre chose qu'une petite image du soleil qui se forme à son foyer. Si l'on ne recueille pas, sur un carton blanc ou sur un verre dépoli, les images qui se forment ainsi dans les circonstances précédentes, un œil placé à la distance convenable les voit voltigeant dans l'air libre. Cependant l'imagination, par des raisons faciles à concevoir, est portée à les placer non pas là où elles sont réellement, mais dans le verre lui-même, ou plutôt sur sa face opposée.

§. 17. Autant qu'on peut concevoir ces phénomènes sans le secours des mathématiques, on comprend qu'ils ne diffèrent pas essentiellement de ceux que nous avons décrits pag. 377 , §. 10 , 11. Nous allons de même ici supposer les données théoriques d'après lesquelles on pourra déterminer , au moyen d'une construction facile , le phénomène qui doit avoir lieu dans chaque cas. Pour faciliter cette construction, il est à remarquer qu'un rayon qui passe par le centre optique C , *fig.* 73—78 , doit être considéré comme non réfracté. Pour les rayons qui font de petits angles avec l'axe , cela est clair d'après la position des surfaces du verre en C ; car , puisqu'elles sont ici parallèles , le rayon qui y passe doit être réfracté comme dans le verre plan à surfaces parallèles (pag. 399 , §. 9).

§. 18. D'après ces observations préliminaires , les *fig.* 79—81 ne demandent pas beaucoup d'explication. AB est le profil d'un verre convexe , C est le centre optique , DE l'axe , D le foyer antérieur , E le foyer postérieur , FHG l'objet rayonnant.

1°. Dans la *fig.* 79 , l'objet est au milieu de la distance focale antérieure DC : de son point le plus élevé F, un rayon FA parallèle à l'axe tombe sur le verre , et est réfracté vers le foyer postérieur E. Un deuxième rayon FCI, sans être réfracté, passe par le centre optique. Les rayons AE et CI divergent après le passage ; et , s'ils sont prolongés du côté opposé, ils se coupent en f : c'est donc de ce point que paraissent venir , après le passage dans le verre , tous les rayons qui partent de F. Un œil placé derrière le verre , voit en f l'image du point F ; et , au lieu de l'objet FG, il verra l'image fg (§. 16 , n°. 1).

2°. La *fig.* 80 représente l'objet FG placé au foyer antérieur D ; le rayon parallèle FA est réfracté vers E , le rayon FC passe sans être réfracté ; mais comme les lignes CE et FA sont égales et parallèles , parce que $CE = CD = FA$, il s'ensuit que $CFAE$

forme un parallélogramme , et les rayons $A\,E$, $C\,I$, sont
parallèles après le passage dans le verre (§. 16 , n°. 2). Il
en est de même de tous les rayons qui partent du point F.

3°. Dans la *fig.* 81 , l'objet $F\,G$ est plus loin que la distance focale antérieure $D\,C$; le rayon parallèle $F\,A$ est
réfracté vers E ; le rayon $F\,C\,f$ passe sans être réfracté ;
$F\,E$ et $C\,f$ convergent après le passage , et leurs prolonge-
mens se coupent en f ; tous les rayons venant de F se
réunissent à ce point , et il se produit en $f\,g$ une image renversée de l'objet entier (§. 16 , n°. 3).

D'après l'exemple de ces figures , il ne sera pas difficile
de construire les sous-divisions particulières au troisième
cas , soit quand l'objet est justement au centre de courbure ,
soit quand il est à une distance beaucoup plus grande au-
devant du verre.

§. 19. On peut déjà faire d'un seul verre de convergence , un usage très-utile et assez varié.

1°. L'effet que produisent les lunettes ordinaires s'explique par la construction de la *fig.* 79. Ce sont des moyens
de réparer un des défauts de la vue , occasionné le plus souvent par l'âge , c'est-à-dire le *presbytisme* , qui fait que la
distance de la vision distincte est tellement éloignée , qu'on
ne peut voir les objets auxquels on travaille , que d'une
manière confuse. Les lunettes donnent la possibilité d'en
voir les images à la distance convenable. Pour déterminer la
distance focale des lunettes , il faut avoir égard : 1°. à la
distance de la vision distincte ; 2°. à l'éloignement auquel
on s'est accoutumé à tenir les livres ou les objets pour les
voir commodément. Par cette raison , presque tous les yeux
exigent une distance focale différente. Les lunettes qu'on
nomme *conserves* , ont leur foyer à un éloignement de 16
à 20 pouces. On doit commencer par se servir de celles-là .

et ne passer que fort lentement aux distances focales plus courtes, afin de conserver sa vue aussi long-temps que possible.

Nous allons faire ici une remarque importante, qui est applicable à toutes les espèces de verres simples et d'instrumens d'optique composés. En regardant à travers un verre, l'œil éprouve presque toujours une certaine tension extraordinaire qui peut devenir très-préjudiciable à ce précieux organe. Nous avons dit ci-dessus (pag. 367, §. 10 et 11) que nous ne sentons pas immédiatement la distance des objets, mais que nous la déterminons par le jugement. Lorsque nous voyons avec des verres, nous manquons de presque tous les moyens qui servent à régler le jugement exact de la distance et de la grandeur de l'image (pag. 366 et suivantes, §. 8-14), et communément l'imagination place l'image à une fausse distance; l'œil se dispose aussi pour cette fausse distance (pag. 362, §. 3), et de cette contradiction entre le véritable éloignement duquel viennent les rayons réfractés et celui qui est supposé par l'imagination, il doit se composer un certain état non naturel à l'œil. Cette observation explique beaucoup de phénomènes singuliers que produit l'usage des verres, et aussi la différence des jugemens que portent diverses personnes sur la grandeur et la distance des objets qu'elles voient au travers d'un instrument d'optique : mais nous ne pouvons traiter cette matière plus longuement, à cause des limites que nous nous sommes fixées, et nous nous contenterons de faire remarquer que, pour ne pas gâter sa vue en se servant de verres, il faut d'abord apprendre à *voir* avec le secours de ces instrumens.

§. 20. 2°. Les effets des verres de grossissement simples reposent sur les mêmes principes. On peut se convaincre facilement, en considérant la *fig.* 79, que l'image *f g* est plus grande et plus éloignée quand la distance focale est plus petite, et, par conséquent, qu'un verre grossit d'autant plus, que sa distance focale est moindre. Les verres grossissans qui ont depuis six lignes jusqu'à quelques pouces de distance focale, se nomment des *loupes*; quand cette distance est moindre que six lignes, on les appelle *microscopes simples*, ou *lentilles microscopiques*.

Comme il faut toujours que l'image soit à la distance de la vision distincte, c'est-à-dire à huit pouces environ au-devant du verre, on conçoit, par la seule inspection de la *fig.* 79, qu'il faut toujours que l'objet *F G* soit très-près du foyer *D*, si l'image *f g* doit être éloignée du verre de seize fois sa distance réelle, ou davantage. Pour l'usage du microscope, l'objet doit être presqu'au foyer (§. 16, 3). D'après cette remarque, on a un moyen facile d'estimer le grossissement d'un microscope. Car, à cause de la similitude des triangles *F H C*, *f h C*, l'objet *F H* est à l'image *f h* comme la distance de l'objet *H C* à la distance de l'image *h C*. Dans un microscope, *H C* doit être seulement un peu plus petit que la distance focale, et alors *h C* est à-peu-près de huit pouces; ainsi la distance focale est à huit pouces, comme l'unité est au nombre qui exprime le grossissement.

§. 21. Il y a encore deux choses à remarquer à l'égard du grossissement.

1°. Puisque la distance de la vision distincte diffère presque pour tous les yeux, et que, de plus, d'après la remarque faite à l'article précédent, beaucoup d'illusions d'optique influent sur le jugement que nous portons de la distance, il doit y avoir une grande différence dans la grosseur que chaque personne attribue au même objet.

2°. Le nombre de grossissement que donne la règle ci-dessus, indique seulement le grossissement du diamètre d'un objet. Si l'on veut connaître le grossissement de sa *surface*, on doit prendre le carré de chaque nombre ; si l'on veut avoir le grossissement du *corps entier* dans les trois dimensions, on doit élever le même nombre au cube. Un microscope dont la distance focale est de 0,1 pouce, grossit

Le diamètre. . . . . . . 80 fois.

La surface. 6400

Le corps. 512000

Le dernier nombre étant le plus fort, c'est celui dont on se sert ordinairement pour indiquer le grossissement d'un microscope ; mais, au moyen de cette exagération, on est étonné qu'avec un microscope qui grossit un demi-million de fois, le diamètre ne paraisse que quatre-vingts fois plus grand. Dans les lunettes à longue vue, ou *télescopes*, on se sert de la dénomination plus juste que donne le grossissement du diamètre.

La monture d'un microscope simple peut être infiniment variée. (*Voyez* Gehler et Fischer, article *Microskop.*)

§. 22. 3°. L'effet du microscope solaire se rapporte au phénomène expliqué par la *fig.* 81. Si l'on place *F G* près du foyer *D*, on voit que l'image s'éloigne et devient plus grande : il n'est même aucun degré de grossissement auquel cette image ne puisse atteindre. Par conséquent, si l'on applique une petite lentille de verre dans le volet de la fenêtre d'une chambre très-obscure, et qu'on place un petit objet renversé un peu au-delà de la distance focale *D C*, il se produit, à un certain éloignement derrière le verre, une image de cet objet qu'on peut recueillir sur un tableau blanc et bien uni. Cette image est droite et grossie ; mais on conçoit que la lumière qui la colore, serait extrêmement faible, et d'autant plus que l'image serait plus grande, si l'on n'éclairait pas l'objet par tous les moyens possibles. Il ne suffit pas de l'éclairer immédiatement par la simple lumière du soleil ; on a soin de réunir cette lumière avec un verre de convergence, pour la concentrer presque toute au foyer. La grandeur de l'objet est alors à la grandeur de l'image, comme $C\,H$ à $C\,h$, c'est-à-dire, comme la distance focale de la lentille est à l'éloignement du tableau. Le microscope solaire offre cet avantage, que plusieurs personnes peuvent voir l'image en même temps, et que l'on peut ainsi dessiner très-commodément la figure de l'objet ; mais cet instrument n'a jamais la précision d'un microscope simple, et les images qu'il donne sont d'autant plus indistinctes, qu'elles sont plus grandes, c'est-à-dire qu'on les recueille à une distance plus considérable.

Ce microscope ne peut servir que pour les corps transparens, parce que l'objet n'est pas assez éclairé du côté du verre ; mais cette condition ne restreint pas beaucoup son usage, puisque presque tous les corps sont transparens lorsqu'ils sont réduits en lames très-minces.

On trouve, dans les *Dictionnaires de Physique*, la description de l'appareil particulier d'un microscope solaire.

§. 23. Dans la *chambre noire*, les images des objets éloignés sont produites par un verre de convergence un peu grand, comme le montre la *fig.* 81, et ces images sont reçues immédiatement sur un carton blanc, ou sur un plateau de verre dépoli ; ou bien elles sont réfléchies vers le haut, ou vers le bas, par un miroir plan placé à quelque distance derrière le verre, et qui fait avec lui un angle de quarante-cinq degrés ; de sorte que ces images peuvent être recueillies sur un plan horizontal. On peut voir les différentes manières de construire cet instrument, dans les *Dictionnaires de Physique* de Gehler et de Fischer, article *Zimmer verfinstertes*, et dans d'autres ouvrages d'optique. Les paysages se représentent d'une manière très-agréable dans la chambre noire, et le peintre peut s'en servir avec avantage ; mais, pour que son tableau soit vrai, il ne doit pas imiter les contours tranchés et l'extrême précision de l'image.

§. 24. Nous allons encore parler ici de quelques instrumens composés de deux verres de convergence, et qui ont du rapport avec les précédens.

3°. La *chambre claire* consiste en une boîte quadrangulaire, au-devant de laquelle est placé un verre convexe de quelqu'étendue ; derrière celui-ci se trouve dans la boîte un miroir plan placé sous un angle de quarante-cinq degrés, et qui réfléchit vers le couvercle les images d'objets éloignés, qui sans lui auraient été peintes sur la paroi postérieure : devant le miroir plan on pratique une ouverture à laquelle on adapte un second verre de convergence, au travers duquel on voit l'objet comme avec une loupe. (*Voyez* Gehler, IV, 867 ; Fischer, V, 735.)

4°. Dans la *lanterne magique*, il se trouve deux larges verres convexes à peu de distance l'un de l'autre : on fait passer devant le premier, comme en *F G*, *fig.* 79, une figure peinte sur du verre, placée en-deçà de la distance focale, et éclairée aussi fortement qu'il est possible au moyen d'une lampe et d'un miroir de réflexion placés derrière. Comme la petite figure peinte sur le transparent se trouve en-deçà de la distance focale du premier verre, les rayons, après leur passage dans ce verre, continuent comme s'ils venaient d'une image éloignée et renversée , telle que *f g* dans la *fig.* 79 ; le deuxième verre doit être placé au-delà du premier *A B* , pour recevoir les rayons transmis , et sa situation doit être telle , que l'image *f g* dépasse un peu sa distance focale ; alors les rayons sont réfractés dans ce second verre , de manière à produire , comme dans la *fig.* 81 , une image éloignée *f g* , que l'on peut recevoir sur un mur blanc. Cette image est droite , parce que celle dont elle est la représentation est renversée.

7°. On fait aussi des *loupes composées* de deux verres convexes. L'objet *F G* est placé très-près devant le premier verre , et les rayons y sont réfractés comme s'ils venaient de l'image éloignée *f g* , *fig.* 79. Tout près , derrière ce verre , il y en a un second dont la distance focale antérieure s'étend encore un peu au-delà de l'image *f g*. A travers ce deuxième verre , on voit cette image justement comme on voit un objet réel à la loupe simple.

8°. Les appareils auxquels on attribue particulièrement le nom d'*optiques* , consistent en un grand verre convexe , dont la distance focale est de 1 ½ pied à 2 pieds , et à travers lequel on regarde de grands dessins de perspectives. Le dessin étant bien éclairé , doit être placé en deçà de la distance focale , mais non pas très-loin du foyer ; alors on en voit une image éloignée et grossie , à la vérité un peu indistincte , mais qui par-là même se rapproche davantage de la nature.

§. 25. D'après ce qui précède , on voit qu'il faut d'abord connaître la distance focale d'un verre de convergence pour pouvoir juger de ses effets. On la trouve de la même manière que celle des miroirs (pag. 381 , §. 14).

On expose le verre à la lumière du soleil ou de la lune , et l'on mesure la distance de sa surface à l'image qui se produit à son foyer; ou bien on couvre le verre avec un cercle de papier où l'on a pratiqué deux petites ouvertures, et l'on cherche le point où les rayons se réunissent, après les avoir traversées.

Il faut employer beaucoup d'adresse dans cette opération, lorsqu'on veut déterminer exactement des foyers très-éloignés ou très-rapprochés. (Voyez *Klügels Analytiques Dioptrick*, pag. 109.)

Phénomènes qui se produisent avec les verres de divergence.

§. 26. Les phénomènes produits au moyen de ces verres, sont tout-à-fait analogues à ceux qui ont lieu avec les miroirs convexes.

Si l'on dirige un verre de cette espèce vers le soleil, et qu'on recueille sur une surface blanche la lumière transmise, on voit que cette lumière diverge comme si elle venait d'un point situé dans la concavité du verre. On nomme ce point le *foyer négatif*, et son éloignement de la surface antérieure la *distance focale négative*. En retournant le verre, les phénomènes sont les mêmes : un verre de divergence a donc deux foyers négatifs.

Les rayons lumineux transmis à travers un verre de divergence, forment des images droites, qui sont plus rapprochées, et plus petites que les objets eux-mêmes. La distance de l'objet n'apporte aucune autre modification à ce phénomène, que de faire paraître l'image un peu plus loin du verre, à mesure que l'objet recule davantage ; mais la limite extrême que peut atteindre l'image est le foyer antérieur, et c'est où paraissent les objets lorsqu'ils sont à un grand éloignement.

§. 27. Soit *A B*, *fig.* 82, un verre de divergence, *H D*

son axe, E et D les deux foyers négatifs; que l'objet FG soit en H: le phénomène qui a lieu dans ces circonstances, peut être déterminé par la même méthode que nous avons employée pour les miroirs et les verres de convergence. Du point le plus élevé F, qu'on mène le rayon FA parallèle à l'axe, celui-ci est réfracté dans la direction AK, et semble alors venir du foyer E; un deuxième rayon FCL passe par le centre optique sans être réfracté; les rayons AK et CL divergent donc après le passage dans le verre, comme s'ils venaient du point f: c'est donc là le point de réunion dont semblent venir tous les rayons partis de F. Ainsi, en menant fg perpendiculaire à l'axe, on a la grandeur et la position de l'image qu'on voit à travers le verre.

§. 28. Ce n'est que pour les *lorgnettes* qu'on emploie isolément les verres de divergence; elles rapprochent les objets éloignés, jusqu'à la distance de la vision distincte des yeux myopes, de même que les *lunettes* éloignent les objets trop rapprochés, et les placent à la distance convenable pour les presbytes.

La remarque faite ci-dessus à la fin de l'article 19, s'applique particulièrement aux lorgnettes. Lorsqu'on voit, par exemple, avec un verre concave dont le foyer est éloigné de dix pouces, l'imagination ne peut s'astreindre à supposer toute l'étendue d'une vaste contrée resserrée dans un espace de dix pouces de rayon; et cependant toutes les images qu'on voit, se trouvent réellement dans cet espace : par cette raison l'imagination les recule toujours trop loin, et l'œil se trouve ainsi dans une tension qui n'est pas naturelle. On doit donc, lorsqu'on fait usage des lorgnettes, commencer par celles dont les distances focales sont considérables, et n'en venir que peu-à-peu à se servir de celles où ces distances sont plus courtes.

ADDITIONS MATHÉMATIQUES.

§. 29. L'essentiel de la théorie de tous les verres sphériques, ou au moins ce qui est nécessaire pour l'intelligence
de tous les phénomènes que nous avons rapportés, se déduit
de deux théorèmes, dont l'un est relatif à la réfraction d'un
rayon qui vient d'un point quelconque de l'axe; l'autre se
rapporte à la réfraction d'un rayon qui vient d'un point
voisin situé très-près de l'axe.

La *fig.* 83 éclaircit le premier de ces principes. Soit ABC
la moitié supérieure du profil d'un verre de convergence;
soit D le centre géométrique de la surface antérieure AC;
E le centre géométrique de la surface postérieure : nous
supposons que le plan du profil passe par ces deux points :
une ligne FI menée par D et par E, doit être perpendiculaire à A et à B; par conséquent elle sera l'axe du verre.
Du point F de l'axe, le rayon FG tombe sur le verre.
Qu'on tire donc maintenant par G et D la ligne incidente KGD; on trouvera, d'après la loi fondamentale
de la dioptrique (pag. 392, §. 3), que le rayon réfracté
reste dans le plan de la figure, et qu'il sera avec la ligne GD
un plus petit angle dans le verre que dans l'air. Soit GH sa
direction. Si par le point H où il atteint la surface postérieure, on mène à celle-ci la perpendiculaire EHL, le
rayon, après le passage, reste encore dans le plan de la
figure; mais il s'éloignera de HL vers le bas, et par
conséquent il coupera l'axe à quelqu'endroit. Soit I le point
d'intersection, le problème doit donc être exprimé ainsi :
Trouver la position du point I *lorsque les rayons des sur-*
faces, les positions des centres et celles des points F *et* G
sont connus.

Pour résoudre ce problème avec toute la rigueur possible,

il faut employer des calculs longs et compliqués. Mais il est facile d'y parvenir d'une manière approchée, et qui suffit entièrement pour les applications. Cela se fait au moyen d'une relation qui existe entre les deux rayons $D A$, $E B$, les *deux distances de réunion* $A F$, $B I$, et le rapport de réfraction que l'on doit aussi supposer connu.

La circonstance qui facilite cette approximation, c'est que les arcs doivent toujours avoir peu de courbure pour que les verres donnent des images distinctes. Par conséquent, les angles aigus en D et en E sont toujours très-petits; mais d'après cela, les angles aigus en F, I, G et H, sont aussi toujours petits, et les arcs $G A$, $H B$, doivent être considérés presque comme des lignes perpendiculaires sur l'axe, et aussi comme des lignes parallèles et égales, à cause du peu d'épaisseur du verre.

§. 30. *Problème.* D'après les considérations exposées au précédent paragraphe, soit $A D = f$, $E B = g$, $A F = a$, $B I = \alpha$; le rapport de réfraction de l'air dans le verre $n : 1$, trouver une équation approchée entre f, g, a, α et n.

Solution. Puisque les angles KGF, HGD, GHE, LHI, sont petits, nous pouvons leur attribuer le rapport constant d'incidence et de réfraction qui a lieu entre les sinus (pag. 394, §. 5).

Ainsi, l'on trouve :

$$KGF : HGD = n : 1$$

$$LHI : GHE = n : 1;$$

par conséquent aussi,

$$KGF + LHI : HGD + GHE = n : 1.$$

Maintenant, si nous désignons les angles aigus par

F, E, D, I, c'est-à-dire par les lettres qui désignent leurs sommets, nous aurons d'abord,

$$KGF = F + D, \qquad LHI = E + I,$$

parce que le premier est extérieur au triangle FGD, et le second au triangle EHI. On tire de la

$$KGF + LHI = F + D + E + I.$$

On aura par le même principe,

$$HGD + GHE = GME = E + D;$$

de sorte que, d'après ces valeurs, la proportion précédente devient,

$$F + D + E + I : E + D = n : 1,$$

ou en composant les premiers rapports,

$$F + I : E + D = n - 1 : 1,$$

d'où résulte l'équation

$$(n - 1) E + (n - 1) D = F + I.$$

Maintenant, à cause de la petitesse de tous les angles, on aura, sans erreur sensible,

$$E \text{ proportionnel à } \frac{BH}{EB} = \frac{BH}{g},$$

$$D \ldots\ldots\ldots \frac{AG}{AD} = \frac{AG}{f},$$

$$F \ldots\ldots\ldots \frac{AG}{AF} = \frac{AG}{a},$$

$$I \ldots\ldots\ldots \frac{BH}{BI} = \frac{BH}{u}.$$

Si l'on met ces valeurs dans l'équation précédente, on aura

$$\frac{(n-1) BH}{g} + \frac{(n-1) AG}{f} = \frac{AG}{a} + \frac{BH}{u}.$$

Physique Mécanique.

27

Mais à cause de la très-mince épaisseur du verre, les points G et H sont presque coïncidens ; et comme d'ailleurs les lignes FG, GH, HI, font de petits angles avec l'axe, il s'ensuit que l'on a, à fort peu près, $AG = BH$: on peut donc diviser toute l'équation par AG ou BH, et il reste alors

$$\frac{n-1}{f} + \frac{n-1}{g} = \frac{1}{a} + \frac{1}{\alpha},$$

ce qui est la formule d'approximation demandée.

§. 31. *Additions.* 1°. Chacune des cinq quantités n, f, g, a, α, peut être considérée comme inconnue, les autres étant données. Ceci donne naissance à cinq propositions dont on peut tirer plus d'une application importante.

2°. La formule est applicable pour toutes les positions des points F et I dans l'axe, pourvu que dans chaque cas on ait égard à la position de la *partie* qu'on regarde comme donnée. Selon la forme et l'épaisseur du verre, cette position peut être la même que dans la figure, ou bien elle peut être opposée. Si le verre, par exemple, était *double concave*, on devrait faire f et g négatifs. Si la surface antérieure était plane, et la surface postérieure concave, on devrait faire $f = \infty$, ce qui donnerait $\frac{n-1}{f} = o$, et g serait négatif. Si le rayon FG ne venait pas d'un point de l'axe au-devant du verre, mais qu'il fût au contraire dirigé vers un point de l'axe derrière le verre, on aurait α négatif. Si le rayon FG était parallèle à l'axe, on aurait $a = \infty$, et $\frac{1}{a} = o$, etc.

Les conséquences que nous tirons de notre formule peuvent donc servir ainsi pour tous les verres sphériques et pour tous les cas qui peuvent se présenter dans les usages qu'on en fait.

3°. Puisque $A\,G$ et $B\,H$ sont éliminés de l'équation, c'est une preuve que tous les rayons venus du point F, et qui tombent sur le verre, vont se réunir dans un même point I, et par conséquent y produisent une image de F. Mais dans certains cas, cette image de F peut être devant le verre, ce qui arrive lorsque la formule donne une valeur négative de x; elle peut être à un éloignement infini, si $\frac{1}{x} = o$, c'est-à-dire, $x = \infty$.

4°. En rapprochant les conséquences auxquelles nous venons de parvenir, on trouve *que dans chaque espèce de verres sphériques, un point rayonnant placé dans l'axe produit toujours par la réfraction une image située sur ce même axe, mais qui se trouve tantôt devant, tantôt derrière le verre, et tantôt à un éloignement infini;* ce qui était une supposition que nous avions admise pour notre méthode de construction.

5°. Soit x la quantité cherchée, et $a = \infty$; c'est-à-dire supposons le rayon incident parallèle à l'axe, on a $\frac{1}{a} = o$; par conséquent $\frac{1}{x} = \frac{n-1}{f} + \frac{n-1}{g}$.

Au moyen de cette formule, on détermine la distance où se coupent, après leur réfraction, les rayons qui étaient parallèles à l'axe.

Cette distance s'appelle la *distance focale* du verre; et si nous la représentons par p, nous aurons

$$\frac{1}{p} = \frac{n-1}{f} + \frac{n-1}{g};$$

ce qui est une des principales formules de la dioptrique. Au moyen de cette formule, on peut trouver dans chaque cas la distance focale d'un verre par le rayon de sa surface et par le rapport de réfraction. Plusieurs autres questions utiles peuvent être résolues de la même manière, puisque, si des quatre quantités p, n, f, g, trois sont données, la quatrième peut être obtenue facilement.

Si le verre est symétriquement double convexe $f = g$; par conséquent

$$\frac{1}{p} = \frac{2\,(n-1)}{f}, \text{ ou } p = \frac{f}{(2\,n-1)}.$$

Soit le rapport de réfraction 17 : 11 (pag. 396, §. 6), on a alors

$$n = \frac{17}{11}; \; n-1 = \frac{6}{11}; \; 2\,(n-1) = \frac{12}{11};$$

par conséquent, $p = \frac{11}{12}\,f$, c'est-à-dire que p égale f

à $\frac{1}{12}$ près. (pag. 403, §. 15.)

Si le verre est double concave et symétrique, on trouve de la même manière $p = -\frac{11}{12}\,f$.

Si le verre est plan convexe, un des deux rayons, g, par exemple, devient infini; par conséquent

$$\frac{n-1}{g} = 0, \text{ et } \frac{1}{p} = \frac{n-1}{f} \text{ ou } p = \frac{f}{n-1}.$$

Si, maintenant, on fait, comme ci-dessus, $n-1 = \frac{6}{11}$,

on a $p = \frac{11}{6}\,f$, ou environ $2\,f$. (pag. 403, §. 15.)

Pour un verre plan concave, on trouve de même

$$p = -\frac{11}{6}\,f.$$

Quand on connaît l'emploi des formules algébriques, on voit facilement comment le calcul doit être fait dans tous les autres cas. L'exemple suivant va servir pour indiquer la forme la plus commode du calcul. Nous supposons que le verre soit un ménisque, et que sa surface antérieure soit concave ; dans ce cas, soit $f = -10$; $g = + \frac{1}{5}$, $n - 1 = \frac{6}{11}$, on aura

$$\frac{1}{p} = - \frac{6}{110} + \frac{30}{11} = \frac{300}{110} - \frac{6}{110} = + \frac{294}{110};$$

par conséquent $p = + \frac{110}{294}$; en effectuant la division, on trouve $p = + 0{,}374$.

6°. Comme en général $\frac{n-1}{f} + \frac{n-1}{g} = \frac{1}{a} + a$, selon le précédent numéro, la première partie de cette équation est $= \frac{1}{p}$; le deuxième membre doit être généralement $= \frac{1}{p}$. Nous aurons donc ainsi

$$\frac{1}{p} = \frac{1}{a} + \frac{1}{a}.$$

Ce qui est la même formule que nous avons trouvée dans la catoptrique, pour la comparaison de la distance d'un miroir avec les *deux distances de réunion* ; et de même que dans cet endroit, cette formule est applicable à presque tous les calculs optiques.

§. 32. Il nous reste encore à examiner la réfraction des rayons qui viennent d'un point placé hors de l'axe. On prouve également, par la théorie et par l'expérience, que

les points rayonnans qui sont près de l'axe, donnent des
images distinctes. Cela suffit pour nous faire diriger notre
attention sur eux.

La ligne AB, *fig.* 84, représente le profil d'un verre
quelconque dont le centre optique est C, et dont l'axe est DE.
En F est un point rayonnant dont un des rayons FG,
qui tombe sur le verre, est réfracté dans la direction GH.
Si du point F, par le centre optique C, on mène la
ligne FCH, le rayon réfracté la coupera quelque part,
par exemple en H. Et par conséquent les distances CF et
CH dépendent l'une de l'autre, suivant une certaine loi.

§. 33. *Théorème.* Si l'on nomme p la distance focale,
et si le point rayonnant est très-près de l'axe, on a
(pag. 418 , §. 31),

$$\frac{1}{p} = \frac{1}{CF} + \frac{1}{CH}.$$

Démonstration. Qu'on prolonge HG vers I, et GF
jusqu'à l'axe en D. Si l'on désigne les angles aigus
par D, K, F et H, on a $F + H = D + K$; parce
que chacune de ces deux sommes $= IGF$. Mais comme F
est près de l'axe, l'angle GFC est très-petit, et GC est
presque perpendiculaire sur FC ; on peut donc admettre, sans grande erreur, que

$$F \text{ est proportionnel à } \frac{CG}{FC},$$

$$H \ldots \ldots \ldots \ldots \frac{CG}{CH},$$

$$D \ldots \ldots \ldots \ldots \frac{CG}{CD},$$

$$K \ldots \ldots \ldots \ldots \frac{CG}{CK}$$

Si l'on substitue ces valeurs dans l'équation précédente, il vient,

$$\frac{CG}{FC} + \frac{CG}{CH} = \frac{CG}{CD} + \frac{CG}{CK};$$

ou en divisant tout par CG,

$$\frac{1}{FC} + \frac{1}{CH} = \frac{1}{CD} + \frac{1}{CK}.$$

Supposons que le rayon ne vienne pas de F, mais de D, ce qui ne peut faire aucun changement dans la direction du rayon réfracté; on a, d'après l'article 31, n°. 5,

$$\frac{1}{p} = \frac{1}{DC} + \frac{1}{CK};$$

par conséquent aussi

$$\frac{1}{p} = \frac{1}{CF} + \frac{1}{CH};$$

ce qui est la formule demandée.

§. 34. *Addition.* On voit facilement que les conclusions que nous avons tirées (pag. 418, §. 31), pour un point rayonnant dans l'axe, peuvent aussi être appliquées aux points rayonnans hors de l'axe; et l'on voit d'après cela, 1°. que chaque point rayonnant F, placé hors de l'axe, produit après la réfraction de la lumière une image H, toujours située dans la ligne droite, qu'on peut mener du point rayonnant au centre optique; 2°. si par les points F et H, on mène les lignes FL et HM perpendiculaires sur l'axe, on peut, puisque F et M sont très-près de l'axe, supposer sans erreur sensible, que $CF = CL$, et $CH = CM$; de sorte que la formule se trouve changée ainsi :

$$\frac{1}{p} = \frac{1}{CL} + \frac{1}{CM}.$$

Mais de là il suit que si *F L* est un objet rayonnant, chacun de ces points aura son image en *H M*, et que l'image de chacun d'eux se trouvera justement dans la ligne droite qu'on peut mener de ce point vers le centre. Telle était l'autre supposition que nous avons faite pour notre méthode de construction; et, ainsi, tout ce que nous avions alors admis sans preuve, se trouve maintenant démontré avec une rigueur suffisante.

CHAPITRE XLIII.

Des Principaux Instrumens d'optique composés.

A. *Des Lunettes d'approche en général.*

§. 1. On peut, avec des verres sphériques, former une multitude de combinaisons diverses, qui font voir les objets plus grands et plus rapprochés. L'instrument qui résulte d'un pareil assemblage, se nomme *une lunette d'approche*, ou un *télescope*. Quand il est uniquement composé de verres, c'est une *lunette dioptrique*. On l'appelle *lunette catoptrique*, quand des miroirs sphériques y sont adaptés. Le verre, ou le miroir qui recueille immédiatement la lumière de l'objet, se nomme *verre objectif*, *miroir objectif*. Les autres verres se nomment *oculaires*, et sont comptés en partant du côté de l'objectif et venant vers l'œil; premier, second oculaire, etc.

§. 2. Pour que l'effet d'une lunette d'approche ou d'un autre instrument composé soit aussi parfait que possible, chaque verre doit être exactement centré, les axes de tous les verres doivent être sur une même ligne droite; chaque verre doit avoir une distance focale exactement déterminée d'après des regles fixes, et sur-tout une ouverture exactement proportionnée. Entre les verres on place des *diaphragmes*, qui sont des cercles opaques percés à leur centre, et dont il est fort important de déterminer la position et le diamètre. Enfin tous les verres doivent être placés à des distances prescrites d'avance ; et même l'œil doit avoir sa place exactement désignée : quelquefois le dernier oculaire seulement est mobile, mais plus fréquemment on enferme tous les oculaires dans un tube pour pouvoir varier la distance à l'objectif, selon le besoin de l'œil.

§. 3. Avec une lunette d'approche on voit les objets éloignés sous un angle beaucoup plus grand qu'avec l'œil nu : le nombre qui indique combien de fois cet angle est multiplié, se nomme *le grossissement*.

L'espace que l'on aperçoit à travers le systême entier de verres est circulaire, et se nomme le *champ de la lunette* : la mesure de ce champ est l'angle sous lequel l'œil verrait, sans lunette, tout l'espace qu'il embrasse par le moyen de la lunette d'approche.

L'intensité de la lumière avec laquelle on voit les objets, se nomme la *clarté* ; et la précision avec laquelle parait chaque point visible, se nomme la *netteté* de la lunette.

Toutes ces choses sont susceptibles de déterminations mathématiques ; mais tout ce qu'on doit attendre de la physique élémentaire, c'est de faire concevoir les effets des lunettes d'approche d'après les propriétés des verres et des miroirs sphériques.

§. 4. Sur les instrumens composés de plusieurs verres, on doit encore remarquer en général ce qui suit. Nous avons montré dans les chapitres précédens, que chaque verre sphérique produit une image d'un objet dont il reçoit des rayons, mais que cette image peut être tantôt devant le verre, tantôt derrière, et tantôt à un éloignement infini. Si l'on place maintenant un second verre derrière le premier, de sorte que leurs axes se correspondent, l'image produite par le premier verre prendra pour ce second verre la place d'un objet : ce second verre donnera par conséquent une seconde image de l'objet ; mais cette image, à son tour, peut être placée devant ou derrière le verre, ou dans un éloignement infini. L'image produite par ce deuxième verre tient encore lieu d'un objet pour un troisième, etc. Enfin l'on voit facilement que, quel que soit le nombre des verres qu'on place à la suite les uns des autres sur un axe commun, et à telle distance qu'on les place, chaque verre produira toujours une image particulière de l'objet.

Quelques-unes de ces images se forment réellement, parce que les rayons qui appartiennent à un point déterminé de l'objet se réunissent réellement dans un même point, après la réfraction. Telles sont les images d'un verre de convergence dans la chambre noire ; on les nomme images *réelles* ou *physiques*. D'autres n'existent pas effectivement, soit parce que la lumière se propage seulement comme si elle venait d'une telle image, ainsi qu'il arrive dans les lorgnettes et dans les loupes, soit parce que les rayons qui produiraient une image, sont reçus par un nouveau verre, avant que l'image ait été effectuée : on nomme celles-ci images *géométriques*. Mais il se présente dans les instrumens composés, des cas qui n'ont pas été considérés dans le précédent chapitre, où l'objet était toujours effectif.

Un objet *réel*, par exemple, est toujours devant le verre : une image qui prend la place d'un objet pour un verre suivant, peut être derrière ce verre. Ce cas arriverait, par

exemple , si on ne laissait pas se produire réellement
l'image fg dans la quatre-vingt-unième figure , mais
qu'on reçût la lumière sur un autre verre placé quelque
part entre AB et fg. On voit par là en quel sens on
peut dire que l'objet est derrière le verre. Au reste , ce cas
même a une série particulière de phénomènes , mais qui
peuvent être expliqués par la même méthode de construction que nous avons employée dans le chapitre précédent.

*Phénomènes produits au moyen des verres de conver-
gence , lorsque l'objet est derrière le verre.*

§. 5. Lorsque l'objet est derrière un verre de convergence , il se produit toujours une petite image réelle placée
très-près du verre.

Soit FG , *fig.* 85 , l'image qui serait produite par un
verre placé en D , si la lumière n'était pas recueillie par
le verre AB , avant que l'image puisse être formée. Nous
savons que cette image se produit par les rayons convergens
qui , pour former le point F , par exemple , viennent tous
s'y réunir : parmi ces rayons convergens , il peut y en
avoir un , LC, qui passe par le centre optique C , et qui
par conséquent continue , sans être réfracté , dans la direction CF. Il peut y avoir aussi un de ces rayons KA qui
soit parallèle à l'axe. Celui-ci est réfracté vers le foyer E ;
les rayons CF et AE se coupent dans le point f, et là se
doivent aussi réunir tous les rayons qui se seraient joints
en F , sans l'interposition du verre AB ; c'est-à-dire
qu'il se forme en f une image de F ; ainsi , en menant
la ligne fgh perpendiculaire sur l'axe , on trouve que fg
est l'image de FG. On conçoit , au reste , qu'il n'est pas
nécessaire que les deux rayons KA et LC existent effecti-

vement. Les rayons qui doivent représenter un point F, sont toujours compris dans un petit angle ; et il peut bien arriver qu'au-dedans de cet angle il ne se trouve ni un rayon parallèle à l'axe, ni un rayon qui passe par le centre optique. Mais puisque tous les rayons allant vers F, ont un seul et même point de coïncidence en f, il est indifférent que les rayons qui nous ont servi pour trouver la situation de f, existent ou n'existent pas.

On voit par la figure, que le phénomène demeure toujours le même dans ses parties essentielles. En quelqu'endroit que l'objet $F G$ se trouve derrière le verre, il se forme toujours entre le verre et le foyer une image diminuée, qui est droite ou renversée, selon que l'objet $F G$ est renversé ou droit : seulement la grandeur et la distance de cette image changent lorsque l'éloignement de l'objet varie.

Sur cela se fondent les effets déjà rapportés d'un verre collecteur placé derrière un verre ardent. (p. 403, §. 14.)

Phénomènes produits au moyen des verres de divergence, lorsque l'objet est derrière le verre.

§. 6. Les phénomènes que produit, dans ce cas, un verre de divergence, sont plus variés ; cependant ils se peuvent facilement concevoir, d'après ce qui a été dit ci-dessus.

1°. La *fig.* 86 représente le cas où l'image $F G$, qui tient lieu de l'objet, est en-deçà de la distance focale postérieure $C E$; les deux rayons $K A$ et $L C$, qui se couperoient en F sans le verre $A B$, prennent, après leur passage, les directions convergentes $A f$ et $C f$; il se produit donc derrière le verre une image plus grande et plus éloignée $f g$, laquelle a une position semblable à $F G$.

2°. La *fig.* 87 représente le cas où l'image FG est dans le foyer postérieur E lui-même : ici les deux rayons KA et LC, qui, dans le verre, se couperaient en F, ont, après le passage dans le verre, les directions parallèles AM et CF ; de sorte qu'il ne se forme nulle part d'image ; ou, si l'on veut, il ne s'en forme une qu'à un éloignement infini.

3°. La *fig.* 88 représente enfin le cas où l'image FG est placée hors de la distance focale postérieure CE. Dans ce cas, les deux rayons CA et LC ont, après le passage, des directions divergentes, telles que AM ; si les lignes CF sont prolongées devant le verre autant qu'il est nécessaire, elles se coupent au-dessous de l'axe en f.

Les rayons continuent donc après leur passage à travers le verre, comme s'ils venaient d'une image fg placée hors de la distance focale antérieure, et qui a, par rapport à FG, une situation renversée. Mais la grandeur et la distance de cette image peuvent être très-différentes, selon que FG est plus ou moins éloigné de E. Si FG est très-près de E, fg est fort éloigné et fort grand. Si $EH = CE$, les deux images sont également grandes et également distantes ; mais si FG est plus éloigné, fg est plus petit, et plus près du foyer D.

B. *Des Espèces de Lunettes d'approche les plus importantes.*

§. 7. Le premier instrument de cette espèce fut inventé deux fois au commencement du dix-septième siècle. Le hasard le fit découvrir à un fabricant de lunettes de Middlebourg, nommé, à ce qu'on croit, Jansen ; et Galilée, qui avait entendu parler de cette découverte, parvint, par la force de son esprit, et la connaissance profonde de la théorie, à

construire des instrumens semblables. (*Voy.* Gehler, II, 176;
Fischer , II , 400.) Par cette raison , on nomme cette espèce de lunette , *télescope de Hollande* ou *de Galilée.* Le
verre objectif est, comme dans toutes les espèces de lunettes
d'approche , un verre de convergence , et l'oculaire un verre
de divergence dont le foyer est très-rapproché. Ce dernier
est disposé de manière que l'image renversée des objets éloignés, produite par l'objectif, n'atteint pas tout-à-fait le foyer
postérieur de l'oculaire , ce qui se rapporte au cas représenté dans la *fig.* 88 (p. 428 , §. 6). Un œil placé très-
près derrière $A\ B$, verra , au lieu de $F\ G$, l'image fg ;
mais comme dans notre cas $F\ G$ est renversé , $f\ g$ paraît
droit. La lunette grossit le diamètre apparent autant de fois
que la distance focale de l'oculaire est contenue dans la distance focale de l'objectif. Elle ne peut pas servir à de très-
grands grossissemens , parce que le champ est trop petit ;
aussi ne s'emploie-t-elle maintenant que comme lunette de
poche.

§. 8. Dans le télescope de Kepler , l'image renversée
que produit le verre objectif est vue à travers un verre de
convergence dont le foyer est très-rapproché , justement
comme on regarde un objet réel à travers une loupe
(pag. 405 , §. 18 , *fig.* 79). Comme ce dernier verre ne
renverse pas les objets , avec ce télescope qui est encore le
meilleur qu'on connaisse maintenant , on voit les objets
renversés ; ce qui , au reste , est indifférent pour les
observations astronomiques. On trouve le grossissement de
même que dans le télescope de Galilée. Pour avoir un grossissement très-considérable , il faudrait donner à l'instrument une longueur peu commode.

§. 9. On peut augmenter beaucoup le champ d'un télescope , lorsqu'on ne laisse pas se former réellement l'image

produite par le verre objectif, mais qu'on recueille la lumière, auparavant, au moyen d'un verre collecteur un peu large. Alors il se produit, derrière le verre, une petite image qui est vue au travers du dernier oculaire comme au travers d'une loupe (pag. 427, §. 5, *fig.* 85). Par cette disposition, on ne perd rien du grossissement ; car l'image éprouve un grossissement plus fort dans le même rapport qu'elle est devenue plus petite par l'interposition du verre collecteur.

Des instrumens construits de cette manière, qui grossissent peu, mais qui ont un grand champ et beaucoup de lumière, se nomment des *chercheurs.*

§. 10. Ce fut au commencement du dix-septième siècle qu'un jésuite, nommé Rheita, imagina la *lunette terrestre*, où sont réunis avec le verre objectif trois verres de convergence, dont les distances focales sont courtes, mais égales. On enchâsse ordinairement les trois oculaires dans un seul tube, de sorte que le foyer postérieur de chacun d'eux coïncide justement avec le foyer antérieur du verre suivant. Quand on veut se servir de cet instrument, il faut enfoncer le tube oculaire dans le tube de la lunette, assez pour que l'image produite par le verre objectif puisse être un peu en-dedans de la distance focale antérieure du premier oculaire. On appelle ainsi celui qui est le plus éloigné de l'œil. Dans cette position, un œil qui serait derrière ce premier oculaire, verrait une image de l'objet un peu éloignée, mais grossie et renversée (pag. 405, §. 18, *fig.* 79). Cette image renversée se trouve donc fort en avant de la distance focale du deuxième oculaire, et par conséquent elle produit derrière le foyer postérieur de ce verre, une image droite de l'objet (pag. 405, §. 18, *fig.* 80). Enfin, puisque cette image est en-dedans de la distance focale antérieure du troisième oculaire , elle est vue à travers celui-ci comme avec une loupe (pag. 405 , §. 18 , *fig.* 78). Le grossissement se mesure dans ce télescope comme dans les deux précédens , en divisant la distance focale du verre objectif par la distance focale d'un des verres oculaires. Pour avoir des grossissemens très-forts , il faudrait aussi donner à cet instrument une longueur incommode.

§. 11. On peut obtenir un champ plus grand sans préjudice de la netteté et du grossissement , en ajoutant un quatrième objectif , ou en employant des oculaires à distances focales inégales. Mais les limites que nous nous sommes prescrites , ne nous permettent pas de nous étendre sur ce sujet avec plus de détails , sur-tout parce que cette espèce de lunette a perdu beaucoup de son importance depuis l'invention des lunettes achromatiques.

§. 12. Telles sont les différentes espèces de télescopes par l'invention desquels le dix-septième siècle s'est distingué. Nous réservons pour le chapitre XLV la description du télescope à miroir de Newton , et des lunettes achromatiques.

§. 13. Lorsque les distances focales des verres d'un télescope , leurs positions et leurs ouvertures sont déterminées , le grossissement , le champ , et même les degrés de clarté et de netteté, peuvent s'en déduire par le calcul : mais cette méthode appartient trop évidemment à l'optique mathématique , pour que nous puissions la donner ici. Cependant, comme il est intéressant de connaître le grossissement et le champ d'un télescope , nous allons seulement indiquer d'une manière abrégée le moyen de les trouver mécaniquement.

§. 14. Le grossissement peut être évalué à-peu-près , en regardant à-la-fois un même objet au travers du télescope et avec l'œil nu, et en comparant les grandeurs apparentes des deux images.

On le détermine très-exactement avec un petit instrument particulier de l'invention de Ramsden. On trouve une description de cet instrument sous le nom de *dynamomèter*, dans l'*Almanach astronomique* de Bode, 1795, pag. 225 ; et dans le premier Supplément, §. 134. Voici, en peu de mots, l'idée de cet instrument. Lorsqu'on dirige vers le ciel un télescope quelconque, excepté celui de Galilée, et qu'on tient une feuille de papier derrière le dernier oculaire, au point où l'œil devrait être placé, on voit un cercle lumineux et terminé fort exactement. Le point convenable pour la netteté de ce cercle se trouve par des essais. On mesure son diamètre de la manière la plus exacte ; ensuite on mesure l'ouverture du verre objectif, et on divise cette ouverture par le diamètre ; et l'on trouve ainsi combien l'instrument peut grossir. Au lieu de papier, Ramsden prit une plaque mince de corne ; il marqua dessus une division très-exacte, et attacha la plaque à un tube qu'on peut joindre au télescope, pour pouvoir mesurer ainsi, d'une manière aussi commode qu'exacte, le diamètre du cercle lumineux.

La théorie de cet ingénieux instrument ne peut pas être exposée ici. Nous remarquerons seulement que le cercle lumineux est lui-même une image du verre objectif ; d'où l'on peut conclure que cette image est contenue dans le diamètre du verre objectif, autant de fois que le télescope grossit de fois les objets éloignés.

§. 15. Le champ d'un télescope peut être évalué en comparant son diamètre avec le diamètre apparent d'un objet qu'on regarde à travers le tube, ce diamètre étant supposé connu par d'autres expériences. Les diamètres du soleil ou de la lune peuvent principalement servir pour cette évaluation : ces diamètres sont d'environ un demi-degré. On trouve leur valeur exacte dans les Traités d'Astronomie.

On peut trouver exactement le champ d'un télescope , en le dirigeant vers une étoile qui se trouve près de l'équateur ; on la fait passer au milieu du champ de la lunette , et l'on compte combien il s'écoule de secondes durant le passage. Quatre secondes de temps représentent toujours un angle d'une minute.

C. *Le Microscope composé.*

§. 16. Le microscope composé fut connu bientôt après l'invention du télescope ; mais son inventeur est ignoré. (Gehler , III , 215 ; Fischer , III , 579.)

Par rapport au grossissement , le microscope composé n'a aucun avantage sur le microscope simple ; mais il a plus de champ , plus de lumière , et il est d'un usage plus commode pour considérer de petits objets.

On peut le former de deux , de trois ou de plusieurs verres. L'objectif est toujours une petite lentille de convergence, dont la distance focale n'est jamais de plus d'un demi-pouce : ordinairement on a plusieurs de ces lentilles , dont les distances focales décroissent graduellement, parce qu'ici , comme dans le microscope simple, le grossissement est d'autant plus fort que la distance focale de l'objectif lenticulaire est plus petite.

On place l'objet tout près devant le foyer antérieur de la lentille objective ; conséquemment il se produit , à une grande distance derrière la lentille , une image de l'objet grossie et renversée (pag. 405 , §. 18 , *fig.* 81). On peut voir cette image au travers d'un verre de convergence d'un ou de deux pouces, comme au travers d'une loupe (p. 405, §. 18 , *fig.* 79). Telle est la construction du microscope à deux verres.

Mais la réunion de trois verres est préférable : on ne laisse pas se former l'image que produirait l'objet lenticulaire , et qui s'effectue dans le microscope que nous venons de décrire ; mais on la recueille avant sa formation , avec un verre large d'environ trois pouces ; de manière que d'après ce qui est dit à l'article 5 (pag. 427 , *fig.* 85) , il se produit derrière ce verre une petite image de l'objet , qui alors peut être vue comme avec une loupe au moyen du deuxième oculaire , dont la distance focale est d'environ un pouce.

Il n'est pas utile de réunir plus de verres , parce que la lumière en est affaiblie. Le microscope perd même de sa netteté lorsque l'assemblage n'est pas calculé très-exactement.

§. 17. Le mécanisme extérieur du microscope composé est fait très-différemment par les divers artistes ; c'est une partie assez essentielle pour la perfection de cet instrument. Il faut chercher des détails sur ceci , dans les *Dictionnaires de Physique* , et dans les autres grands ouvrages.

§. 18. Dans un microscope composé , le grossissement , le champ , etc. , se calculent de même que pour un télescope , par les distances focales des verres et leur éloignement ; mais cette recherche théorique doit être omise ici , par la même raison que nous avons donnée en traitant du télescope (pag. 432 , §. 13).

Le grossissement s'évalue par l'expérience suivante : On met dans le microscope un petit objet d'une dimension exactement connue ; on regarde avec un œil dans l'instru-

ment, et avec l'autre, vers la pointe d'un compas qu'on
tient à la distance de la vision distincte; on ouvre les pointes
de ce compas, jusqu'à ce qu'elles paraissent éloignées l'une
de l'autre de la valeur du diamètre de l'objet vu par le microscope. On mesure cette distance sur une échelle de réduction, et on la divise par le vrai diamètre de l'objet. On
emploie aussi pour le même but la mesure de grossissement, décrite §. 14, pag. 432, et absolument de la même
manière que pour le télescope; seulement, le nombre que
donne la mesure de grossissement, lequel sera dans ce cas
l'unité, ou plutôt même une fraction, doit être multiplié
par la distance de la vue distincte, c'est-à-dire par huit pouces
environ (pag. 362, §. 3), et divisé par la distance focale
de l'objectif lenticulaire.

CHAPITRE XLIV.

Théorie des Couleurs dioptriques, ou de la Décomposition de la Lumière.

Du Prisme de Verre.

§. 1. Nous allons examiner maintenant avec soin les
phénomènes de la dispersion des couleurs, qui se produisent à chaque réfraction (pag. 396, §. 4). L'appareil
très-simple au moyen duquel Newton a démontré clairement les lois de ces phénomènes, est un prisme de verre,
dont ABC, *fig.* 89, représente une coupe verticale. Ordinairement les prismes qui servent dans de semblables
recherches, sont symétriques, et leurs trois angles BAC,
ABC, ACB, sont tous de soixante degrés : cepen-

dant on en emploie quelquefois d'irréguliers ; le plus souvent ils ont une longueur de cinq à six pouces , de manière
qu'on peut regarder à travers avec les deux yeux à-la-fois.
Lorsque la lumière passe dans un de ces prismes , chaque
rayon y est réfracté deux fois , savoir à la surface antérieure $B\,A$, et à la postérieure $C\,A$; par ce double effet ,
la réfraction et la dispersion des couleurs augmentent beaucoup , et l'on peut ensuite aisément examiner la lumière
réfractée à telle distance qu'on veut derrière le prisme.
L'angle $B\,A\,C$ formé par les deux surfaces $B\,A$ et $C\,A$
du prisme , se nomme *l'angle réfringent*.

§. 2. Supposons que l'on tienne un prisme de cette espèce
devant les deux yeux , dans une situation horizontale , de
sorte qu'un des angles $B\,A\,C$, par exemple , comme dans
la *fig*. 89 , soit placé vers le bas. Si l'on regarde alors les
objets à travers une des surfaces réfractantes , $C\,A$ par
exemple , on les voit beaucoup plus bas qu'ils ne sont
réellement , et tous les objets qui se trouvent vers les
côtés , changent de place encore beaucoup plus sensiblement ; de sorte qu'une ligne horizontale paraît comme un
arc concave vers le haut. En même temps les bords de tous
les objets paraissent entourés des couleurs de l'arc-en-ciel ;
mais par cela même ils sont indistincts et mal arrêtés.

§. 3. Les expériences qu'on fait dans une chambre très-
obscure, sont encore plus remarquables et plus décisives.
On fait passer un cône mince de rayons solaires $D\,E$, *fig*. 89,
par une petite ouverture D , percée dans le volet d'une fenêtre , et on fait tomber ce cône sur la face $B\,A$ du prisme.
Cette lumière se réfracte deux fois en E et en F, et toujours
en s'élevant. Après la réfraction , elle s'élargit d'autant plus
qu'elle se prolonge davantage. Si cette lumière réfractée est
recueillie sur une paroi blanche et bien unie $V\,G$, opposée

à l'ouverture D, on observe en VR où frappe la lumière réfractée, le plus beau phénomène que produisent les couleurs. C'est une image alongée VR, telle que la représente la *fig.* 90 ; elle n'est nulle part exactement terminée : cependant les deux lignes latérales AB et CD se distinguent aisément, et on ne peut méconnaître que les parties supérieures et inférieures se terminent en demi-cercle, quoique leur contour, et sur-tout celui de V, soient très-indistincts. L'image entière est environ cinq fois plus longue que large, et des couleurs différentes et très-vives marquent chaque point de sa hauteur. L'ordre dans lequel ces couleurs sont disposées, ainsi que l'espace que chacune d'elles occupe, sont indiqués approximativement par les lignes qui coupent la *fig.* 90, et par les mots qui sont placés auprès. Cependant la détermination de l'espace que remplit chaque couleur, ne peut pas être exacte, puisqu'elles se fondent les unes dans les autres par des graduations insensibles : de sorte qu'en effet il n'y a de V jusqu'à R, qu'une dégradation de couleurs, ménagée tellement qu'on ne peut bien distinguer que les sept nuances indiquées ci-dessus. — Il faut recueillir l'image à une distance considérable du prisme, par exemple, à douze pieds au moins, parce que plus près de sa surface postérieure l'image est parfaitement blanche au milieu, et seulement colorée vers le haut et le bas ; au lieu que plus la lumière s'est dilatée par l'éloignement, et plus les couleurs sont distinctes. Cette image des couleurs se nomme *le spectre solaire*.

§. 4. Pour concevoir facilement la formation du spectre solaire, il faut examiner avec exactitude la réfraction qu'éprouve un seul rayon dans le prisme. Soit BAC, *fig.* 91, l'angle réfringent d'un prisme à sections verticales ; que le rayon DE tombe sur la face antérieure AB ; qu'on élève en E la perpendiculaire incidente IH : il est clair, d'après ce qui a été dit pag. 392, §. 3, que le rayon est réfracté vers le haut dans le verre. Soit donc EF le rayon réfracté ; qu'en F, où il atteint la face postérieure, on élève la perpendiculaire LK : on voit qu'à la sortie du verre il est encore une fois réfracté vers le haut. Soit donc FG le rayon émergent. Si l'on prolonge le rayon incident DE indéfiniment vers N, et le rayon émergent jusqu'à ce qu'il rencontre DN en M, l'angle aigu GMN est celui dont le rayon DE est détourné de sa direction primitive par la double réfraction. On démontre, au moyen du calcul, que, lorsque l'angle réfringent du prisme est peu considérable, cet angle GMN, à quelqu'endroit que tombe le rayon DE, a un rapport presqu'invariable avec l'angle réfringent BAC. Par exemple, soit le rapport de réfraction de l'air dans le verre, $n : 1$, on a presque exactement

$$GMN = (n-1)\,BAC;$$

et comme nous trouvons que le rapport de réfraction dans le verre ordinaire est environ $3 : 2$, ou $\frac{3}{2} : 1$ (pag. 396, §. 6), on a $n = \frac{3}{2}$; par conséquent $n - 1 = \frac{1}{2}$; donc $GMN = \frac{1}{2}\,BAC$, c'est-à-dire que par l'effet du prisme de verre, le rayon DE est détourné de sa direction primitive, d'une quantité à-peu-près égale à la moitié de l'angle réfringent, et toujours vers l'ouverture de l'angle (a).

____

(a) *Démonstration.* La formule $GMN = (n-1)\,BAC$, serait rigoureusement exacte, si les angles eux-mêmes, et non pas leurs sinus, étaient entr'eux comme $n : 1$. Dans cette supposition, et en observant que $DEH = LEM$, on a

$$LEM : LEF = n : 1;$$

§. 5. Nous observons encore ici que l'emploi du prisme est le moyen mécanique le plus commode pour trouver exactement le rapport de réfraction $n : 1$; car de la formule

$$GMN = (n-1) BAC,$$

il suit,

$$n = \frac{GMN}{BAC} + 1.$$

Il ne s'agit donc que de mesurer ces deux angles, ce qui n'a aucune difficulté; cependant si l'on voulait trouver ce

---

d'où l'on tire

$$MEF : LEF = n-1 : 1;$$

de même, à l'autre surface, $GFK = LFM$, et l'on a

$$LFM : LFE = n : 1;$$

par conséquent,

$$MFE : LFE = n-1 : 1.$$

De la deuxième et de la quatrième proportion on déduit

$$MEF + MFE : LEF + LFE = n-1 : 1;$$

on a de plus,

$$MEF + MFE = GMN,$$
$$LEF + LFE = ILF,$$

par conséquent,

$$GMN : ILF = n-1 : 1.$$

Or, ILF est supplément de ELF, et comme le quadrilatère $AELF$ a deux de ses angles en E et en F qui sont droits, ELF est supplément de EAF. Par conséquent ILF est égal à EAF, ou à l'angle réfringent du prisme. Ainsi la proportion précédente se change dans la suivante :

$$GMN : BAC = n-1 : 1;$$

d'où l'on tire

$$GMN = (n-1) BAC.$$

rapport avec une extrême précision, il faudrait employer pour n une formule plus rigoureuse. On peut consulter sur ceci des ouvrages plus considérables. (*Voyez* Gehler et Fischer, article *Prisma*, et la *Dioptrique analytique* de Klügel.)

§. 6. Ce qui est dit aux articles 4 et 5, sur les phénomènes qui se produisent au moyen du prisme, doit suffire pour en donner une idée claire.

Concevons un observateur dont l'œil soit placé en G, *fig.* 91 ; le point o, duquel vient le rayon $D\,E\,F\,G$, lui paraîtra dans la direction $G\,F$, plus bas qu'il ne l'est réellement. Cependant si chaque rayon qui passe par le prisme n'éprouvait qu'une déviation égale à $\frac{1}{2}\,B\,A\,C$, dans sa direction primitive, il est clair que tout l'effet du prisme consisterait seulement en ce que tous les objets paraîtraient détournés de leur place d'une quantité égale à l'angle indiqué. Mais notre théorème (p. 438, §. 4) n'est applicable qu'aux rayons qui passent dans un plan perpendiculaire au prisme. Au contraire, les rayons, qui, lorsqu'on regarde dans le prisme de la manière rapportée à l'article 2, viennent des objets placés de côté, sont plus fortement réfractés, parce qu'ils parcourent un plus grand espace à travers le prisme, et parce qu'arrivant plus obliquement sur sa surface, ils doivent faire dans son intérieur un plus grand angle de réfraction. Ainsi, lorsqu'on regarde à travers un prisme une ligne droite horizontale et placée vis-à-vis, elle doit paraître arquée, et ayant ses extrémités dirigées vers le bas, puisque la lumière qui vient de ces extrémités est plus fortement détournée de sa direction primitive.

D'après ce qui a été dit sur les phénomènes qu'on observe dans une chambre obscure (pag. 437, §. 3), on conçoit facilement la formation du spectre irisé.

§. 7. Lorsqu'on ôte le prisme BAC, *fig*. 89, et qu'on laisse tomber immédiatement sur la paroi opposée la lumière qui passe par la petite ouverture D, on ne voit en GH qu'une image du soleil, ronde, blanche et mal terminée (pag. 354, §. 13). Maintenant, s'il ne se faisait aucune dispersion de couleurs par la réfraction, tout l'effet du prisme consisterait en ce que cette image paraîtrait en VR avec la même couleur et avec une forme et une grandeur à peine différentes. La figure alongée de l'image VR démontre donc incontestablement

Que la lumière réfractée FVR *a une réfraction nonuniforme*, puisque la partie incidente en V est divisée plus fortement de sa direction primitive que la partie incidente en R; mais comme l'image montre une couleur différente à chaque point, il s'en déduit

Que la lumière blanche du soleil est divisée par la réfraction, en rayons de diverses couleurs, et que la lumière de chacune des couleurs a un rapport de réfraction qui lui est propre.

Newton trouva dans l'espèce de verre dont était fait son prisme, le rapport de réfraction :

De la lumière violette. . . . . 1, 56 : 1
De la lumière intermédiaire verte. . . 1, 55 : 1
De la lumière rouge la plus extérieure. 1, 54 : 1 (*a*).

(*a*) Les rayons verts qui sont placés au milieu du spectre, ont, comme leur situation le démontre, une réfrangibilité intermédiaire entre les rayons extrêmes ; et c'est par conséquent à eux seuls que la dénomination de rayons de réfrangibilité moyenne semblerait devoir être appliquée. Cependant on a coutume d'y joindre les jaunes les plus inférieurs, parce que la lumière est plus faible vers le côté V, qu'elle ne l'est du côté R. Les rayons jaunes sont donc réellement les rayons moyens, non pas, à la vérité, par rapport à

§. 8. Si toute la lumière qui passe par le prisme était violette et d'une égale réfrangibilité, on verrait seulement en V une image du soleil violette et ronde ; si cette lumière était uniquement rouge, on verrait en R une image rouge, et ainsi de même pour toutes les autres couleurs. Par-là on peut se convaincre que l'image oblongue VR, *fig.* 90, consiste proprement en une quantité infinie d'images du soleil, rondes, et placées les unes au-dessus des autres, de manière que chacune d'elles se trouve un peu plus haut que celle qui la précède. Dans la *fig.* 92, on n'a représenté, pour l'intelligence du phénomène, que les images du soleil que produisent les sept principales couleurs ; mais on voit aisément que le spectre solaire, *fig.* 90, ne peut pas être simplement formé de sept semblables cercles, mais d'une quantité innombrable, puisqu'autrement les lignes latérales AB et CD ne pourraient pas paraître droites (**).

§. 9. Ces principes se confirment par une foule d'expériences. Si, à quelque distance du prisme, on recueille

---

la situation, mais par rapport à l'éclat. Newton trouva leur rapport de réfraction 17 : 11, ou 1,5454 : 1 ; et c'est le rapport de réfraction qu'on a coutume d'employer pour les recherches où l'on n'a pas égard à la dispersion des couleurs (*).

(*) On peut, en effet, sans craindre aucune erreur, employer dans le calcul des pouvoirs réfringens, le rapport qui est donné par la lumière jaune ; car, en observant avec des prismes dont l'angle est fort petit, et qui ne produisent, par conséquent, aucune dispersion sensible, on trouve précisément le même résultat, ainsi que j'ai eu l'occasion de m'en assurer.

(**) La ligne droite est la tangente commune de tous les cercles d'égal diamètre, et elle est produite par leurs continuelles intersections.

avec un verre de convergence un peu large, la lumière colorée, on trouve de la lumière *blanche* au foyer du verre ; au-delà du foyer les diverses couleurs reparaissent dans un ordre inverse. Si l'on place un second prisme très-près du premier, mais dans une situation contraire, toute la lumière est de nouveau réfractée vers le bas dans le même rapport qu'elle l'avait été vers le haut par le premier, et la lumière sort blanche du second prisme. On peut faire des expériences sur chacune des couleurs en particulier, en plaçant à quelque distance derrière le prisme, une surface noire où se trouve une petite fente horizontale très-étroite, à travers laquelle passe seulement une section mince et unicolore du spectre solaire. On isole encore mieux chaque couleur, en plaçant une seconde surface percée de même horizontalement à quelque distance derrière la première ; de sorte que par la seconde fente il passe encore une ligne plus mince de la lumière que la première a transmise. On a ainsi la possibilité de faire des expériences sur la lumière d'une couleur quelconque. On peut l'examiner avec un prisme ; on peut lui faire de nouveau traverser ce prisme, et évaluer son rapport de réfraction. On peut, après avoir isolé de la même manière deux ou un plus grand nombre de couleurs, les réunir ensuite avec un verre de convergence, ou avec un miroir métallique, etc.

§. 10. On a beaucoup agité la question suivante : En combien de couleurs la lumière blanche du soleil est-elle divisée par le prisme ? Newton, dans son Optique, a toujours reconnu qu'elle l'est en nuances innombrables depuis le violet le plus sombre jusqu'au rouge le plus vif, et que chacune de ces nuances, telle faible qu'elle soit, a toujours un rapport de réfraction particulier. Ce sentiment est le seul soutenable pour quiconque a répété les

expériences de Newton, et même pour quiconque les a étudiées avec attention. C'est pourquoi nous ne nous arrêterons
point à expliquer les systèmes dans lesquels on veut regarder la lumière comme composée seulement de trois couleurs
primitives, car ces systèmes sont contraires aux faits.

§. 11. Les observations de Newton prouvent que les
corps qui nous paraissent blancs, réfléchissent également
toutes les couleurs du spectre, au lieu que les corps qui
nous paraissent colorés sont tels, parce qu'ils réfléchissent
plus abondamment certains rayons, et absorbent le reste:
les corps qui nous semblent noirs sont ceux qui absorbent
presque entièrement la lumière qu'ils reçoivent. Ces
remarques ne sont pas hypothétiques ; mais elles reposent
sur des faits rigoureusement constatés.

§. 12. On observe que les corps sont d'autant plus
susceptibles d'être échauffés par la lumière du soleil,
qu'ils la réfléchissent moins. Comparez ceci avec ce qui a
été rapporté ci-dessus dans la section de la Chaleur (pag. 118,
§. 5.)

Des Iris produits par les lames très-minces.

§. 14. Le prisme n'est pas l'unique moyen que nous
ayons de décomposer la lumière solaire en diverses couleurs. Des lames très-minces de corps transparens produisent aussi des effets semblables, ainsi que le montrent les
couleurs irisées des bulles de savon (*). Newton fit beaucoup

---

(*) Ce que dit ici l'auteur demande une explication. A la vérité,
les lames minces et polies décomposent la lumière blanche qui
tombe sur leur surface ; mais elles ne la résolvent pas dans ses
rayons simples. Le prisme seul a cette faculté. Les couleurs réflé-

de recherches sur ce sujet, et il reconnut que cet effet est commun à toutes les lames minces de corps transparens, même sans en excepter l'air. Il montra que dans chaque circonstance la couleur est en rapport avec l'épaisseur de la lame, et que par conséquent pour chaque épaisseur différente il y a, dans la situation des couleurs, un ordre déterminé. Mais il n'est parvenu, ni lui ni aucun de ceux qui l'ont suivi, à ramener la formation de ces couleurs à un principe aussi clair et aussi simple que celui de la formation des couleurs du prisme. Par conséquent on doit se contenter, relativement à ce phénomène, de la considération générale suivante : C'est qu'il doit y avoir dans une lame mince et transparente, des réfractions et des réflexions très-variées ; et ceci fait concevoir pourquoi on y observe une décomposition des couleurs.

§. 15. Newton déduisait de ces observations une hypothèse sur les couleurs : il admettait que chaque corps est composé de lames transparentes très-minces, et que chacune de ces lames donne une couleur particulière, en raison de son épaisseur : effectivement il y a des phénomènes qu'on ne peut guère expliquer autrement. Les couleurs changeantes de la nacre de perle, de la pierre de Labrador, etc., doivent avoir une cause semblable. Le verre et tous les autres corps transparens et incolores paraissent blancs lorsqu'ils sont infiniment pulvérisés, parce que chacune des petites particules envoie de la lumière décomposée, et que la lumière blanche est produite par leur mélange, etc. Cependant il se présente beaucoup d'obstacles lorsqu'on veut

---

chies par les lames minces sont *composées*, et se laissent diviser par le prisme. Je pense aussi que dans la théorie de ces couleurs, Newton est allé beaucoup plus loin que ne le suppose M. Fischer.

généraliser les applications de cette hypothèse. Selon toutes les apparences, il existe une sorte d'attraction chimique, au moyen de laquelle chaque corps attire de certains principes constituans de la lumière, et les combine avec lui; de sorte que les autres seulement peuvent être réfléchis selon les lois de la mécanique de la lumière (*).

Observations générales sur la théorie des couleurs de Newton.

§. 16. La partie essentielle de cette théorie consiste dans des faits incontestables et dans les conséquences qui s'en déduisent naturellement : ainsi ce qu'elle a de plus important reste invariable ; mais fréquemment elle a été mal comprise et faussement appliquée.

Sur-tout on a souvent confondu les couleurs qui sont produites par la décomposition de la lumière solaire, avec celles des substances colorantes matérielles, et appliqué à celles-ci ce que Newton avait avancé pour les autres. A la vérité, les couleurs de toutes les matières colorantes sont indubitablement produites par la réflexion des diverses lumières colorées ; mais comme il est probable qu'aucun corps, et par conséquent aucune substance colorante, ne réfléchit la lumière d'une seule couleur fondamentale simple, on ne peut pas attendre que les couleurs de ces substances suivent les mêmes lois que les couleurs du spectre solaire. On démontre cependant que les couleurs artificielles les plus pures ressemblent, jusqu'à un

---

(*) Cette manière d'envisager les phénomènes paraît en effet plus simple au premier coup d'œil ; mais quand on l'approfondit, on trouve qu'elle est infiniment moins probable que celle de Newton ; c'est ce que j'espère prouver ailleurs.

certain point, aux couleurs de la lumière solaire. Pour cela on se sert d'un plateau partagé en sept divisions, et où les couleurs principales du spectre solaire sont imitées aussi exactement qu'il est possible. Lorsqu'on tourne le plateau avec une grande rapidité, il paraît tout-à-fait blanc. Ceci s'explique de la manière suivante : les impressions que reçoit la rétine ne disparaissent pas entièrement; par conséquent, nous éprouvons presque le même effet, lorsque plusieurs couleurs se succèdent très-vite, que lorsque leurs rayons parviennent ensemble dans l'œil et s'y confondent réellement.

Une autre remarque qu'on ne doit pas omettre dans la considération des couleurs prismatiques, est la suivante : lorsqu'on regarde une surface un peu grande, et d'une seule couleur, à travers un prisme, cette surface paraît uniformément colorée dans le milieu, quoique cette couleur uniforme soit effectivement composée selon le sens que nous avons indiqué à l'article 11. Ceci s'explique facilement. Chaque rayon venant de la surface est en effet décomposé en diverses couleurs par le prisme; mais ces couleurs variées, qui viennent de divers points très-rapprochés, se fondent de nouveau ensemble, et en se superposant en partie, elles forment dans ces points une seule couleur. Seulement aux extrémités de la surface où deux couleurs composées, par exemple, le bleu et le rouge, se touchent, on voit les couleurs de l'iris; et cet iris n'est pas produit par la décomposition d'une des couleurs qui tombent sur la surface, mais par un mélange de couleurs simples qui provient de la décomposition des deux couleurs qui se touchent.

On explique de la même manière tous les iris qu'on voit à travers un prisme.

Effets de la dispersion des couleurs dans les verres optiques.

§. 17. Soit AB, *fig.* 93, un verre de convergence ; à une grande distance au-devant de lui soit un objet CD dont la lumière blanche vient frapper le verre : il se produit dans ce cas, selon ce qui a été dit ci-dessus (p. 403, §. 16 et 18), une image renversée KH au foyer postérieur du verre. Mais maintenant il est facile de concevoir sans calcul, que la distance focale d'un verre est dépendante du rapport de réfraction, et qu'elle est d'autant plus courte que le pouvoir de réfraction est plus considérable. En outre, nous avons vu que les rayons violets sont plus fortement réfractés que les rouges : il est donc clair que les diverses couleurs qui composent la lumière ne peuvent avoir un même foyer. Soit donc F le foyer des rayons violets, et R le foyer des rouges : on conçoit que la lumière blanche de l'objet CD, fera en V une image violette FG de cet objet, en R une image rouge LM, et entre les deux des images de chacune des couleurs prismatiques intermédiaires, de sorte qu'entre FG et LM il y aura une quantité innombrable d'images superposées et colorées diversement. D'après cela, si l'œil de l'observateur est placé au-delà de LM, et qu'il regarde cette image, il ne la verra parfaitement terminée dans aucune de ses parties ; l'indétermination s'accroîtra depuis le centre jusqu'aux bords, la couleur rouge dépassera toutes les autres, et l'image entière paraîtra entourée de couleurs irisées.

Cet effet doit avoir lieu dans tous les phénomènes produits par les miroirs sphériques, et il est d'autant plus frappant que la lumière est réfractée davantage, c'est-à-dire d'autant plus que l'on grossit davantage l'objet.

Physique Mécanique. 29

§. 18. Nous connaissons donc maintenant deux causes de l'indétermination que l'on observe dans tous les instrumens d'optique.

1°. La première dépend de ce qu'il n'y a aucune courbure dans laquelle tous les rayons qui viennent d'un point soient, en chaque circonstance, exactement réunis de nouveau en un seul point, et que, particulièrement, la courbure sphérique qu'on donne aux surfaces des verres, ne peut jamais effectuer parfaitement une réunion semblable de rayons de la même nature. Les verres et les miroirs ont cette imperfection commune ; on la nomme l'*aberration de sphéricité*.

2°. La seconde cause de confusion dépend du phénomène dont on vient de parler tout-à-l'heure. Elle tient à ce que, pour un seul objet, dès que sa lumière est composée, il se produit plusieurs images diversement colorées et de diverses grandeurs, placées les unes derrière les autres. Cette dernière cause d'indétermination est sans comparaison plus importante que l'autre ; mais elle n'a lieu que pour les verres, et non pas pour les miroirs de métal : on la nomme l'*aberration de réfrangibilité*.

§. 19. L'expérience montre cependant que l'œil supporte de très-fortes aberrations des deux genres, sans qu'elles nuisent à la netteté autant qu'on devrait le supposer d'après les principes théoriques. Néanmoins, dans la fabrication des instrumens d'optique, on conserve, à cause de ces défectuosités, certains rapports entre la distance focale et l'ouverture du verre objectif ; et ce soin ne peut être négligé sans qu'il en résulte dans la netteté une diminution sensible. Aussi la confection d'un instrument d'optique composé est-elle un travail difficile, et qui demande une connaissance approfondie de la théorie.

§. 19. Le beau phénomène de l'arc-en-ciel s'explique complètement par les lois de la réfraction et de la dispersion des couleurs ; mais toute la théorie qui s'y rapporte est mathématique , et appartient moins à la physique mécanique qu'à la partie de la géographie physique qui traite des phénomènes lumineux de l'atmosphère. (*Voyez l'Optique de Newton* , et *la Physique de Haüy.*)

CHAPITRE XLV.

Du Télescope à miroir , et des Lunettes achromatiques.

§. 1. L'histoire de l'optique est si instructive pour ceux qui observent la marche de l'esprit humain , que , dans ce qui nous reste à exposer sur cette matière , nous allons employer la forme historique , et nous n'intercalerons de détails théoriques que ce qui sera nécessaire pour l'intelligence du sujet.

État de l'Optique avant Newton.

§. 2. Avant que l'on connût avec exactitude la loi de la réfraction (pag. 392 , §. 3 , 6) , on ignorait entièrement quelles pouvaient être les causes du défaut de netteté dans les instrumens d'optique (pag. 451 , §. 18 , 19). Lorsque Snellius eut découvert cette loi (pag. 394 , §. 5), Descartes reconnut l'aberration de sphéricité, qui est la première et la plus faible cause de défectuosité (pag. 451 , §. 18) ; mais il se trompa en supposant qu'on pouvait remédier à cet inconvénient, en employant pour les verres d'autres courbures que la sphérique ; et ce préjugé s'est maintenu jusqu'à notre temps.

Erreurs de Newton dans la théorie des couleurs.

§. 3. Newton reconnut que la dispersion des couleurs est la cause la plus importante de confusion dans les instrumens d'optique (pag. 451 , §. 18). Aussi long-temps que l'on saura apprécier les sciences , ses recherches sur ce sujet seront regardées comme des modèles d'exactitude et de sagacité. Malheureusement il ne les termina pas , et n'ayant fait que considérer, pour ainsi dire, en passant , une circonstance dont il ne soupçonnait pas l'importance , il tomba dans des erreurs très-remarquables, et qui eurent des conséquences nombreuses.

§. 4. Newton fit toutes ses expériences sur la dispersion des couleurs , avec des prismes d'une seule espèce de verre. Pour compléter ces recherches , il aurait fallu nécessairement observer aussi la dispersion des couleurs à travers d'autres milieux transparens. Dans la seconde partie du premier livre de son *Optique* , Newton touche légèrement ce sujet ; mais il se trompa dans trois circonstances :

1°. Il fit une fausse observation. Il dit (exp. 8) qu'il avait fait passer la lumière à travers l'eau et le verre, en variant de beaucoup de manières la surface réfractante , et qu'il avait trouvé que la lumière émergente était toujours colorée lorsqu'elle n'était pas parallèle à la lumière incidente , et qu'au contraire elle était toujours incolore lorsqu'elle était revenue au parallélisme.—On a reconnu par la suite la fausseté de cette remarque.

2°. Il supposa tacitement , et sans recherches expérimentales , que la dispersion des couleurs est soumise aux mêmes lois dans tous les milieux transparens ; et par conséquent , il pensa que puisqu'il avait observé avec tant de précision la dispersion des couleurs dans le verre de miroir ordinaire , il n'était besoin, pour les autres milieux transparens, que d'examiner le rapport de réfraction des rayons moyens (pag. 442 , §. 7), et qu'ensuite en comparant ce rapport avec celui que donne le verre à miroir qu'il avait observé, on en pouvait déduire proportionnellement les rapports de réfraction pour les autres couleurs du prisme. Ce raisonnement était également inexact, comme la suite l'a appris.

3°. Il déduisit, de l'expérience rapportée au commencement de cet article, une loi d'après laquelle la dispersion des couleurs en deux milieux différens pouvait être comparée. Il considéra cette loi comme généralement exacte ; mais on a reconnu qu'elle n'approche de la vérité que pour les très-petits angles de réfraction , et que , lors même que l'expérience serait précise, on ne pourrait en conclure aucun principe de la dispersion des couleurs.

§. 5. Si ces idées de Newton eussent été conformes à la vérité, il serait facile de comprendre que l'effet de la dispersion des couleurs dans les instrumens d'optique ne pourrait être empêché par aucun moyen ; car , pour remédier à cette dispersion , il faudrait disposer l'instrument de manière que chaque rayon sortant du dernier verre , redevînt parallèle à la direction qu'il avait avant son entrée dans l'objectif ; mais alors on ne verrait avec un tel instrument qu'à la même distance où l'on voit à la vue simple , et ce serait seulement avec moins de clarté et de netteté. Newton renonça donc aux télescopes dioptriques , parce qu'il ne les crut point susceptibles de perfectionnement. Mais les erreurs de ce grand homme eurent cet effet heureux pour l'optique, qu'en abandonnant ces recherches il imagina le télescope à miroir, communément appelé *télescope newtonien.*

Le Télescope à miroir.

§. 6. La partie essentielle du télescope à miroir de Newton est un miroir de convergence métallique qui tient lieu d'un verre objectif ; il est assujetti au fond d'un tube dont la longueur est égale à sa distance focale , de manière que sa face polie est tournée vers l'ouverture opposée , du côté des objets extérieurs. Si l'axe commun de ce miroir et du tube est dirigé vers un objet éloigné , il se produit au foyer une petite image renversée de l'objet. (*Voyez* pag.376, §. 9.) On ne laisse pas cette image se former réellement , mais on la recueille à une distance du foyer, à-peu-près égale au rayon du tube , avec un petit miroir de verre plan , attaché par un support très-mince au milieu de l'axe du tube , et qui fait avec cet axe un angle de quarante-cinq degrés. Ce petit miroir réfléchit donc latéralement la lumière qu'il reçoit du grand miroir ; et ainsi l'image que celui-ci devait produire se trouve effectuée sur le côté du tube , qui est percé en cet endroit , de sorte qu'on peut y regarder l'image au moyen d'une lentille microscopique , comme dans le télescope de Keppler.

Comme il ne se fait aucune dispersion de couleur par la réflexion des miroirs de métal , et que même l'aberration de sphéricité (pag. 451 , §. 18) est alors extrêmement faible, l'image que donne un semblable miroir est , sans comparaison , plus nette que l'image produite par un verre objectif. Cet appareil permet donc un grossissement beaucoup plus fort ; et l'usage apprend qu'avec un télescope catoptrique , dont la longueur n'excède pas un petit nombre de pieds , on peut atteindre aussi loin qu'avec un télescope dioptrique de plus de cent pieds.

§. 7. Gregory a amélioré le télescope newtonien , en introduisant, à la place du petit miroir plan posé obliquement, un petit miroir de convergence parallèle au grand, et placé de manière à tourner vers lui sa surface polie. Ce petit miroir est disposé de sorte que son foyer soit un peu au-dehors de la distance focale du grand miroir. D'après cela, si l'on considère l'image renversée produite par le miroir objectif, comme un objet qui jette sa lumière sur le petit miroir, on voit facilement (pag. 376, §. 9, *fig.* 62) que celui-ci donnera une seconde image un peu plus grosse, et renversée. Le petit miroir peut être tellement placé, que cette image tomberait derrière le grand miroir, si la lumière pouvait le traverser. Pour effectuer la formation de cette image, on pratique au centre du grand miroir une ouverture circulaire, à-peu-près de la même dimension que le petit miroir, et par laquelle passe la lumière qu'il réfléchit. Il se produirait donc, derrière le grand miroir, une image des objets éloignés ; mais avant qu'elle ne se forme, on rassemble la lumière au moyen d'un verre collecteur. On concentre ainsi les rayons dans une image plus petite (pag. 427, §. 5, *fig.* 85), qu'on regarde enfin à travers une lentille microscopique. Cet ingénieux instrument a principalement sur celui de Newton l'avantage de montrer les objets droits, et dans la direction où ils sont effectivement.

§. 8. Pour obtenir le grossissement le plus considérable qu'on puisse avoir, et remédier au défaut de lumière qui est commun à tous les télescopes à miroir, le célèbre Herschel vient de reprendre l'appareil newtonien, mais en y joignant une modification qui n'est applicable qu'aux très-grands instrumens de cette espèce. Il ôte tout-à-fait le petit miroir et dirige le tube du télescope vers un objet qui n'est pas dans l'axe, mais au-dessus. Supposons que ce soit vers une étoile, et concevons un rayon qui va de cette étoile au centre du miroir. Dans ce cas, le tube doit être placé de manière que ce rayon passe tout près de son bord supérieur; mais alors ce même rayon est visiblement réfléchi vers le bord inférieur opposé de l'ouverture du tube ; et si la longueur de celui-ci est égale à la distance focale du miroir , il se produit une image de l'étoile près du bord inférieur de cette ouverture. On peut donc alors voir cette image immédiatement , avec une lentille , pourvu cependant que l'ouverture du tube soit assez grande pour que la partie que cache la tête de l'observateur ne soit pas considérable , relativement à l'ouverture entière. Par cette disposition on gagne en netteté , en lumière et en grossissement.

Recherches ingénieuses d'Euler ; ses erreurs. — Dollond. — Klingenstiern.

§. 9. Les erreurs de Newton demeurèrent ignorées durant cinquante ans ; et même le grand Euler, le plus profond analiste du siècle passé, sembla n'avoir pas connu l'expérience de Newton et les conséquences qui s'en déduisent, lorsqu'en 1747 il concluait, de la simple inspection de l'œil humain , qu'il serait possible de remédier à la dispersion des couleurs produite par la réfraction , puisque ce défaut n'existe pas dans nos yeux. Il fut conduit par sa pénétration à reconnaître , dans la combinaison de plusieurs substances transparentes , le moyen employé par la nature pour produire ce chef-d'œuvre. Il crut possible d'imiter cet effet en posant l'un sur l'autre deux verres convexes-concaves, et remplissant d'eau l'intervalle vide qui se trouvait entr'eux : il appliqua toute la puissance de son calcul à cet objet important ; mais pour réussir, il aurait fallu que la force avec laquelle l'eau disperse les couleurs , fût déterminée avec autant d'exactitude que celle du verre l'avait été par les expériences de Newton.

Deux méthodes s'offrirent ici à Euler : celle de l'expérience et celle des raisonnemens théoriques. Il choisit la dernière, comme si cet homme célèbre eût dû prouver par son exemple, que les spéculations mathématiques égarent, lorsqu'elles dédaignent de se laisser guider par l'expérience. Il supposa, comme Newton, que la dispersion des couleurs est soumise à la même loi dans tous les milieux réfringens ; il chercha à découvrir cette loi : il en trouva une qui satisfaisait à toutes les conditions qu'on pouvait exiger, et prouva qu'elle était la seule qui pût avoir cet avantage. Cette loi était entièrement différente de celle de Newton ; mais il paraît qu'Euler n'avait eu aucune connaissance de cette dernière. Il calcula donc, d'après sa loi propre, comment les deux faces d'un verre objectif composé de verre et d'eau, devaient être disposées pour donner des images incolores. (*Histoire de l'Académie de Berlin*, 1747, pag. 174.)

§. 10. Les recherches d'Euler firent beaucoup de sensation. Les artistes les plus habiles essayèrent de polir des verres objectifs, d'après ses principes ; mais leurs tentatives furent vaines. L'aîné des Dollond, excellent artiste anglais, reconnut d'abord la contradiction qui existait entre les lois de Newton et d'Euler sur la dispersion de la lumière ; et comme celles d'Euler ne paraissaient pas se confirmer dans la pratique, il crut que la vérité était du côté de Newton. Euler, sans examiner les expériences ni les calculs de Newton, se contenta de démontrer par les raisonnemens les plus rigoureux, que sa loi était la seule possible (*Histoire de l'Académie de Berlin*, 1753, p. 294), et attribua la non-réussite des essais pratiques, à l'excessive difficulté de l'exécution.

§. 11. Klingenstiern, géomètre suédois, fort habile,

soumit l'assertion de Newton, sur cet objet, à un examen rigoureux, et trouva qu'il se déduisait de l'expérience de Newton (pag. 453, §. 4), non pas seulement une unique loi, mais un très-grand nombre, et qu'elles se détruisaient les unes les autres : de là il conclut qu'il devait y avoir quelqu'erreur dans cette expérience. (*Abhandl. der Schwedisch Acad.*, 1754.)

§. 12. Ceci engagea Dollond à répéter l'expérience de Newton. Il reconnut qu'elle était fausse, mais en même temps il se convainquit aussi que la loi d'Euler n'était pas exacte, puisque les résultats de son expérience n'y étaient pas conformes. Cependant, comme l'opinion d'Euler sur la possibilité d'une réfraction incolore, déduite de la construction de l'œil, lui paraissait d'une grande justesse, il entreprit de nouvelles recherches par la voie de l'expérience. Il trouva que l'alliance du verre et de l'eau ne pouvait être convenable à ce but. Il examina différentes espèces de verres, et reconnut qu'il en est qui réfractent la lumière plus que d'autres, et qui dispersent les couleurs beaucoup plus fortement que le verre ordinaire. Après beaucoup d'essais, il obtint de deux prismes qui étaient placés l'un contre l'autre, avec les angles réfringens opposés, une lumière émergente incolore, quoique la réfraction fût encore assez considérable. L'un de ces prismes était de crown-glass anglais (*a*), et avait un angle réfringent de 30° ; l'autre était de flint-glass (*b*), et son angle réfringent était de 19°.

§. 13. D'après cette épreuve, Dollond fut assuré de la

(*a*) C'est une espèce de verre à miroir, de couleur verdâtre.

(*b*) Espèce de verre blanc, dans la composition duquel il entre beaucoup d'oxide de plomb.

possibilité d'avoir un verre objectif qui transmit des images incolores , en employant les deux sortes de verres dont il avait fait usage. Il y parvint effectivement en réunissant un verre convexe de crown-glass et un verre concave de flint-glass. Ainsi il fut l'inventeur des lunettes *achromatiques* , c'est-à-dire incolores.

§. 14. Euler répara très-complètement l'erreur qui avait donné lieu à cette intéressante découverte , en entreprenant un travail qu'il n'aurait peut-être pas fait sans cela. Non-seulement il ramena à des formules générales , et cependant très-simples , la théorie de l'aberration de réfrangibilité ; mais il y soumit aussi la théorie , bien plus difficile , de l'aberration de sphéricité. Ainsi , maintenant on peut calculer sans peine ces deux causes de confusion pour chaque position du verre. Il montra , de plus , qu'un triple objectif , composé de deux verres convexes de crown-glass , séparés par un verre concave de flint-glass , aurait beaucoup d'avantage sur celui de Dollond. Il indiqua quelle serait la meilleure disposition de l'oculaire lorsqu'on emploierait un semblable objectif , et sur-tout il donna à toutes ses recherches une telle généralité , qu'elles peuvent être maintenant appliquées à tous les instrumens d'optique imaginables. Enfin il montra que , si la théorie peut errer quelquefois , elle conduit , lorsqu'elle a pris la route véritable , beaucoup plus loin que ne pourrait le faire la simple méthode des expériences. Euler publia tous ses travaux d'optique , dans un ouvrage qui porte pour titre : *Dioptrica , auctore Euler; Petropoli* , 1769—1771. Depuis , Klügel a rendu un grand service à l'optique , en exposant la théorie d'Euler d'une manière abrégée , mais facile à comprendre , dans le livre intitulé : *Analytische Dioptrik ; Leipzig* , 1778. Ces deux ouvrages sont les sources où doivent être puisées désormais toutes les connaissances d'optique.

Nous devons aussi mentionner ici l'*Histoire de l'Optique*, par Priestley, qui a autant d'intérêt pour le physicien profond, qu'elle offre d'instruction et de facilité aux gens du monde.

§. 15. L'erreur d'Euler consistait proprement en ce qu'il cherchait une loi où il n'y en a aucune ; car on s'est assuré, par l'examen de plusieurs espèces de verres, que les différens rapports qui se trouvent entre la réfraction de la lumière et la dispersion des couleurs, ne dépendent d'aucune loi générale, mais seulement des propriétés particulières des substances réfringentes, par conséquent qu'on ne peut les trouver que par des recherches immédiates sur chaque cas. Rien ne fait mieux ressortir la justesse de cette opinion, que les expériences intéressantes que M. le professeur Zeiher, de Pétersbourg, a faites sur différentes sortes de verres. Il a trouvé qu'une addition d'oxide de plomb changeait beaucoup la dispersion des couleurs, quoique la réfraction moyenne ne fût que très-peu altérée : avec une addition d'alcali, c'est le contraire. (*Voy*. Gehler.)

§. 16. La construction des lunettes achromatiques n'est pas sans difficulté ; et quoiqu'on en fabrique maintenant ailleurs qu'en Angleterre, cependant les seuls Anglais possèdent le flint-glass qui y est employé. Jusqu'à présent aucun artiste n'est parvenu à fabriquer de grands instrumens de cette espèce ; et c'est pour cela qu'Herschell, ainsi que nous l'avons dit, est revenu au télescope à miroir pour obtenir des grossissemens très-considérables. Pour les instrumens de moyenne grandeur, ceux qui sont faits d'après ces principes ont des avantages très-marqués, non-seulement sur les lunettes dioptriques ordinaires, mais aussi sur le télescope à miroir, par leur netteté, leur parfaite lumière et la grandeur de leur champ (*).

Dans les microscopes composés, il n'est pas possible de faire la lentille objective achromatique, parce que les verres dont il la faudrait composer seraient si petits, qu'on ne pourrait pas les travailler avec exactitude.

ADDITIONS MATHÉMATIQUES.

§. 17. Nous allons encore ajouter ici, en faveur de ceux de nos lecteurs qui possèdent les connaissances nécessaires, quelques détails mathématiques qui doivent donner des idées précises sur la théorie des couleurs, et sur la possibilité de produire des images achromatiques.

§. 18. *Expérience.* Soient deux milieux quelconques, $ABCD$, $CDEF$, *fig.* 94, terminés par des surfaces planes, et qu'il se trouve au-dessus de AB, et au-dessous de EF, un même milieu dont la force de réfraction soit différente; si l'on conçoit un rayon GH qui se réfracte aux points H, I, K, le rayon émergent KL est toujours parallèle au rayon incident GH, et par conséquent incolore.

§. 19. *Théorème.* Soit $n : 1$ le rapport de réfraction de l'air pour un milieu quelconque A; et $m : 1$ le rapport de réfraction de l'air pour un autre milieu B; le rapport de réfraction du milieu A pour le milieu B, égale $\frac{m}{n}$.

(*) Depuis la première édition de cet ouvrage, on est parvenu à faire en grand le flint-glass en France, et on en a construit des lunettes égales, si ce n'est supérieures, aux meilleures lunettes de Dollond et de Ramsden.

Démonstration. Supposons qu'il y ait de l'air au-dessus de AB, et au-dessous de EF, *fig.* 94; qu'il se trouve entre AB et CD le milieu A, et entre CD et EF le milieu B; qu'on mène par I et K, les perpendiculaires MN, OP, QR, et qu'on admette le rapport de réfraction de A en B, égal à $\dfrac{x}{y}$, on a,

$$\sin GHM : \sin NHI = n : 1$$

$$\sin HIO : \sin PIK = x : y$$

$$\sin IKQ : \sin RKL = 1 : m.$$

Maintenant, $NHI = HIO$, et $PIK = IKQ$; enfin (selon l'article 18) $GHM = RKL$: on a donc, en composant ces trois propositions:

$$1 : 1 = nx : my;$$

par conséquent $nx = my$, d'où il suit,

$$x : y = m : n.$$

§. 20. *Théorème.* Soit CAB, ABD, *fig.* 95, la coupe *perpendiculaire* de deux prismes de différens pouvoirs réfringens, placés l'un contre l'autre; soient les rapports de réfraction, du premier, $n : 1$, du second, $m : 1$; qu'un rayon $EFGHI$ soit réfracté par ces prismes, ainsi que le montre la figure; qu'on prolonge le rayon incident EF, et le rayon émergent HI, jusqu'à ce qu'ils se coupent en Q; et qu'on admette que les rapports constans de réfraction s'appliquent aux angles considérés comme très-petits: alors l'angle sous lequel le rayon est détourné, par toutes ces réfractions, de sa direction primitive, sera

$$IQR = (n-1)\,CAB - (m-1)\,ABD.$$

Démonstration. On élève des points F, G, H, les perpendiculaires incidentes KL, SM, NO, et on les prolonge jusqu'à ce que la première coupe la seconde en L, et que celle-ci coupe la troisième en N. Soit, pour abréger,

$$C\,A\,B = A; A\,B\,D = B; E\,F\,K = F.$$

On doit remarquer d'abord que les angles formés par les deux perpendiculaires incidentes qui tombent sur chaque prisme, sont égaux à l'angle réfringent de chacun des prismes ; par conséquent

$$S\,L\,F = C\,A\,B = A; H\,N\,G = A\,B\,D = B.$$

Ceci a déjà été démontré ci-dessus (pag. 440 , §. 5). D'après cette supposition, on a

$$L\,F\,P : L\,F\,G = n : 1; \text{ donc } L\,F\,G = \frac{1}{n}\,F;$$

$$L\,G\,F = S\,L\,F - L\,F\,G = A - \frac{1}{n}\,F;$$

de plus, selon l'article 19,

$$L\,G\,F : H\,G\,M = m : n;$$

d'où l'on tire

$$H\,G\,M = \frac{n}{m}\,L\,G\,F = \frac{n}{m}\,A - \frac{1}{m}\,F;$$

$$N\,H\,G = H\,G\,M - H\,N\,G = \frac{n}{m}\,A - \frac{1}{m}\,F - B;$$

et comme

$$N\,H\,G : I\,H\,O = 1 : m,$$

on a

$$I\,H\,O = m\,N\,H\,G = n\,A - F - m\,B.$$

Mais alors

$$IQR = QHP + HPQ = QHP + FGP + PFG;$$

on a, d'ailleurs, d'après ce qui précède,

$$1^{\circ}.\ QHP = IHO - NHG = + nA - F - mB$$
$$- \frac{n}{m} A + \frac{1}{m} F + B;$$

$$2^{\circ}.\ FGP = HGM - LGF = + \frac{n}{m} A - \frac{1}{m} F - A + \frac{1}{n} F;$$

$$3^{\circ}.\ PFG = EFK - LFG = + F - \frac{1}{n} F.$$

Par conséquent

$$IQR = (n - 1)\, A - (m - 1)\, B.$$

§. 21. *Addition*. Les rapports de réfractions $n : 1$, et $m : 1$, se peuvent tirer des rayons de moyenne réfraction. Pour les rayons violets les plus réfrangibles, ces rapports peuvent être $N : 1$, et $M : 1$; et alors, l'angle dont le rayon violet se trouvera dévié de sa direction primitive, après toutes les réfractions, sera

$$IQR = (N - 1)\, A - (M - 1)\, B.$$

Maintenant, si la lumière émergente est incolore, les rayons des différentes couleurs sont parallèles les uns aux autres après la réfraction; par conséquent l'angle IQR est égal pour tous. Ainsi, en égalant sa valeur à celle que donnent les rayons moyens, on aura l'équation

$$(n - 1)\, A - (m - 1\, B = (N - 1)\, A - (M - 1)\, B;$$

d'où l'on tire

$$(N - n)\, A = (M - m)\, B,$$

ou

$$M - m : N - n = A : B.$$

D'après les expériences de Dollond (pag. 458, §. 12), le crown-glass et le flint-glass donnent une réfraction incolore, lorsque $A = 30$, et $B = 19$; on a donc, relativement à ces deux substances,

$$N - n : M - m = 19 : 30,$$

ou presque exactement

$$N - n : M - n = 2 : 3.$$

On nomme les valeurs $N - n$ et $M - m$, *la mesure de la dispersion des couleurs*. Ce rapport ne peut être, jusqu'à présent, déterminé par aucune loi générale; mais il peut seulement être reconnu pour chaque cas, par des expériences immédiates, semblables à celles de Dollond.

§. 22. *Remarque.* Si les expériences de Newton (p. 436, §. 4) étaient exactes, $I Q R$ devrait être $= 0$, aussi bien pour les rayons moyens que pour les violets, lorsque la lumière émergente est incolore; on aurait alors

$$(n - 1) A = (m - 1) B,$$

ou

$$m - 1 : n - 1 = A : B;$$

de plus

$$(N - 1) A = (M - 1) B;$$

par conséquent

$$M - 1 : N - 1 = A : B.$$

De là suivrait

$$M - 1 : m - 1 = N - 1 : n - 1.$$

Or, la différence du premier et du deuxième membre est

Physique Mécanique. 30

à ce deuxième membre , comme la différence du troisième et du quatrième est à ce dernier ; c'est-à-dire

$$M - m : m - 1 = N - n : n - 1,$$

ou

$$M - m : N - n = m - 1 : n - 1$$

Telle était la loi de Newton. Elle était fausse : 1°. parce qu'elle se fondait sur des observations inexactes ; 2°. parce qu'elle supposait que le rapport de réfraction appartient à l'angle même , ce qui n'approche de la vérité que pour les très-petites réfractions. Lorsqu'on fait le calcul exactement, et sans rien négliger , l'expérience de Newton ne donne aucun rapport déterminé (pag. 457 , §. 11).

§. 23. La première loi d'Euler était très-différente de celle-ci ; il croyait que M devait dépendre de m , de la même manière que N de n ; et il montrait fort exactement que cela ne pouvait être possible , que dans le cas où l'on aurait

$$\log M : \log m = \log N : \log n.$$

§. 24. *Problème*. Concevons en A , *fig.* 96 , un verre sphérique pour lequel le rapport de réfraction moyen soit $n : 1$; prenons un second verre d'une autre substance , pour lequel le rapport moyen de réfraction soit $m : 1$, et plaçons-le tout près contre le premier , de sorte que leur distance $A\,B$ puisse être considérée comme nulle ; ces deux verres doivent être disposés de manière à avoir le même axe $A\,D$. En vertu de cet arrangement , les images des objets éloignés , vus par réfraction , se formeront à une certaine distance déterminée qui dépendra des données précédentes.

Soit la distance focale du premier verre $= p$, celle du deuxième $= q$; quels que soient d'ailleurs leurs signes ,

f et g sont les rayons des deux surfaces du premier verre, h et i les rayons des surfaces du second. D'après l'article 31, pag. 418, si l'on fait, pour abréger, $\dfrac{1}{f} + \dfrac{1}{g} = F$, et $\dfrac{1}{h} + \dfrac{1}{i} = H$, on aura

$$\frac{1}{p} = (n-1)\,F;$$

$$\frac{1}{q} = (m-1)\,H.$$

Soit, maintenant, C le foyer du premier verre que nous avons désigné par A : l'image d'un objet infiniment éloigné, qui est donnée par ce verre, sera en C.

Cette image prend, pour le deuxième verre, la place d'un objet, et l'image qui s'en produit à travers ce deuxième verre B, se trouve en D ; ainsi $B\,D$ est la quantité d'où dépendent tous les effets.

Dans la formule générale, $\dfrac{1}{p} = \dfrac{1}{a} + \dfrac{1}{a}$ (p. 421, §. 31), on doit, dans notre cas particulier, au lieu de p, écrire q, et $-B\,C$ au lieu de a, puisque l'objet est la distance $B\,C$ derrière le verre ; mais comme nous supposons $A\,B = 0$, nous avons $B\,C = -A\,C = -p$, et nous trouvons

$$\frac{1}{q} = -\frac{1}{p} + \frac{1}{B\,D}, \text{ ou } \frac{1}{B\,D} = \frac{1}{p} + \frac{1}{q},$$

ou, si l'on met pour $\dfrac{1}{p}$ et $\dfrac{1}{q}$ leurs valeurs ci-dessus données,

$$\frac{1}{B\,D} = (n-1)\,F + (m-1)\,H;$$

par conséquent

$$BD = \frac{1}{(n-1)\,F+(m-1)\,H}.$$

§. 25. *Addition.* Soit le rapport de réfraction pour les rayons les plus réfrangibles, $N : 1$ dans le premier verre, $M : 1$ dans le second. Si E est alors la place où se trouve l'image produite par les rayons les plus réfrangibles, d'après le §. 24, on aura

$$BE = \frac{1}{(N-1)\,F+(M-1)\,H}.$$

Maintenant, si l'assemblage doit être achromatique, les images de toutes les couleurs doivent se réunir en une seule : par conséquent l'on doit avoir $BE = BD$; d'où il suit :

$$(n-1)\,F+(m-1)\,H = (N-1)\,F+(M-1)\,H,$$

ou

$$(N-n)\,F+(M-m)\,H = 0.$$

Maintenant, comme on a

$$\frac{1}{P} = (n-1)\,F\,; \text{ d'où } F = \frac{1}{(n-1)\,P},$$

et $\frac{1}{q} = (m-1)\,H$; d'où $H = \frac{1}{(m-1)\,q}$.

on obtient

$$\frac{(N-n)}{(n-1)}\,p + \frac{(M-m)}{(m-1)\,q} = 0;$$

ou, en multipliant par $p\,q$, et transposant le second membre,

$$\frac{(N-n)}{(n-1)}\,q = -\frac{M-m}{(m-1)}\,p;$$

d'où il suit

$$p : q = \frac{N - n}{n - 1} : -\frac{M - m}{m - 1} ;$$

ces distances focales des deux verres doivent donc être dans ce rapport, pour qu'il se produise à travers eux une seule image incolore.

§. 26. *Addition*. D'après les expériences de Dollond, le rapport de réfraction du rayon moyen dans le crown-glass, est de $1,55 : 1$, par conséquent $n - 1 = 0,55$; dans le flint-glass, ce rapport est de $1,58 : 1$; par conséquent $m - 1 = 0,58$, la dispersion des couleurs dans les deux verres étant comme $19 : 30$ (pag. 458, §. 12); on a

$$N - n : M - m = 19 : 30 ;$$

il suit de là, par conséquent,

$$p : q = \frac{19}{0,55} : -\frac{30}{0,58}$$

c'est-à-dire

$$p : q = 1 : -1,497\ldots\ldots$$

Le dernier terme de cette proposition était négatif, il s'ensuit que le verre qui est de flint-glass, doit être un verre de divergence.

Quoique ce résultat soit très-exact en théorie, il ne serait pas très-certain pour les applications, puisque Dollond ne donne le rapport de la dispersion des couleurs de $19 : 30$, que comme approché seulement.

Pour la construction effective, il faudrait faire encore un calcul un peu plus difficile, c'est-à-dire il faudrait évaluer les dimensions les plus avantageuses des rayons f, g, h, i; au reste, on conçoit facilement par la formule

$$\frac{1}{p} = \frac{n - 1}{f} + \frac{n - 1}{g} ; \frac{1}{q} = \frac{m - 1}{h} + \frac{m - 1}{i}.$$

que ces rayons peuvent varier d'une infinité de manières pour la même distance focale. En choisissant convenablement leurs valeurs, l'aberration de sphéricité peut aussi, d'après la théorie d'Euler, disparaître entièrement, ou être du moins fort affaiblie ; de sorte que des verres objectifs, calculés exactement de cette manière, sont exempts des deux causes de confusion. (*Voyez*, sur ces calculs, Euler et Klügel.)

C'est dans la correction de cette aberration de sphéricité, que se trouve le moyen de donner proportionnellement une plus grande ouverture à ces verres objectifs qu'à tous les verres et miroirs simples ; c'est encore la cause de la parfaite lumière des lunettes achromatiques. Quant à la grandeur du champ, elle dépend de la disposition de l'oculaire.

FIN.

TABLE
DES MATIÈRES.

A.

B.

C.

D.

E.

F.

G.

M.

Fin de la Table des Matières.

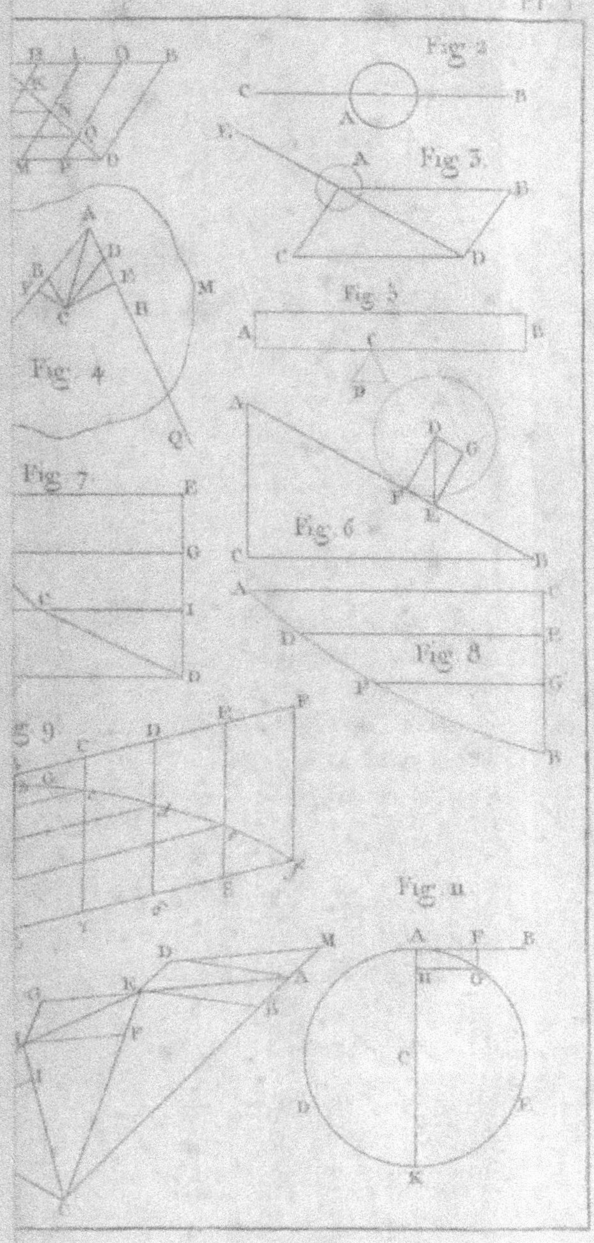

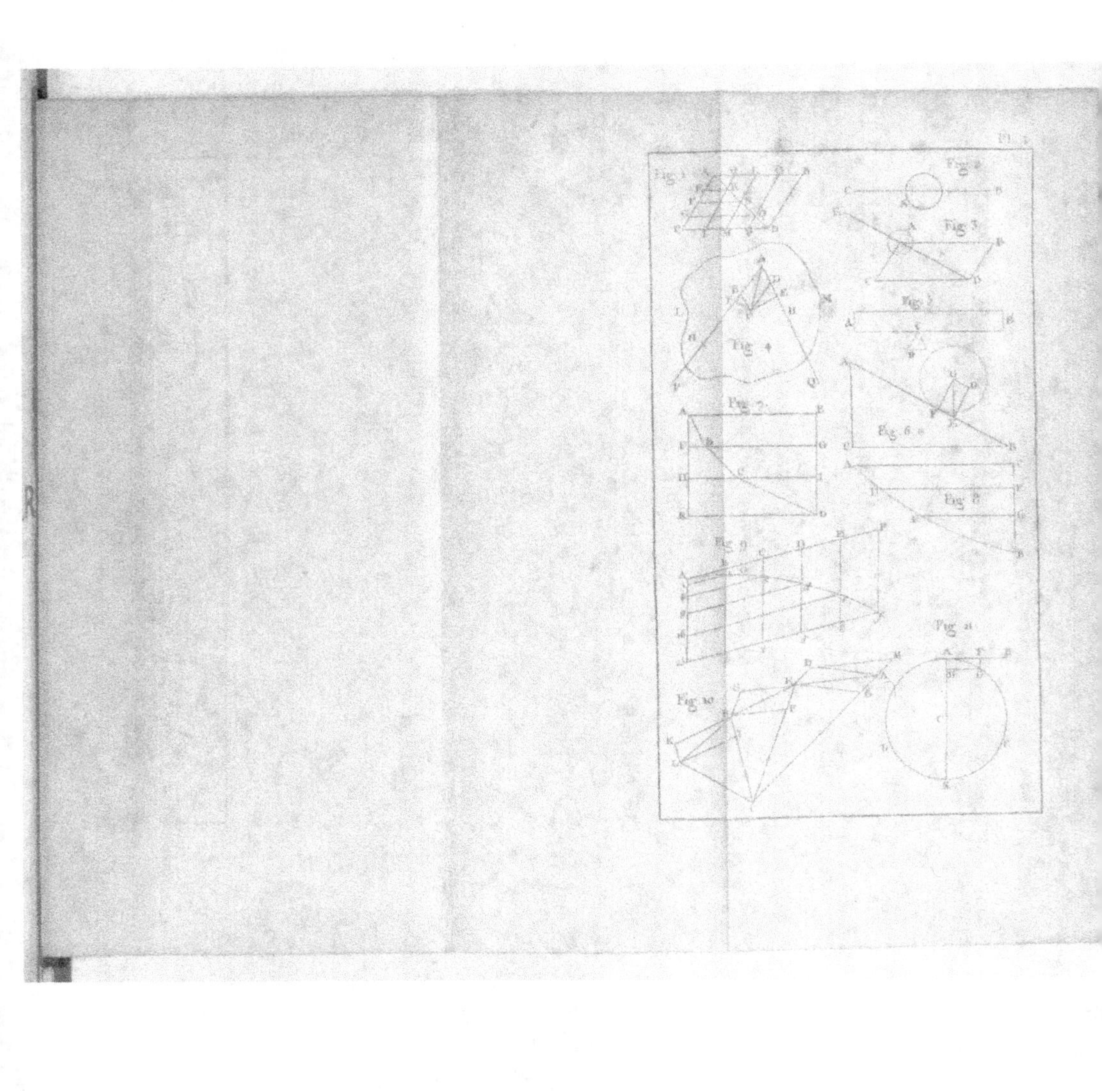

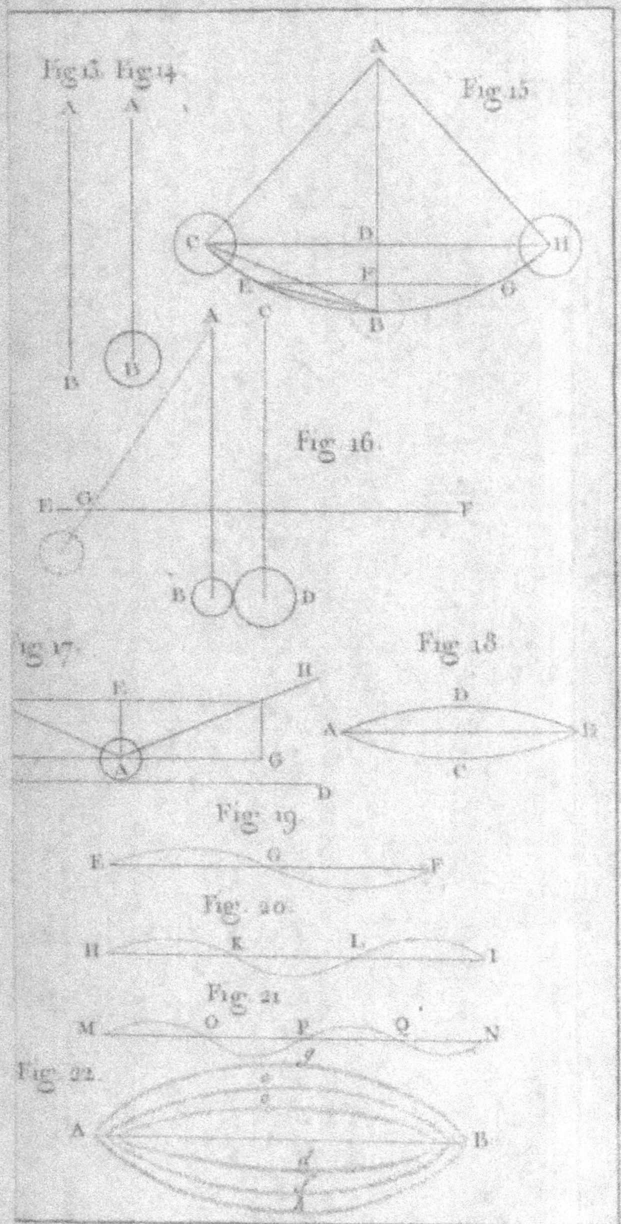
Fig. 13. Fig. 14.
Fig. 15
Fig. 16.
Fig. 17.
Fig. 18.
Fig. 19.
Fig. 20.
Fig. 21.
Fig. 22.

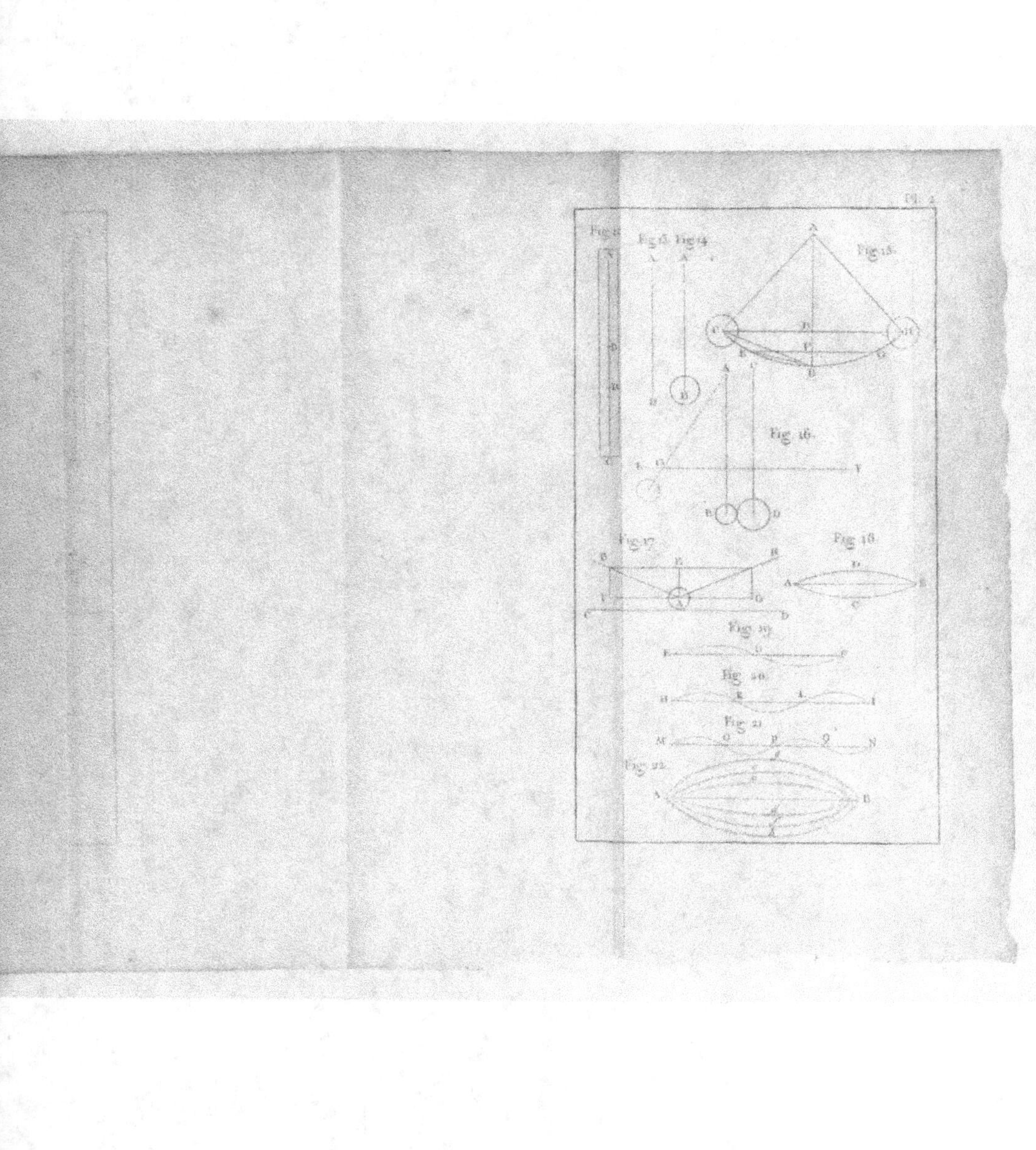

Pl. 2.
Fig. 13. Fig. 14.
Fig. 15.
Fig. 16.
Fig. 17.
Fig. 18.
Fig. 19.
Fig. 20.
Fig. 21.
Fig. 22.

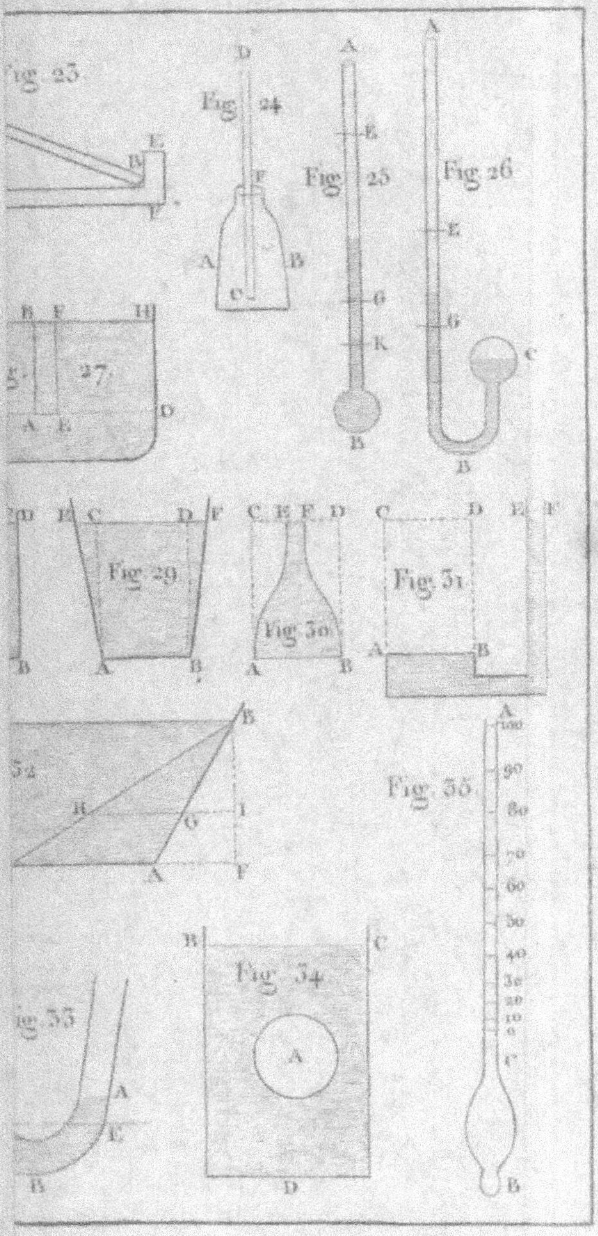
Fig. 23.
Fig. 24
Fig. 25
Fig. 26
Fig. 27
Fig. 29
Fig. 30
Fig. 31
Fig. 32
Fig. 33
Fig. 34
Fig. 35

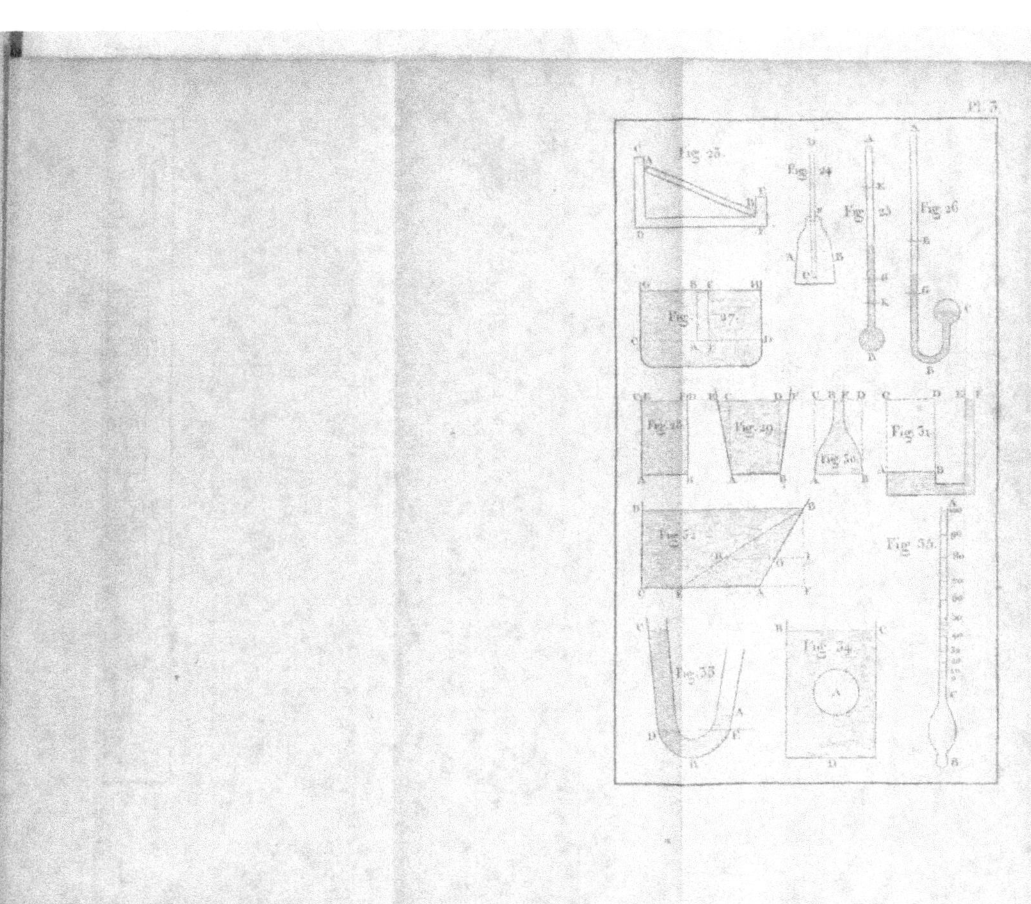

Pl. 3.

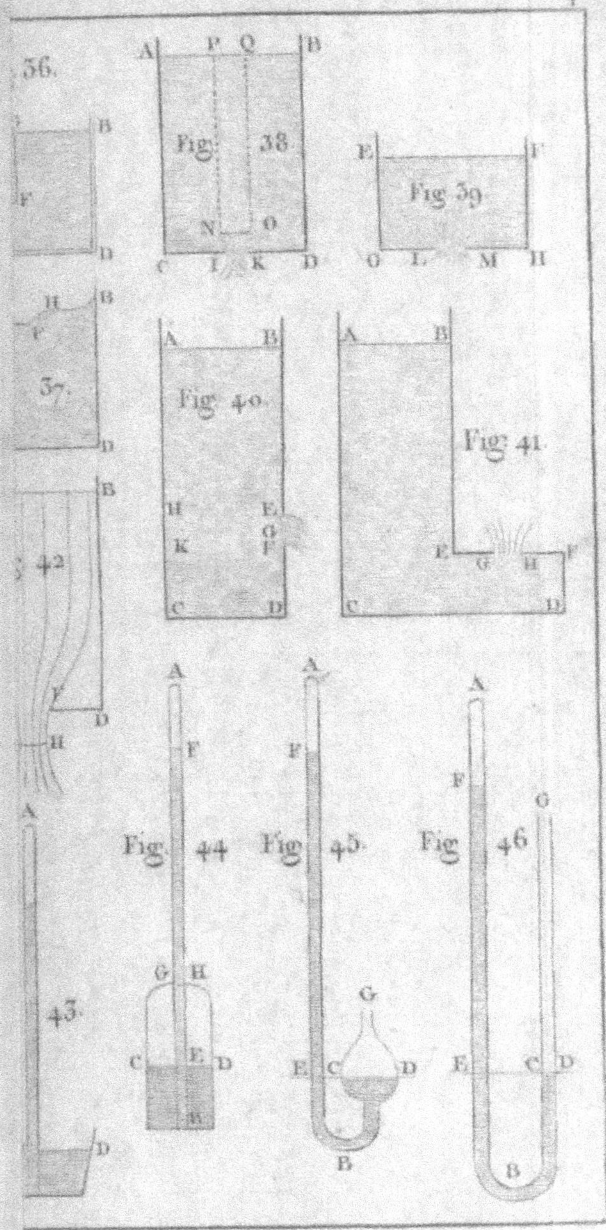

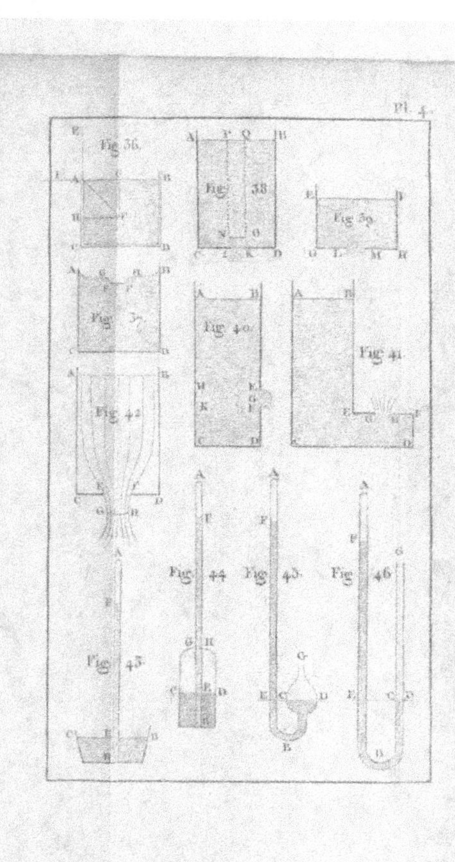

Pl. 4.

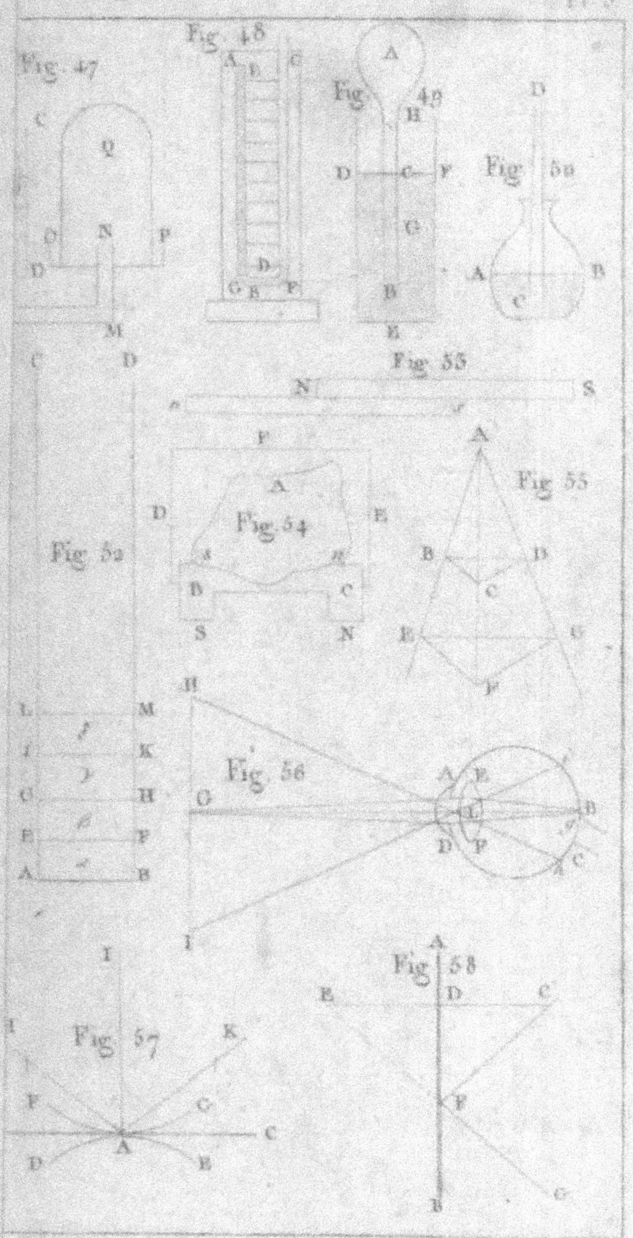

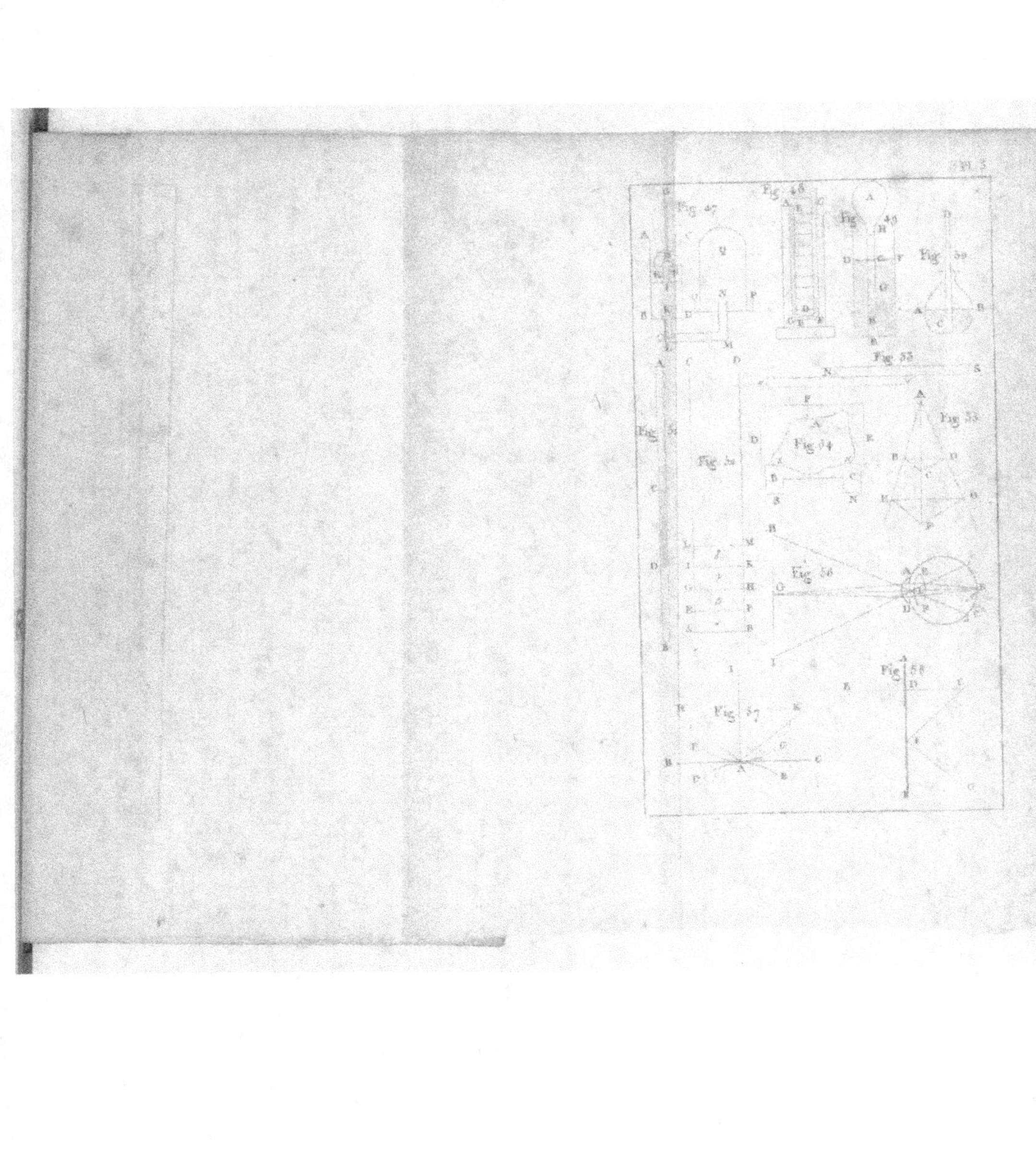

PL. 5
Fig. 47
Fig. 48
Fig. 49
Fig. 50
Fig. 51
Fig. 52
Fig. 53
Fig. 54
Fig. 55
Fig. 56
Fig. 57
Fig. 58

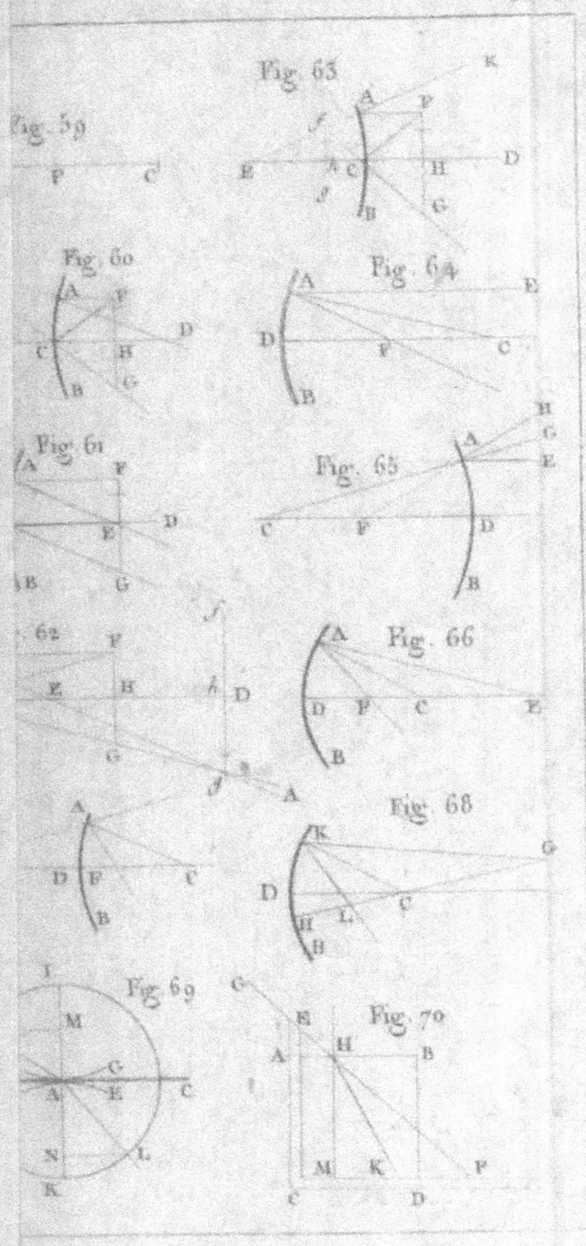
Fig. 63
Fig. 59
Fig. 60
Fig. 64
Fig. 61
Fig. 65
Fig. 62
Fig. 66
Fig. 68
Fig. 69
Fig. 70

Fig. 59
Fig. 60
Fig. 61
Fig. 62
Fig. 63
Fig. 64
Fig. 65
Fig. 66
Fig. 67
Fig. 68
Fig. 69
Fig. 70

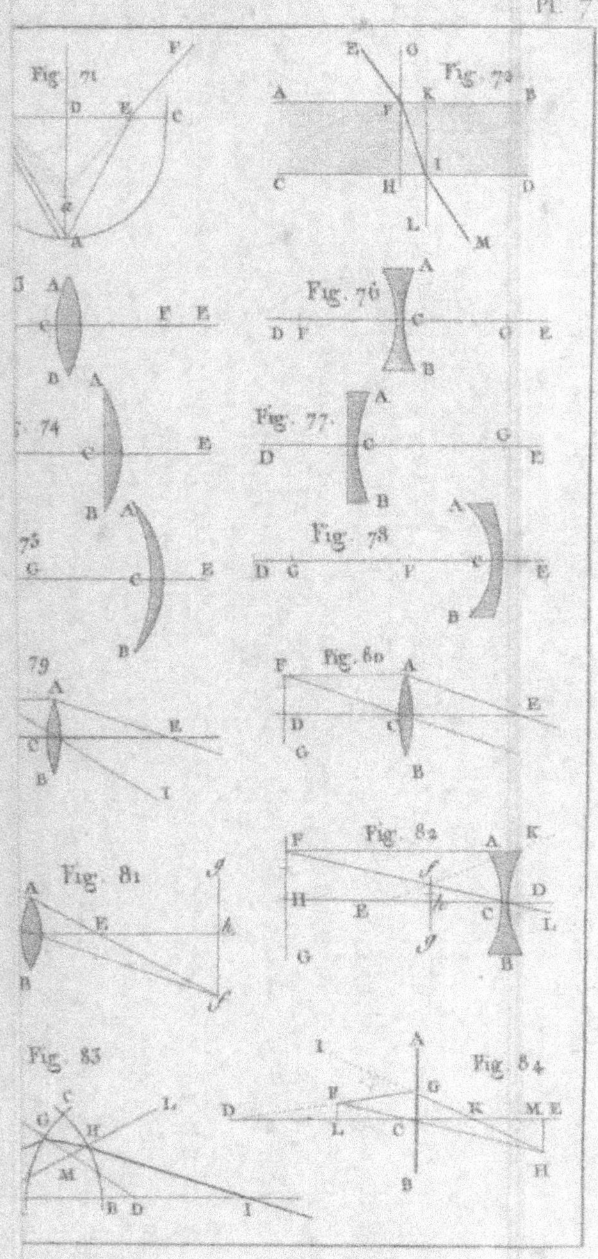

Fig. 71
Fig. 72
Fig. 76
Fig. 74
Fig. 77
Fig. 75
Fig. 78
Fig. 79
Fig. 80
Fig. 81
Fig. 82
Fig. 83
Fig. 84

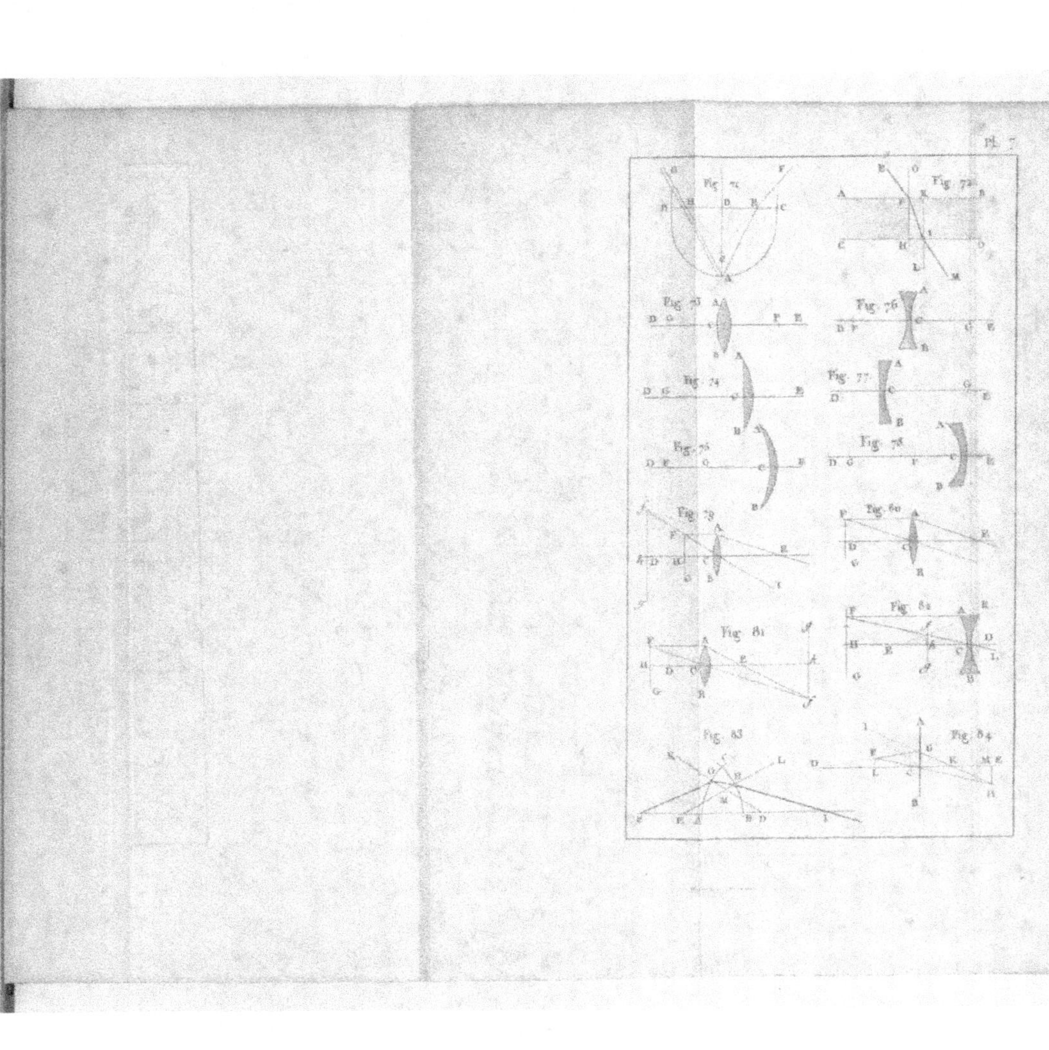

Fig. 71.
Fig. 72.
Fig. 73.
Fig. 74.
Fig. 75.
Fig. 76.
Fig. 77.
Fig. 78.
Fig. 79.
Fig. 80.
Fig. 81.
Fig. 82.
Fig. 83.
Fig. 84.

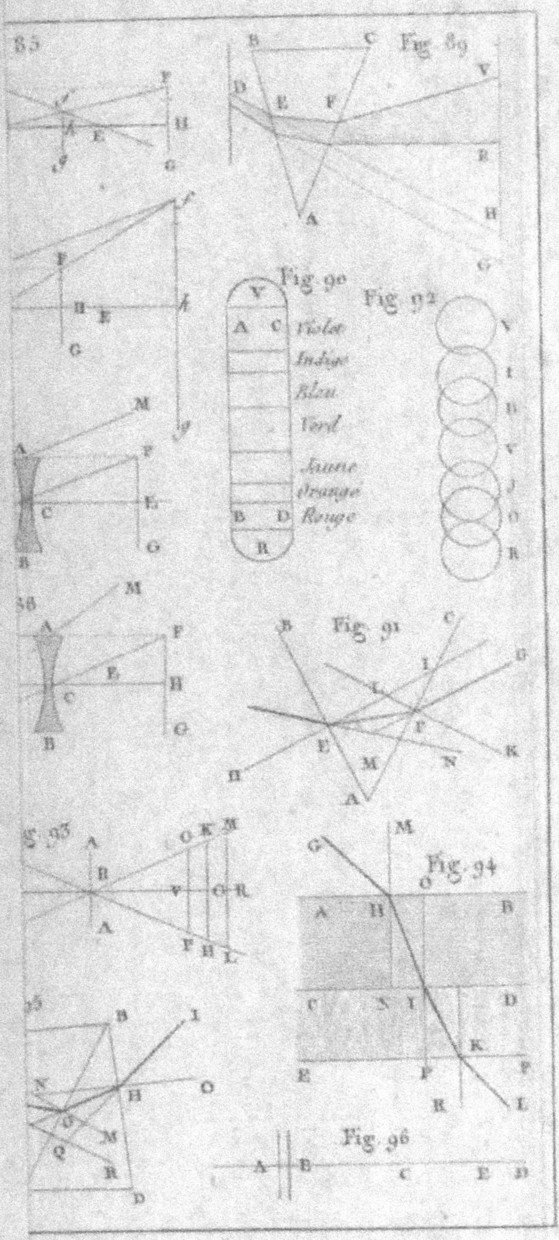
Fig. 89
Fig. 90
Violet
Indigo
Bleu
Verd
Jaune
Orange
Rouge
Fig. 92
Fig. 91
Fig. 93
Fig. 94
Fig. 96

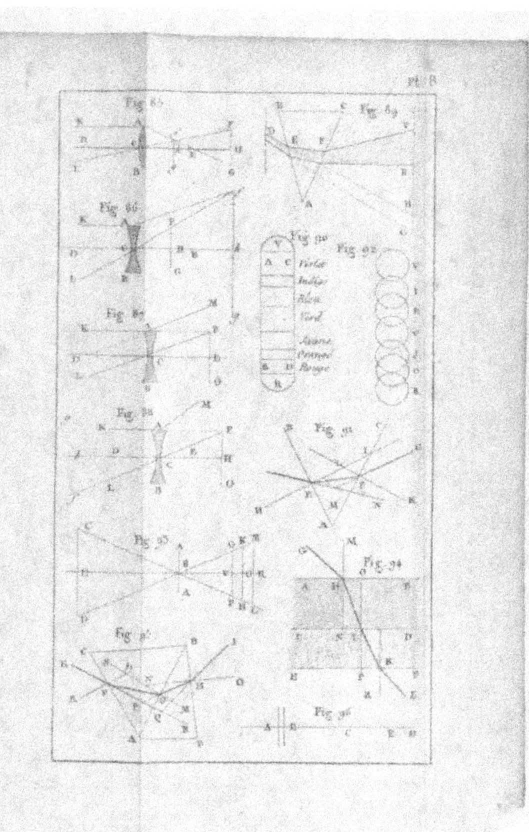

www.ingramcontent.com/pod-product-compliance
Lightning Source LLC
LaVergne TN
LVHW050824060726
842527LV00001BA/115